Web开发经典丛书

Angular 2 开发实战

基于TypeScript

[美] Yakov Fain Anton Moiseev 著

颜 宇 黄金胜 译

清华大学出版社

北 京

Yakov Fain, Anton Moiseev
Angular 2 Development with TypeScript
EISBN:9781617293122

北京市版权局著作权合同登记号　图字：01-2017-4037

图书在版编目(CIP)数据

Angular 2开发实战：基于TypeScript / (美)雅科夫・费恩(Yakov Fain)，(美)安东・慕斯(Anton Moiseev) 著；颜宇，黄金胜 译. —北京：清华大学出版社，2018
书名原文：Angular 2 Development with TypeScript
(Web 开发经典丛书)
ISBN 978-7-302-48715-9

Ⅰ. ①A…　Ⅱ. ①雅…　②安…　③颜…　④黄…　Ⅲ. ①超文本标记语言—程序设计　Ⅳ. ①TP312.8

中国版本图书馆 CIP 数据核字(2017)第 271337 号

责任编辑：王　军　李维杰
封面设计：孔祥峰
版式设计：方加青
责任校对：牛艳敏
责任印制：王静怡

出版发行：清华大学出版社
网　　址：http://www.tup.com.cn，http://www.wqbook.com
地　　址：北京清华大学学研大厦 A 座　　邮　　编：100084
社 总 机：010-62770175　　邮　　购：010-62786544
投稿与读者服务：010-62776969，c-service@tup.tsinghua.edu.cn
质 量 反 馈：010-62772015，zhiliang@tup.tsinghua.edu.cn
印 装 者：三河市金元印装有限公司
经　　销：全国新华书店
开　　本：185mm×260mm　　印　　张：25.5　　字　　数：573 千字
版　　次：2018 年 1 月第 1 版　　印　　次：2018 年 1 月第 1 次印刷
印　　数：1 ～ 2500
定　　价：79.80 元

产品编号：073029-01

译者序

作为一款优秀的前端JavaScript框架，Angular一经推出，就凭借其强大的功能和完备的核心特性获得了广大前端开发者的追捧，本人也是早期拥趸之一。与Angular 1.x相比，Angular 2继承了前者的整合性，延续了“All in One”的设计理念，并在变更检测性能、指令简化以及移动端开发等方面做了很大改进，开发语言层面则全面拥抱了TypeScript。需要注意的是，Angular 2并不兼容Angular 1.x，这给很多开发者的项目升级带来了些许麻烦。

从Angular 2开始，Angular开发组力求让版本升级变得可预测，在框架向前演进的同时保证其做到向后兼容。如今，随着Angular 4的发布，以及Angular生态的日益发展成熟，全世界范围内Angular开发者的人数也在不断增加。此时，开始学习并使用Angular是不错的选择。

Angular 2作为Angular框架的重要里程碑，以组件化为核心理念，博采众长的同时又加入了一些创新的设计思路。在前端日益规模化的当下，它可用于多种类型的前端项目，特别适用于企业级应用开发。对于有经验的前端开发者，它功能完备但在设计上又不失灵活，提供了丰富的API；对于前端经验较少，或习惯了后端开发的开发者，Angular提供了完善的文档和各种便捷的自动化工具。TypeScirpt作为推荐的开发语言，其中涵盖了许多强类型语言的概念，结合IDE使用可以显著提高开发效率，并减少运行时错误。

本书系统讲述了Angular 2。全书深入浅出、全面介绍了Angular 2的各个功能特性，而且以一个在线拍卖应用程序贯穿始终。每章讲解相关技术后，会将其应用于其中，逐步完善。为了进一步增强实用性，在介绍Angular 2的基础上，本书还介绍了如何在项目中，将Angular和RxJS、Node.js、WebSocket等技术结合使用，以优化项目效果。对照实际的项目开发，在本书正文的最后两章分别介绍了单元测试及前端工程化相关的内容，讲解了如何在实际的Angular项目中使用Webpack构建工具、单元测试框架Jasmine以及Karma测试运行器等技术。作为背景知识，本书附录讲述了ES6和TypeScript的相关内容。读者可以根据自身需求，优先阅读附录部分或将其作为参考资料。

本书第1、第3、第5、第6、第9章以及附录A的内容，由颜宇翻译完成；第2、第4、第7、第8、第10章以及附录B的内容，由黄金胜翻译完成。两位翻译者从事专业前端开发工作均已近6年之久，也都供职于国内一流互联网公司，有丰富的前端开发经验，以及扎实的技术功底。但身处前端行业的“文艺复兴”时代，各种技术日新月异、层出不穷，由于译者自身局限，书中或存纰漏，在所难免。希望各位读者能不吝指正，我们也会及时答复并修改。

最后，感谢清华大学出版社的各位编辑老师，在本书翻译过程为两位译者提供了热情的帮助，正是他们辛勤的付出和高质量的工作才保证了本书的顺利出版。

颜　宇　黄金胜

2017年08月于北京

作者简介

Yakov Fain是Farata Systems和SuranceBay公司的联合创始人。其中，Farata Systems是一家IT咨询公司。Yakov负责培训部门，在全球范围内教授Angular和Java workshop。SuranceBay是一家产品公司，致力于自动化美国境内保险行业的各种工作流，提供使用软件即服务(Software as a Service，SaaS)的应用程序。Yakov在其中管理多个项目。

Yakov还是一名Java冠军程序员(Java Champion)。他撰写了多本关于软件开发的书籍，并在yakovfain.com上发表了超过一千条的博客文章。虽然他的书大部分都是由出版社出版的，但是他的*Java Programming for Kids*、*Parents and Grandparents*可以从http://myflex.org/books/java4kids/java4kids.htm免费下载，并提供多个语言版本的下载。他的推特账号是@yfain。

Anton Moiseev在SuranceBay公司的职务是软件开发组长。他使用Java和.NET开发企业级应用已经有10年了。他在使用多平台开发富互联网应用程序方面有着坚实的背景。Anton时刻关注Web技术，实现最佳实践，令前端和后端无缝连接。他同样也讲授一些有关AngularJS框架和Angular 2框架的课程。

Anton有时会在antonmoiseev.com上发表博客，他的推特账号是@antonmoiseev。

致　谢

两位作者一致感谢Manning出版社，还有Alain M. Couniot对于技术内容提出的建议，以及Cody Sand对全书章节提供的全面的技术校对。以下几位审稿人也对本书提供了宝贵的反馈意见：Chris Coppenbarger、David Barkol、 David DiMaria、Fredrik Engberg、Irach Ilish Ramos Hernandez、Jeremy Bryan、 Kamal Raj、Lori Wilkins、Mauro Quercioli、Sébastien Nichèle、Polina Keselman、Subir Rastogi、Sven Lösekann和 Wisam Zaghal 。

Yakov感谢他最好的朋友Sammy，在Yakov撰写本书时，它为Yakov创造了一个温馨舒适的环境。遗憾的是，Sammy不能说话，但它无条件地喜欢Yakov，Sammy是一只迷你金毛猎犬。

Anton感谢Yakov Fain和Manning出版社给了他合作撰写此书的机会，并获得了宝贵的写作经验。他也非常感激家人，当他投入大量时间致力于撰写本书时，家人保持了莫大的耐心。

序　言

大约四年前，我们开始寻求一个合适的JavaScript框架。我们在为保险行业开发一个平台，并且该平台大部分的UI都是使用Apache Flex框架(以前称为Adobe Flex)编写的。Flex是一个用于Web UI开发的优秀框架，但它需要Flash播放器，而Flash播放器不再被支持了。

在尝试了几个试点的JavaScript项目之后，我们注意到开发人员的效率大幅下降。一个任务，使用Flex需要一天，使用其他JavaScript框架则可能需要三天，包括AngularJS。主要原因是JavaScript中缺少类型，IDE的支持性差，以及缺少编译器支持。

当我们了解到Google已经开始在Angular 2框架上进行开发，并使用TypeScript作为推荐的开发语言时，在2015年的夏天，我们成为早期的采用者。当时，除了几个博客，以及Angular团队介绍新框架的会议视频之外，有关Angular 2的信息非常少。我们主要的知识来源就是框架的源代码。但是，因为我们意识到了Angular的巨大潜力，我们决定开始给我们公司的培训部门编写课件。与此同时，Manning的联合发行人，Mike Stephens正在寻找有兴趣撰写关于Angular 2图书的作者。本书就应运而生了。

在使用Angular 2/TypeScript组合一年之后，我们确信，它为开发可以运行在任何现代浏览器及移动平台上的大中型Web应用程序，提供了一种最高效的方式。我们相信Angular 2和TypeScript是用于Web应用开发的正确工具，主要原因有下面这些：

- 组UI和应用程序逻辑分隔干净——渲染UI的代码和实现业务逻辑的代码之间得以干净地分隔。UI不是必须要用HTML渲染，并且已经有支持渲染iOS和Android原生UI的产品了。
- 模块化——有用于应用程序模块化的简单机制，支持模块的延迟加载。
- 导航支持——路由支持单页面应用程序中复杂的导航场景。
- 低耦合——依赖注入提供了一种在组件和服务之间实现低耦合的干净方式。绑定和事件允许创建可复用且低耦合的组件。

- 组件生命周期——每个组件都经过一个明确定义的生命周期，并且有用于拦截重要的组件事件的钩子，供应用程序开发者使用。
- 变更检测——自动(快速)的更改检测机制手动强制UI更新，同时也提供了一种微调此过程的方法。
- 没有回调地狱——Angular 2附带了RxJS库，它允许安排基于订阅的异步数据处理，从而消除回调地狱。
- 表单及验证——设计良好的表单及自定义验证支持。可以通过编程或为目标中的form元素添加指令的方式创建表单。
- 测试——对单元测试和端到端测试支持良好，并且可以将测试集成到自动化的构建过程中。
- Webpack打包及优化——使用Webpack(及其各种插件)打包并优化代码，可将部署的应用程序小型化。
- 工具——工具支持和Java及.NET平台一样好。TypeScript代码分析器会在输入时警告出现的错误，脚手架和部署工具(Angular CLI)会帮助你编写样板代码和配置脚本。
- 代码简洁——使用了TypeScript类和接口，使代码更简洁并易于阅读和编写。
- 编译器——TypeScript会生成人类可以阅读的JavaScript。TypeScript代码可以编译成ES3、ES5或ES6版本的JavaScript。特定于Angular代码的(不要与TypeScript编译器混淆)提前(Aot，Ahead-of-time)编译，消除了将Angular编译器与应用程序打包在一起的必要性，这进一步降低了框架的开销。
- 服务器端渲染——在线下的一个构建步骤中，Angular Universal会将应用程序转换成HTML，这可以用于服务器端渲染，从而大大提高搜索引擎索引和SEO。
- 现代UI组件——一个现代风格的UI库(Angular Material 2)正处在开发过程中。

从上面这个列表中可以看出，Angular 2的优点众多。

从管理的角度看，Angular 2是有吸引力的，因为已经有超过100万的AngularJS开发者，而其中大多数将切换到Angular 2。Angular 2发布于2016年9月，而且新的主要版本将每半年发布一次。Angular团队花了两年时间开发 Angular 2，而当其发布时，有大约50万开发者已经在使用它了。我们预期这个人数会在年内翻一番。当你正在为新项目选择技术时，拥有具有特定技能的大量工作者是重要的考虑因素。此外，有超过1500万Java和.NET开发者被联结，其中许多人将会发现TypeScript的语法比JavaScript更有吸引力，因为它支持类、接口、泛型、注释、类成员变量和私有及公共变量，更不用说有用的编译器和熟悉的IDE提供的坚实支持。

创作一本关于Angular 2的图书是困难的。因为我们开始于此该框架早期的alpha版本，它在beta和发布的候选版本中变化过。但我们喜欢最终的结果，并且我们已经开始使用Angular 2开发真实的项目了。

前　言

Angular 2应用程序能够支持使用两种JavaScript语法(ES5和ES6)进行开发，同样也支持使用Dart或TypeScript进行开发。框架本身使用TypeScript开发，在本书中，我们同样使用TypeScript编写所有代码示例。在附录B中的“为什么使用TypeScript编写Angular应用程序？”一节中，解释了选择TypeScript进行开发的理由。

我们两个都是开发者，编写这本书也是为了帮助与我们一样的开发者。我们不仅使用最基础的代码示例解释框架的特性，还循序渐进地展示如何通过本书搭建一个单页面的在线拍卖应用程序。

当还在编写和修改本书时，我们使用本书的代码示例开展了几次培训，这使得我们能够在早期就得到对本书内容的反馈(这些绝对是正面的反馈)。我们真的希望你会喜欢学习Angular 2的过程。

本书涵盖了Angular 2正式版的内容。

如何阅读本书

在早期的草稿中，本书是从ECMAScript 6和TypeScript开始讲解的。几位审稿人建议我们把这部分内容移到附录中，以便读者能够尽快开始学习Angular。我们听取了这个建议，但如果你并不熟悉ECMAScript 6和TypeScript的语法，可以首先阅读附录部分的内容，这能帮助你更容易地理解每章的代码示例。

学习路线图

本书由10章和两个附录组成。

第1章是对Angular 2架构的高级概述，简要总结了流行的JavaScript框架和库，并介绍了将从第2章开始开发的示例：在线拍卖应用程序。

你将使用TypeScript开发示例应用程序。TypeScript是JavaScript的一个超集，附录B能够让你快读掌握这门优秀的语言。你不仅将学习如何编写类、接口和泛型，还会学习如何把TypeScript编译成可以被任何浏览器使用的JavaScript(ECMAScript 5)。TypeScript实现了最新的ECMAScript 6(附录A中会介绍)规范中大部分的语法以及ECMAScript即将发布的规范中的一些语法。

第2章将引导你开发一些简单的Angular 2应用程序，你将创建首个Angular组件。该章介绍如何使用SystemJS模块加载器，并提供我们自己开发的Angular种子工程，这个工程是本书中所有示例应用程序的基础。在第2章结尾处，将会创建在线拍卖应用程序的第一版首页。

第3章将介绍Angular路由，它为单页面应用程序提供了一种弹性的路由机制。将会介绍如何在父组件和子组件中配置路由，如何在路由之间传递数据，如何延迟加载模块。在第3章结尾处，将会以多组件的方案重构在线拍卖应用程序，并为其添加路由功能。

第4章将介绍依赖注入(Dependency Injection)设计模式，以及Angular是如何实现该模式的。你将熟悉provider的概念，provider能够指定如何实例化注入对象。在新版的在线拍卖程序中，使用依赖注入把数据填充到产品详情视图中。

在第5章将讨论不同种类的数据绑定，介绍利用observable数据流的响应式编程，以及如何使用管道。在第5章结尾处将会开发新版本的在线拍卖应用程序，为其添加observable事件流，用来在首页过滤特色产品。

第6章介绍如何以松耦合的方式实现组件间的相互通信。我们将会讨论组件的输入和输出属性、中介者模式、组件的声明周期。第6章还包括对Angular变更检测机制的高级概述，并为在线拍卖系统增加评分功能。

第7章介绍如何处理Angular的表单。首先会介绍Forms API的基础知识，随后讨论表单的验证，并为在线拍卖应用程序创建一个新的版本，在其中的搜索组件中实现表单验证功能。

第8章解释Angular客户端应用程序如何使用HTTP和WebSocket协议与服务器端通信，并给出了示例。服务器应用程序可以使用Node.js和Express框架创建，之后在Node服务器端部署Angular在线拍卖应用程序。前端页面通过HTTP和WebSocket协议与服务器端的Node.js通信。

第9章将介绍单元测试，其中覆盖了Jasmine的基础知识以及Angular测试库的内容。从中你能够学会如何测试服务、组件和路由，以及如何配置和使用Karma运行测试用例，并为在线拍卖应用程序实现若干单元测试用例。

第10章是关于自动构建以及部署流程的介绍，将介绍如何使用Webpack打包工具压缩和打包代码用于部署，还介绍如何使用Angular CLI生成项目并部署。在线拍卖应用程序部署版本的大小会从5.5MB(开发环境)降低到350KB(生产环境)。

附录A将会使你熟悉ECMAScript 2015(也叫ES6)所引入的新语法。附录B是对TypeScript语言的介绍。

代码约定和下载

本书涵盖了许多示例及源代码，有一些在被编号的代码清单中，另外一些穿插在正文中。无论代码在上面两处中的哪处出现，源代码都会按照固定宽度的字体进行格式化。在很多情况下，原始的源代码已经被重新格式化，添加了换行符并根据需要进行缩进，以适应每一页的宽度。在某些特殊情况下，换行和缩进仍然无法满足格式要求，此时将在代码清单中使用行继续符号(➥)。另外当在正文中描述代码时，通常会从代码清单中删除源代码的注释。那些带有注释的代码清单，则突出了相应概念的重要性。

本书示例的源代码可从网站https://www.manning.com/books/angular-2-development-with-typescript下载。读者也可以通过扫描封底的二维码来用手机下载。

本书作者在GitHub上同样维护了一个仓库，其中包括了所有示例的源代码，网址为https://github.com/Farata/angular2typescript。如果本书的代码在未来不适用于Angular发布的新版本，可以在GitHub仓库中提交问题，本书作者将会解决这些问题。

作者在线

购买本书后可以免费访问由Manning出版社运营的一个非公开论坛，读者可以在其中对本书进行评论，咨询技术问题，从作者和其他用户那里获得帮助。在浏览器中打开https://www.manning.com/books/angular-2-development-with-typescript即可访问和订阅论坛。从该页面可以了解到一旦注册成功后，如何进入论坛，可以获得哪些帮助以及论坛上的行为规范。

Manning出版社承诺为读者提供一个平台，从而在读者之间以及读者和作者之间提供有意义的交流渠道。作者并不会对参与交流的程度做任何承诺，他们对AO论坛的贡献完全出于自愿(且是无偿的)。建议读者向作者提出一些有挑战性的问题，这才能让作者有兴趣回答。

目　录

第1章

Angular 2介绍

1

本章概览：

- JavaScript框架和库的简要概述
- Angular 1和Angular 2的高级概述
- 介绍Angular开发者工具
- 介绍示例应用程序

Angular 2是一个由Google维护的开源JavaScript框架，它完全重写了备受欢迎的AngularJS。可以使用JavaScript(既可以是ECMAScript5语法，也可以是ECMAScript6语法)、Dart或TypeScript开发Angular应用程序。在本书中，我们将会使用TypeScript。在附录B中会解释选择TypeScript的原因。

前提 在本书中，我们并不期待你有AngularJS的开发经验。我们只需要你了解JavaScript和HTML的语法，理解什么是Web应用程序。我们还会假设你了解什么是CSS，并且熟悉浏览器中的DOM对象所扮演的角色。

在本章开始，我们会简要概述一些流行的JavaScript框架。之后，将回顾一下较早版本的AngularJS和较新版本的Angular 2的架构，并强调新版本带来的改进，还会快速浏览一下Angular开发者工具。我们将介绍在本书中构建的示例应用程序。

> **注意**
> 本书是关于Angular 2框架的，为简洁起见，我们从始至终将其称为Angular。如果我们提到AngularJS，指代的是Angular的1.x版本。

1.1 JavaScript框架和库的示例

是否必须选择使用框架呢？答案是否定的，可以用纯粹的JavaScript开发一个Web应用程序的前端。这种情况下，并没有什么新知识需要学习，因为只要了解JavaScript就够了。但不使用框架会面临需要维护复杂的跨浏览器兼容性以及开发周期变长的问题。相比之下，框架能够让你完全控制自己应用程序中的架构、设计模式和代码风格。大多数现代Web应用程序在开发时都会组合使用一些框架和库。

Angular是用于开发Web应用程序的众多框架之一，本章将简要介绍一些流行的JavaScript框架和库。库和框架有什么区别呢？框架为代码提供了一个结构，并强制按照特定方式来编写代码。库通常会提供大量的组件和API接口，它们可以在任何代码中被调用。换句话说，与库相比，框架对应用程序的设计更有用。

1.1.1 重量级框架

重量级框架包含了开发一个Web应用程序需要的所有东西。这将为你的代码强加一个结构，并配套UI组件库和工具以便开发和部署应用程序。

例如，Ext JS是一个由Sencha创建和维护的全功能型框架。它配备了一套优秀的UI框架，其中包括一个高级的数据表格和图表控件，这对于开发后台企业级应用程序是至关重要的。如果采用Ext JS框架，你的应用程序会需要额外包含大量的代码。如果一个应用程序采用Ext JS框架，那么你会发现它的大小不会小于1MB。Ext JS是侵入式框架，一旦采用，并不能很容易切换到其他框架。

Sencha同时还推出了Sencha Touch框架，主要用于开发面向移动设备的Web应用程序。

1.1.2 轻量级框架

轻量级框架为Web应用程序添加结构，提供了一种在不同视图之间切换的导航方式，通常会把应用程序拆分成不同的层，实现模型-视图-控制器(Model-View-Controller，MVC)设计模式。还有一类轻量级框架，专门用于测试用JavaScript开发的应用程序。

Angular是用于开发Web应用程序的开源框架。使用Angular更容易创建那些能够被插入到HTML文档中并实现了应用逻辑的自定义组件。Angular大量地使用数据绑定，包含一个依赖注入模块，支持模块化，并提供路由机制。Angular并不像AngularJS那样是基于MVC的。整个框架并不包括UI组件。

Ember.js是用于开发Web应用程序的开源框架。它包括了路由机制，支持双向数据绑定。Ember.js使用了大量的代码约定，从而提高了软件开发人员的生产效率。

Jasmine是一个JavaScript开源测试框架。Jasmine不需要任何一个Dom对象，它包括一系列方法用来测试应用程序中的某些行为是否符合预期。Jasmine经常与Karma一起使用，Karma是一个测试运行器，能运行在不同的浏览器中。

1.1.3 库

本节将讨论实现各种功能的库，这些库可以应用到Web应用程序中，而无论应用程序是否使用了框架。

jQuery是一个流行的JavaScript库。它的用法简单，不需要大幅改变自己的Web编程方式。jQuery用于查找和操作Dom元素，处理浏览器事件以及浏览器兼容性问题。jQuery是一个可扩展库，全世界的开发者为其开发了数以千计的插件。如果找不到符合自己要求的插件，还可以自行开发一个。

Bootstrap是一个由Twitter开发的开源UI组件库。使用响应式Web设计原则构建组件，如果你的Web应用程序需要根据用户设备的屏幕尺寸自动调整布局，那么这样的设计原则是非常有价值的。在本书中，我们开发的在线拍卖应用程序示例会使用Bootstrap。

注意

Google基于一系列设计原则开发了一套UI组件库，叫作Material Design，它可能会成为Bootstrap的替代品。Material Design对跨屏幕展示做了优化，并搭配了一套漂亮的UI组件。在本书的撰写阶段，只发布了AngularJS版本的Material Design。Angular版本的被称为Angular Material Design，它应该在本书出版之后将会被发布。

React是一个由Facebook开发的开源用户界面库。React作为MVC模式中的V(View)层，是非侵入式的，可以与其他任何库和框架结合使用。React创建自有的虚拟DOM对象，最大限度地减少对浏览器DOM的访问，从而达到更好的性能。对于内容渲染，React引入了JSX格式，这是一个对JavaScript的扩展，看起来更像是XML。React建议使用JSX，但这并不是必需的。

Polymer是一个由Google开发的基于Web Components标准构建自定义组件的库。它搭配了一套漂亮的可定制的UI组件，可以作为标签在HTML页面中被引用。Polymer还为应用程序提供了离线工作模块以及使用Google API的组件(如日历、地图等)。

RxJS是一组使用了可观察集合并组合异步请求和基于事件编程的库。它允许应用程序处理异步数据流，例如股票交易价格的服务器端数据流或鼠标移动事件。使用RxJS，数据流会被表示为一个可观察队列。RxJS可以单独使用，也可与其他JavaScript框架结合使用。在本书的第5章和第8章，可以看到Angular中关于使用可观察变量的概念。

如果想查看哪些顶级网站都使用了什么JavaScript框架和库，可以访问“JavaScript开发网站的使用统计情况”页面，网址为http://trends.builtwith.com/javascript。

从Flex迁移到Angular

我们为Farata Systems公司工作，多年来一直使用Adobe Flex框架开发复杂的软件系统。Flex是一个非常高效的框架，构建在强类型ActionScript语言之上，应用程序部署在浏览器的Flash Player插件中。当Web社区开始逐渐放弃使用插件之后，我们花费了两年的时间试图寻找Flex的替代品。我们尝试了不同的JavaScript框架，但是我们开发人员的开发效率都严重降低。最后柳暗花明，我们终于找到了最好的解决方案，就是把TypeScript语言、Angular 2框架以及UI组件库(如Angular Material)组合在一起使用。

1.1.4 什么是Node.js

Node.js(或者称为Node)不仅仅是一个框架或库，它还是一个运行时环境。在本书的大部分内容中，我们将使用Node运行时来运行各种工具，比如Node Package Manage(npm)。例如，要安装TypeScript，可以在命令行中使用npm命令：

```
npm install typescript
```

Node.js框架可以用于开发在浏览器之外运行的JavaScript程序。可以使用JavaScript或TypeScript开发Web应用程序的服务器端程序；在第8章你将会使用Node开发一个Web服务。Google为Chrome浏览器开发了一款高性能V8 JavaScript引擎，可用于运行使用Node.js API编写的代码。Node.js框架包括了一个API，具有操作文件系统、访问数据库、监听HTTP请求等功能。

JavaScript社区的成员们已经构建了大量的工具用于开发Web应用程序，借助于Node的JavaScript引擎，可以在命令行中运行这些工具。

1.2 AngularJS高级概述

现在我们回到本书的主题：Angular框架。这是本书中唯一讲解AngularJS的章节，AngularJS是Angular的上一个版本。

从2009年开始，Misko Hevery和Adam Abronsa开始着手开发AngularJS框架，旨在帮助Web设计师定制网页，2012年官方发布了AngularJS 1.0版本。截至2015年，陆续发布了几个小版本，在撰写本书时，AngularJS的稳定版本是1.5。Google持续改进AngularJS 1.x的功能，解决问题，并且同时开发Angular 2。让我们来看看是什么让AngularJS这么流行：

- AngularJS具有利用指令概念创建自定义HTML标签和属性的机制，允许根据自己应用程序的需要扩展HTML标签。
- AngularJS是侵入式的，但不会产生过多的干扰。可以把ng-app属性添加到任何一个<div>标签上，只有这个<div>标签里的内容会被影响，页面中的其他部分仍然是纯粹的HTML和JavaScript。
- AngularJS令你能够轻松地把数据绑定到视图上，更改数据将会触发相应视图元素自动更新，反之亦然。
- AngularJS配套有一个可配置的路由，使你能够对应用程序的组件与URL模式进行映射，当URL变化时会导致页面中对应的视图发生变化。
- 在控制器中定义应用程序的数据流，数据流是JavaScript对象类型，其中包括属性和方法。

- AngularJS应用程序使用有层级关系的作用域来存储由控制器和视图分享的数据。
- AngularJS包含了一个依赖注入模块，使你能够以解耦合方式开发应用程序。

与jQuery简化DOM操作相反，AngularJS允许开发者以MVC模式设计应用程序，从而把逻辑从UI层分离出来。图1.1描述了一个用于处理产品的AngularJS应用程序的工作流示例。

如果希望用AngularJS控制整个Web应用程序，请在HTML标签<body>中包含ng-app指令：

```
<body ng-app="ProductApp">
```

在图1.1中，为了能够得到产品数据，用户加载应用程序❶并输入产品ID❷。视图通知控制器❸更新模型❹，并通过$http服务发送一个HTTP请求❺到远程服务器。AngularJS使用取回的数据❺填充到模型的属性中，并且模型的变化会通过绑定表达式❻自动反射到UI中。这样，用户就能看到所请求产品❼的数据了。

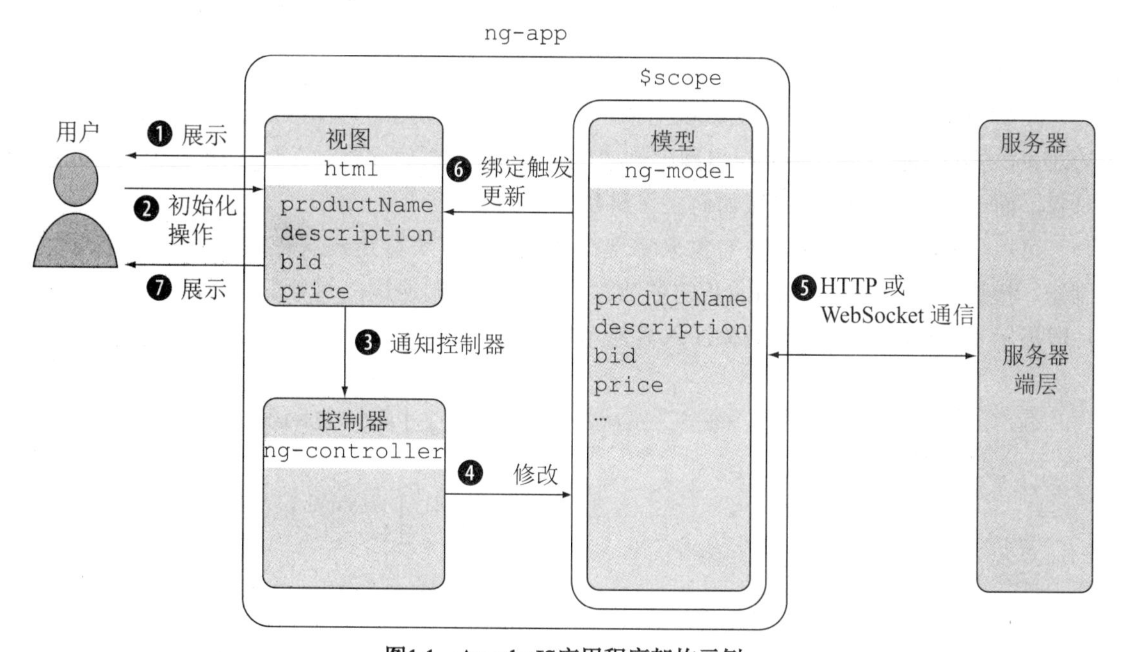

图1.1　AngularJS应用程序架构示例

一旦模型中保持的数据发生变化，AngularJS就会自动更新视图。如果用户修改了视图中输入框里的数据，那么UI的变化也会传递给模型。这种双向更新机制被称为双向数据绑定，如图1.2所示。

双向绑定意味着其中一个会自动更新另一个，因此在AngularJS中，模型和视图是紧密绑定在一起的。这些自动更新的视图将会节省你很多的开发工作，但这并不会只带来好处。

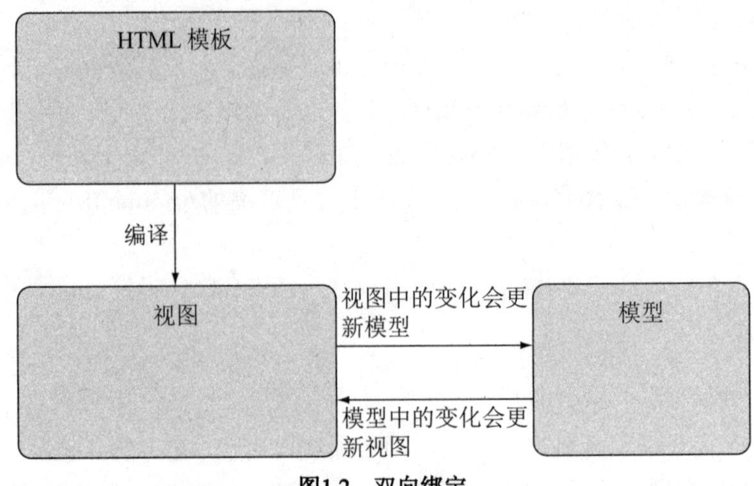

图1.2　双向绑定

每次模型被更新时，AngularJS会运行一个特殊的$digest循环，遍历整个应用程序，调用数据绑定并在需要时更新DOM。嵌套更新会导致$digest循环运行多次，这可能会影响那些使用了多个双向数据绑定的大型应用程序的性能。操作浏览器的DOM对象是性能最差的，越少更新DOM，应用程序的性能越好。

模型数据保存在一个特定$scope对象的上下文中，AngularJS作用域是一个有层级结构的对象。$rootScope是为整个应用程序创建的。控制器和指令(自定义组件)有自己的$scope对象，而理解AngularJS作用域如何工作将是一个挑战。

可以通过创建和加载模块对象来实现模块化。当一个特定模块依赖于其他对象(如控制器、模块或服务)时，AngularJS的依赖注入机制将会创建这些对象的实例。下面的代码片段展示了AngularJS将一个对象注入其他对象的一种方法：

```
var SearchController = function($scope) {      ← 定义一个带有$scope参数的构造函数SearchController
        //..
};

SearchController['$inject'] = ['$scope'];      ← 为控制器添加$inject属性，并把$scope对象注入到构造函数中

angular.module('auction').controller('SearchController', SearchController);  ← 将SearchControll对象分配给拍卖模块的控制器
```

在上面的代码示例中，方括号表示一个数组，Angular可以注入多个对象，如['$scope','myCustomService']。

AngularJS经常被用来创建单页面应用程序，用户操作或服务器返回数据只会更新页面中的指定部分(子视图)。有一个很好的例子能够说明什么是子视图，显示股票报价的Web应用程序，整个视图中只有价格元素会随着股票交易而变化。

通过配置ng-route路由组件来设置AngularJS中视图之间的导航。可以根据URL模式指定多个.when选项将应用程序导航到相应的视图。下面的代码示例将会演示路由默认会使

用home.html和HomeController控制器。如果URL中包含/search，那么页面将会渲染search.html，而控制器会变为SearchController对象：

```
angular.module('auction', ['ngRoute'])
   .config(['$routeProvider', function($routeProvider) {
       $routeProvider
         .when('/', {
            templateUrl: 'views/home.html',
            controller: 'HomeController' })
         .when('/search', {
             templateUrl: 'views/search.html',
             controller: 'SearchController' })
         .otherwise({
             redirectTo: '/'
      });
   }]);
```

AngularJS支持深度链接，当把页面加入到书签中时，不仅可以收藏整个网页，还可以收藏页面中的某个特定状态。

现在，你已经对AngularJS有所了解，下面介绍Angular 2是什么。

1.3 Angular高级概述

与AngularJS相比，Angular在很多方面的表现都会更好。Angular更容易学习，应用程序的架构也被简化了，并且代码更易于读写。本节包含Angular高级概述，以及Angular相对于AngularJS的改进之处。

有关Angular更详细的架构概述，请参阅https://angular.io/docs/ts/latest/guide/architecture.html上的产品文档。

1.3.1 简化代码

首先，Angular应用程序支持ECMAScript 6(ES6)中的标准模块、异步模块定义(Asynchronous Module Definition，AMD)以及CommonJS格式。通常，一个模块是一个文件。不需要使用框架特定的语法来加载和使用模块。使用通用的模块加载器SystemJS(在第2章会介绍)，并添加import语句，这样就能够使用被加载模块中实现的功能。你并不需要像在HTML文件中使用<script>标签一样担心顺序的正确与否问题。如果模块A依赖模块B中的功能，那么只需要在模块A中导入模块B即可。

应用程序的着陆页面的HTML文件中包括了Angular模块以及它们的依赖。应用程序的代码通过加载自己的根模块进行引导。所有必需的组件和服务将会根据模块中的声明和导入语句进行加载。

下面的代码片段显示了一个典型Angular应用程序的index.html文件，其中包含了所必需的框架模块。systemjs.config.js脚本中包含了SystemJS加载器的配置。System.import('app')加载systemjs.config.js中配置的最上层组件(如第2章所述)。自定义标签<app>是在根组件的selector属性中定义的一个值。

```
<!DOCTYPE html>
<html>
<head>
  <title>Angular seed project</title>
  <meta charset="UTF-8">
  <meta name="viewport" content="width=device-width, initial-scale=1">

  <script src="node_modules/core-js/client/shim.min.js"></script>
  <script src="node_modules/zone.js/dist/zone.js"></script>

  <script src="node_modules/typescript/lib/typescript.js"></script>
  <script src="node_modules/systemjs/dist/system.src.js"></script>
  <script src="node_modules/rxjs/bundles/Rx.js"></script>
  <script src="systemjs.config.js"></script>
  <script>
    System.import('app').catch(function(err){ console.error(err); });
  </script>
</head>

<body>
<app>Loading...</app>
</body>
</html>
```

每个组件的HTML片段都可以在组件内部(template属性)或者通过templateURL属性从组件引用的文件中内联得到。如果是后一种，那么应用程序的UI设计师并不需要学习Angular。

组件是Angular新架构的核心内容。图1.3展示了一个由4个组件和2个服务组成的示例Angular应用程序的示意图。所有这些都会被封装到一个模块中。Angular的依赖注入(Dependency Injection，DI)模块向Service1中导入HTTP服务，之后把Service1注入GrandChild2组件中。这说明Angular与之前的图1.1中展示的AngularJS相比是完全不一样的。

声明一个组件的简单方式就是用TypeScript写一个类(当然，也可以使用ES5、ES6或Dart)。在附录B中，我们将简单介绍如何使用TypeScript编写Angular组件，并会附上示例代码。看看你能否快速理解代码。

如果为TypeScript的类前缀添加了一个@NgModule元数据注解，那么表示它是一个模块。如果为类前缀添加了一个@Component元数据注解，那么表示它是一个组件。@Component注解(又被称为装饰器)包含了template属性，声明了一个用于浏览器渲染的HTML片段。元数据注解允许在设计阶段修改组件的属性。HTML模板可能包含被双大括号包围的数据绑定表达式。事件绑定也在@Component注解的template属性中定义，并且在类中作为方法被实现。另一个元数据注解是@Injectable，它表示创建的组件会被DI

模块处理。

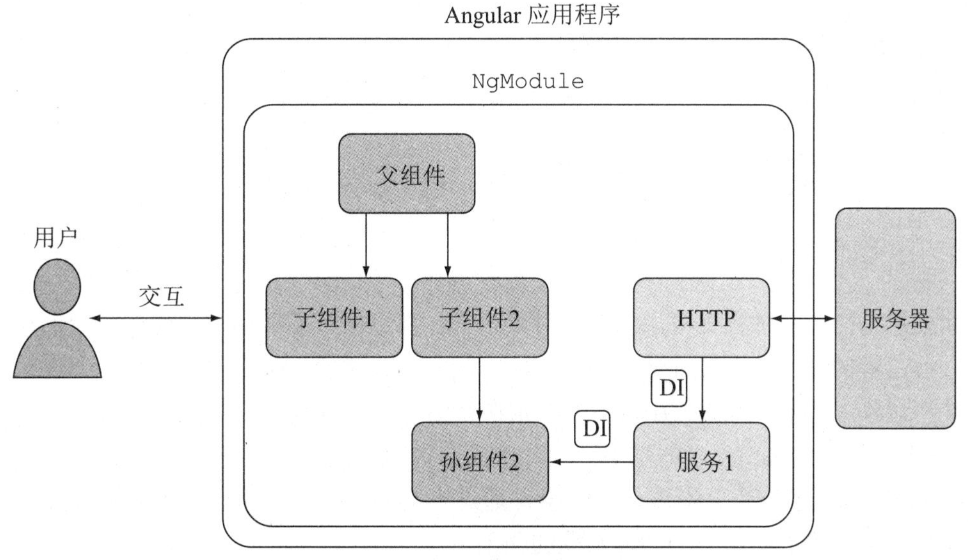

图1.3 Angular应用程序的示例框架

@Component注解还包含了一个selector属性，用来声明能够在HTML文档中使用的自定义标签。当Angular发现一个匹配selector属性值的HTML元素时，就会知道是哪个组件实现了这个元素。下面的HTML片段展示了父组件<auction-application>中包含了一个子组件<search-product>：

```
<body>
  <auction-application>
    <search-product [productID]= "123"></search-product>
  </auction-application>
</body>
```

父组件通过为子组件绑定输入属性来向其传递数据(注意上面代码中的方括号)，而子元素通经过它们的输出属性触发事件来实现与父组件的通信。在本章的最后，图1.7显示了首页(父元素)，而它的子组件在图中被粗边框包围着。

下面的代码显示了一个搜索组件SearchComponent。它的selector属性被声明为search-product，因此可以在HTML文档中通过<search-product>标签引用它：

```
@Component({
  selector: 'search-product',
  template:
     `<form>
        <div>
          <input id="prodToFind" #prod>
          <button(click)="findProduct(prod.value)">Find Product</button>
          Product name: {{product.name}}
        </div>
     </form>
```

```
})
class SearchComponent {
   @Input( ) productID: number;

   product: Product; // code of the Product class is omitted

   findProduct(prodName: string){
    // Implementation of the click handler goes here
   }
   // Other code can go here
}
```

如果熟悉任何一种有类概念的面向对象语言，那么应该能够理解上面代码中的大部分内容。被注解的类SearchComponent声明了一个product变量，该变量可能是一个包含了多个属性的对象。其中一个属性(name)被绑定在视图上({{product.name}})。模板中的局部变量#prod是一个对<input>元素的引用，因此不必查询DOM就可以得到输入值。

(click)符号表示一个单击事件。父组件通过绑定向子组件的事件处理回调方法传递参数，参数值是声明了productID的输入框的输入值。

现在我们只是对一个简单的示例组件做了介绍，下一章将对组件做详细介绍。如果之前没有接触过类的概念，不必担心，附录A和附录B中有对类的介绍。图1.4说明了搜索产品示例组件的内部工作原理。

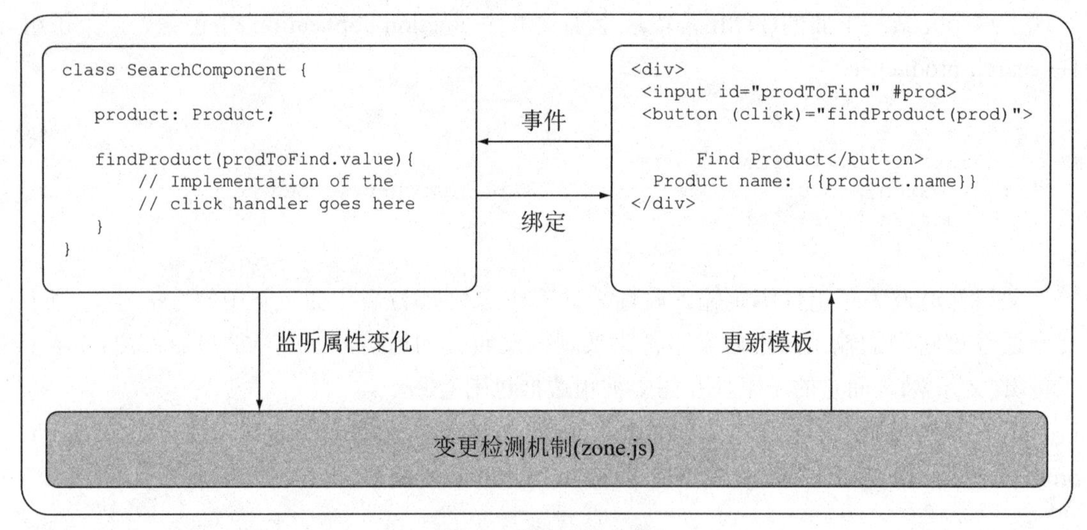

图1.4 组件内部实现

组件从服务中获取数据并用于渲染，这些数据用类的方式来定义。在TypeScript中，Product类可以是下面的结构：

```
class Product{
    id: number,
    name: string;
    description: string;
```

```
    bid: number;
    price: number;

    // constructor and other methods go here
}
```

注意，TypeScript允许在声明类变量的同时指定类型。为让UI组件SearchComponent掌握自己的数据，可以声明一个类变量，比如product：

```
@Component({ /* code omitted for brevity */ })
class SearchComponent {
   product: Product;

   findProduct(productID){
       // The implementation of the click handler
       // for the Find Components button goes here
   }
}
```

如果SearchComponent想要返回多个产品，可以声明一个数组来存储产品：

```
products: Array<Product>;
```

附录B中将会介绍泛型符号。在上面的代码片段中，<Product>表示在TypeScript编译器中只有Product类型的对象被允许存储在这个数组中。

Angular不是一个MVC框架，因此你的应用程序不会有独立的控制器(MVC模式中的C(Controller)层)。组件和被注入的服务(如果需要的话)囊括了所有必需的代码。在我们的例子中，SearchProduct类除了包含HTML视图中UI组件的代码，还包含了与控制器有关的代码。为了更彻底地分离TypeScript代码和HTML片段，在@Component注解中不建议使用template属性，而推荐使用单独的文件存储HTML片段，并用templateUrl属性代替template属性引用该文件。当然，这并不是强制要求，只是个人开发习惯。

现在，介绍Angular的设计比AngularJS简单在何处。在AngularJS中，所有指令都被加载到全局作用域中；而在Angular中，可以在模块层指定需要的指令，这提供了更好的封装性。

不需要像AngularJS一样处理多层级的scope对象，因为Angular是基于组件的，属性创建在组件的this对象上，this对象也在组件的作用域内。

创建对象实例的一种方法是使用new操作符。如果对象A依赖于对象B，那么在对象A中，可以这样写let myB=new B( );。依赖注入(Dependency Injection，DI)是一种设计模式，能够倒置创建依赖对象的过程。不需要显式地创建对象实例(比如使用new关键字)，框架将会创建这些实例对象并把它们注入到代码中。Angular自带了一个DI模块，第4章将详细介绍它。

在AngularJS中，有几种注册依赖的方式，它们经常会令开发者感到困惑。在Angular中，只能通过组件的构造函数向其注入依赖。下面的TypeScript代码片段显示了如何将ProductService组件注入到SearchComponent中。只需要指定一个provider，并把构造函数的参数声明为该provider的类型：

```
@Component({
  selector: 'search-product',
  providers: [ProductService],
  template:`<div>...<div>`
})
class SearchComponent {
  products: Array<Product> = [];

  constructor(productService: ProductService) {
    this.products = productService.getProducts( );
  }
}
```

上面的代码并没有使用new操作符。Angular将会实例化一个ProductService对象，并在SearchComponent中提供这个对象的引用。

总而言之，Angular比AngularJS更简单，原因如下：

- 应用程序的每一个构建块(building block)都是一个组件，包括功能封装性良好的视图、控制器和自动生成的属性变更检测器。
- 组件可以编程为注解类。
- 不需要处理多层级作用域。
- 依赖的组件通过组件的构造函数进行注入。
- 双向绑定功能是默认关闭的。
- 变更检测机制被重写了，性能更好。

大多数的企业级软件开发人员都是Java、C＃和C++程序员，对于他们来说，Angular的概念很容易理解。不管是否喜欢，事实是如果一个框架能够被企业接受并使用，那么这个框架会变得流行。AngularJS已经被多个企业广泛使用，并在实践中得到应用。使用Angular开发应用程序比使用AngularJS开发更容易，因此Angular会更流行。

1.3.2 性能提升

Repaint Rate Challenge网站(http://mathieuancelin.github.io/js-repaint-perfs)对比了各种框架的渲染性能。你可以比较AngularJS和Angular 2，结果显示Angular有很大的性能提升。

渲染性能的提升主要得益Angular框架内部的重新设计。渲染UI组件与应用程序的API被解耦到两个层面，使你能够在独立的Web工作线程中运行非UI相关的代码。除了可以同时运行不同层面的代码之外，Web浏览器也可能会为这些线程分配不同的CPU内核。有关新渲染框架更多的信息可以在Google Docs文档“Angular 2 Rendering Architecture”中找到，网址为http://mng.bz/K403。

把渲染层解耦出来还有一个很重要的好处：可以根据不同的设备选择使用不同的渲染引擎。每个组件都包括@Component注解，其中包含了一个定义组件外观的HTML模板。

如果要创建一个<stock-price>组件以便在页面中显示股票价格，那么UI部分的代码如下所示：

```
@Component({
  selector: 'stock-price',
  template: '<div>The price of an IBM share is $165.50</div>'
})
class StockPriceComponent {
...
}
```

Angular渲染引擎是一个独立的模块，它允许第三方供应商使用非浏览器依赖的平台作为渲染引擎，来替换默认的DOM渲染引擎。比如，可以在不同设备之间重用TypeScript代码，利用第三方UI渲染引擎在移动设备上渲染原生的组件。组件中的TypeScript代码将会被保留，但是@Component装饰器的template属性的内容可能会变更为XML或其他用于渲染原生组件的开发语言。

在NativeScript框架中已经实现了上述Angular 2渲染引擎。NativeScript框架在JavaScript和原生iOS UI组件或Android UI组件之间提供了一座桥梁，可以重用组件的代码，而仅仅是在模板中把HTML替换为XML。另一种自定义UI渲染引擎允许Angular与React Native搭配使用，这是为iOS和Android创建原生(非混合)UI的另一条途径。

Angular引入了全新的性能更强的变更检测机制，这也为Angular带来了性能上的提升。Angular不使用自动的双向绑定，需要手动开启。单向数据绑定简化了大量互相依赖的组件之间变更检测的流程。现在可以把一个组件排除在变更检测工作流之外，当检测到其他组件发生变更时，这个组件不会被检查。

注意

尽管Angular是对AngularJS的完全重新设计，但是如果使用AngularJS，那么也可以通过使用ng-forward(参见https://github.com/ngUpgraders/ng-forward)来编写Angular风格的代码。另一个方法是使用ngUpgrade(参见https://angular.io/docs/ts/latest/guide/upgrade.html))，它能够令Angular和AngularJS在一个应用程序中共存，然后逐步切换到最新版本的框架，但这种方法会造成应用程序的体积变大。

1.4　Angular开发者工具

当想要雇用一个有Angular开发经验的Web开发人员时，你希望开发者对Angular有多少了解？他们需要理解前面提到的Angular应用程序的架构、组件以及概念，但仅仅这些是不够的。下面的列表将会列出那些专业Angular开发人员使用的语言和开发工具。并非所有这些都是开发和部署应用程序必需的，在本书中，我们只用到了其中的一半。

- JavaScript是公认的Web应用程序前端开发语言。ES6是脚本语言的最新标准化规范，而JavaScript是其最流行的实现。

- TypeScript是JavaScript的超集，令开发人员更加高效。TypeScript支持ES6的大多数功能，还额外提供了类型、接口、元数据注解等特性。
- TypeScript代码分析器使用type-definition文件来处理那些没有使用TypeScript开发的代码。DefinitelyTyped是一个流行的type-definition文件集合，描述了数百个JavaScript库和框架的API。使用type-definition文件可以让IDE具备上下文相关帮助和高亮显示错误提示的功能。可以从npmjs.org的@types组织安装type-definition文件(详见附录B)。
- 因为目前大多数浏览器仅支持ECMSScript 5(ES5)语法，因此如果使用TypeScript或ES6编写代码，那么需要在部署时对代码执行转换。Angular开发者可能会用到Babel、Traceur和TypeScript编译器来进行代码转换(详见附录A和附录B)。
- SystemJS是一个通用模块加载器，能够加载ES6、AMD和CommonJS标准的模块。
- Angular CLI是一个代码生成器，允许生成一个全新的Angular项目，包括组件、服务和路由，此外还有部署应用程序的构建工具。
- Node.js是一个建立在Chrome的JavaScript引擎上的平台。Node包括一个框架和一个运行时环境，用于在浏览器之外运行JavaScript代码。在本书中并不会用到Node.js框架，但是将会使用它来安装开发Angular应用程序所必需的工具。
- npm是一个包管理器，可以让你下载工具、JavaScript库和框架。npm中存储了数以千计的包，可以用它安装所有的包，从开发者工具(比如TypeScript编译器)到安装应用程序依赖。npm还可以运行脚本，可以用npm启动HTTP服务器以及自动化构建。
- Bower曾经是一个非常流行的包管理器，用来解决应用程序依赖之间的关系(比如Angular 2和jQuery)。由于可以从npm下载到一切，因此现在Bower已不再使用。
- jspm同样是另一个包管理器。既然有了npm来管理所有的依赖，为什么还需要另一个包管理器呢？现代Web应用程序是由可加载模块组成的，jspm整合了SystemJS，这使得加载模块变得轻而易举。在第2章，我们将简单比较一下npm和jspm。
- Grunt是一个任务运行器。开发代码和部署代码之间需要执行很多步骤，这些步骤必须自动化完成。可能需要转换TypeScript或ES6代码为兼容性更好的ES5语法，压缩代码、图片和CSS。可能还需要检查代码质量，以及对应用程序做单元测试。使用Grunt，可以将所有的任务及其依赖关系配置到一个JSON文件中，这样整个处理过程将是100%自动完成的。
- Gulp是另外一个任务运行器。与Grunt一样，Gulp也可以自动化执行任务。但不同的是，Gulp并不在JSON中配置整个处理过程，而是用JavaScript编码来实现。这就允许在必要时可以调试整个处理过程。
- JSLint和ESLint是代码分析工具，用来查找JavaScript代码或JSON格式的文档中是否存在问题。它们是代码质量检查工具。通过JSLint和ESLint运行JavaScript程序会产生若干警告信息，提示如何改善程序的代码质量。

- TSLint是TypeScript的代码质量检查工具。它具有可扩展的检查规则集合，以强制推荐代码风格和模式。
- 压缩工具使文件的体积更小，比如UglifyJS。在JavaScript中，它们会删除代码注解和换行符，缩短变量的名称。压缩还可以用于HTML、CSS和图片文件。
- 打包程序将多个文件和它们的依赖封装到一个独立的文件中，比如Webpack。
- 因为JavaScript的语法非常宽松，应用程序需要测试，所以需要选择一个测试框架。在本书中，将使用Jasmine测试框架和Karma测试运行器。
- 现代的IDE和文本编辑器，比如WebStorm、Visual Studio、Visual Studio Code、Sublime Text 、Atom等都支持JavaScript和TypeScript。
- 所有主流的Web浏览器都带有开发者工具，可以在浏览器内部调试自己的程序。即使程序是用TypeScript所写并被部署到JavaScript中，也仍然可以用source maps调试原始代码。我们使用Chrome开发者工具。
- Web应用程序应该可以在移动设备上使用，应该选择支持响应式设计的UI组件，确保UI布局会根据用户设备的屏幕尺寸自动适应[①]。

上面的列表看起来可能会有些吓人，但是不必使用提到的每一种工具。在本书中，将使用下面的工具：

- npm用来配置应用程序、安装工具和依赖。将使用npm scripts启动Web服务器并作为任务运行器执行自动化构建。
- Node.js作为工具的运行时环境，还为Web服务器提供了一个框架。
- SystemJS用于加载应用程序的代码，还可以在浏览器中实时转换TypeScript代码。
- TypeScript命令行工具tsc用于运行附录B的示例，并在第8章中会开发一个Node应用程序。
- Jasmine用于单元测试，Karma用于运行测试用例(见第9章)。
- Webpack用于代码压缩以及应用程序打包部署(见第10章)。

注意

开发Angular应用程序比开发AngularJS应用程序简单很多。在Angular中需要额外使用一些工具：转换器和模块加载器，这些工具在用JavaScript开发AngularJS时都不会用到，所以应用程序的初始设置会更加重要。一般来说，未来引入ES6模块将会改变浏览器加载应用程序的方式，在本书中我们将会学习新的方式。

图1.5说明了在开发和部署过程中的不同阶段用到的工具。本书用到的工具将会以粗体标出。

① 参见维基百科以了解响应式Web设计，网址为https://en.wikipedia.org/wiki/Responsive_web_design。

开发Angular应用程序比开发AngularJS应用程序容易，但是最初的开发环境一定要设置正确，这样才能真正享受开发过程。下一章将详细讨论项目初始化配置以及工具。

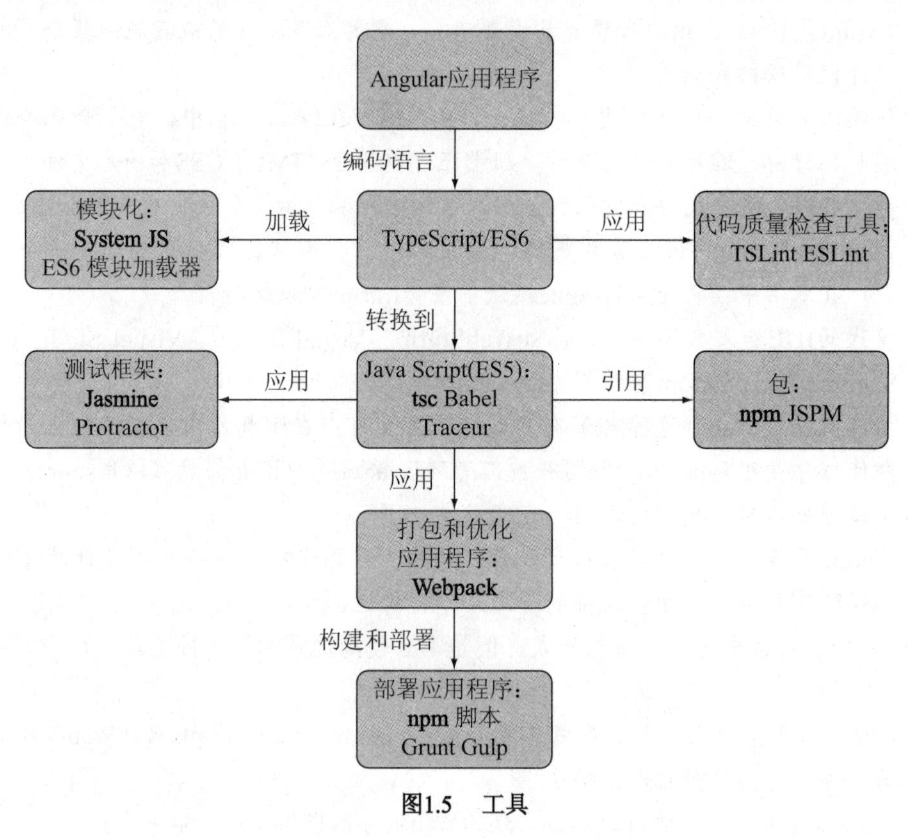

图1.5　工具

1.5　如何使用Angular

为了让你了解Angular是如何运行的，我们给出了表1.1，在其中列出了可能需要执行的任务(列在表格的左侧)以及如何使用Angular/TypeScript完成任务(列在表格的右侧)。表1.1中只是语法片段，并不是完整的任务列表，这会给你一个大概的指引。本书将会解释所有这些功能。

表1.1　如何使用Angular

任务	实现
实现业务逻辑	创建一个类，Angular会将其实例化并注入到你的组件中。你还可以使用new关键字
实现一个UI组件	创建一个类，用@Component注解
指定渲染组件用的HTML模板	可以在注解@Component的template属性中设置HTML代码，或者在templateUrl属性中设置HTML文件的名字
操作HTML	使用其中一个结构指令(*nglf、*ngFor)，或者创建一个自定义类并用@Directive注解

(续表)

任务	实现
在对象中引用类的变量	使用this关键字：this.userName="Mary";
为单页面应用路由导航	配置基于组件的路由器，将组件映射到URL片段上，为组件渲染所用的模板添加<router-outlet>标签
在UI中显示组件属性的值	在模板中用双大括号引用属性名称：{{customerName}}
在UI上绑定组件属性	用方括号进行属性绑定：<input[value]="greeting">
处理UI事件	在圆括号内定义事件名称，并指定事件处理方法：<button(click)="onClickEvent( )">GetProducts</button>
使用双向绑定	使用[( )]符号：<input[(ngModel)]="myComponentProperty">
向组件传递数据	用@Input标注组件属性，并把值绑定到上面
从组件获得数据	用@Output标注组件属性，并用EventEmitter触发事件
发送HTTP请求	把HTTP对象注入到组件中，并调用HTTP的一个方法：this.http.get('/products')
处理HTTP响应	通过观察流获得响应结果，并执行subscribe( )方法：this.http.get('/products').subscribe(...);
向子组件传递HTML片段	在子组件的模板中使用<ng-content>
通过切面修改组件	使用组件生命周期的钩子方法
部署	使用第三方工具对应用程序代码和框架代码进行打包

1.6 在线拍卖示例介绍

为使本书更加实用，我们将通过一个能够说明Angular语法或技术的小型应用程序，开始每一章。在每一章的结尾，将使用新学习的概念来查看组件和服务是如何组合到应用程序中的。

想象一下在线拍卖网站，人们可以在线上浏览和搜索产品。一旦产品被罗列出来，用户就可以选择自己想要的产品并参与出价。每一个新的出价将会在服务器端被验证，给出接受或拒绝的结果。最新的出价信息会被服务器推送给所有订阅此类通知的用户。

浏览、搜索和出价这些功能将会向服务器端的RESTful节点发送请求，这些节点是由Node.js在服务器端实现的。服务器端会使用WebSocket来推送用户出价结果以及其他用户出价的通知。图1.6展示了在线拍卖示例的工作流。

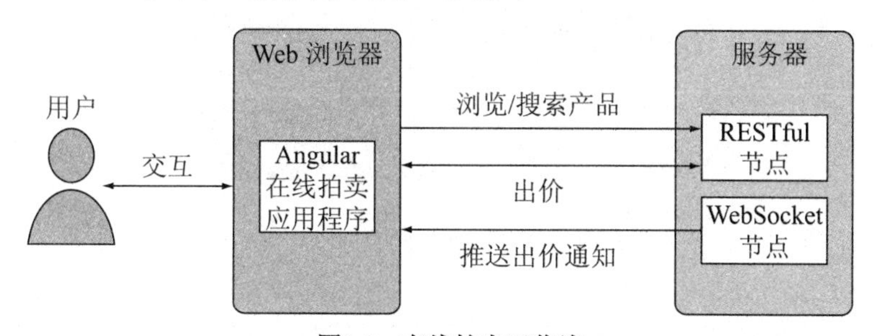

图1.6　在线拍卖工作流

图1.7显示了如何在台式机上渲染拍卖首页。在页面初始阶段，将会使用灰色的占位

符代替产品图片。

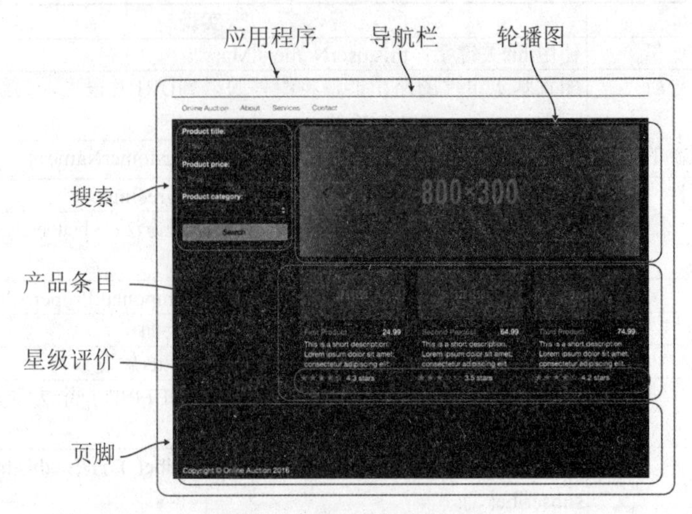

图1.7 拍卖首页与标注

你将会使用响应式UI组件，这样也能在智能手机中展示首页，如图1.8所示。

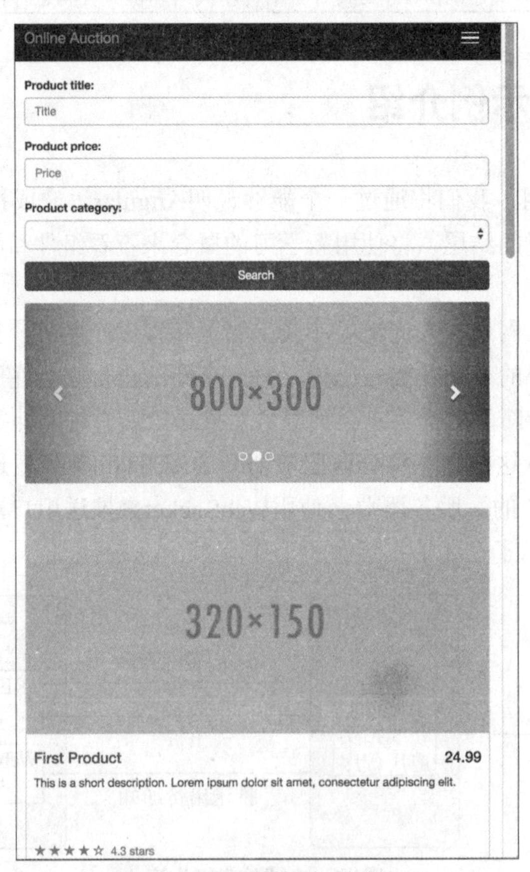

图1.8 在智能手机中显示首页

开发Angular应用程序总结起来就是创建组件和组合组件。在线拍卖示例应用程序使用TypeScript编写，组件的视图使用HTML模板开发，并在模板上进行数据绑定。图1.9显示了在线拍卖示例应用程序项目的初始化目录结构。

index.html文件将会加载主应用程序组件，它由application.html和application.ts两个文件构成。主应用程序组件将会包含其他的组件，如产品、搜索等。所有这些组件之间的依赖都是自动化加载的。

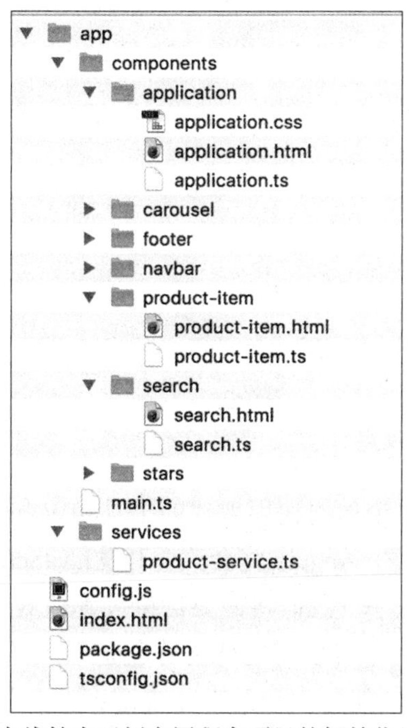

图1.9　在线拍卖示例应用程序项目的初始化目录结构

1.7　本章小结

在本章中，我们对Angular 2框架做了高级概述，并与上一个版本的AngularJS进行了对比。我们还介绍了一个在线拍卖示例应用程序，通过学习本书，你将能够开发这个示例应用程序。

- Angular的架构比AngularJS更简单。
- 可以用TypeScript和JavaScript开发Angular应用程序。
- 在部署前需要把源代码转换成JavaScript。
- Angular开发者必须熟练使用很多工具。
- Angular是一个基于组件的框架。
- 好的框架能够让开发者写更少的代码，而Angular就是这样一个框架。

第2章

Angular入门

2

本章概览：

- 编写你的第一个Angular应用程序
- 熟悉通用模块加载器SystemJS
- 包管理器的角色
- 第一版在线拍卖应用程序

在本章中，我们将开始讨论如何使用现代的工具和Web技术(如注解、ES6模块及模块加载器)来开发Angular应用程序。Angular将会改变开发JavaScript应用程序的方式。你将编写三个版本的Hello World应用程序，我们将简要讨论包管理器及通用模块加载器SystemJS。

然后，将创建一个小项目，可以将它作为你创建自己的Angular项目的样板。之后讨论Angular应用程序主要的组成部分，如组件和视图，并且将简要介绍依赖注入和数据绑定。在本章末尾，将介绍在整本书中开发的在线拍卖应用程序。

注意

本书中的所有代码示例均基于Angular 2.0.0 Final版本。如果Angular将来发布的API改变了，我们将相应地更新代码示例，网址为https://github.com/Farata/angular2typescript。

提示

如果尚不熟悉TypeScript及ECMAScript 6的语法，我们建议你先阅读附录A和B，然后再从本章开始阅读。

2.1 第一个Angular应用程序

在本节中，我们将展示使用TypeScript、ES5和ES6编写的Hello World应用程序的三个版本。这将是你可以看到使用ES5及ES6编写的Angular应用程序的唯一小节——所有其他代码示例将使用TypeScript编写。

2.1.1　TypeScript版本的Hello World

第一个应用程序将非常简单，让你快速开始使用Angular编程。此应用程序将包含两个文件：

```
index.html
main.ts
```

这两个文件位于本书可下载代码的hello-world-ts目录中。index.html文件是应用程序的入口。它将包含对Angular框架、自身依赖及main.ts文件的引用，此文件包含引导应用程序的代码。这些引用中的一些可能位于模块加载器的配置文件中(你将在本书中使用SystemJS和Webpack加载器)。

在HTML文件中加载Angular

Angular框架的代码由模块(每个模块一个文件)组成，它们被组合到库中，将库从逻辑上分组成包，例如@angular/core、@angular/common等。你的应用程序必须在应用程序代码之前加载所需的包。

下面创建一个index.html文件，它首先加载必需的Angular脚本、TypeScript编译器以及SystemJS模块加载器。以下代码从内容分发网络(Content Delivery Network，CDN)unpkg.com载入这些脚本。

代码清单2.1　TypeScript index.html

```
<!DOCTYPE html>
<html>
<head>
  <script src="//unpkg.com/zone.js@0.6.12"></script>
  <script src="//unpkg.com/typescript@2.0.0"></script>

  <script src="//unpkg.com/systemjs@0.19.37/dist/system.src.js"></script>
  <script src="//unpkg.com/core-js/client/shim.min.js"></script>
  <script>
    System.config({
      transpiler: 'typescript',
      typescriptOptions: {emitDecoratorMetadata: true},
      map: {
        'rxjs': 'https://unpkg.com/rxjs@5.0.0-beta.12',
        '@angular/core'                : 'https://unpkg.com/@angular/
         å core@2.0.0',
        '@angular/common'              : 'https://unpkg.com/@angular/
         å common@2.0.0',
        '@angular/compiler'            : 'https://unpkg.com/@angular/
         å compiler@2.0.0',
```

Zone.js是一个提供变更检测的库

TypeScript编译器在浏览器中将源代码编译成JavaScript

配置SystemJS加载器，用于加载并编译TypeScript代码

SystemJS将应用程序代码动态加载到浏览器中。我们将在本章后面讨论SystemJS

将Angular模块的名称映射到它们的CDN位置

```
      '@angular/platform-browser'        : 'https://unpkg.com/@angular/
       å platform-browser@2.0.0',
      '@angular/platform-browser-dynamic': 'https://unpkg.com/@angular/
       å platform-browser-dynamic@2.0.0'
    },
    packages: {
      '@angular/core'                    : {main: 'index.js'},
      '@angular/common'                  : {main: 'index.js'},
      '@angular/compiler'                : {main: 'index.js'},
      '@angular/platform-browser'        : {main: 'index.js'},
      '@angular/platform-browser-dynamic': {main: 'index.js'}
    }
  });
  System.import('main.ts');
</script>
</head>
<body>
  <hello-world></hello-world>
</body>
</html>
```

为每个Angular模块指定main脚本

指示Angular从main.ts文件加载主模块

自定义的HTML元素<hello-world></hello-world>表示main.ts中实现的组件

当此应用程序启动时，<hello-world>标签将由代码清单2.2中所示的@Component注解的模板内容替代。

提示

如果使用的是IE(Internet Explorer)浏览器，那么可能需要添加额外的脚本system-polyfills.js。

内容分发网络(CDN)

unpkg(https://unpkg.com)是发布到npm(http://www.npmjs.com/)包管理器的注册表的(软件)包的一个CDN。检查npmjs.com以查找特定包的最新版本。如果想要查看哪个其他版本的包可用，请运行npm info packagename命令。

生成的文件未被提交到版本控制系统中，而且Angular 2在其Git仓库中不包括可以使用的包。它们即时生成并随npm包(https://www.npmjs.com/~angular)一起发布。因此，可以在HTML文件中使用unpkg来直接引用production-ready的包。相反，我们更喜欢使用本地安装的Angular及其依赖，因此在2.4.2节将使用npm进行安装。由npm安装的所有内容将存储在每个项目的node_modules目录中。

TypeScript文件

现在我们来创建main.ts文件，它具有TypeScript/Angular代码和以下三个部分：

(1) 声明Hello World组件。

(2) 将其包装成一个模块。

(3) 加载该模块。

在本章的后面，将在三个单独的文件中实现这些部分，但此处为了简单起见，将把这个小应用程序的所有代码保存在一个文件中。

代码清单2.2　TypeScript main.ts

```
    import {Component} from '@angular/core';
    import { NgModule }       from '@angular/core';
    import { BrowserModule } from '@angular/platform-browser';
    import { platformBrowserDynamic } from '@angular/platform-browser-
dynamic';

    // Component
    @Component({
      selector: 'hello-world',
      template: `<h1>Hello {{ name }}!</h1>`
    })
    class HelloWorldComponent {
      name: string;

      constructor( ) {
        this.name = 'Angular';
      }
    }

    // Module
    @NgModule({
      imports:       [ BrowserModule ],
      declarations: [ HelloWorldComponent ],
      bootstrap:     [ HelloWorldComponent ]
    })
    export class AppModule { }

    // App bootstrap
    platformBrowserDynamic( ).bootstrapModule(AppModule);
```

从相应的Angular包导入引导方法和@Component注解，使其可用于应用程序的代码

在HelloWorldComponent类之上的@Component注解将其转换为Angular组件

template属性定义了用于渲染此组件的HTML标记

注解过的HelloWorldComponent类表示组件

name属性被用于组件模板的数据绑定表达式中

在构造函数中，使用值Angular 2初始化绑定到模板的name属性

声明模块的内容

声明表示模块的类

加载此模块

我们将在2.2节中介绍注解@Component和@NgModule。

什么是元数据？

一般来说，元数据是关于数据的附加信息。例如，在MP3文件中，音频是数据，但艺术家的名字、歌曲标题及专辑封面就是元数据。MP3播放器包括一个元数据处理器，它读取元数据并在播放歌曲时显示其中的一些元数据。

至于类，元数据是关于该类的附加信息。例如，@Component装饰器(又名注解)告诉Angular(元数据处理器)这不是一个常规类，而是一个组件。Angular根据@Component装饰器的属性中提供的信息生成额外的JavaScript代码。

在类属性的情况下，@Input装饰器告诉Angular这个类属性应该支持绑定，并能够从父组件接收数据。

还可将装饰器视为将某些数据附加到被装饰元素的函数。@Component装饰器不会更改被装饰的类，但会添加一些描述该类的数据，因此Angular编译器可以在浏览器的内存(动态编译)或磁盘上的文件(静态编译)中正确生成组件的最终代码。

通过使用与@Component注解的selector属性中的组件名称相匹配的标签，任何应用程序组件都可以包含在HTML文件(或其他组件的模板)中。组件选择器类似于CSS选择器，因此给定'hello-world'选择器，就将使用名为<hello-world>的元素将这个组件渲染到HTML页面中。Angular会将此行转换成document.querySelectorAll(selector)。

请注意，在代码清单2.2中整个模板都包含在反引号中，以将模板转换为一个字符串。这样，就可以在模板中使用单引号和双引号，并将其分成多行以进行更好的格式化。该模板包含数据绑定表达式{{name}}，而且在运行时，Angular将在组件上找到name属性，并用一个具体值替换大括号中的数据绑定表达式。

我们将对本书中所有的代码示例使用TypeScript，除了下面显示的两个版本的Hello World程序。一个版本使用ES5编写，另一个版本使用ES6编写。

2.1.2 ES5版本的Hello World

要使用ES5创建应用程序，应该使用一个以通用模块定义(Universal Module Definition，UMD)格式(请注意URL中的umd)分发的特殊的Angular模块。它在全局ng对象上发布所有AngularAPI。ES5 Angular Hello World应用程序的HTML文件可能如下所示(请参阅hello-world-es5文件夹)。

代码清单2.3 ES5 index.html

```
<!DOCTYPE html>
<html>
<head>
  <script src="//unpkg.com/zone.js@0.6.12/dist/zone.js"></script>
  <script src="//unpkg.com/rxjs@5.0.0-beta.11/bundles/Rx.umd.js">
➥</script>
  <script src="//unpkg.com/core-js/client/shim.min.js"></script>
  <script src="//unpkg.com/@angular/core@2.0.0/bundles/core.umd.js">
➥</script>
  <script src="//unpkg.com/@angular/common@2.0.0/bundles/common.umd.js">
➥ </script>
   <script src="//unpkg.com/@angular/compiler@2.0.0/bundles/compiler.umd.
➥js"></script>
  <script src="//unpkg.com/@angular/platform-browser@2.0.0/bundles/
➥platform-browser.umd.js"></script>
  <script src="//unpkg.com/@angular/platform-browser-dynamic@2.0.0/
bundles/platform-browser-dynamic.umd.js"></script>
</head>
<body>
```

```
<hello-world></hello-world>
<script src="main.js"></script>
</body>
</html>
```

因为ES5不支持注解语法，也没有原生的模块系统，所以main.js文件的编写应该与其TypeScript版本不同。

代码清单2.4 ES5 main.js

```
// Component
(function(app) {
  app.HelloWorldComponent =
      ng.core.Component({
        selector: 'hello-world',
        template: '<h1>Hello {{name}}!</h1>'
      })
      .Class({
        constructor: function( ) {
          this.name = 'Angular 2';
        }
      });
})(window.app ||(window.app = {}));

// Module
(function(app) {
  app.AppModule =
      ng.core.NgModule({
        imports: [ ng.platformBrowser.BrowserModule ],
        declarations: [ app.HelloWorldComponent ],
        bootstrap: [ app.HelloWorldComponent ]
      })
          .Class({
            constructor: function( ) {}
          });
})(window.app ||(window.app = {}));

// App bootstrap
(function(app) {
  document.addEventListener('DOMContentLoaded', function( ) {
    ng.platformBrowserDynamic
        .platformBrowserDynamic( )
        .bootstrapModule(app.AppModule);
  });
})(window.app ||(window.app = {}));
```

第一个立即调用的函数表达式(Immediately Invoked Function Expression，IIFE)在全局的Angular核心命名空间ng.core上调用Component( )和Class( )方法。定义了HelloWorldComponent对象，而且Component( )方法附加了定义其选择器和模板的元数据。通过这样做，将此JavaScript对象转换成一个可视化组件。

该组件的业务逻辑在Class( )方法内进行编码。在本例中，声明并初始化了被绑定到模板的name属性。

第二个IIFE调用NgModule( )方法创建了一个模块，此模块声明了HelloWorldComponent，并通过将它(HelloWorldComponent)的名称赋值给Bootstrap属性将其指定为根组件。最后，第三个IIFE通过调用bootstrapModule( )方法启动应用程序，此方法加载模块，实例化HelloWorldComponent，并将其附加到浏览器的DOM上。

2.1.3　ES6版本的Hello World

Hello World应用程序的ES6版本看起来与TypeScript版本非常相似，但它使用Traceur作为SystemJS的转换器。index.html文件看起来如下所示。

代码清单2.5　ES6 index.html

```
<!DOCTYPE html>
<html>
<head>
  <script src="//unpkg.com/zone.js@0.6.21"></script>
  <script src="//unpkg.com/reflect-metadata@0.1.3"></script>
  <script src="//unpkg.com/traceur@0.0.111/bin/traceur.js"></script>
  <script src="//unpkg.com/systemjs@0.19.37/dist/system.src.js"></script>
  <script>
    System.config({
      transpiler: 'traceur',
      traceurOptions: {annotations: true},
      map: {
        'rxjs': 'https://unpkg.com/rxjs@5.0.0-beta.12',

        '@angular/core'                    : 'https://unpkg.com/@angular/
         ➥ core@2.0.0',
        '@angular/common'                  : 'https://unpkg.com/@angular/
         ➥ common@2.0.0',
        '@angular/compiler'                : 'https://unpkg.com/@angular/
         ➥ compiler@2.0.0',
        '@angular/platform-browser'        : 'https://unpkg.com/@angular/
         ➥ platform-browser@2.0.0',
        '@angular/platform-browser-dynamic': 'https://unpkg.com/@angular/
         ➥ platform-browser-dynamic@2.0.0'
      },
      packages: {
        '@angular/core'                    : {main: 'index.js'},
        '@angular/common'                  : {main: 'index.js'},
        '@angular/compiler'                : {main: 'index.js'},
        '@angular/platform-browser'        : {main: 'index.js'},
        '@angular/platform-browser-dynamic': {main: 'index.js'}
      }
    });
    System.import('main.js');
  </script>
</head>
<body>
  <hello-world></hello-world>
```

浏览器不完全支持ES6，可以使用Traceur将ES6转码(在浏览器中)成ES5版本

现在脚本文件的扩展名是.js

```
</body>
</html>
```

与TypeScript的main.ts文件相比，ES6的main.js文件的唯一不同之处在于：现在没有预声明的类成员name。

代码清单2.6　ES6 main.js

```
import {Component} from '@angular/core';
import {NgModule}      from '@angular/core';
import {BrowserModule} from '@angular/platform-browser';
import {platformBrowserDynamic} from '@angular/platform-browser-dynamic';

// Component
@Component({
  selector: 'hello-world',
  template: '<h1>Hello {{ name }}!</h1>'
})
class HelloWorldComponent {

  constructor( ) {
    this.name = 'Angular 2';
  }
}

// Module
@NgModule({
  imports:      [ BrowserModule ],
  declarations: [ HelloWorldComponent ],
  bootstrap:    [ HelloWorldComponent ]
})
export class AppModule { }

// App bootstrap
platformBrowserDynamic( ).bootstrapModule(AppModule);
```

2.1.4　启动应用程序

要运行任何Web应用程序，需要一台基本的HTTP服务器，例如http-server或live-server。一旦修改代码并保存了正在运行的应用程序的文件，后者(live-server)即可执行网页的实时加载。

要安装http-server，请使用以下npm命令：

```
npm install http-server -g
```

要在项目的根目录中从命令行启动服务器，请使用以下命令：

```
http-server
```

在浏览器中我们更倾向于看到实时地重新加载，因此使用类似下面的例程安装并启动live-server：

```
npm install live-server -g
live-server
```

如果使用http-server，则需要手动打开Web浏览器并输入URLhttp://localhost:8080，而live-server将会为你(自动)打开浏览器。

要运行Hello World应用程序，请在项目的根目录中启动live-server；它将会在浏览器中载入index.html。在页面上应该看到“Hello Angular 2!”被渲染出来(见图2.1)。在浏览器的Developer Tools面板中，可以看到为HelloWorldComponent指定的模板成了<hello-world>元素的内容。数据绑定表达式将被组件的构造函数中用于初始化name属性的实际值取代。

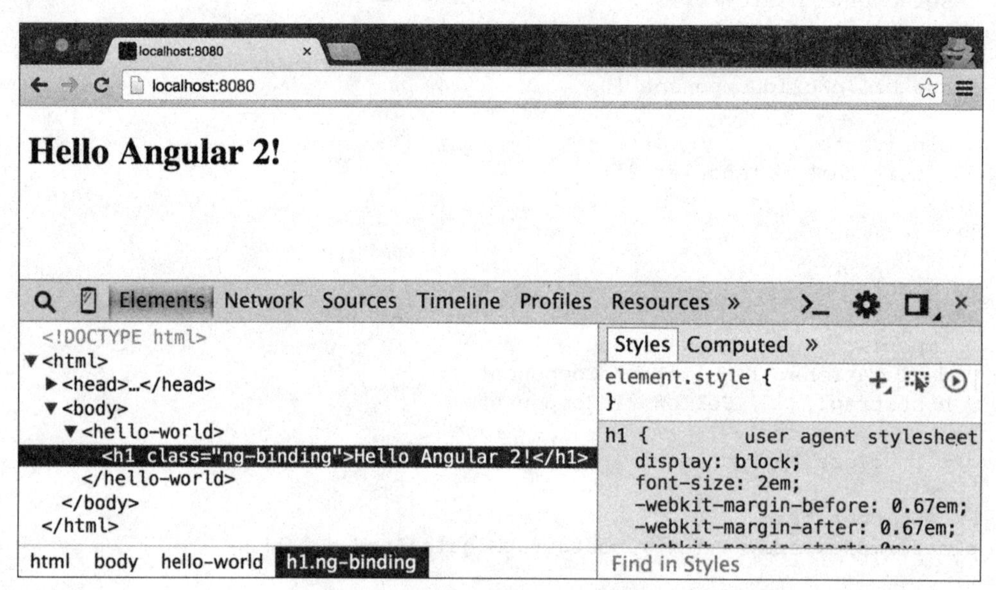

图2.1 运行Hello World应用程序

2.2 Angular应用程序的构建块

在本节中，我们将提供Angular应用程序主要构建块的高级概览，以便于阅读和理解Angular代码。我们将在后续章节中详细讨论这些主题。

2.2.1 模块

Angular模块就是一组相关联的组件、服务、指令等的容器。可将模块视为实现应用程序业务领域内特定功能的组件和服务的库，例如运输模块或记账模块。一个小型应用程序的所有元素可以位于一个模块(根模块)中，而较大的应用程序可能有多个模块(功能模块)。所有应用程序必须至少具有一个根模块，它会在应用程序启动期间被引导。

> **注意**
>
> ES6模块仅仅提供了一种隐藏和保护函数或变量，并创建可加载脚本的方式。相反，Angular模块用于打包相关的应用程序功能。

从语法角度来看，模块是一个用@NgModule装饰器注解的类，可以包括其他资源。在2.1节中已经使用了一个如下所示的模块：

```
@NgModule({
  imports:       [ BrowserModule ],
  declarations: [ HelloWorldComponent ],
  bootstrap:     [ HelloWorldComponent ]
})
export class AppModule { }
```

每个浏览器应用程序都必须导入BrowserModule，如有必要，可导入其他模块(如FormsModule)

声明HelloWorldComponent属于AppModule。每个模块成员必须在这里列出

在应用程序启动期间，模块将渲染根组件，它被赋值给@NgModel的bootstrap属性

必须在根模块中导入BrowserModule，但如果应用程序由根模块和功能模块组成，那么后者(功能模块)将需要导入CommonModule。导入的所有模块(例如FormsModule和RouterModule)的成员可用于模块的所有组件。

要在应用程序启动时加载和编译模块，需要调用bootstrapModule模块：

```
platformBrowserDynamic( ).bootstrapModule(AppModule);
```

应用程序模块可以立即(即时)加载，如之前的代码，或者通过路由器(按需)加载(参见第3章)。在本书的每一章中都将使用@NgModule，因此你将会看到如何声明具有多个成员的模块。有关Angular模块的详细说明，请阅读https://angular.io/docs/ts/latest/guide/ngmodule.html上的文档。

2.2.2 组件

Angular应用程序的主要构建块是组件。每个组件由两部分组成：定义用户界面(User Interface，UI)的视图和实现视图背后逻辑的类。

任何Angular应用程序代表封装在模块中的组件的层次结构。应用程序必须至少有一个模块和一个被称为根组件的组件。与其他组件相比，根组件并没有什么特殊之处。被赋给模块的Bootstrap属性的任何组件都将成为根组件。

要创建组件，请声明一个类并将@Component注解附加给它：

```
@Component({
 selector: 'app-component',
```

```
  template: `<h1>Hello !</h1>`
})
class HelloComponent {}
```

每个@Component注解都必须定义selector和template(或templateUrl)属性，这些属性决定了如何在页面上发现并渲染组件。

selector属性类似于CSS选择器。每个与此选择器相匹配的HTML元素都将被渲染为一个Angular组件。可以将@Component装饰器视为一个补充该类的配置函数。如果从代码清单2.2中查看文件main.ts转码后的代码，将看到Angular编译器使用@Component做了些什么：

```
var core_1;
var HelloWorldComponent;

HelloWorldComponent =(function( ) {
      function HelloWorldComponent( ) {
          this.name = 'Angular 2';
      }
      HelloWorldComponent = __decorate([
          core_1.Component({
              selector: 'hello-world',
              template: `<h1>Hello {{ name }}!</h1>`
          }),
          __metadata('design:paramtypes', [])
      ], HelloWorldComponent);
      return HelloWorldComponent;
  })
```

每个组件必须定义一个视图，它在@Component装饰器的template或templateUrl属性中指定：

```
@Component({
  selector: 'app-component',
  template: '<h1>App Component</h1>' })
class AppComponent {}
```

对于Web应用程序，template属性包含HTML标记。也可以使用另一种标记语言来渲染由第三方框架提供的原生移动应用程序。如果标记由几十行或更少行(代码)组成，使用template属性保持其内联。在之前的例子中没有使用反引号，因为它是单行标记并且不包含单引号或双引号。较大的HTML标记应位于templateUrl中引用的单独的HTML文件中。

组件采用常规CSS样式。对于内联的CSS可以使用styles属性，对于外部的样式文件可以使用styleUrls属性。外部文件允许网页设计师在不修改应用程序代码的情况下处理样式。最终，HTML或CSS保存在何处由你决定。

可以将视图看作UI布局和数据融合的结果。AppComponent的代码片段没有要合并的数据，但Hello World的TypeScript版本(参见代码清单2.2中的main.ts文件)会将HTML标记与name变量的值合并，以生成视图。

注意

在Angular中，视图渲染与组件分离，因此模板可以表示特定平台的原生UI，比如NativeScript(https://www.nativescript.org)或React Native(https://facebook.github.io/react-native)。

2.2.3　指令

@Directive装饰器允许将自定义的行为附加到HTML元素上(例如，可以将自动填充功能添加到<input>元素)。每个组件基本上都是一条带有关联视图的指令，但与组件不同，指令没有自己的视图。

以下示例显示了一条可以附加到input元素的指令，为的是在值更改后立即将input的值记录到浏览器的控制台：

```
@Directive({
  selector: 'input[log-directive]',      ← 这个选择器要求目标HTML元素具有input元素及log-directive属性
  host: {
    '(input)': 'onInput($event)'         ← host元素就是要附加指令的元素
  }
})
class LogDirective {
  onInput(event) {
    console.log(event.target.value);     ← <input>元素的处理程序将它的值记录到控制台
  }
}
```

要将事件绑定到事件处理程序，请将事件名称括在括号中。当input事件在host元素上发生时，事件处理程序onInput( )会被调用，并将event对象作为参数传递给此方法。

以下是如何将指令附加到HTML元素的示例：

```
<input type="text" log-directive/>
```

下一个示例显示了一条会将被附加元素的背景色改为蓝色的指令：

```
import { Directive, ElementRef, Renderer } from '@angular/core';

@Directive({ selector: '[highlight]' })

export class HighlightDirective {
  constructor(renderer: Renderer, el: ElementRef) {
    renderer.setElementStyle(el.nativeElement, 'backgroundColor', 'blue');
  }
}
```

这条指令可以附加到各种HTML元素，并且该指令的构造函数获得了由Angular注入的渲染器和UI元素的引用。以下是可以附加该指令到HTML元素<h1>的方式：

```
<h1 highlight>Hello World</h1>
```

在模块中使用的所有指令都需要添加到@NgModules装饰器的declarations属性中，如下所示：

```
@NgModule({
  imports:      [ BrowserModule ],
  declarations: [ HelloWorldComponent,
                  HighlightDirective ],
  bootstrap:    [ HelloWorldComponent ]
})
```

2.2.4 数据绑定简介

Angular有一个称为数据绑定的机制，允许保持组件的属性与视图同步。 这个机制非常复杂，我们将在第5章中详细介绍数据绑定。在本节中，我们将介绍最常见的数据绑定语法的形式。

要在模板中将值作为字符串显示，可使用双大括号：

```
<h1>Hello {{ name }}!</h1>
```

使用方括号将HTML元素的属性绑定到一个值：

```
<span [hidden]="isValid">The field is required</span>
```

要绑定元素事件的事件处理程序，可使用括号：

```
<button(click)="placeBid( )">Place Bid</button>
```

如果要在模板中引用DOM对象的属性，请添加一个局部模板变量(其名称必须以#开头)，它将自动存储对相应DOM对象的引用，并使用点号。

```
<input #title type="text"  />
<span>{{ title.value }}</span>
```

既然知道了如何编写一个简单的Angular应用程序，下面查看如何使用SystemJS库将代码加载到浏览器中。

2.3 通用模块加载器SystemJS

大多数现有的Web应用程序使用<script>标签将JavaScript文件加载到HTML页面中。虽然可以用同样的方式将Angular代码添加到页面中，但推荐的方法是使用SystemJS库加载代码。Angular在内部也使用SystemJS。

在本节中，我们将简要介绍SystemJS，以便你可以开始开发Angular应用程序。有关SystemJS的详细教程，请参阅GitHub上的SystemJS教程，网址为https://github.com/systemjs/systemjs。

2.3.1 模块加载器概览

最终的ES6规范引入了模块并涵盖了它们的语法和语义(http://mng.bz/ri01)。早期的规范草案包含对负责加载模块到执行环境(无论是Web浏览器还是独立的进程)的全局System对象的定义。但System对象的定义已从ES6规范的最终版本中删除，并且目前由Web超文本应用程序技术工作组(Web Hypertext Application Technology Working Group，参见http://whatwg.github.io/loader)跟进。System对象可能会成为ES8规范的一部分。

ES6 Module Loader polyfill(参见https://github.com/ModuleLoader/es6-module-loader)提供了一种在今天(不需要等待未来的EcmaScript规范)使用System对象的方法。它致力于匹配未来的标准，但该polyfill仅支持ES6模块。

由于ES6是相当新的，因此在NPM注册表中托管的大多数第三方(软件)包尚未使用ES6模块。本书前9章使用SystemJS，它不仅包括ES6模块加载器，还允许加载以AMD、CommonJS、UMD及全局模块格式编写的模块。对这些格式的支持对于SystemJS用户来说是完全透明的，因为它会自动确定目标脚本使用的模块格式。在第10章中，将使用另一种称为Webpack的模块加载器。

2.3.2 模块加载器与<script>标签

为什么要使用模块加载器，而不是使用<script>标签加载JavaScript？<script>标签存在几个问题：

- 开发者负责在HTML文件中维护<script>标签。其中一些可能会随着时间的推移而变得冗余，但是如果忘记清理它们，它们仍将被浏览器加载，从而增加了加载时间并浪费了网络带宽。
- 通常加载脚本的顺序很重要。如果将<script>标签放在HTML文档的<head>部分，浏览器只能保证脚本的执行顺序。但是，将所有脚本放在<head>中被认为是不好的做法，因为会阻止在所有脚本下载(完成)之前对页面进行渲染。

下面考虑一下在开发过程中以及准备应用程序的生产版本时使用模块加载器的优点：

- 在开发环境中，通常将代码分为多个文件，而每个文件代表一个模块。无论何时在代码中导入模块，加载器都会将模块名称与相应的文件相匹配，将其下载到浏览器中，然后执行其余的代码。模块可以保持项目组织良好；当启动应用程序时，模块加载器会在浏览器中自动将所有内容组合在一起。如果一个模块依赖于其他模块，它们都将被加载。
- 当准备应用程序的生产版本时，模块加载器将使用主(main)文件，遍历从它可达的所有模块的树，并将它们全部组合成一个单独的bundle。这样，这个bundle只包含应用程序实际用到的代码。它也解决了脚本加载顺序和循环引用的问题。

这些优点不仅适用于应用程序代码，还适用于第三方的(软件)包(例如Angular)。

注意

在本书中，我们可以互换使用术语模块(module)和文件(file)。一个模块不能跨多个文件。一个bundle通常由单个文件表示，并且包含在其中注册的多个模块。当模块和文件之间的区别很重要时，我们会明确提及。

2.3.3 SystemJS入门

当在HTML页面中使用SystemJS时，这个库可作为具有多个静态方法的全局System对象使用。将会用到的两个主要方法是System.import( )和System.config( )。

要加载模块，请使用System.import( )，它接收模块名称作为参数。模块名称可以是文件的路径或是映射到文件路径的逻辑名称：

```
System.import('./my-module.js');      ← 文件路径
System.import('@Angular 2/core');     ← 逻辑名称
```

如果模块名称以 ./ 开头，即使省略了扩展名，它也是该文件的路径。SystemJS首先尝试将模块名称与配置的映射匹配，此映射可以是System.config( )的参数或是在一个文件(例如systemjs.config.js)中。如果没有找到名称的映射，它就被认为是文件的路径。

注意

在本书中，我们将使用前缀./以及映射配置来查找将加载哪个文件。如果看到System.import('app')而找不到app.ts文件，请检查项目的映射配置。

System.import( )方法会立即返回一个promise对象(参见附录A)。当这个Promise对象被一个模块对象解决(resolved)时，在此模块加载完毕时会调用回调函数then( )。如果这个Promise对象被拒绝(rejected)，错误将在catch( )方法中被处理。

ES6模块包含加载模块中每一个被导出的值对应的属性。以下代码片段来自两个文件，显示了在模块中如何导出一个变量，并在另一个脚本中使用它：

```
// lib.js
export let foo = 'foo';

// main.js
System.import('./lib.js').then(libModule => {
  libModule.foo === 'foo'; // true
});
```

这里使用then( )方法指定当lib.js加载完毕时将被调用的回调函数。被加载的对象作为参数传给胖箭头表达式。

在ES5脚本中，可使用System.import( )方法即时或动态加载代码。例如，如果匿名用户浏览网站，则可能不需要实现用户配置功能的模块。但是，一旦用户登录，就可以动态加载配置模块。这样，可以减少初始页面的加载大小和时间。

但ES6的import语句呢？在第一个Angular应用程序中，在index.html文件里使用System.import( )来加载根应用程序模块main.ts。反过来，main.ts脚本使用自己的import语句导入Angular的模块。

当SystemJS加载main.ts时，它会自动将其转换为兼容ES5的代码。所以在浏览器执行的代码中，没import语句。将来，当主要浏览器原生支持ES6模块时，此步骤将不再需要，并且import语句将像System.import( )一样运行，但它们不会控制何时加载模块。

注意

当SystemJS转换文件时，它会自动为每个.js文件生成source map，从而允许在浏览器中调试TypeScript代码。

示例应用程序

我们考虑一个需要加载ES5 ES6脚本的应用程序。此应用程序将由三个文件组成(请参阅systemjs-demo文件夹)：

```
index.html
es6module.js
es5module.js
```

在典型的Web应用程序中，index.html文件将包含引用es6module.js和es5module.js的<script>标记。这些文件中的每一个将被浏览器自动加载并执行。但是这种方法存在几个问题，我们在2.3.2节中讨论过。下面介绍如何在示例应用程序中使用SystemJS处理这些问题。

可以使用ES6的export语句，使es6module.js模块的名称在脚本外可用。export语句的存在，会自动将文件转换为ES6模块：

```
export let name = 'ES6';
console.log('ES6 module is loaded');
```

es5module.js文件不包含任何ES6语法，并使用CommonJS模块格式导出模块的名称。基本上，将想要在模块外部可见的变量附加给exports对象：

```
exports.name = 'ES5';
console.log('ES5 module is loaded');
```

以下index.html文件在SystemJS的帮助下无缝导入了CommonJS和ES6模块。

代码清单2.7　使用SystemJS的index.html

```
<!DOCTYPE html>
<html>
<head>
```

```
<script src="//unpkg.com/es6-promise@3.0.2/dist/es6-promise.js">
➥ </script>
<script src="//unpkg.com/traceur@0.0.111/bin/traceur.js">
➥ </script>
<script src="//unpkg.com/systemjs@0.19.37/dist/system.src.js">
➥ </script>
<script>
  Promise.all([
    System.import('./es6module.js'),
    System.import('./es5module.js')
  ]).then(function(modules) {
    var moduleNames = modules
      .map(function(m) { return m.name; })
      .join(', ');
    console.log('The following modules are loaded: ' + moduleNames);
  });
</script>
</head>
<body></body>
</html>
```

ES6的Promise.all( )方法返回一个Promise对象，当所有可迭代参数完成时，将针对该对象执行resolve(或 reject)操作

这里用的是文件es6module.js的相对路径，使用了ES6的模块语法

加载es5module.js，类似于上一个，但这次SystemJS使用CommonJS格式

这里不使用ES6的箭头函数，因为index.html文件本身不会被SystemJS处理，所以代码不会被转码，并且在所有浏览器都不起作用

Promise.all( )的参数加载之后，它们将作为modules数组传给then( )方法

join( )方法将所有模块名称组合成逗号分隔的字符串

map( )方法调用该函数，它通过提取从每个模块导出的name属性来转变结果

因为System.import( )返回一个promise对象，所有可以一次开始加载多个模块，并在所有模块加载完毕后执行其他代码。

当应用程序启动时，以下结果被打印到浏览器的控制台(保持Developer Tools面板为打开状态以查看它)：

```
Live reload enabled.
ES6 module is loaded
ES5 module is loaded
The following modules are loaded: ES6, ES5
```

第一行来自live-server而不是应用程序。一旦其中一个模块被加载，就会立即打印其日志消息。当所有模块被加载后，将执行回调函数并打印最后一条日志消息。

配置SystemJS

截至目前使用的都是默认的SystemJS配置，但可以使用System.config( )方法来配置其工作的几乎任何方面，此方法接受一个配置对象作为参数。可以使用不同的配置对象多次调用System.config( )。如果同一个选项被设置了多次，则应用最新值。可以用<script>标签(见2.1 节)，在HTML文件中用System.config( )方法内联脚本，也可以将System.config( )的代码存储在单独的文件中(比如 systemjs.config.js)并使用<script>标签将它包含到HTML文件中。

SystemJS的配置选项的完整列表可在GitHub(http://mng.bz/8N60)上找到。我们将简要讨论本书中使用的一些配置选项。

baseURL

所有模块都相对于这个URL加载，除非模块名称表示绝对URL或相对URL：

```
System.config({ baseURL: '/app' });
System.import('es6module.js');    // GET /app/es6module.js
System.import('./es6module.js'); // GET /es6module.js
System.import('http://example.com/es6module.js'); //GEThttp://example.com/
➥ //es6module.js
```

defaultJSExtensions

如果defaultJSExtensions为true，扩展名.js将自动添加到所有文件路径。如果模块名称已经有了一个.js之外的扩展名，也将被附加.js：

```
System.config({ defaultJSExtensions: true });
System.import('./es6module');    // GET /es6module.js
System.import('./es6module.js'); // GET /es6module.js
System.import('./es6module.ts'); // GET /es6module.ts.js
```

警告

defaultJSExtensions属性的存在是为了向后兼容，并且在SystemJS将来的版本中会被弃用。

map

map选项允许为模块名称创建一个别名。当导入一个模块时，模块名称将替换为关联值，除非原始模块名称表示任意类型的路径(绝对或相对路径)。map参数在baseURL之前应用：

```
System.config({ map: { 'es6module.js': 'esSixModule.js' } });
System.import('es6module.js');    // GET /esSixModule.js
System.import('./es6module.js'); // GET /es6Module.js
```

这是map参数的另一个示例：

```
System.config({
  baseURL: '/app',
  map: { 'es6module': 'esSixModule.js' }
});
System.import('es6module'); // GET /app/esSixModule.js
```

packages

packages选项提供了一种方便的方法来设置特定公共路径的元数据和映射配置。例如，以下代码片段指示SystemJS，System.import('app')应该通过提供文件的名称和

TypeScript的默认扩展名ts来加载位于main_router_sample.ts文件中的模块：

```
System.config({
  packages: {
    app: {
      defaultExtension: "ts",
      main: "main_router_sample"
    }
  }
});
System.import('app');
```

paths

paths选项与map类似，但它支持通配符。它在map之后、baseURL之前被应用(参见代码清单2.6)。可以一起使用map和paths，但请记住paths是加载器规范的一部分(请参阅http://whatwg.github.io/loader)，而且ES6模块加载器的实现也是(请参阅https://github.com/ModuleLoader/es-module-loader)，但map只能被SystemJS识别：

```
System.config({
  baseURL: '/app',
  map: { 'es6module': 'esSixModule.js' },
  paths: { '*': 'lib/*' }
});

System.import('es6module'); // GET /app/lib/esSixModule.js
```

在本书的许多代码示例中，都能找到System.import('app')，因为配置了map或packages属性，它会打开一个不同名称(不是app)的文件。当看到类似import{Component}from'@angular/core';的命令时，@angular是指被映射到的Angular框架所在的实际目录的名称。core是一个子目录，该子目录中的主文件在SystemJS配置中指定，如下所示：

```
packages: {
        '@angular/core' : {main: 'index.js'}
}
```

transpiler

transpiler选项允许指定在加载应用程序模块时应该使用的转码器模块的名称。如果一个文件不包含至少一条import或export 语句，它将不被转码。transpiler选项可以包含下列值之一：typescript、 traceur和babel。

```
System.config({
  transpiler: 'traceur',
  map: {
    traceur: '//unpkg.com/traceur@0.0.108/bin/traceur.js'
  }
});
```

typescriptOptions

typescriptOptions选项允许设置TypeScript编译器选项。所有可用选项的列表可以在TypeScript文档中找到，参见http://mng.bz/rf14。

2.4 选择包管理器

很难在不使用任何库的情况下编写一个Web应用程序。本书在代码示例中使用了几个库。大多数代码示例将使用Angular框架，对于在线拍卖应用程序，也将用到Twitter的Bootstrap库，它依赖于jQuery。你的应用程序可能需要这些依赖的特定版本。

库、框架及它们的依赖的加载由包管理器来管理，而且你需要决定从几个流行的包管理器中选择使用哪一个。JavaScript开发者可能会被各种可用的包管理器淹没：npm、Bower、jspm、Jam以及 Duo，等等。

一个典型的项目包含一个配置文件，其中列出了所需库和框架的名称与版本。以下是package.json npm配置的一个片段，在线拍卖应用程序将要用到它：

```
"scripts": {
    "start": "live-server"
  },
  "dependencies": {
    "@angular/common": "2.0.0",
    "@angular/compiler": "2.0.0",
    "@angular/core": "2.0.0",
    "@angular/forms": "2.0.0",
    "@angular/http": "2.0.0",
    "@angular/platform-browser": "2.0.0",
    "@angular/platform-browser-dynamic": "2.0.0",
    "@angular/router": "3.0.0",

    "core-js": "^2.4.0",
    "rxjs": "5.0.0-beta.12",
    "systemjs": "0.19.37",
    "zone.js": "0.6.21",

    "bootstrap": "^3.3.6",
    "jquery": "^2.2.2"
  },
  "devDependencies": {
    "live-server": "0.8.2",
    "typescript": "^2.0.0"
  }
```

scripts部分指定了在命令行中输入npm start后将要运行的命令。在本例中，想要启动live-server。dependencies部分列出了部署应用程序的运行时环境所需的所有第三方库和工具。

devDependencies部分添加了在你(开发者)的计算机上必须存在的工具。例如，不会在生产环境中使用live-server，因为它是一台非常简单的服务器，仅用于开发。上面的配置还指出，只有在开发过程中才需要TypeScript编译器，而且你也能猜到，在部署期间，所有的TypeScript代码都将被转换为JavaScript代码。

上述配置也包括版本号。如果在版本号前面看到^符号，则表示此项目需要这个库或包指定的版本或更新的小版本。当我们使用Angular的beta版本时，我们想指定确切的包版本，因为较新的版本可能会有一些突破性更改。

当开始使用Angular时，我们知道将使用SystemJS模块加载器。然后我们了解到SystemJS的作者(Guy Bedford)也创建了一个在内部使用SystemJS的包管理器jspm，所以我们决定使用jspm。一段时间以来，我们一直在使用npm安装工具，而用jspm来安装应用程序依赖。这个设置是有效的，但是使用jspm，为了显示一个相当简单的应用程序的首页，Web浏览器要向服务器发出400以上个请求。仅在本机启动应用程序就要等待3.5秒，时间有点太长了。

我们决定在开发期间尝试使用npm进行依赖管理。结果更好：启动同样的应用程序只有30个服务器请求且只需要花费1.5秒(启动时间)。

我们仍然会简要介绍一下这两个软件包管理器，并展示如何使用它们来启动一个新的项目。jspm尚不成熟，可能会随着时间的推移而有所改善，但我们决定使用npm进行我们的Angular项目开发。

2.4.1 对比npm和jspm

npm是Node.js的包管理器。它最初被创建用来管理Node.js模块，它们是用CommonJS格式编写的。CommonJS不是为Web应用程序设计的，因为(它的)模块应该被同步加载。考虑以下代码片段：

```
var x = require('module1');
var y = require('module2');
var z = require('module3');
```

在加载module1之前，module2的加载将不会启动，并且module3的加载将等待module2。对于用Node.js编写的桌面应用程序，这是可以的，因为加载是从本地计算机完成的，但这样的同步加载过程会减慢应用程序的下载速度。

npm的另一个弱点是它历来使用嵌套的依赖。如果包A和B依赖于包C，那么包A和包B)都会将包C的副本保留在其目录中，因为包A和包B可能依赖于包C的不同版本。尽管对于Node.js应用程序来说这样做可以，但对于加载到Web浏览器中的应用程序，这样并不好。甚至在浏览器中加载相同版本的库两次可能会导致问题。如果加载了两个不同的版本，那么破坏应用程序的概率甚至更高。

npm3解决了嵌套依赖的问题，但问题只得到部分解决。默认情况下，npm尝试将包C

安装在与包A和包B相同的目录中，因此包A和包B之间共享包C的单个副本。但如果包A和包B需要的包C的版本相冲突，npm将回到嵌套依赖的方式。为客户端应用程序创建的库，在它们的npm包中通常包含构建版(单文件bundle)，该bundle不包括第三方依赖，因此应该在页面上手动加载它们。这有助于避免嵌套的依赖问题。

jspm是一个内在使用ES6模块及模块加载器创建的包管理器。jspm不托管(host)包本身。它具有注册表概念，允许为包(package)创建自定义源位置。具有创造性的是，jspm让你从npm注册表或GitHub仓库直接安装包。

jspm被设计和SystemJS一起工作。当初始化新项目或使用jspm安装包时，它会自动为SystemJS创建用于加载模块的配置。与npm不同，它使用扁平化依赖的方式，所以在项目中总是只会有某个库的一个副本，这就允许使用import语句来加载第三方代码。它解决了脚本加载顺序的问题，并确保应用程序仅加载其实际用到的那些模块。

jspm包通常不包含bundle。相反，它们保留原始的项目结构和文件，因此可以逐个加载每个模块。虽然拥有文件的原始版本可能提高调试体验，但在实践中并没有回报。逐个加载每个模块导致在启动应用程序前要在浏览器中加载数百个文件。这会减慢开发速度，并且不适合生产部署。

jspm的另一个弱点是，不一定可以立即使用任何npm包或GitHub仓库作为jspm包。它们可能需要额外的配置，以便jspm可以正确设置SystemJS从包中加载模块。在撰写本书时，jspm注册表中有不到500个包是SystemJS-ready的，而由npm托管的包则有25万个。

2.4.2 使用npm开始一个Angular项目

要开始一个由npm管理的新项目，请创建一个新的目录(例如angular-seed)，并在命令窗口中打开它。然后运行npm init-y命令，它将创建package.json配置文件的初始版本。通常，npm init在创建文件时会询问几个问题，但-y标志使它接受所有选项的默认值。以下示例显示此命令在空的angular-seed目录中运行：

```
$ npm init -y
Wrote to /Users/username/angular-seed/package.json:

{
  "name": "angular-seed",
  "version": "1.0.0",
  "description": "",
  "main": "index.js",
  "scripts": {
    "test": "echo \"Error: no test specified\" && exit 1"
  },
  "keywords": [],
  "author": "",
  "license": "ISC"
}
```

为将此项目发布到npm注册表，或者作为另一个项目的依赖安装这个包，生成的大部分配置都是必需的。npm将仅用于管理项目依赖，并使开发和构建流程自动化。

因为不会将它发布到npm注册表中，所以应该删除所有的属性，除了name、description和scripts属性。另外，请添加"private" :true属性，因为它不会被默认创建。这将防止该包被意外发布到npm注册表。package.json文件看起来应该如下所示：

代码清单2.8 package.json

```
{
  "name": "angular-seed",
  "description": "An initial npm-managed project for Chapter 2",
  "private": true,
  "scripts": {
    "test": "echo \"Error: no test specified\" && exit 1"
  }
}
```

scripts配置允许指定可以在命令窗口中运行的命令。默认情况下，npm init会创建test命令，它可以这样运行：npm test。我们将使用在2.4.1节中安装的用于启动live-server的start命令来替换它。以下是scripts属性的配置：

```
{
  ...
  "scripts": {
    "start": "live-server"
  }
}
```

可以使用npm run mycommand语法运行任何来自scripts部分的npm命令，例如npm run start。也可以使用简写的npm start命令代替npm run start。简写的语法仅适用于预定义的npm脚本(请参阅npm文档，网址为https://docs.npmjs.com/misc/scripts)。

现在希望npm将Angular下载到这个项目中作为依赖。在Hello World应用程序的TypeScript版本中，使用了位于unpkg CDN服务器上的Angular代码，但这里想把它下载到项目目录中。你还需要本地版本的SystemJS 、live-server和TypeScript编译器。

npm包通常由针对生产(环境)使用不含库的源代码的优化过的bundle组成。下面将此部分添加到package.json文件，它使用指定包的源代码(而不是优化的bundle)。在license行之后添加此部分(请更新依赖的版本，以便使用的是最新的版本)。

代码清单2.9 在package.json中使用包的源代码

```
"dependencies": {
    "@angular/common": "2.0.0",
    "@angular/compiler": "2.0.0",
    "@angular/core": "2.0.0",
    "@angular/forms": "2.0.0",
    "@angular/http": "2.0.0",
```

```
    "@angular/platform-browser": "2.0.0",
    "@angular/platform-browser-dynamic": "2.0.0",
    "@angular/router": "3.0.0",

    "core-js": "^2.4.0",
    "rxjs": "5.0.0-beta.12",
    "systemjs": "0.19.37",
    "zone.js": "0.6.21"
  },
  "devDependencies": {
    "live-server": "0.8.2",
    "typescript": "^2.0.0"
  }
```

现在从package.json所在目录的命令行上运行npm install命令，而npm将开始把上述包及其依赖下载到node_modules文件夹中。此过程完成后，在node_modules中将看到数十个子目录，其中包括@angular、systemjs 、live-server和TypeScript：

```
angular-seed
├── index.html
├── package.json
└── app
|   └── app.ts
├── node_modules
|   ├── @angular
|   ├── systemjs
|   ├── typescript
|   ├── live-server
|   └── ...
```

在文件夹angular-seed中创建一个轻微修改版本的index.html，其中包含代码清单2.10的内容：

代码清单2.10 index.html

```
<!DOCTYPE html>
<html>
<head>
  <title>Angular seed project</title>
  <meta charset="UTF-8">
  <meta name="viewport" content="width=device-width, initial-scale=1">

  <script src="node_modules/typescript/lib/typescript.js"></script>
  <script src="node_modules/core-js/client/shim.min.js"></script>
  <script src="node_modules/zone.js/dist/zone.js"></script>
  <script src="node_modules/systemjs/dist/system.src.js"></script>
  <script src="systemjs.config.js"></script>
  <script>
    System.import('app').catch(function(err){ console.error(err); });
  </script>
</head>

<body>
```

```
<app>Loading...</app>
</body>
</html>
```

请注意，script标签现在从本地目录node_modules中加载所需的依赖。这同样适用于SystemJS配置文件systemjs.config.js，如代码清单2.11所示：

代码清单2.11 systemjs.config.js

```
System.config({
    transpiler: 'typescript',
    typescriptOptions: {emitDecoratorMetadata: true},
    map: {
      '@angular': 'node_modules/@angular',
      'rxjs'    : 'node_modules/rxjs'
    },
    paths: {
      'node_modules/@angular/*': 'node_modules/@angular/*/bundles'
    },
    meta: {
      '@angular/*': {'format': 'cjs'}
    },
    packages: {
      'app'                              : {main: 'main', defaultExtension:
        ➥ 'ts'},
      'rxjs'                             : {main: 'Rx'},
      '@angular/core'                    : {main: 'core.umd.min.js'},
      '@angular/common'                  : {main: 'common.umd.min.js'},
      '@angular/compiler'                : {main: 'compiler.umd.min.js'},
      '@angular/platform-browser'        : {main: 'platform-
       ➥ browser.umd.min.js'},
      '@angular/platform-browser-dynamic': {main: 'platform-browser-
       ➥ dynamic.umd.min.js'}
    }
});
```

上述SystemJS配置与代码清单2.1中所示的配置略有不同。这一次不使用Angular包的源代码；使用它们的打包(bundled)和最小化之后的版本代替。这将最小化加载Angular框架所需的网络请求数，并且此版本的框架更小。每个Angular包都有一个名为bundles的目录，其中包含最小化后的代码。在SystemJS配置文件的packages部分，将名称app映射到位于main.ts中的main脚本，因此当在index.html中编写System.import(app) 时，将加载main.ts。

请在项目的根目录中再添加一个配置文件，可以在其中指定tsc编译器的选项。

代码清单2.12 tsconfig.json

```
{
  "compilerOptions": {
    "target": "ES5",
    "module": "commonjs",
```

```
        "experimentalDecorators": true,
        "noImplicitAny": true
    }
}
```

如果刚接触TypeScript，请阅读附录B，其中说明了为了运行TypeScript代码，必须首先使用TypeScript编译器tsc将其转换为JavaScript代理。第1~第7章中的代码示例在没有显式运行tsc的情况下工作，因为在加载脚本文件时，SystemJS在内部使用tsc将TypeScript代码即时转换为JavaScript代码。但是仍然会将tsconfig.json文件保留在项目根目录中，因为某些IDE依赖于它。

注意

如果Angular代码是在浏览器中动态编译(不要与transpiling相混淆)，那么将被称为即时(Just-In-Time，JIT)编译。如果代码是使用特殊的ngc编译器预编译的，那么将被称为AoT(Ahead-Of-Time)编译。在本章中，我们将使用JIT 编译来描述应用程序。

应用程序代码将由以下三个文件组成：

- app.component.ts：应用程序中唯一的组件。
- app.module.ts：将包含组件的模块的声明。
- main.ts：模块的引导(程序)。

在2.3.3节中，将名称app映射到了main.ts，所以我们创建一个名为app的目录，其中包含一个带有以下内容的app.component.ts文件。

代码清单2.13　app.component.ts

```
import {Component} from '@angular/core';

@Component({
    selector: 'app',
    template: `<h1>Hello {{ name }}!</h1>`
})
export class AppComponent {
    name: string;

    constructor( ) {
        this.name = 'Angular 2';
    }
}
```

现在需要创建一个包含AppComponent的模块。将这些代码放在app.module.ts文件中。

代码清单2.14　app.module.ts

```
import { NgModule }       from '@angular/core';
import { BrowserModule } from '@angular/platform-browser';
```

```
import { AppComponent }  from './app.component';

@NgModule({
    imports:       [ BrowserModule ],
    declarations: [ AppComponent ],
    bootstrap:     [ AppComponent ]
})
export class AppModule { }
```

这个文件只包含Angular模块的定义。该类用@NgModule注解，它包含每个浏览器都必须导入的BrowserModule。因为模块只包含一个类，所以需要在declarations属性中列出它，并将其列为引导(程序)类：

```
import { platformBrowserDynamic } from '@angular/platform-browser-dynamic';
import { AppModule }  from './app.module';

platformBrowserDynamic( ).bootstrapModule(AppModule);
```

通过执行npm start命令从angular-seed目录启动应用程序，它将打开浏览器并显示消息“Loading…”一秒钟，紧接着会显示“Hello Angular 2!”。图2.2显示了Chrome浏览器中这个应用程序的外观。在图2.2中，Developer Tools面板显示在Network选项卡中，因此可以看到浏览器下载的片段及其花费了多长时间。

不要害怕下载的大小，将在第10章中对它进行优化。因为正在使用live-server，所以只要修改并保存了这个应用程序的代码，就将使用最新的代码版本在浏览器中重新加载该页面。现在将你学到的知识应用于一个比Hello World更复杂的应用程序。

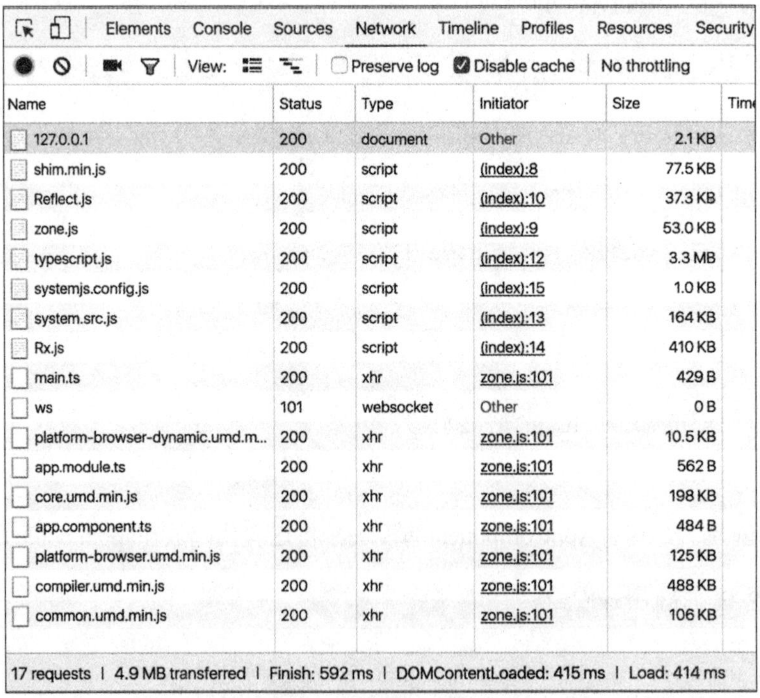

Elements Console Sources Network Timeline Profiles Resources Security

View: Preserve log Disable cache No throttling

Name	Status	Type	Initiator	Size	Tim
127.0.0.1	200	document	Other	2.1 KB	
shim.min.js	200	script	(index):8	77.5 KB	
Reflect.js	200	script	(index):10	37.3 KB	
zone.js	200	script	(index):9	53.0 KB	
typescript.js	200	script	(index):12	3.3 MB	
systemjs.config.js	200	script	(index):15	1.0 KB	
system.src.js	200	script	(index):13	164 KB	
Rx.js	200	script	(index):14	410 KB	
main.ts	200	xhr	zone.js:101	429 B	
ws	101	websocket	Other	0 B	
platform-browser-dynamic.umd.m...	200	xhr	zone.js:101	10.5 KB	
app.module.ts	200	xhr	zone.js:101	562 B	
core.umd.min.js	200	xhr	zone.js:101	198 KB	
app.component.ts	200	xhr	zone.js:101	484 B	
platform-browser.umd.min.js	200	xhr	zone.js:101	125 KB	
compiler.umd.min.js	200	xhr	zone.js:101	488 KB	
common.umd.min.js	200	xhr	zone.js:101	106 KB	

17 requests | 4.9 MB transferred | Finish: 592 ms | DOMContentLoaded: 415 ms | Load: 414 ms

图2.2 从npm管理的项目中运行应用程序

2.5　动手实践：开始在线拍卖应用程序

从这里开始，每一章都将以一个动手实践部分结尾，其中包含开发在线拍卖应用程序某一方面的说明，人们可以在这里(在线拍卖应用程序)看到特色产品的列表，查看特定产品的详细信息，进行产品搜索，并监控其他用户的出价。你将逐渐向此应用程序添加代码，以练习将会在每章中学到的内容。在本书附带的源代码的auction文件夹中，包含了每一章的动手实践部分的已完成版本，但我们鼓励你自己去尝试这些练习。

在本练习中，你将设置开发环境并创建初始的autcion项目布局。你将创建首页，将其拆分为Angular组件，并创建一个服务来获取产品。如果你遵照执行本节中的所有步骤，在线拍卖(应用程序)的首页应如图2.3所示。

你将使用由便利的Placehold.it服务(http://placehold.it)提供的灰色矩形，该服务会生成指定尺寸的占位符。要查看生成的这些图像，必须在运行此应用程序时连接到互联网。以下小节包含为了完成此动手练习应该遵循的步骤。

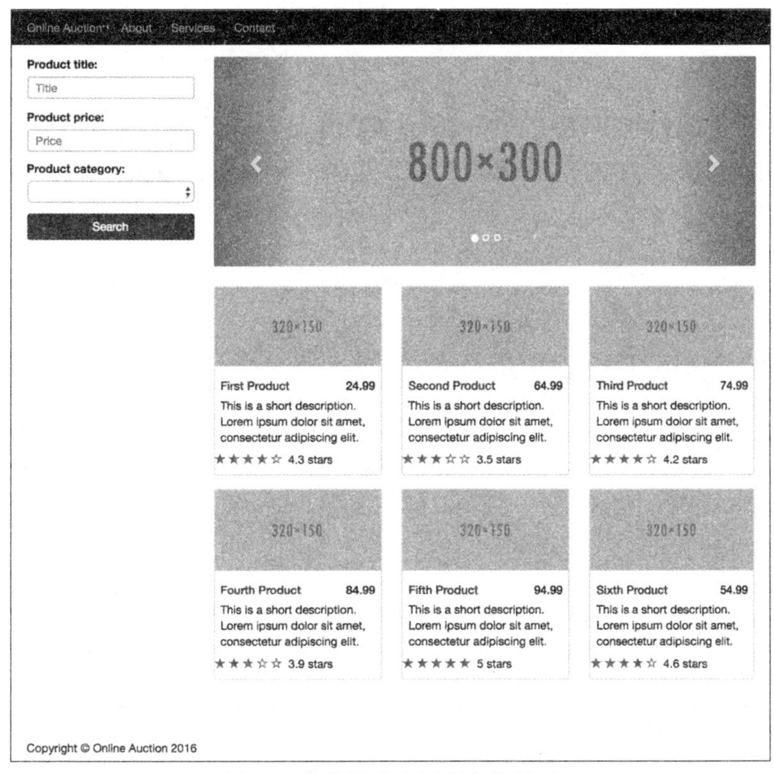

图2.3　在线拍卖应用程序的首页

注意

如果只想阅读在线拍卖(应用程序)工作版本的代码，请使用本章附带的auction目录的代码。要运行提供的代码，请切换到auction目录，运行npm install，在node_modules目录中安装所有必需的依赖项，并通过运行npm start命令启动应用程序。

2.5.1 初始化项目设置

要搭建项目，首先将angular-seed目录的内容复制到单独的位置，并将其重命名为auction。接下来，修改package.json文件中的name和description字段。打开命令窗口，并切换到新创建的auction目录。运行命令npm install，这将创建带有package.json中指定依赖的node_modules目录。

在这个项目中，将使用TwitterBootstrap作为CSS框架以及响应式组件的UI库。响应式Web设计是一种允许创建可根据用户的设备视口(viewport)的宽度更改布局的网站的方法。术语“响应式组件”的意思是组件的布局可以适应屏幕的尺寸。

由于库Bootstrap构建在jQuery之上，因此需要运行以下命令来安装它们：

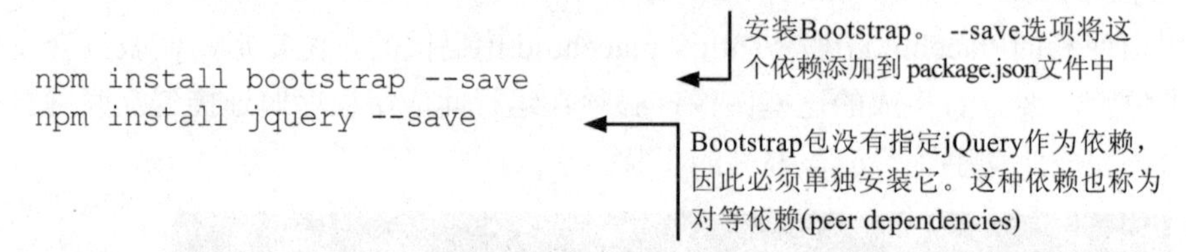

安装Bootstrap。--save选项将这个依赖添加到package.json文件中
npm install bootstrap --save
npm install jquery --save
Bootstrap包没有指定jQuery作为依赖，因此必须单独安装它。这种依赖也称为对等依赖(peer dependencies)

提示

我们建议使用IDE，如WebStorm或Visual Studio Code。完成此实践项目所需的大部分步骤都可以在IDE中执行。WebStorm甚至可以在IDE中打开Terminal(终端)窗口。

现在创建一个systemjs.config.js文件来存储SystemJS配置，将在index.html的<script>标签中包含此文件。

代码清单2.15 systemjs.config.js

```
System.config({
    transpiler: 'typescript',
    typescriptOptions: {emitDecoratorMetadata: true,
        target: "ES5",
        module: "commonjs"},
    map: {
        '@angular': 'node_modules/@angular',
        'rxjs'    : 'node_modules/rxjs'
    },
    paths: {
        'node_modules/@angular/*': 'node_modules/@angular/*/bundles'
    },
    meta: {
        '@angular/*': {'format': 'cjs'}
    },
    packages: {
        'app'                              : {main: 'main',
        ➥ defaultExtension: 'ts'},
        'rxjs'                             : {main: 'Rx'},
        '@angular/core'                    : {main: 'core.umd.min.js'},
```

指示SystemJS的TypeScript编译器在转换后的代码中保留装饰器元数据，因为Angular依赖于注解来发现及注册组件

将代码转换成ES5语法

使用CommonJS模块格式

将应用程序代码保存在app目录中，启动在线拍卖应用程序的代码将位于main.ts件中

```
        '@angular/common'                     : {main: 'common.umd.min.js'},
        '@angular/compiler'                   : {main: 'compiler.umd.min.js'},
        '@angular/platform-browser'           : {main: 'platform-
        ➥ browser.umd.min.js'},
        '@angular/platform-browser-dynamic': {main: 'platform-browser-
        ➥ dynamic.umd.min.js'}
    }
});
```

systemjs.config.js文件必须包含在index.html中，如下一节中的代码清单2.9所示。对app包的配置允许在index.html中使用<script>System.import('app')</script>这一行，它将载入app/main.ts的内容。

以上就完成了对在线拍卖项目开发环境的配置。现在可以开始编写应用程序代码了。

> **注意**
>
> 在撰写本书时，Angular团队正在为Angular开发Angular Material组件(请参阅https://material.angular.io)，当它准备好时你可能希望用它代替Twitter Bootstrap。

2.5.2　开发首页

在本练习中，你将创建一个首页，它会被分隔为几个Angular组件。这使得代码更容易维护，并允许你在其他视图中重用组件。在图2.4中，可以看到所有组件被突出显示的首页。

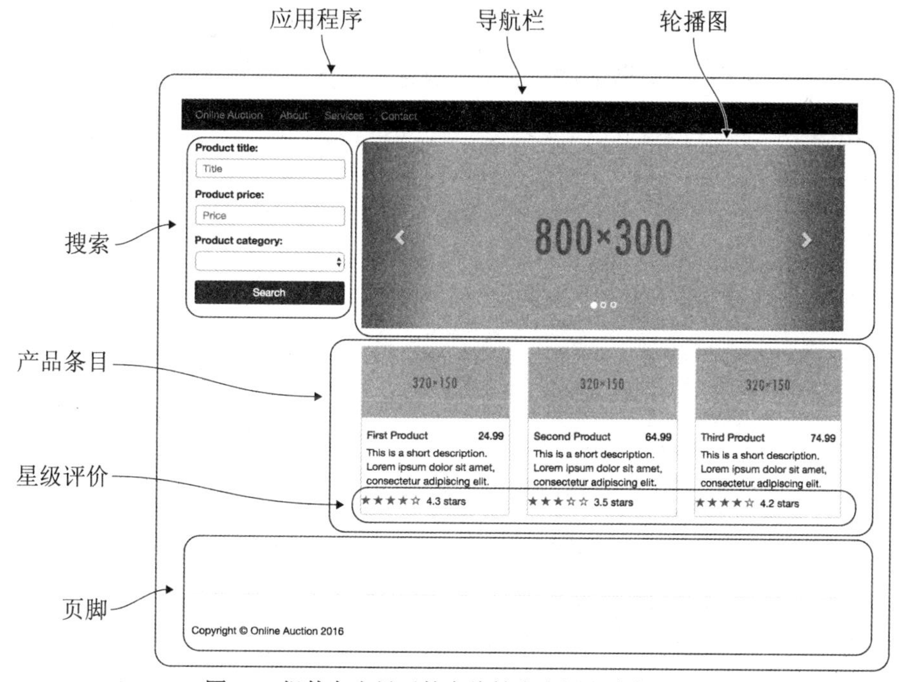

图2.4　组件突出显示的在线拍卖应用程序的首页

需要创建用于存储应用程序的所有组件和服务的目录，如下所示：

```
app
└── components
    ├── application
    ├── carousel
    ├── footer
    ├── navbar
    ├── product-item
    ├── search
    └── stars
└── services
```

components目录中的每个目录都有相应组件的代码。这允许将与单个组件相关的所有文件保存在一起。大多数组件由两个文件组成——一个HTML文件和一个TypeScript文件。但有时可能需要添加具有组件特定样式的CSS文件。services 目录将包含带有向应用程序提供数据的类的文件。

首页的第一个版本由七个组件构成。在本练习中，我们将讨论并且创建三个最有趣的组件，它们分别位于application、product-item和stars目录中。这将为你提供编写一些代码的机会，并且在本练习结束时，可以将其余的组件复制到项目目录中。

> **注意**
> 在第3章的实践部分，将重构代码，以便将carousel和products集成到HomeComponent中。

应用程序的入口点是index.html。已经从angular-seed目录复制了该文件，现在需要修改它。index.html文件相当小，而且它不会增长太多，因为大多数依赖项将通过SystemJS加载，并且整个UI由单个Angular根(顶级)组件表示，它将在内部使用子组件。

代码清单 2.16 index.html

添加Bootstrap CSS

添加Bootstrap和jQuery来支持carousel组件

```
<!DOCTYPE html>
<html>
<head>
  <title>CH2: Online Auction</title>
  <link rel="stylesheet" href="node_modules/bootstrap/dist/css/
  ➥ bootstrap.css">

  <script src="node_modules/jquery/dist/jquery.min.js"></script>
  <script src="node_modules/bootstrap/dist/js/bootstrap.min.js"></script>

  <script src="node_modules/core-js/client/shim.min.js"></script>
  <script src="node_modules/zone.js/dist/zone.js"></script>

  <script src="node_modules/typescript/lib/typescript.js"></script>
  <script src="node_modules/systemjs/dist/system.src.js"></script>
  <script src="systemjs.config.js"></script>
```

```
  <script>
    System.import('app').catch(function(err) {console.error(err);});
  </script>
</head>
<body>
<auction-application></auction-application>
</body>
</html>
```

根据systemjs.config.js中的配置加载main.ts

app目录中main.ts文件的内容与angular-seed项目中的内容保持一致：

```
import { platformBrowserDynamic } from '@angular/platform-browser-dynamic';
import { AppModule }  from './app.module';
platformBrowserDynamic( ).bootstrapModule(AppModule);
```

下面更新app.module.ts文件，声明将在在线拍卖应用程序中用到的所有组件和服务。

代码清单2.17 更新后的app.module.ts

```
import { NgModule } from '@angular/core';
import { BrowserModule } from '@angular/platform-browser';
import ApplicationComponent from '. /components/application/application';
import CarouselComponent from "./components/carousel/carousel";
import FooterComponent from "./components/footer/footer";
import NavbarComponent from "./components/navbar/navbar";
import ProductItemComponent from "./components/product-item/product-item";
import SearchComponent from "./components/search/search";
import StarsComponent from "./components/stars/stars";
import {ProductService} from "./services/product-service";

@NgModule({
    imports:      [ BrowserModule ],
    declarations: [ ApplicationComponent,
                    CarouselComponent,
                    FooterComponent,
                    NavbarComponent,
                    ProductItemComponent,
                    SearchComponent,
                    StarsComponent],
    providers:    [ProductService],
    bootstrap:    [ ApplicationComponent ]
})
export class AppModule { }
```

声明模块将使用的所有组件

声明将在稍后注入ApplicationComponent中的ProductService的provider

在这个模块中，声明了所有的组件和一个将要创建的服务的provider，为服务声明一个provider是依赖注入机制所必需的。我们将在第4章讨论provider和注入。

application组件

application组件是在线拍卖应用程序的根组件，并且在AppModule中被声明。它作为其他所有组件的宿主(host)。该组件的源代码由三个文件组成：application.ts、application.html

和application.css。我们假设你了解CSS的基础知识，所以不会在这里介绍这个文件。 我们将浏览前两个文件。

让我们创建ApplicationComponent并将其保存在app/components/application目录的application.ts 文件中。文件的内容显示在此处。

代码清单2.18　application.ts

```
import {Component, ViewEncapsulation} from '@angular/core';
import {Product, ProductService} from '../../services/
➥ product-service';

@Component({
  selector: 'auction-application',
  templateUrl: 'app/components/application/application.html',
  styleUrls: ['app/components/application/application.css'],
  encapsulation:ViewEncapsulation.None
})

export default class ApplicationComponent {

  products: Array<Product> = [];

  constructor(private productService: ProductService) {
    this.products = this.productService.getProducts( );
  }
}
```

导入实现产品服务的类这些类将为你提供数据

通过使用@Component装饰器将 ApplicationComponent类转换为Angular组件

选择器定义了index.html中自定义标签的名称

HTML模板将位于application.html文件中

CSS位于application.css文件中

导出ApplicationComponent，因为它在另一个类AppModule中被用到

使用泛型(见附录B)，确保products数组仅包含Product类型的对象

在TypeScript中，可以通过构造函数的参数请求Angular注入所需的对象(比如ProductService对象)

获取产品列表并将其赋值给products属性。通过数据绑定，组件的所有属性在视图模板中变得可用

只需要声明一个带有类型的构造函数参数就可以指示Angular实例化并注入此对象(ProductService对象)。可注入的对象需要配置provider，而且之前在AppModule中已经声明了一个provider。限定符private将ProductService转换为类的成员变量，所以可以像this.productService这样访问它。

注意

代码清单2.18 用视图封装策略ViewEncapsulation.None，不仅将application.css中的样式应用于ApplicationComponent，还应用于整个应用程序。我们将在第6章讨论不同的视图封装策略。

创建具有以下内容的application.html文件：

代码清单2.19 application.html

```
<auction-navbar></auction-navbar>

<div class="container">
  <div class="row">

    <div class="col-md-3">
      <auction-search></auction-search>
    </div>

    <div class="col-md-9">
      <div class="row carousel-holder">
        <div class="col-md-12">
          <auction-carousel></auction-carousel>
        </div>
      </div>
      <div class="row">
      <div *ngFor="let prod of products" class="col-sm-4 col-lg-4 col-md-4">
          <auction-product-item [product]="prod"></auction-product-item>
        </div>
      </div>
    </div>
  </div>
</div>

<auction-footer></auction-footer>
```

将使用多个代表组件的自定义HTML元素：<auction-navbar>、<auction-search>、<auction-carousel>、<auction-product-item>和<auction-footer>，将按照与index.html中<auction-application>相同的方式添加它们。

这个文件中最有趣的部分是显示产品列表的方式。每个产品将由网页上相同的HTML片段表示。因为有多个产品，所以需要多次渲染相同的HTML。在组件模板中使用NgFor指令来循环遍历数据集合中的条目(item)列表，并为每一项渲染HTML标记。可以使用简写语法*ngFor 来表示NgFor指令。

```
<div *ngFor="let prod of products" class="col-sm-4 col-lg-4 col-md-4">
  <auction-product-item [product]="prod"></auction-product-item>
</div>
```

因为*ngFor在<div>上，所以每个循环迭代都将会渲染一个内部内容为相应<auction-product-item>的<div>。要将产品实例传递给ProductComponent，可以使用方括号进行属性绑定：[product]="prod"，其中[product]是指由<auction-product-item>表示的组件内命名为product的属性，而prod是一个局部模板变量，在*ngFor指令中即时声明为let prod。我们将在第5章中详细讨论属性绑定。

样式col-sm-4 col-lg-4 col-md-4来自Twitter的Bootstrap库，此窗口的宽度被划分成12个不可见的列。在本例中，如果设备具有较小(sm表示768或更多像素)、较大(lg为1200 或更多像素)及中等(md为992或更多像素)屏幕尺寸，就分配4列(该<div>宽度的三分之一)。

因为这么做并没有为超小型设备(xs用于768像素以下的屏幕)指定任何列，所以整个<div>的宽度都将被分配给一个<auction-product>。要查看不同屏幕尺寸的页面布局如何更改，请缩小浏览器的窗口以使其小于768像素宽。可以在http://getbootstrap.com/css/#grid上的Bootstrap文档中阅读有关Bootstrap网格系统的更多信息。

> **注意**
>
> ApplicationComponent依赖于将在后续步骤中创建的其他组件(如ProductItem-Component)。如果现在尝试运行在线拍卖应用程序，将会在浏览器的开发者控制台中看到错误。

产品条目组件

在product-item目录中，创建一个product-item.ts文件，在该文件中声明一个ProductItemComponent对象，表示在线拍卖应用程序中的单个产品条目。product-item.ts的源代码非常类似于application.ts的源代码：import语句放在顶部，然后是使用@Component注解的组件类声明。

代码清单2.20 product-item.ts

```
import {Component, Input} from '@angular/core';
import StarsComponent from 'app/components/stars/stars';
import {Product} from 'app/services/product-service';

@Component({
  selector: 'auction-product-item',
  templateUrl: 'app/components/product-item/product-item.html'
})
export default class ProductItemComponent {
  @Input( ) product: Product;
}
```

此组件的product属性使用@Input( )进行了注解。这意味着该属性的值将暴露给父组件，父组件可以为它绑定一个值。我们将在第6章详细讨论input属性。

创建一个product-item.html文件，其中包含以下产品组件(它将由产品的价格、标题和描述来表示)的模板。

代码清单2.21 product-item.html

```
<div class="thumbnail">
  <img src="http://placehold.it/320x150">
  <div class="caption">
    <h4 class="pull-right">{{ product.price }}</h4>
    <h4><a>{{ product.title }}</a></h4>
    <p>{{ product.description }}</p>
  </div>
```

```
    <div>
      <auction-stars [rating]="product.rating"></auction-stars>
    </div>
  </div>
```

在此使用了另一种类型的数据绑定：双大括号内的一个表达式。Angular会求出括号内表达式的值，将结果转换为一个字符串，并用此结果字符串替换掉模板中的这个表达式。在内部，这个过程是使用字符串插值来实现的。

请注意<auction-stars>标签表示StarsComponent并在AppModule中声明。将product.rating的值绑定到StarsComponent的rating属性。为使其起作用，rating必须被声明为接下来将创建的StarsComponent中的一个输入属性。

星级组件

星级组件将显示产品的评级。在图2.5中，可以看到它显示了平均评级4.3以及表示评级的星星图标。

★★★★☆ 4.3 stars

图2.5　星级组件

Angular提供了组件生命周期的钩子(参见第6章)，它允许定义在组件生命周期的特定时刻将被调用的回调函数。在这个组件中，将使用ngOnInit( )回调函数。一旦该组件的实例被创建并且其属性被初始化，该回调函数将被调用。请在stars目录中创建包含以下内容的stars.ts文件。

代码清单2.22　stars.ts

```
import {Component, Input, OnInit} from '@angular/core';

@Component({
  templateUrl: 'app/components/stars/stars.html',
  styles: [` .starrating { color: #d17581; }`],
  selector: 'auction-stars'
})
export default class StarsComponent implements OnInit {
  @Input( ) count: number = 5;
  @Input( ) rating: number = 0;
  stars: boolean[] = [];

  ngOnInit( ) {
    for(let i = 1; i <= this.count; i++) {
      this.stars.push(i > this.rating);
    }
  }
}
```

导入接口OnInit，在其中声明了ngOnInit( )回调函数

将rating和count标记为输入，以便其他组件可以通过数据绑定表达式为其赋值

该数组的每个元素表示要渲染的单颗星星

基于父组件提供的值初始化stars

count属性指定要渲染的星星的总数。如果此属性未由父级进行初始化，则该组件默认渲染五颗星。

rating属性存储平均评分，它决定应该用颜色填充多少颗星星，以及多少颗星星保持

空白。在stars数组中，具有false值的元素表示空的星星，而具有true值的元素表示填充了颜色的星星。

在生命周期回调函数ngOnInit( )中初始化stars数组，它将在模板中被用于渲染星星。在组件的数据绑定属性首次被检查之后，并且在任何子项被检查之前，ngOnInit( )只会被调用一次。当调用ngOnInit( )时，从父视图传递过来的所有属性都已被初始化，所以可以使用rating的值来计算stars数组中的值。

或者，可以将stars数组转换成getter进行即时计算，但每当Angular将模型与视图同步时，此getter将被调用。完全相同的数组将被计算多次。

在stars.html文件中创建StarsComponent的模板，如下所示：

代码清单2.23 stars.html

```
<p>
  <span *ngFor="let star of stars"
        class="starrating glyphicon glyphicon-star"
        [class.glyphicon-star-empty]="star">
  </span>
  <span>{{ rating }} stars</span>
</p>
```

你已经在ApplicationComponent中使用了NgFor指令和大括号数据绑定表达式，这里将一个CSS类名绑定到一个表达式：[class.glyphicon-star-empty]="star"。如果双引号中右侧表达式的计算结果为true，CSS类glyphicon-star-empty将被添加到<span>元素的class属性。

复制剩余的代码

要完成此项目，请将缺少的组件从chapter2/auction目录复制到项目的相应目录：

- services目录中包含的product-service.ts文件声明了两个类：Product和ProductService。这是在线拍卖应用程序的数据来源。我们将在第3 章的动手实践部分提供有关此文件内容的更多详细信息。
- navbar目录包含顶部导航栏的代码。
- footer目录包含页面页脚的代码。
- search目录包含SearchComponent的初始代码，其中是将在第7章中开发的一个表单。
- carousel目录包含实现首页顶部的Bootstrap滑块的代码。

2.5.3 启动在线拍卖应用程序

要启动在线拍卖应用程序，请打开命令窗口并在项目目录中启动live-server。可以通过运行npm start命令来执行此操作，该命令在package.json文件中配置，以启动live-server。它将打开浏览器，你应该能够看到如图 2.4 所示的首页。产品详情页面尚未实现，因此产品标题链接将无法工作。

我们建议使用Chrome浏览器进行开发，因为它具有调试代码的最佳工具。运行所有代码示例时，请保持Developer Tools面板为打开状态。如果看到了意外的结果，请查看Console选项卡中的错误消息。

此外，还有一个极好的名为Augury的Chrome浏览器扩展程序，这是Angular应用程序的便捷调试工具。安装此扩展程序后，将在Chrome开发工具面板中看到一个额外的Augury选项卡(见图2.6)，它允许在运行时查看和修改应用程序组件的值。

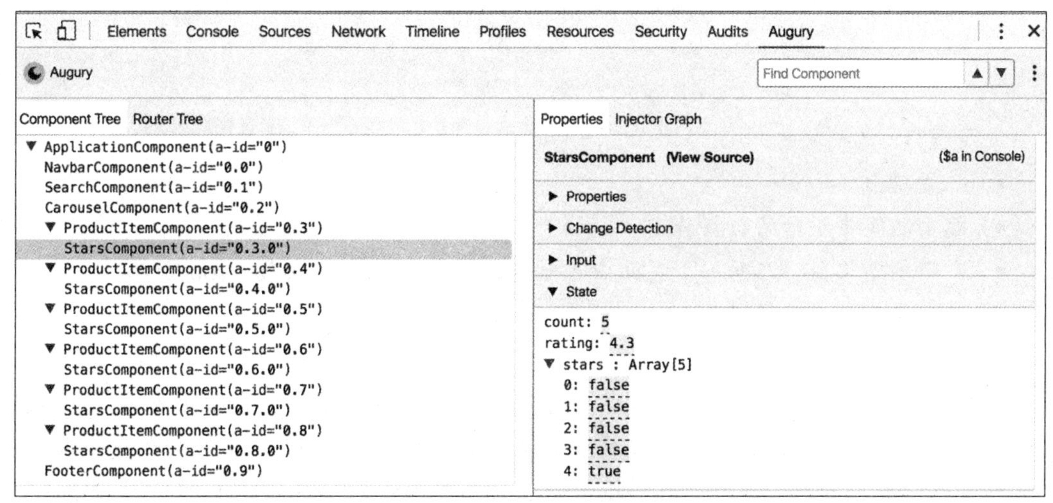

图2.6　Augury选项卡

2.6　本章小结

在本章中，你有了编写Angular应用程序的第一次经历。我们简要介绍了Angular应用程序的主要原则和最重要的构建块。在未来的章节中，我们将详细讨论它们。你还创建了在线拍卖应用程序的初始版本。这向你展示了如何设置开发环境并构造一个Angular项目。

- Angular应用程序由打包成模块的组件层次结构表示。
- 每个Angular组件都包含用于UI渲染的一个模板，以及一个被注解的用于实现该组件功能的类。
- 模板和样式可以内联或存储在单独的文件中。
- SystemJS模块加载器允许将应用程序拆分为ES6模块，并在运行时将所有内容动态组合在一起。
- SystemJS的配置参数可以在单独的配置文件中指定。
- 使用npm管理依赖关系是配置新的Angular项目的最简单方法。

第3章

使用Angular路由导航

3

本章概览：

- 配置路由
- 路由之间导航时的数据传递
- 利用辅助路由，在同一个页面中导航多个区域(又叫作路由插座(outlet))
- 使用路由延迟加载模块

在第2章中，你构建了在线拍卖应用程序的首页，旨在创建一个单页面应用(Single Page Application，SPA)：首页不会被重新加载，但是其中的某些部分可能会改变。现在要为此应用程序添加导航，以便能够根据用户的操作改变页面的内容区域(稍后将会定义)。想象一下，用户需要能够看到产品详情、为产品出价以及与卖家交流。Angular路由允许配置并实现此类导航而不会重新加载页面。

你不仅希望能够改变页面中的视图，还希望将其URL保存到书签中，以便能够更快速地查找产品。为此，需要为每个视图分配唯一的URL。

一般来说，可以认为路由是一个负责应用程序视图状态的对象。每个应用程序有一个路由，需要配置路由并使其工作。

首先我们介绍路由的主要功能，然后将会为在线拍卖应用程序添加第二个视图(产品详情)，这样当用户在首页浏览时，选择某一产品后页面内容就能够更改为该产品的产品详情。

3.1 路由基础

可以认为单页面应用是一组状态的集合，例如首页状态、产品详情状态以及物流状态。每一种状态在同一个单页面应用中呈现为不同的视图。到目前为止，在线拍卖应用程序只有一个视图状态：首页。

在线拍卖应用程序页面(见图2.4)的顶部有一个导航栏(一个组件)。页面左侧有一个搜索表单(另一个组件)，页面底部有一个页脚(另一个组件)，你希望这些组件保持随时可见。

页面的其他区域包括了一个内容显示区域，显示<auction-carousel>组件以及一些<auction-product>组件。基于用户的操作，可以重用这个内容区域(路由插座)来显示不同的视图。

为此，需要配置路由以便在路由插座中显示不同的视图，将一个视图替换为另一个视图。该内容区域由标签<router-outlet>表示。图3.1展示了显示不同视图的区域。

注意

页面上可以有多个路由插座，我们将在3.5节中介绍。

需要为每一个要在该区域展示的视图分配一个组件。在第2章中，并没有创建一个父组件来封装轮播图和拍卖产品，但是在本章的结尾，将会重构代码以创建一个HomeComponent对象作为轮播图和拍卖产品的父组件。你还会创建ProductDetailComponent来显示每一个拍卖产品的详情。任何时候，在<router-outlet>区域用户只能看到HomeComponent或ProductDetailComponent组件。

该区域将会显示不同的视图
导航栏、搜索表单和页脚保持不变

Online Auction　About　Services　Contact

Product title:
Title
Product price:
Price
Product category:
Search

<router-outlet></router-outlet>

图3.1　视图改变的区域

路由负责管理客户端导航功能，在3.1.2节中我们将提供关于路由组成的高级概述。在非单页面应用的页面中，站点导航是由一系列发送到服务器的请求实现的，通过向浏览器发送适当的HTML文档来刷新整个页面。在单页面应用中，负责渲染组件的代码已经被转移到客户端(除了延迟加载方案外)，只需要用一个视图替换另一个视图。

当用户浏览应用程序时，仍然会向服务器发送请求以检索或发送数据。有时一个视图(由UI代码和数据组成)已经被完全下载到了浏览器中，但是视图还有可能需要通过发送AJAX(Asynchronous Javascript And XML，异步JavaScript和XML)请求或WebSocket来与服务器通信。每个视图在浏览器的地址栏中都显示为唯一的URL，接下来我们会讨论相关内容。

3.1.1　定位策略

任何时候浏览器的地址栏中都会显示当前视图的URL，一个URL由不同的部分(片段)组成。它以一个协议作为开始，然后是域名，还可能包含一个端口号。需要传递给服务器的参数可能会紧随在一个问号后面(这对于HTTPGET 请求来说是正确的)，如下所示：

http://mysite.com:8080/auction?someParam=123

改变以上URL中的任何一个字段都会引起对服务器的新的请求。

在单页面应用中，需要修改URL但并不向服务器端发起请求，以便应用程序可以在客户端定位到正确的视图。Angular提供两种定位策略来实现客户端导航：

- HashLocationStrategy—— 将一个hash标志(#)添加到URL中，hash标志后面的URL片段唯一标识了页面片段的路由。这个策略适用于所有浏览器，包括那些较老版本的浏览器。
- PathLocationStrategy—— 基于History API的策略，仅适用于那些支持HTML5的浏览器。这是Angular的默认定位策略。

1. 基于hash的导航

图3.2中展示了一个基于hash标志导航的URL示例。改变hash标志右侧的任何字符都不会导致直接向服务器端发起请求，而是会导航到hash标志之后由路径(可以携带或不携带参数)所表示的视图。hash标志可以被认为是基础URL与客户端所展示内容之间的分隔符。

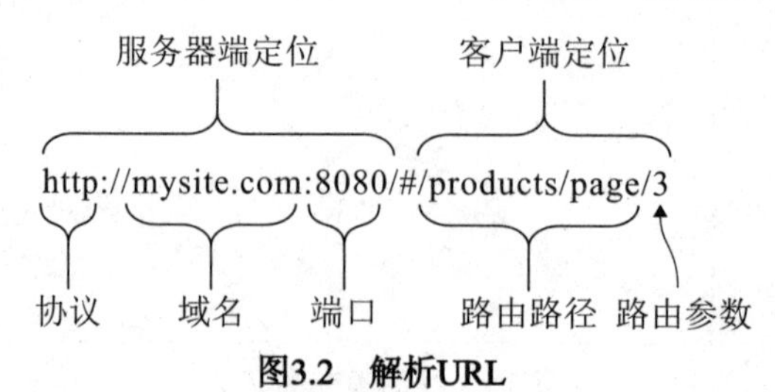

图3.2　解析URL

我们尝试导航一个单页面应用，以Gmail为例，并观察其URL。收件箱的URL看起来为https://mail.google.com/mail/u/0/#inbox。现在进入Sent文件夹，URL的hash标志从index变为sent。客户端JavaScript代码调用相应函数以显示Sent视图。

但是为什么Gmail在切换到发件箱时仍然能显示“加载中……”呢？Sent视图中的JavaScript代码仍然能够向服务器端发送AJAX请求以获取新数据，但是并没有从服务器端加载任何额外的代码、标记或CSS。

在本书中，我们将使用基于hash的导航，需要在@NgModule 中引入下面的providers值(在第4章中将介绍providers)：

```
providers:[{provide: LocationStrategy, useClass: HashLocationStrategy}]
```

2. 基于 History API 的导航

浏览器的History API允许通过用户的导航历史记录前进或后退页面，并能以编程方式来操作历史记录堆栈(请参阅Mozilla开发者网络文档中的“操纵浏览器历史记录”，网址为http://mng.bz/i64G)。尤其当用户导航单页面应用时，pushState( )方法会为基础URL附加一个URL片段。

以URL http://mysite.com:8080/products/page/3为例。URL片段products/page/3可以通过编程的方式被推送到(添加到)基础URL中，而并没有使用hash标志。如果用户从页面3导航到页面4，应用程序将会推送products/page/4，并将前一个products/page/3的状态保存到浏览器历史记录中。

在Angular中，并不需要显式调用pushState( )，只需要配置URL片段并将其映射到相应的组件。如果要使用基于History API的定位策略，需要告知Angular应用程序的基础URL是什么，以便正确地添加客户端的URL片段。可以采用以下两种方式中的任何一种设置基础URL：

- 将<base>标签添加到index.html的header中，例如<base href="/">。
- 为根模块中的APP_BASE_HREF常量设置一个值，并在providers中引用。在下面的代码中使用/作为基础 URL，但是任何URL片段都可以作为基础URL的结尾。

```
import {APP_BASE_HREF }from '@angular/common';
...
@NgModule({
...
  providers:[{provide: APP_BASE_HREF, useValue: '/'}]
})
class AppModule { }
```

3.1.2 客户端导航的构建块

让我们熟悉一下利用Angular路由实现客户端导航的主要概念。在Angular框架中，路由功能在独立的RouterModule模块中实现。如果应用程序需要路由功能，确保package.json文件引入了@angular/router依赖。package.json文件中包括了代码行"@angular/router"："3.0.0"。

请牢记，本章的主要目标是解释如何在一个单页面应用中导航不同的视图，因此首先我们要关注如何配置路由，并将其添加到模块声明中。

为了在应用程序中实现路由，Angular 提供了以下主要模块：

- Router——表示运行时的路由对象。可以分别使用它的navigate( )方法和navigateByUrl( )方法，通过配置路由路径和URL片段导航到一个路由。
- RouterOutlet ——一条指令，是Web页面中路由所要渲染组件的占位符。
- Routes——一个路由数组，可以将URL映射到<router-outlet>渲染的组件。
- RouterLink——一条声明路由链接的指令，可以在HTML的锚点标签上利用该指令完成导航。RouterLink可能包含要传递给路由组件的参数。
- ActivatedRoute——一个表示当前活动的路由对象。

可以在单独的路由类型数组中配置路由。以下是一个例子：

```
const routes: Routes = [
    {path: '',          component: HomeComponent},
    {path: 'product', component: ProductDetailComponent}
];
```

由于路由的配置是在模块级别完成的，因此需要在@NgModule装饰器中导入路由。如果需要为根模块声明路由，应该使用forRoot( )方法，如下所示：

```
import { BrowserModule } from '@angular/platform-browser';
import { RouterModule } from '@angular/router';
...
@NgModule({
  imports: [ BrowserModule, RouterModule.forRoot(routes)],
    ...
})
```

如果要为功能模块(并不是根模块)配置路由，使用forChild( )方法：

```
import { CommonModule } from '@angular/common';
import { RouterModule } from '@angular/router';
...
@NgModule({
  imports: [ CommonModule, RouterModule.forChild(routes)],
    ...
})
```

请注意，在功能模块中需要导入CommonModule来替换BrowserModule。

在典型的场景下，可以通过下面的步骤实现导航：

(1) 在路由中配置URL片段与组件的映射关系，并把配置对象以参数的形式传递给RouterModule.forRoot( )或RouterModule.forChild( )方法。如果一些组件希望接收输入值，可以使用路由参数。

(2) 在@NgModule 装饰器中导入forRoot( )或forChild( )方法的返回值。

(3) 在路由渲染组件的位置使用<router-outlet>标签定义路由插座。

(4) 为HTML锚点标签增加有限制的[routerLink]属性(方括号表示属性绑定)，一旦用户单击链接，路由就会渲染相应的组件。想象一下，[routerLink]代替了客户端HTML锚点标签的href属性。

除了使用[rouoterLink]，调用路由的navigate( )方法同样可以导航路由。无论采用哪种方式，路由都将会匹配所提供的路径，创建(或找到)指定组件的实例，并相应地更新URL。

下面通过一个示例应用程序来说明上面的步骤(请看代码示例中的router_samples文件夹)。假设要创建一个根组件，在页面顶部包括两个链接：Home链接和Product Details链接。根据用户的单击情况，应用程序会渲染HomeComponent或ProductDetailComponent。HomeComponent 将在红色背景中渲染文本“Home Component”，而ProductDetailComponent将在青色背景中渲染文本“Product Details Component”。如图3.3所示，页面初始化时会显示HomeComponent。用户单击Product Details链接后，如图3.4所示，路由将会显示ProductDetailComponent。

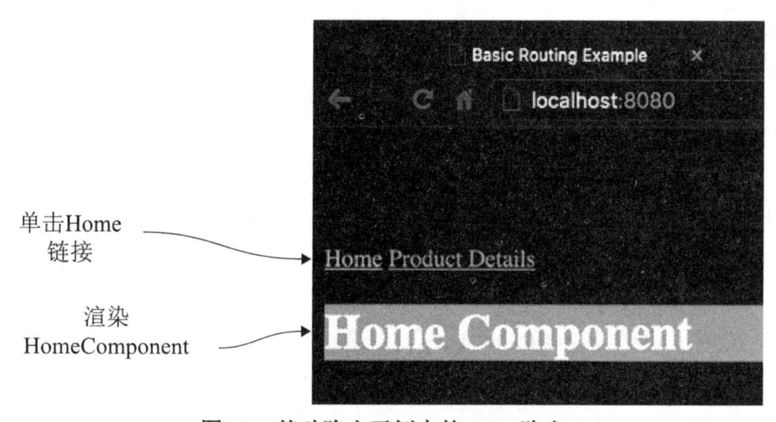

图3.3　基础路由示例中的Home路由

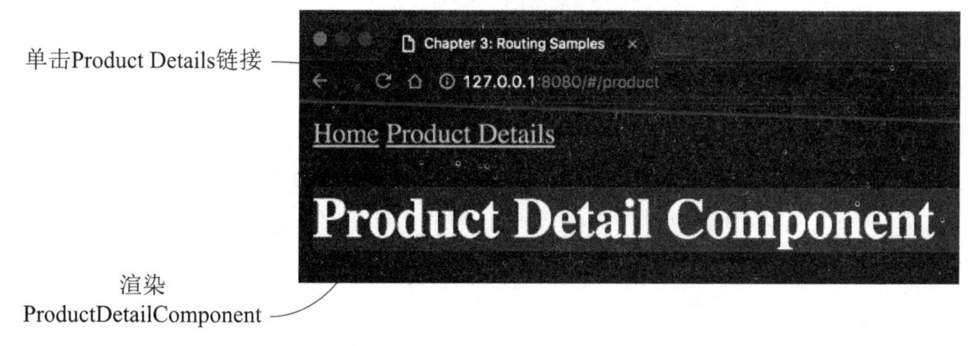

图3.4　基础路由示例中的Product Details路由

这个练习的主要目的是熟悉路由，因此组件非常简单，以下是HomeComponent的代码。

代码清单3.1　HomeComponent

```
import {Component} from '@angular/core';

@Component({
    selector: 'home',
    template: '<h1 class="home">Home Component</h1>',
    styles: ['.home {background: red}']})
export class HomeComponent {}
```

ProductDetailComponent的代码与HomeComponet的代码看起来相似，只是把红色背景替换为青色背景。

代码清单3.2　ProductDetailComponent

```
import {Component} from '@angular/core';

@Component({
    selector: 'product',
    template: '<h1 class="product">Product Details Component</h1>',
    styles: ['.product {background: cyan}']})
export class ProductDetailComponent {}
```

在指定文件app.routing.ts中配置路由。

代码清单3.3　app.routing.ts

```
import { Routes, RouterModule } from '@angular/router';
import {HomeComponent} from "./home";
import {ProductDetailComponent} from "./product";

const routes: Routes = [
    {path: '',        component: HomeComponent},
    {path: 'product', component: ProductDetailComponent}
];

export const routing = RouterModule.forRoot(routes);
```

导入Routes和RouterModule

如果在基础URL后没有任何URL片段，那么在路由插座中会渲染HomeComponent

如果在基础URL后跟随product片段，那么会在路由插座中渲染ProductDetailComponent

导出路由配置，以便能在根模块中导入

HomeComponent被映射到包含一个空字符串的路径，这隐式地令它成为默认路由。

Routes类型是一个对象集合，该集合中对象的属性使用Route接口声明，如下所示：

```
export interface Route {
    path?: string;
    pathMatch?: string;
    component?: Type | string;
    redirectTo?: string;
    outlet?: string;
```

```
        canActivate?: any[];
        canActivateChild?: any[];
        canDeactivate?: any[];
        canLoad?: any[];
        data?: Data;
        resolve?: ResolveData;
        children?: Route[];
        loadChildren?: string;
    }
```

附录B中描述了TypeScript接口，但需要提醒的是，如果属性名后面标有问号，那么该属性是可选的。配置对象中可以仅包含上面所列的一些属性，并被传递给forRoot( )或forChild( )方法。对于基础应用程序，仅用到Route的两个属性：path和component。

接下来创建一个根组件，其中包含用于在Home和Product Details视图之间导航的链接。根AppComponent位于app.component.ts文件中。

代码清单3.4 app.component.ts

```
import {Component} from '@angular/core';
@Component({
    selector: 'app',
    template: `
      <a [routerLink]="['/']">Home</a>                          ← 创建一个链接，并把该链接的routerLink绑定到包含空字符串的路径
      <a [routerLink]="['/product']">Product Details</a>        ← 创建一个链接，并把该链接的routerLink绑定到路径/product
      <router-outlet></router-outlet>                           ← <router-outlet>指定页面上路由渲染组件的区域(每次一个)
    `
})
export class AppComponent {}
```

注意<a>标签中方括号的使用。routerLink被方括号包围，这表示属性绑定，等号右侧的方括号表示具有一个元素的数组(例如 ['/'])。我们将在本章后面介绍具有两个或更多个元素的数组的示例。第二个锚点标签的routerLink属性被绑定到路径配置为/product的组件。路由将会把被匹配到的组件渲染到<router-outlet>标记的区域，该区域就在锚点标签下方。

组件并不需要知道路由的配置，这是模块的职责。让我们声明并启动根模块。为了简单易懂，在同一个main.ts文件实现两个动作。

代码清单3.5 main.ts

```
import {platformBrowserDynamic} from '@angular/platform-browser-dynamic';
import {NgModule}       from '@angular/core';
import {BrowserModule} from '@angular/platform-browser';
import {AppComponent}   from './components/app.component';
import {HomeComponent} from "./components/home";
import {ProductDetailComponent} from "./components/product";
import {LocationStrategy, HashLocationStrategy} from '@angular/common';
```

```
import {routing} from './components/app.routing';

@NgModule({
    imports:      [ BrowserModule,
                    routing ],
    declarations: [ AppComponent,
                    HomeComponent,
                    ProductDetailComponent],
    providers:[{provide: LocationStrategy, useClass: HashLocationStrategy}],
    bootstrap:    [ AppComponent ]
})
class AppModule { }

platformBrowserDynamic( ).bootstrapModule(AppModule);
```

导入路由配置

把路由配置添加到@NgModule中

选择HashLocationStrategy作为依赖策略，并通过依赖注入注入到provider中

加载应用程序

模块的providers属性是一个已注册providers的数组(在本例中数组只有一个元素)，用于依赖注入，这部分将会在第4章介绍。现在，只需要知道Angular的默认定位策略是PathLocationStrategy，而你希望Angular使用HashLocationStrategy类进行路由(请注意图3.4中URL的hash标志)。

注意

Angular会删除URL结尾的斜杠，图3.3和图3.4显示了路由的URL是什么样子。子组件可能会有它们自己的路由配置，我们将在本章之后讨论。

运行本书的示例

通常，每章配套的代码都会有一些示例应用程序。为了运行特定的应用程序，需要对SystemJS的配置文件略作修改，指定需要运行的main脚本的名称。

要使用本书配套的代码运行此应用程序，请确保在system.config.js文件中正确映射了引导根模块的main脚本。例如，下面的代码指定main脚本位于main-param.ts文件中：

```
packages: {
  'app': {main: 'main-param', defaultExtension: 'ts'}
}
```

这不仅是适用于本章，也适用于本书的其他章。

这个应用程序的main脚本位于main.ts文件中，而main.ts文件在示例目录中。要运行该应用程序，请确保在systemjs.config.js文件中将main.ts配置到package中，之后从项目根目录启动实时服务器。

SystemJS和动态转换

TypeScript为了实现Angular的多个功能，提供了一种优雅的声明式语法，其中包括路

由。我们的示例代码会使用SystemJS，并且当应用程序的代码被加载到浏览器中时，会把TypeScript实时转换为JavaScript。

但是，如果应用程序没有按照预期顺利工作，该怎么办？如果打开浏览器的Developer Tools面板，就会看到每个后缀为 .ts的文件，都对应一个.ts!transpiled 文件。这是一个代码的转换版本，通过它可以查看浏览器中真实运行的JavaScript代码。图3.5显示了Chrome Developer Tools面板中product.ts!transpiled的源代码。

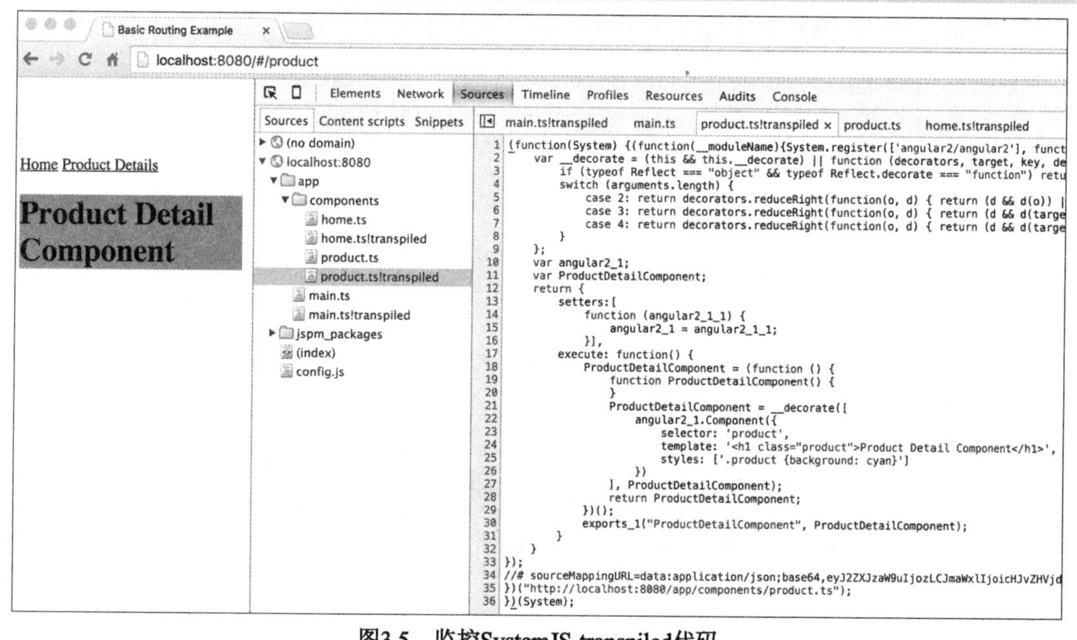

图3.5 监控SystemJS-transpiled代码

注意

Angular配备了一个Location类，它允许通过调用自己的go( )、forward( )和back( )方法以及其他方法来导航到绝对URL地址。只有当需要访问Angular路由之外的URL时，才需要使用Location类。你将在第9章看到Location类的使用示例，并用它来编写测试脚本。

3.1.3 使用navigate( )导航到路由

在前一节的基础路由代码示例中，在HTML锚点标签中使用routerLink配置导航。但如果并不是用户单击链接，而是通过编程的方式触发导航呢？下面修改示例代码，利用navigate( )方法来实现导航。这次将添加一个按钮而不是HTML的锚点标签来导航到ProductDetailComponent。

在代码清单3.6(main-navigate.ts)中，Router实例将通过构造函数被注入到RootComponent中，并触发Router实例的navigate( )方法。为简单起见，将模块和路由声明、引导代码、AppComponent放在同一个文件中，但是在实际项目中，应该像前一节一样把它们分开有效。

代码清单3.6 main-navigate.ts

```
import {Component} from '@angular/core';
import {platformBrowserDynamic} from '@angular/platform-browser-dynamic';
import {NgModule}        from '@angular/core';
import {BrowserModule} from '@angular/platform-browser';
import {LocationStrategy, HashLocationStrategy} from '@angular/common';
import {Router, Routes, RouterModule} from '@angular/router';
import {HomeComponent} from "./components/home";
import {ProductDetailComponent} from "./components/product";

const routes: Routes = [
    {path: '',          component: HomeComponent},
    {path: 'product', component: ProductDetailComponent}
];

@Component({
    selector: 'app',
    template: `
        <a [routerLink]="['/']">Home</a>
        <a [routerLink]="['/product']">Product Details!!!</a>
        <input type="button" value="Product Details"
            (click)="navigateToProductDetail( )" />      ← 单击按钮将调用navigateToProductDetail( )方法
        <router-outlet></router-outlet>
        `
})
class AppComponent {

    constructor(private _router: Router){}       ← Angular会将Router实例注入到路由变量中

    navigateToProductDetail( ){
        this._router.navigate(["/product"]);     ← 采用编程的方式导航到product路由
    }
}

@NgModule({
    imports:      [ BrowserModule, RouterModule.forRoot(routes)],
    declarations: [ AppComponent, HomeComponent, ProductDetailComponent],
   providers:[{provide: LocationStrategy, useClass:
➥HashLocationStrategy}],
    bootstrap:    [ AppComponent ]
})
class AppModule { }

platformBrowserDynamic( ).bootstrapModule(AppModule);
```

此例使用一个按钮导航到product路由，但是也可以用编程的方式来完成，而不需要用户手动触发。只需要在应用程序代码中调用navigate( )方法(或navigateByUrl( ))。你将在第9章中看到使用此API的另一个示例，我们将会解释如何单元测试路由。

提示

通过调用Router实例的isRouteAction( )方法可以检查一个指定的路由是否已激活。

处理404错误

如果用户在应用程序中输入不存在的URL，路由将无法匹配，此时会在浏览器的控制台中打印出错误信息，以便让用户知道导航为什么没有发生。如果应用程序无法找到匹配的组件，那么应该考虑如何创建要显示的组件。

例如，可以创建一个名为_404Component 的组件，并使用通配符路径 **配置它：

```
[
  {path: '',          component: HomeComponent},
  {path: 'product', component: ProductDetailComponent},
  {path: '**', component: _404Component}
])
```

现在当路由无法将URL与任何组件相匹配时，会渲染_404Component的内容作为替代。可以通过运行本书配套的代码main-with-404.ts来查看示例。只需要在浏览器中输入不存在的URL即可，比如http://localhost:8080/#/wrong。

如果要在路由中配置通配符，就一定要配置到路由数组的最后一个元素。路由器将通配符视为任意匹配，所以通配符之后所有的路由都会被忽略。

3.2　向路由传递数据

基础路由应用程序显示了可以在窗口的预设路由插座中显示不同的组件，但是通常不仅需要显示组件，还需要向其传递数据。例如，如果从Home路由导航到Product Details路由，就需要将产品ID传递给路由的目标组件，比如ProductDetailComponent。

通过ActivatedRoute构造函数可以向路由的目标组件传递参数。除了传递参数，ActivateRoute还能存储路由的URL片段以及路由插座。在本节中将演示如何从ActivatedRoute对象中提取路由参数。

3.2.1　从ActivatedRoute对象中提取参数

当用户导航到Product Details路由时，需要将产品ID传递给路由以显示指定产品的详情。让我们修改上一节中应用程序的代码，以便RootComponent能够把产品ID传递给ProductDetailComponent。

新版本的组件被命名为ProductDetailComponentParam，并且Angular会将一个ActivatedRoute对象注入到其中。ActivatedRoute对象将包含会被加载到路由插座的组件信息。

代码清单3.7　main-navigate.ts

```
import {Component} from '@angular/core';
import {ActivatedRoute} from '@angular/router';

@Component({
  selector: 'product',
  template: `<h1 class="product">Product Details for Product:
  ➥ {{productID}}</h1>`,
  styles: ['.product {background: cyan}']
})
export class ProductDetailComponentParam {
  productID: string;

  constructor(route: ActivatedRoute) {
    this.productID = route.snapshot.params['id'];
  }
}
```

通过绑定显示产品ID

这个组件的构造函数要求Angular把ActivatedRoute对象注入到其中

获得名为id的参数的值，并分配给productID类变量。该变量在模板中通过绑定使用

ActivatedRoute对象中包含了所有传递给该组件的参数。需要声明构造函数的参数以指明其类型，并且Angular将知道如何实例化和注入这个对象。我们将在第4章中详细介绍依赖注入。

在代码清单3.8中将更改product路由和router-Link的配置，确保一旦用户选择导航到ProductDetailComponentParam组件的路由，产品ID就能够被传递到组件中。新版的代码被命名为main-param.ts。

代码清单3.8　main-param.ts

```
import {Component} from '@angular/core';
import { platformBrowserDynamic } from '@angular/platform-browser-dynamic';
import { NgModule }       from '@angular/core';
import { BrowserModule } from '@angular/platform-browser';
import {LocationStrategy, HashLocationStrategy} from '@angular/common';
import { Routes, RouterModule } from '@angular/router';
import {HomeComponent} from "./components/home";
import {ProductDetailComponentParam} from "./components/product-param";

const routes: Routes = [
    {path: '',         component: HomeComponent},
    {path: 'product/:id', component: ProductDetailComponentParam}
];

@Component({
    selector: 'app',
    template: `
        <a [routerLink]="['/']">Home</a>
        <a [routerLink]="['/product', 1234]">Product Details</a>
        <router-outlet></router-outlet>
    `
```

path属性有一个额外的URL片段/:id

routerLink的值为一个数组，其中有两个元素：path表示路由路径，数字表示产品ID

```
})
class AppComponent {}

@NgModule({
    imports:      [ BrowserModule, RouterModule.forRoot(routes)],
    declarations: [ AppComponent, HomeComponent,
➥ProductDetailComponentParam],
    providers:[{provide: LocationStrategy, useClass:
➥HashLocationStrategy}],
    bootstrap:    [ AppComponent ]
})
class AppModule { }

platformBrowserDynamic( ).bootstrapModule(AppModule);
```

Product Details链接的routerLink属性由一个包含两个元素的数组初始化。这两个元素组成了路由配置routes中的path属性，而routes则是RouterModule.forRoot( )方法的参数。第一个元素表示路由路径的静态部分product，第二个参数表示动态部分/:id。

为了简单起见，ID被硬编码为1234，但如果RootComponet类有一个productID变量，并指向合适的对象，就可以用{productID}替换1234。对于Product Details路由，Angular将会构建URL片段/product/1234。图3.6展示了浏览器中渲染Product Details视图的情况。注意URL，路由用/product/1234替换 product/:id。

下面回顾一下Angular渲染应用程序首页的步骤：

(1) 检查每个routerLink 的内容，查找对应的路由配置。

(2) 解析URL，把参数替换为真实的值。

(3) 构建浏览器能够理解的<a href=" ">标签。

图3.6　Product Details路由接受产品ID 1234

图3.7显示了Chrome Developer Tools面板打开时应用程序首页的快照。因为首页路由配置的path属性为空字符串，所以Angular不会为此页的基础URL添加任何URL片段。而Product Details链接的锚点已经被转换成一个标准的HTML标签，当用户单击Product Details链接时，路由会在页面当前的基础URL后面添加一个hash标志以及/product/1234，这样

Product Details视图的绝对URL将会变成http://localhost:8080/#/product/1234。

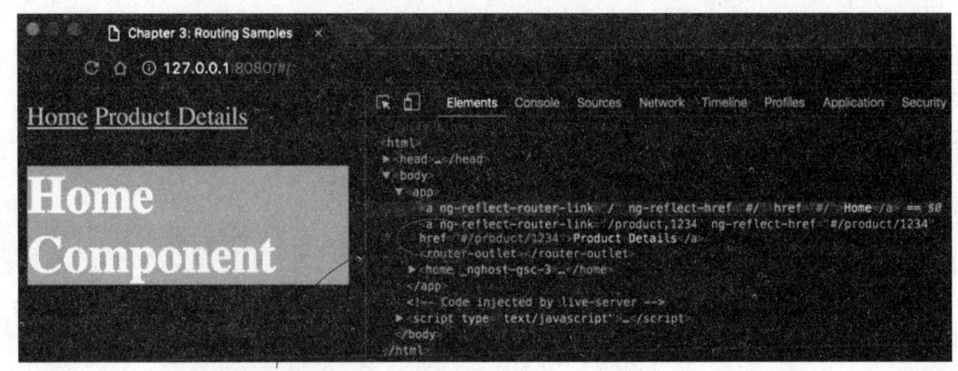

图3.7 Product Details锚点标签已经准备就绪

3.2.2 传递静态数据给路由

父组件通常会把数据传递给它们的子组件，但Angular还提供了一种在配置路由时传递任意数据给组件的机制。例如除了像产品ID这样的动态数据，还可以传递一个标志，指明应用程序是否在生产环境中运行。这可以通过使用路由配置中的 data 属性来完成。

Product Details的路由配置如下：

```
{path: 'product/:id', component: ProductDetailComponentParam , data:
➥ [{isProd: true}]}
```

data属性可以包含一个数组，里面包含key-value键值对。当路由打开ProductDetailComponentParam时，可以从ActivatedRoute.snapshot的data属性中获得data值：

```
export class ProductDetailComponentParam {
  productID: string;
  isProdEnvironment: string;

  constructor(route: ActivatedRoute) {
    this.productID = route.snapshot.params['id'];

    this.isProdEnvironment = route.snapshot.data[0]['isProd'];
    console.log("this.isProdEnvironment = " + this.isProdEnvironment);
  }
}
```

通过路由的data属性传递数据，与在path属性中配置参数是完全不同的，比如path: 'product/:id'。但是无论是在生产环境还是QA环境中，当想在配置阶段把数据传递给路由时，data属性会很管用。实现了此功能的应用程序在main-param-data.ts中。

3.3　子路由

Angular应用程序可以被认为是有父子关系的组件树。每一个组件都有良好的封装性，可以完全控制哪些被暴露出来，哪些是组件的私有内容。任何组件都有自己的样式，不与父组件的样式混合。组件还有自己的依赖注入。子组件可以有自己的路由，但是所有路由都会在组件之外进行配置。

在上一节中，通过配置路由在AppComponent的router-outlet区域显示了HomeComponent或ProductDetailComponent的内容。想象一下，你希望ProductDetailComponent(子组件)能够显示产品描述或卖家信息。

这意味着要为ProductDetailComponent增加子路由配置。将使用Route接口的children属性来实现：

```
[ {path: '',            component: HomeComponent},
  {path: 'product/:id', component: ProductDetailComponent,
    children: [
      {path: '', component: ProductDescriptionComponent},
      {path: 'seller/:id', component: SellerInfoComponent}
    ]}
]
```

图3.8显示了当用户单击根组件上的Product Details链接后，应用程序渲染ProductDetailComponent(子组件)并展示ProductDescription后的情形。path属性可以包含一个空字符串，因此这是默认的子路由。

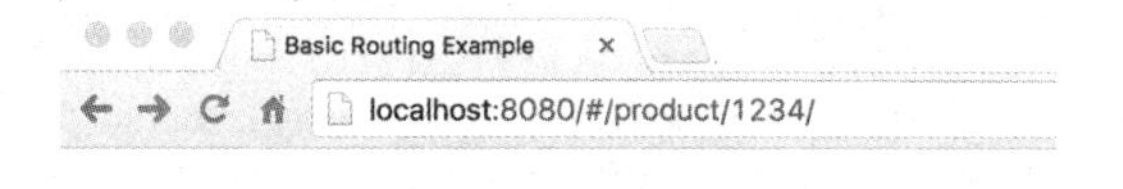

图3.8　产品描述路由

图3.9显示了用户单击Product Details链接之后，又单击了Seller Info链接后的情形。

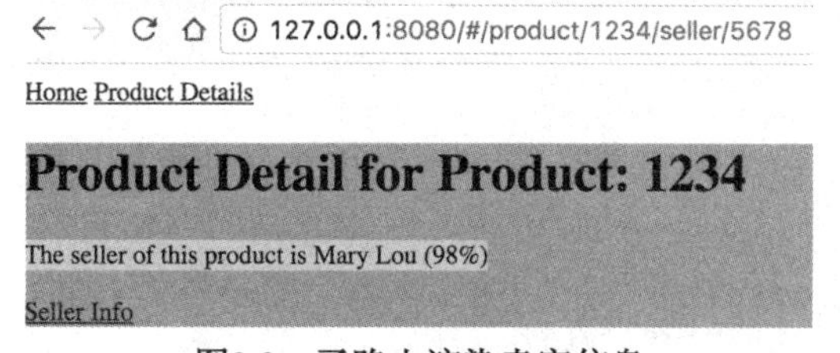

图3.9　子路由渲染卖家信息

注意

如果阅读的是本书电子版，那么会看到卖家信息显示在黄色背景中。这是有意为之，关于组件的样式将在本章的后面讨论。

为了实现图3.8和图3.9中展示的视图，需要修改ProductDetailComponent，增加两个子组件——SellerInfoComponent和ProductDescriptionComponent，以及它们自己的<router-outlet>。图3.10显示了要实现的组件的层次结构。

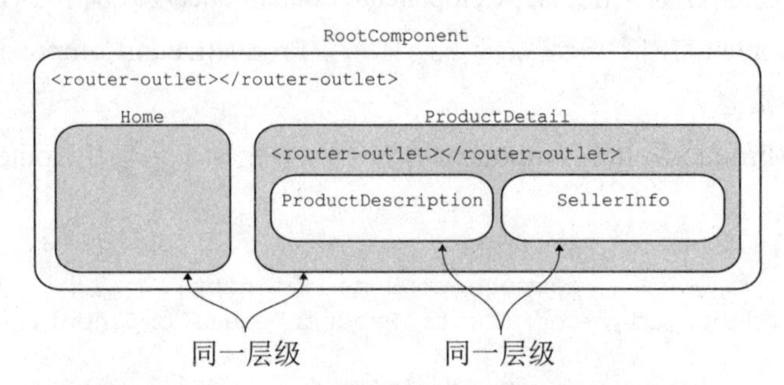

图3.10 basic_routing应用程序中的路由层次结构

子路由示例的完整代码位于main-child.ts中，如下所示：

代码清单3.9 main-child.ts

```
import {Component} from '@angular/core';
import {platformBrowserDynamic} from '@angular/platform-browser-dynamic';
import {NgModule}      from '@angular/core';
import {BrowserModule} from '@angular/platform-browser';
import {LocationStrategy, HashLocationStrategy} from '@angular/common';
import {Routes, RouterModule} from '@angular/router';
import {HomeComponent} from "./components/home";
import {ProductDetailComponent} from './components/product-child';
import {ProductDescriptionComponent} from './components/product-
➥description';
import {SellerInfoComponent} from './components/seller';

const routes: Routes = [
    {path: '',             component: HomeComponent},
    {path: 'product/:id', component: ProductDetailComponent,
        children: [
          {path: '',            component: ProductDescriptionComponent},
          {path: 'seller/:id', component: SellerInfoComponent}
        ]}
];

@Component({
    selector: 'app',
    template: `
        <a [routerLink]="['/']">Home</a>
        <a [routerLink]="['/product', 1234]">Product Details</a>
```

```
        <router-outlet></router-outlet>
      `
})
class AppComponent {}

@NgModule({
    imports:      [ BrowserModule, RouterModule.forRoot(routes)],
    declarations: [ AppComponent, HomeComponent, ProductDetailComponent,
                    ProductDescriptionComponent, SellerInfoComponent],
    providers:[{provide: LocationStrategy, useClass: HashLocationStrategy}],
    bootstrap:    [ AppComponent ]
})
class AppModule { }

platformBrowserDynamic( ).bootstrapModule(AppModule);
```

再次检查图3.9中的URL，当用户单击Product Details链接时， product/1234片段会被添加到URL中。路由在配置中匹配该路径，之后把ProductDetailComponent渲染到路由插座中。

新版本的ProductDetailComponent(product-child.ts)有自己的路由插座，用来显示ProductDescriptionComponent(默认)和SellerInfoComponent。

代码清单3.10 ProductDetailComponent

```
import {Component} from '@angular/core';
import {ActivatedRoute} from '@angular/router';

@Component({
    selector: 'product',
    styles: ['.product {background: cyan}'],
    template: `
      <div class="product">
        <h1>Product Details for Product: {{productID}}</h1>
        <router-outlet></router-outlet>
        <p><a [routerLink]="['./seller', 5678]">Seller Info</a></p>
      </div>
      `
})
export class ProductDetailComponent {
  productID: string;

  constructor(route: ActivatedRoute) {
    this.productID = route.snapshot.params['id'];
  }
}
```

ProductDetailComponent拥有自己的router-outlet以渲染自己的子组件，每次在其中渲染一个组件

当用户单击链接时，Angular在URL后面添加/seller/5678，并且渲染SellerInfoComponent

注意

并不需要导入子组件。无论是ProductDescriptionComponent还是SellerInfoComponent，都没有在ProductDetailComponent的模板中被显式提及，并且也不会在directives属性中列出。它们在AppModule中被引入。

查看SellerInfoComponent的路由配置，你会发现它接受卖家ID作为参数。你将会把5678作为卖家ID用来传递。当用户单击Seller Info链接时，URL将会包括product/1234/seller/5678片段(见图 3.9)。路由将在配置对象中查找匹配，并显示SellerInfoComponent。

注意

这个版本的ProductDetailComponent只有一个打开卖家信息的链接。如果需要从卖家信息路由回到/product，用户只能使用浏览器的“回退”按钮。

ProductDescriptionComponent与SellerInfoComponent相比就比较简单了。

代码清单3.11 ProductDescriptionComponent

```
import {Component} from '@angular/core';

@Component({
    selector: 'product-description',
    template: '<p>This is a great product!</p>'
})
export class ProductDescriptionComponent {}
```

由于SellerInfoComponent希望接收卖家ID，因此构造函数需要一个类型为ActivatedRoute的参数以获得卖家ID，就像在ProductDetailComponent中所做的那样。

代码清单3.12 SellerInfoComponent

```
import {Component} from '@angular/core';
import {ActivatedRoute} from '@angular/router';

@Component({
    selector: 'seller',
    template: 'The seller of this product is Mary Lou(98%)',
    styles: [':host {background: yellow}']
})
export class SellerInfoComponent {
   sellerID: string;

   constructor(route: ActivatedRoute){
     this.sellerID = route.snapshot.params['id'];
     console.log(`The SellerInfoComponent got the seller id ${this.sellerID}`);
   }
}
```

使用伪类:host把组件的内容显示在黄色的背景中。这是我们在讨论ShadowDOM时一个很好的例子。

:host伪类选择器用来匹配那些由ShadowDOM创建的元素，ShadowDOM为组件提供了更好的封装性(参见稍后的“Angular对ShadowDOM的支持”特殊段落)。尽管并非所有的浏览器都支持Shadow DOM，但Angular默认会模拟Shadow DOM，并创建一个影子根节点。与这个影子根节点相关联的HTML元素被称为shadow host。

在代码清单3.12中，SellerInfoComponent是一个shadow host，可以通过:host显示黄色背景。组件的ShadowDOM样式不会与全局DOM样式合并，组件的HTML标签的ID也不会与DOM的ID产生冲突。

深度链接

使用深度链接创建的链接能够指向页面中具体的内容而不是整个页面。在基础路由应用程序中，你已经看到过深度链接的例子了：

- URL http://localhost:8080/#/product/1234不仅仅链接到Product Details页，它还是一个具体的视图，显示了ID为1234的产品。
- URL http://localhost:8080/#/product/1234/seller/5678的链接层次甚至更深。它显示了ID为5678的卖家的信息，该卖家出售 ID为1234的商品。

可以很轻易地从一个在Chrome浏览器中运行的应用程序中查看链接http://localhost:8080/#/product/1234/seller/5678，并把该链接复制到 Firefox 或Safari中。

Angular对Shadow DOM的支持

Shadow DOM是Web Components标准的一部分。每个Web页面是由一个DOM对象树来渲染的，但是Shadow DOM允许封装一个HTML元素的子树，以创建两个组件之间的边界。这样的子树作为HTML文档的一部分被渲染，但是它的元素不会被添加到主DOM树中。换句话说，Shadow DOM在DOM的内容和HTML组件的实现之间创建了一堵墙。

当为Web页面添加一个自定义标签时，它包括了一个HTML片段，并且使用Shadow DOM，这个片段仅限于组件，而不会在页面中与DOM合并。使用Shadow DOM，自定义组件的CSS样式不会与主DOM的CSS合并，从而避免了渲染样式时的潜在冲突。

在Chrome浏览器中打开YouTube视频，Chrome原生支持Shadow DOM。在撰写本书时，视频播放器是由video标签来显示的。可以打开开发者工具，查看元素选项卡，如图3.11所示：

```
▼<video class="video-stream html5-main-video" style="width: 640px; height: 360px;
caedbe13-d34a-400c-adb1-82a713307b24">
  ▼#shadow-root (user-agent)
    ▼<div pseudo="-webkit-media-controls">
      ▼<div pseudo="-webkit-media-controls-overlay-enclosure">
        ▼<input type="button" style="display: none;">
          ▼#shadow-root (user-agent)
            ""
          </input>
        </div>
      ▶<div pseudo="-webkit-media-controls-enclosure">…</div>
    </div>
</video>
```

图3.11　YouTube页面中的<video>标签

虽然视频播放器由播放区域、带有控制功能的工具栏(播放按钮、音频滑块等)组成，但这些都会被封装到shadow root中。从主DOM的视角来看，页面包括一个“Lego block”<video>。如果要查看标签的内部，需要在开发者工具的设置中，打开Show User Agent Shadow DOM 选项。

在Angular组件中，可以在@Componenet注解的template或templateUrl属性中指定HTML标记。如果一个Web浏览器原生支持Shadow Dom，或者使用Angular模拟Shadow Dom，组件的HTML不会与页面的全局DOM对象合并。在Angular中，可以设置@Component注解中的encapsulation属性来指定Shadow Dom模式，encapsulation属性可被设置为以下值：

- ViewEncapsulation.Emulated —— 模拟Shadow DOM(默认)的封装方式。这将指导Angular为组件的样式生成唯一的属性，并且不会将它的样式与页面DOM的样式合并。例如，在Chrome中导航到SellerInfoComponent，打开开发者工具，HTML标记如下所示：

```
<head>
...
  <style>[_nghost-yls-7] {background: yellow;}</style>
</head>
...
<seller _nghost-yls-7="" _ngcontent-yls-6="">
  <p _ngcontent-yls-7=""></p>
  The seller of this product is Mary Lou(98% positive feedback)
</seller>
```

- ViewEncapsulation.Native —— 使用浏览器原生支持的Shadow DOM。HTML和样式不会与页面的DOM合并。只有在确认用户浏览器支持ShadowDOM的情况下，才应该使用此选项；否则会抛出错误。在这种模式下，SellerInfoComponent的样式不会被添加到页面的<head>中，但是组件及其父组件的样式都会被封装到组件内部，如图3.12所示。

```
▼<seller _ngcontent-jme-8>
  ▼#shadow-root
     <style>:host {background: yellow}</style>
     <p></p>
     "The seller of this product is Mary Lou (98% positive feedback) "
     <style>.home[_ngcontent-jme-3] {
     background: red;
     }</style>
     <style>.product[_ngcontent-jme-5] {
     background: cyan;
     }</style>
  </seller>
```

图3.12　shadow root封装所有样式

- ViewEncapsulation.None —— 不使用ShadowDOM封装。所有的标记和样式都会被集成到页面的全局DOM中。在这种模式下，:host选择器是不会工作的，因为没有任何shadow host。仍然可以为SellerInfoComponent开发样式，组件通过选择器引用样式：

```
import {Component, ViewEncapsulation} from '@angular/core';

@Component({
    selector: 'seller',
    template: 'The seller of this product is Mary Lou(98%)',
    styles: ['seller {background: yellow}'],
    encapsulation: ViewEncapsulation.None
})
export class SellerInfoComponent {}
```

Angular不会生成任何额外的样式，但是会把下面的样式添加到页面的<head>中：

```
<style>seller {background: yellow}</style>
```

在6.2.3节中，你将会看到ViewEncapsulation在开启和关闭Shadow DOM两种情况下对UI 渲染的影响。

3.4　守护路由

现在你已经了解了如何使用路由配置基础导航，下面让我们考虑一些需要验证的场景，判断用户(或程序)是否能够被允许导航到或离开路由：

- 只有被认证和授权的用户才能开启路由。
- 展现由多个组件组成的复合表单，只有当前部分验证通过了，用户才会被允许导航到下一部分。
- 如果用户尝试从路由离开，提示他们是否有未保存的变更。

路由具有钩子功能，能让你更好地控制导航，无论是进入路由还是离开路由。可以使用这些钩子来实现上述场景中路由的守护。

注意

Angular包括大量的生命周期钩子函数，使你能够处理组件生命周期中一些重要的事件。我们将在第6章中介绍它们。

在3.1节，我们曾经提过Routes类型是一个数组，该数组中的元素符合Route接口，如下所示：

```
export interface Route {
    path?: string;
    pathMatch?: string;
    component?: Type | string;
    redirectTo?: string;
```

```
    outlet?: string;
    canActivate?: any[];
    canActivateChild?: any[];
    canDeactivate?: any[];
    canLoad?: any[];
    data?: Data;
    resolve?: ResolveData;
    children?: Route[];
    loadChildren?: string;
}
```

我们之前介绍路由配置时，使用了这个接口的三个属性：path、component 和 data。现在让我们熟悉一下canActivate和canDeactivate属性，这允许你守护路由。基本上你需要写一个返回true或false的方法来实现验证逻辑，并将其分配给上述两个属性中的一个。如果canActivate( )返回true，用户可以导航进入路由。如果canDeactivate( )返回true，用户可以导航离开路由。Route的canActivate和canDeactivate属性都能接受数组，如果验证导航开启或禁用时，需要检查多个判断条件，可以给上面的数组分配多个方法(守护方法)。

让我们更新3.1.2中的示例(Home和Product Details链接)，已说明如何保护路由避免未登录用户的访问。为了让示例简单易懂，你不会使用真实的登录服务，但是会随机生成登录状态。

下面将通过实现CanActive接口创建一个守护类，这个类仅仅声明和实现了一个方法canActive( )。这个方法包含了应用程序逻辑，并返回true或false。如果该方法返回false(用户没有登录)，那么应用程序不会导航到路由，并且将在控制台中打印错误信息。

代码清单3.13 LoginGuard类

```
import {CanActivate} from "@angular/router";
import {Injectable} from "@angular/core";

@Injectable( )
export class LoginGuard implements CanActivate{

  canActivate( ) {
      return this.checkIfLoggedIn( );
  }

  private checkIfLoggedIn( ): boolean{

      // A call to the actual login service would go here
      // For now we'll just randomly return true or false

      let loggedIn:boolean = Math.random( ) <0.5;

      if(!loggedIn){
          console.log("LoginGuard:
        ➥ The user is not logged in and can't navigate product details");
      }
```

```
        return loggedIn;
    }
  }
```

如你所见，canActivate( )方法的实现会随机地返回true或false，以模拟用户的登录状态。

下一步是更新路由配置，添加守护方法。下面的代码片段显示Home和Product Details的路由配置，后者由LoginGuard保护：

```
[
  {path: '',         component: HomeComponent},
  {path: 'product', component: ProductDetailComponent, canActivate:[LoginGuard]}
]
```

如果canActive属性是数组类型，那么添加一个或多个守护元素到该数组中，之后所有的守护方法会按顺序重新调用。如果任何一个守护方法返回false，将会禁止导航到路由。

但是，将由谁来实例化LoginGuard类呢？Angular采用依赖注入机制(在第4章中描述)，但是需要在负责注入工作的providers列表中声明此类。在@NgModule 的providers中添加名称LoginGuard：

```
@NgModule({
    imports:       [ BrowserModule, RouterModule.forRoot(routes)],
    declarations: [ AppComponent, HomeComponent, ProductDetailComponent],
    providers:[{provide: LocationStrategy, useClass: HashLocationStrategy}
➥ LoginGuard],
    bootstrap:     [ AppComponent ]
})
```

完整的main-with-guard.ts代码如下：

代码清单3.14　main-with-guard.ts

```
import {Component} from '@angular/core';
import {platformBrowserDynamic} from '@angular/platform-browser-dynamic';
import {NgModule}      from '@angular/core';
import {BrowserModule} from '@angular/platform-browser';
import {LocationStrategy, HashLocationStrategy} from '@angular/common';
import {Routes, RouterModule} from '@angular/router';
import {HomeComponent} from "./components/home";
import {ProductDetailComponent} from "./components/product";
import {LoginGuard} from "./guards/login.guard";

const routes: Routes = [
    {path: '',         component: HomeComponent},
    {path: 'product', component: ProductDetailComponent,
        canActivate:[LoginGuard]}
];

@Component({
    selector: 'app',
```

```
    template: `
        <a [routerLink]="['/']">Home</a>
        <a [routerLink]="['/product']">Product Details</a>
        <router-outlet></router-outlet>
    `
})
class AppComponent {}

@NgModule({
    imports:      [ BrowserModule, RouterModule.forRoot(routes)],
    declarations: [ AppComponent, HomeComponent, ProductDetailComponent],
    providers:[{provide: LocationStrategy, useClass: HashLocationStrategy},
➥LoginGuard],
    bootstrap:    [ AppComponent ]
})
class AppModule { }

platformBrowserDynamic( ).bootstrapModule(AppModule);
```

如果运行此应用程序，单击Product Details链接，根据LoginGuard随机生成的值，会出现两种情况：导航到路由或者在控制台打印错误信息。图3.13显示了未登录用户单击Product Details链接之后的截图。

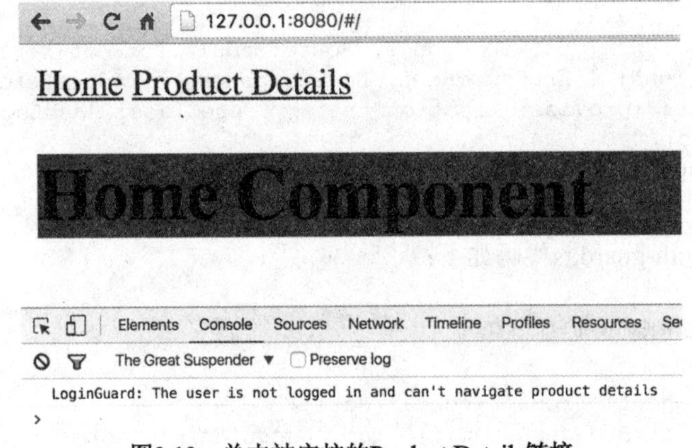

图3.13　单击被守护的Product Details链接

在本例中，实现的canActive( )方法并没有使用任何参数，但是实际上这个方法可以如下签名：

```
canActivate(destination: ActivatedRouteSnapshot, state: RouterStateSnapshot)
```

Angular会自动注入ActivatedRouteSnapshot和RouterStateSnapshot的值，如果想要分析当前路由状态，这会非常方便。比如，想知道用户尝试导航到的路由的名称，可以这么做：

```
canActivate(destination: ActivatedRouteSnapshot, state: RouterStateSnapshot) {
    console.log(destination.component.name);
  ...
}
```

提示

如果在导航到路由之前，需要等待异步数据返回，在配置路由时需要用到resolve属性。可以声明一个实现了Resolve接口的类，并实现resolve( )方法。路由不会实例化这样配置的组件，直到该方法返回。

CanDeactivate接口用来控制从路由离开的导航，实现该接口与实现CanActive类似。只需要创建一个实现了该接口的守护类，并实现canDeactivate( )方法，就像下面这样：

```
import {CanDeactivate, Router} from "@angular/router";
import {Injectable} from "@angular/core";

@Injectable( )
export class UnsavedChangesGuard implements CanDeactivate{

    constructor(private _router:Router){}

    canDeactivate( ){
        return window.confirm("You have unsaved changes.
            ➥ Still want to leave?");

    }
}
```

不要忘记将canDeactivate属性添加到路由配置中，并在模块的providers列表中包含新的守护类：

```
@NgModule({
    imports:      [ BrowserModule, RouterModule.forRoot(routes)],
    declarations: [ AppComponent, HomeComponent, ProductDetailComponent],
    providers:[{provide: LocationStrategy, useClass: HashLocationStrategy},
➥LoginGuard, UnsavedChangesGuard],
    bootstrap:    [ AppComponent ]
})
```

提示

为了更好地显示警告和确认弹窗，请使用Material Design 2的MdDialog组件(参见https://github.com/angular/material2)。

关于导航组件生命周期中钩子方法的更多细节，请参考Angualr API文档中的@angular/router章节(参见https://angular.io/docs/ts/latest/api/)。我们将在第6章讨论生命周期。

3.5　开发一个具有多个路由插座的单页面应用

在前一节，你学习了子路由是用一个URL表示的，该URL由父片段和子片段组成。单页面应用有一个标签 <router-outlet>，Angular 将会根据父组件或子组件的配置渲染组件。现在我们将会讨论如何配置和渲染兄弟路由，也就是同一时间，在不同的独立路由插座中渲染组件。让我们看一些例子：

- 假设Gmail页面在收件箱中显示邮件列表，并且决定撰写一封新的邮件。新的视图将会显示在窗口右侧，并且能在不关闭任何一个视图的情况下，来回切换收件箱和新邮件的草稿。
- 想象一个类似操作面板的单页面应用，它有好几个专用区域(路由插座)，并且每个区域可以渲染多于一个组件(但是一次只能渲染一个)。路由插座A可以将股票投资组合作为表格或图表显示，路由插座B显示最新的消息或者广告。
- 假设向单页面应用中添加一个聊天区域，以便用户能够与客服沟通，同时保持当前路由的活动状态。基本上，需要添加独立的聊天路由，以允许用户同时使用这两个路由，并且能从一个路由切换到另一个路由。

在Angular中，为了实现上面的方案，不仅可以声明一个主路由，还可以声明多个辅助路由。这些辅助路由可以与主路由同时显示。

为了隔离由主路由渲染的组件和由辅助路由渲染的组件，需要添加另一个<router-outlet>标签，但是这个路由插座必须有一个名称。例如，以下代码片段定义了主路由插座和聊天路由插座：

```
<router-outlet></router-outlet>
<router-outlet name="chat"></router-outlet>
```

我们为应用程序添加了一个用于聊天的路由。图3.14说明了用户在单击Home链接以及Open Chat链接之后，两个路由被同时打开了。页面左侧是在主路由插座中渲染的HomeComponet，页面右侧则是在被命名的路由插座中渲染的ChatComponent。

单击Close Chat链接，将会删除被命名路由插座中的内容(我们向HomeComponent中添加了一个<input>标签，向ChatComponent中添加了一个<textarea>标签，以便当用户在首页路由和聊天路由之间切换时，更容易查看哪个组件获得了焦点)。

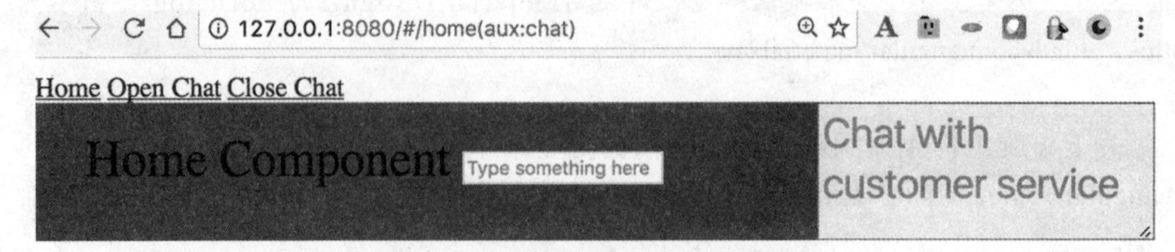

图3.14　通过辅助路由渲染的聊天视图

请注意辅助路由URL中的括号——http://localhost:8080/#home(chat)。与子路由和父路

由用正斜杠来分隔不同，辅助路由则表示为括号中的URL片段。这个URL告诉你首页路由和聊天路由是兄弟路由。

此例的代码位于main_aux.ts文件中，如代码清单3.15所示。为了简单起见，我们把所有需要的组件放在同一个文件中。HomeComponent和ChatComponent都使用了内联样式，并且在页面中相邻并排展示。HomeComponent的宽度是可视视窗宽度的70%，而ChatComponent的宽度是剩余视窗宽度的30%。

代码清单3.15 main_aux.ts

```
import {Component} from '@angular/core';
import {platformBrowserDynamic} from '@angular/platform-browser-dynamic';
import {NgModule}       from '@angular/core';
import {BrowserModule} from '@angular/platform-browser';
import {LocationStrategy, HashLocationStrategy} from '@angular/common';
import {Routes, RouterModule} from '@angular/router';

@Component({
    selector: 'home',
    template: `<div class="home">Home Component
               <input type="text" placeholder="Type something here"/>
               </div>`,
     styles: [`.home {background: red; padding: 15px 0 0 30px;  height:
➥80px; width:70%;font-size: 30px; float:left; box-sizing:border-box;}`]})
export class HomeComponent {}

@Component({
    selector: 'chat',
    template: `<textarea placeholder="Chat with customer service"
                       class="chat"></textarea>`,
    styles: [`.chat {background: #eee; height: 80px;width:30%;
          ➥ font-size: 24px;float:left; display:block; box-sizing:border-
box;} `]})
export class ChatComponent {}

const routes: Routes = [
    {path: '',  redirectTo: 'home', pathMatch: 'full'},
    {path: 'home', component: HomeComponent},
    {path: 'chat', component: ChatComponent, outlet:"aux"}
];

@Component({
    selector: 'app',
    template: `
        <a [routerLink]="['']">Home</a>
        <a [routerLink]="[{outlets: {primary: 'home', aux: 'chat'}}]">
        ➥ Open Chat</a>
        <a [routerLink]="[{outlets: {aux: null}}]">Close Chat</a>
        <br/>
        <router-outlet></router-outlet>
```

为首页组件配置路由。因为没有声明任何路由插座，组件将会在主路由插座中被渲染（指向 {path: 'home', component: HomeComponent}）

为聊天组件配置路由，组件将会在name为aux的路由插座中被渲染（指向 {path: 'chat', component: ChatComponent, outlet:"aux"}）

在主路由插座中渲染首页组件，在aux路由插座中渲染聊天组件（指向 Open Chat 链接）

输入null值，删除aux路由插座中的内容（指向 Close Chat 链接）

声明主路由插座（指向 <router-outlet>）

```
        <router-outlet name="aux"></router-outlet>
    `
})
class AppComponent {}

@NgModule({
    imports:       [ BrowserModule, RouterModule.forRoot(routes)],
    declarations: [ AppComponent, HomeComponent, ChatComponent],
    providers:[{provide: LocationStrategy, useClass: HashLocationStrategy}],
    bootstrap:     [ AppComponent ]
})
class AppModule { }

platformBrowserDynamic( ).bootstrapModule(AppModule);
```

声明一个额外的被命名的路由插座，其name为aux

> **注意**
>
> 由于类的声明不会被提升(提升的概念将在附录A中介绍)，确保在routerLink使用组件之前，该组件已经被声明了。

如果想以编程的方式导航到(或关闭)被命名的路由插座，使用在3.1.3节中介绍的Router.navigate( )方法，以下是一个示例：

```
navigate([{outlets: {aux: 'chat'}}]);
```

让我们休息片刻，然后回顾一下到目前为止本章所介绍的内容：

- 在模块级别配置路由。
- 每个路由都有映射到组件的路径。
- 在组件的模板中定义了<router-outlet>区域的占位符，路由的内容就渲染在其中。
- routerLink 可以被用于导航到一个被命名的路由。
- navigate( )方法可以被用于导航到一个被命名的路由。
- 如果路由需要一个参数，只能在路由配置的path属性中配置该参数，在routerLink或navigate( )方法中传递参数值。
- 如果路由需要参数，底层组件的构造函数必须有一个类型为ActiveRoute类的参数。
- 如果一个子组件有自己的路由配置，则称之为子路由，使用Route接口的children属性对其进行配置。
- 使用被命名的路由，应用程序可以同时显示多个路由。

我们已经差不多介绍了路由的全部内容。下面将讨论另外一个主题：如何实现组件的延迟加载功能以便减少路由的使用。这是一项很重要的技术，能够最大程度减少应用程序首页所需要加载的代码量。在这之后，将会在在线拍卖应用程序中实现路由功能。

3.6 将应用程序分解到模块中

Angular模块机制允许把一个应用程序分解为多个模块，每个模块执行特定的功能。事实上，本章的每一个代码示例都已经有很多模块了，例如AppModule、BrowserModule和RouterModule。AppModel是应用程序的根模块，BrowserModule和RouterModule是功能模块。注意，它们之间的主要区别是——根模块是被初始化的，而功能模块是被导入的，如下所示：

```
@NgModule({
    imports:[ BrowserModule,
              RouterModule.forRoot(routes)],
    ...
})
class AppModule { }

platformBrowserDynamic( ).bootstrapModule(AppModule);
```

每个模块可以暴露和隐藏某些功能，并且所有模块都在相同的上下文中执行，因此如果需要，它们之间可以共享对象。RootModule和BrowserModule是由Angular团队创建的，但是也可以把自己的应用程序分解到模块中。

在功能模块中，@NgModule装饰器必须导入CommonModule以取代BrowserModule。让我们看看在线拍卖应用程序的两个链接——Home和Product Details——并新增Luxury Items(奢侈品)链接。想象一下，奢侈品与普通产品有不同的处理流程，你想要把奢侈品的功能分离到一个独立的功能模块中，命名为LuxuryModule，该功能模块将包含一个名为LuxuryComponent的组件。建议将功能模块及其支持组件、服务和其他资源放到一个独立的目录中。在示例应用程序中，这个目录被命名为luxury。

LuxuryModule的代码位于luxury.module.ts文件中，如下所示：

代码清单3.16　luxury.module.ts

```
import {NgModule}       from '@angular/core';
import {CommonModule} from '@angular/common';
import {RouterModule} from '@angular/router';
import {LuxuryComponent} from "./luxury.component";

@NgModule({
    imports:      [ CommonModule,
        RouterModule.forChild([
        {path: 'luxury', component: LuxuryComponent}
    ]) ],
    declarations: [ LuxuryComponent ]
})

export class LuxuryModule { }
```

根据功能模块的要求导入CommonModule

使用forChild( )方法配置这个模块的路由

当URL有luxury片段时，渲染LuxuryComponent

这个模块只有一个组件

当配置根模块时，需要使用forRoot( )方法。当配置功能模块时，需要使用forChild( )方法。

LuxuryComponent将会在黄色(或金色)背景中显示文字“LuxuryComponent”：

```
import {Component} from '@angular/core';

@Component({
    selector: 'luxury',
    template: `<h1 class="gold">Luxury Component</h1>`,
    styles: ['.gold {background: yellow}']
})
export class LuxuryComponent {}
```

注意LuxuryComponent可以被其他根模块的成员导入。AppComponent、AppModule和引导函数位于main-luxury.ts文件中。

代码清单3.17 main-luxury.ts

```
import {platformBrowserDynamic} from '@angular/platform-browser-dynamic';
import {NgModule, Component} from '@angular/core';
import {BrowserModule} from '@angular/platform-browser';
import {LocationStrategy, HashLocationStrategy} from '@angular/common';
import {RouterModule} from "@angular/router";
import {HomeComponent} from "./components/home";
import {ProductDetailComponent} from "./components/product";
import {LuxuryModule} from "./components/luxury/luxury.module";

@Component({
    selector: 'app',
    template: `
        <a [routerLink]="['/']">Home</a>
        <a [routerLink]="['/product']">Product Details</a>
        <a [routerLink]="['/luxury']">Luxury Items</a>    ← 向主应用程序添加导航到luxury路径的链接
        <router-outlet></router-outlet>
    `
})
export class AppComponent {}

@NgModule({
    imports: [ BrowserModule,
               LuxuryModule,    ← 声明功能模块
               RouterModule.forRoot([    ← 为根模块配置路由
                   {path: '',        component: HomeComponent},
                   {path: 'product', component: ProductDetailComponent}
                   ])
             ],
    declarations: [ AppComponent, HomeComponent, ProductDetailComponent],
    providers:[{provide: LocationStrategy, useClass: HashLocationStrategy}],
    bootstrap:    [ AppComponent ]
})
class AppModule { }

platformBrowserDynamic( ).bootstrapModule(AppModule);
```

注意根模块不知道LuxuryModule内部是如何实现的，甚至都没有提及LuxuryComponent。当路由从根模块以及功能模块解析路由配置时，会将路径luxury映射到由LuxuryModules导出的LuxuryComponent。如果运行应用程序，单击Luxury Items链接，将看到如图3.15所示的窗口。

图3.15 渲染LuxuryModule

这是一个将大量功能分解到模块的示例。如果决定停止销售奢侈品，只需要从根模块中删除对LuxuryModule的引用，并从AppComponent中删除一个链接即可。与从仅有单一模块的应用程序中删除功能的过程相比，这是相当简单的重构。

把功能模块从一个应用程序转移到另一个应用程序中同样也变得很容易了。虽然并不是每一个应用程序都需要能够售卖奢侈品，但是很多商业领域的应用程序可能需要支付模块，从而能够以最小成本在不同的应用程序中复用。

虽然目前看起来已经很好了，但是请记住，即使把一些功能单独封装到了模块中，但是当应用程序启动时，这部分代码也会被加载。你是真的想在应用程序开始时，就把奢侈品模块的代码加载到浏览器中吗？我们接下来会讨论这个话题。

3.7 延迟加载模块

在大型应用程序中，你希望应用程序在渲染着陆页时，尽量减少要下载代码的代码量。应用程序初始化时下载的代码越少，我们就能越快地看到页面。对于那些网络情况恶劣的移动应用程序用户来说，这显得尤为重要。如果应用程序中的一些模块很少被用到，就应该让它们按需下载或延迟加载。

Angular让你能够很容易地把应用程序分解到模块中：一个根模块和多个功能模块。后者可以像上一节一样立即加载或延迟加载。

在部署了奢侈品的功能后，假设你发现大多数用户并不会单击Luxury Items链接。既然这样，为什么要在应用程序的初始化阶段加载奢侈品的代码呢？让我们重构应用程序，按需加载奢侈品模块。

代码清单3.18实现了模块的延迟加载。该例与代码清单3.17类似，但是会在主模块中做一个小改动，改变LuxuryModule的导出方式。代码位于main-luxury-lazy.ts文件中。

代码清单3.18 main-luxury-lazy.ts

```
import {platformBrowserDynamic} from '@angular/platform-browser-dynamic';
import {NgModule, Component}       from '@angular/core';
```

```
import {BrowserModule} from '@angular/platform-browser';
import {LocationStrategy, HashLocationStrategy} from '@angular/common';
import {RouterModule} from "@angular/router";
import {HomeComponent} from "./components/home";
import {ProductDetailComponent} from "./components/product";

@Component({
    selector: 'app',
    template: `
        <a [routerLink]="['/']">Home</a>
        <a [routerLink]="['/product']">Product Details</a>
        <a [routerLink]="['/luxury']">Luxury Items</a>
        <router-outlet></router-outlet>
    `
})
export class AppComponent {}

@NgModule({
    imports: [ BrowserModule,
               RouterModule.forRoot([
                   {path: '',        component: HomeComponent},
                   {path: 'product', component: ProductDetailComponent},
                   {path: 'luxury', loadChildren:
                        ➥'app/components/luxury/luxury.lazy.module'}
                   ])
             ],
    declarations: [ AppComponent, HomeComponent, ProductDetailComponent],
    providers:[{provide: LocationStrategy, useClass: HashLocationStrategy}],
    bootstrap:    [ AppComponent ]
})
class AppModule { }

platformBrowserDynamic( ).bootstrapModule(AppModule);
```

请注意，这次并没有显式地导入LuxuryModule。此外，更改了路径luxury的路由配置，如下所示：

```
{path:'luxury', loadChildren:'app/components/luxury/luxury.lazy.module'}
```

不再把path映射到组件，而是使用loadChildren属性，该属性提供需要被加载模块的路径。需要注意，loadChildren属性的值并不是模块的名称，而仅仅是一个字符串。根模块并不知道LuxuryModule的类型；但是当用户单击Luxury Items链接时，模块加载器将会分析这个字符串，之后从luxury.lazy.module.ts文件中加载LuxuryModule，这看起来与前面小节中介绍的相关内容有所不同。

代码清单3.19 luxury.lazy.module.ts

```
import {NgModule}       from '@angular/core';
import {CommonModule} from '@angular/common';
import {RouterModule} from '@angular/router';
import {LuxuryComponent} from "./luxury.component";
```

```
@NgModule({
    imports:      [ CommonModule,
        RouterModule.forChild([
        {path: '', component: LuxuryComponent}
    ]) ],
    declarations: [ LuxuryComponent ]
})

export default class LuxuryModule { }
```

在上面的代码中配置了一个空路径作为默认路由。因为这个模块将会被延迟加载，我们并没有在根模块中声明LuxuryModule类型，所以在导出此类时必须使用default关键字。当用户在根模块中单击Luxury Items链接时，加载器将会加载Luxury.lazy.module.ts文件的内容，并会发现LuxuryModule是这个文件中脚本的默认入口。

现在，如果打开Developer Tools面板，切换到Network选项卡，运行main-luxury-lazy应用程序，将不会在下载文件列表中看到奢侈品模块。单击Luxury Items链接，将会看到浏览器向服务器发起了一个额外的请求，请求下载LuxuryModule和LuxuryComponent。

在这样一个非常简单的示例中，初始化下载代码的代码量仅被减少了1KB。但是在大型应用程序中，如果使用延迟加载技术，就能够将初始化下载代码的代码量减少数百KB甚至更多，从而提高应用程序的感知性能。感知性能是用户对应用程序性能的感受，改进它是非常重要的，特别是在较差的网络条件下使用移动设备加载应用程序时。

3.8　实践：为在线拍卖应用程序添加导航

本实践练习接着第2章的练习开始，现在还只有在线拍卖应用程序的首页(见图2.3)。本实践练习的目标是添加导航，以便用户在单击产品名称后，用ProductItemComponent视图替换当前显示轮播图和产品缩略图的视图。

在本章中，无法看到Product Details视图的最终版。尽管在第2章的代码中已包含带有所有产品详情的ProductService，但我们将在第4章中用它来说明依赖注入。图3.16显示了在完成本章的实践后，用户单击首页上第一个产品的名称后在线拍卖应用程序的显示情况。

在实践环节，需要执行以下步骤：

(1) 创建一个仅显示产品标题的ProductDetailComponent。

(2) 重构代码以引入封装了轮播图和产品条目列表的HomeComponent。

(3) 为带有产品标题的products路径配置路由。该路由必须导航到ProductDetailComponent，它将会通过ActivatedRoute对象接收产品标题。

(4) 修改ApplicationComponent代码，根据被选择的路由渲染HomeComponent或ProductDetailComponent。

(5) 向主应用程序添加<route-outlet>，渲染HomeComponent或ProductDetailComponent。

(6) 将带有[routerLink]的链接添加到ProductItemComponent的模板中，当用户单击产品标题时，应用程序能够导航到Product Details路由。

(7) 在system.config.js中添加下面的代码：

'@angular/router'：{main：'router.umd.min.js'}

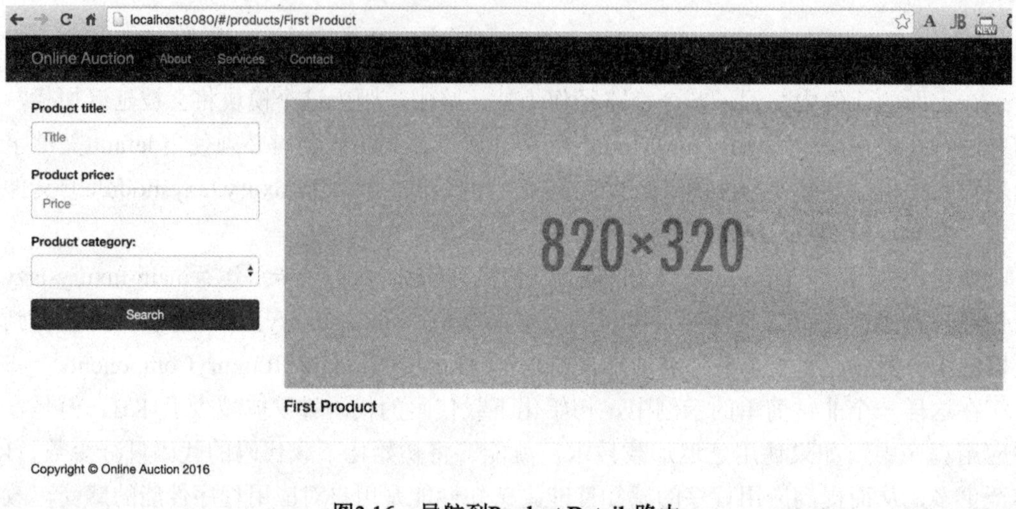

图3.16 导航到Product Details路由

> 注意
>
> 如果希望跳过这些步骤，立刻查看项目的最终版本，请在auction目录下打开命令窗口，运行npm install，然后运行npm start。否则，将auction目录从charert 2目录复制到单独的位置，并按照下一小节中的说明进行实践。

3.8.1 创建ProductDetailComponent

创建一个新的app/components/product-detail文件夹，并向此文件夹中添加一个product-detail.ts文件，文件内容如下：

代码清单3.20 product-detail.ts

```
import {Component} from '@angular/core';
import {ActivatedRoute} from '@angular/router';

@Component({
  selector: 'auction-product-page',
  template: `
    <div>
      <img src="http://placehold.it/820x320">
      <h4>{{productTitle}}</h4>
    </div>
```

```
  `
})
export default class ProductDetailComponent {
  productTitle: string;

  constructor(route: ActivatedRoute){
    this.productTitle = route.snapshot.params['prodTitle'];
  }
}
```

3.8.2　创建HomeComponent和代码重构

在第2章中，为在线拍卖应用程序创建了首页，其中包括许多组件。现在需要重构代码，令新版本的首页能够使用路由。你将使用<router-outlet>标签定义一个区域，用来显示HomeComponent或ProductDetailComponent。HomeComponent将会封装现有的CarouselComponent和一个带有ProductItemComponents的网格。步骤如下：

(1) 创建一个新的app/components/home文件夹，并向此文件夹中添加一个home.ts文件，文件内容如下：

代码清单3.21　home.ts

```
import {Component} from '@angular/core';

@Component({
  selector: 'auction-home-page',
  styleUrls: ['/home.css'],
  template: `
    <div class="row carousel-holder">
      <div class="col-md-12">
        <auction-carousel></auction-carousel>
      </div>
    </div>
    <div class="row">
      <div *ngFor="let product of products"
          ➥class="col-sm-4 col-lg-4 col-md-4">
        <auction-product-item [product]="product">
            ➥</auction-product-item>
      </div>
    </div>
  `
})
export default class HomeComponent {
  products: Product[] = [];

  constructor(private productService: ProductService) {
    this.products = this.productService.getProducts( );
  }
}
```

Angular把ProductService注入到此组件中，AppModule的providers负责注入服务。在第4章中你将学习有关providers的知识。

在第2章中，上述代码位于application.ts文件中。但是需要将这些代码封装到HomeComponent中，并在AppModule中为其配置路由。在下一步，将从application.ts中删除相应的代码。

如果发现有一些没有在代码中显式定义的样式，那么这些样式应该是由Bootstrap的CSS引入的。可以根据需要对其进行自定义。

(2) 创建home.css文件，为HomeComponent中的Bootstrap轮播图声明样式。

代码清单3.22 home.css

```
.slide-image {
    width: 100%;
}

.carousel-holder {
    margin-bottom: 30px;
}

.carousel-control,.item {
    border-radius: 4px;
}
```

3.8.3 简化ApplicationComponent

现在，已经在HomeComponent中封装了大量的代码，ApplicationComponent的代码会变少：

(1) 用以下代码替换application.ts文件的内容。

代码清单3.23 applications.ts

```
import {Component, ViewEncapsulation} from '@angular/core';

@Component({
  selector: 'auction-application',
  templateUrl: 'app/components/application/application.html',
  styleUrls: ['app/components/application/application.css'],
  encapsulation:ViewEncapsulation.None
})
export default class ApplicationComponent {}
```

在templateUrl和styleUrls属性中，使用了HTML和CSS文件的绝对地址。在第10章的“在模板中使用相对路径”特殊段落中，你将学会在指定HTML和CSS文件时如何使用相对路径。

在一本书中，因为更容易描述较短的代码片段，所以可以将ApplicationComponent的HTML标记放在一个单独的application.html文件中。

(2) 按照下面的内容修改application.html文件。

代码清单3.24　applications.html

```
<auction-navbar></auction-navbar>

<div class="container">
  <div class="row">
    <div class="col-md-3">
      <auction-search></auction-search>
    </div>

    <div class="col-md-9">
      <router-outlet></router-outlet>
    </div>
  </div>
</div>

<auction-footer></auction-footer>
```

这里的主要区别是用<router-outlet>标签替换了轮播图组件和产品条目组件。当路由渲染HomeComponent时，轮播图组件和产品条目组件也将被渲染。

在线拍卖应用程序的首页顶部由导航栏占据，底部则是页脚，中间区域被分成了两个区域：搜索组件和路由插座。按照Bootstrap的网格布局，把窗口的整个宽度分为12等分的列。将其中3列分配给<auction-search>，将剩余9列分配给<router-outlet>。换言之，屏幕宽度的25%被分配给搜索，75%用于路由。在第7章中将会实现搜索并介绍如何使用表单。

3.8.4　将RouterLink添加到ProductItemComponent

HomeComponent中包括了ProoductItemComponent的多个实例。每个实例都有一个routerLink以导航到ProductDetailComponent，参数是产品标题。步骤如下：

(1) 修改product-item.ts文件，在其中引用一个CSS文件，内容如下：

代码清单3.25　product-item.ts

```
import {Component, Input} from '@angular/core';
import {Product} from '../../services/product-service';

@Component({
  selector: 'auction-product-item',
  styleUrls: ['app/components/product-item/product-item.css'],
  templateUrl: 'app/components/product-item/product-item.html',
})
```

```
export default class ProductItemComponent {
  @Input( ) product: Product;
}
```

product-item.html文件需要一个具有routerLink指令的锚点标签，该标签应该导航到映射products/:prodTitle路径的路由。稍后可以在AppModule中对其进行配置。

(2) 修改product-item.htm的内容，如下所示：

代码清单3.26 product-item.html

```
<div class="thumbnail">
  <img src="http://placehold.it/320x150">
  <div class="caption">
    <h4 class="pull-right">{{ product.price | currency }}</h4>
      <h4><a [routerLink]="['/products', product.title]">{{ product.title}}
          </a></h4>
    <p>{{ product.description }}</p>
  </div>
  <div class="ratings">
    <auction-stars [rating]="product.rating"></auction-stars>
  </div>
</div>
```

可以使用currency管道(在竖线后指明管道)来格式化产品价格。如果浏览器不支持管道，请阅读5.3节中的解决方法。

代码清单3.27 product-item.css

```
.caption {
  height: 130px;
  overflow: hidden;
}

.caption h4 { white-space: nowrap;}

.thumbnail { padding: 0;}

.thumbnail img { width: 100%;}

.thumbnail .caption-full {
  padding: 9px;
  color: #333;
}

.ratings {
  color: #d17581;
  padding-left: 10px;
  padding-right: 10px;
}
```

3.8.5 修改根模块，添加路由

最后，需要更新app.module.ts文件，为其添加RouterModule和定位策略，并配置路由。

代码清单3.28 app.module.ts

```
import {NgModule}      from '@angular/core';
import {BrowserModule} from '@angular/platform-browser';
import {RouterModule} from '@angular/router';
import {LocationStrategy, HashLocationStrategy} from '@angular/common';
import ApplicationComponent from './components/application/application';
import CarouselComponent from "./components/carousel/carousel";
import FooterComponent from "./components/footer/footer";
import NavbarComponent from "./components/navbar/navbar";
import ProductItemComponent from "./components/product-item/product-item";
import SearchComponent from "./components/search/search";
import StarsComponent from "./components/stars/stars";
import {ProductService} from "./services/product-service";
import HomeComponent from "./components/home/home";
import ProductDetailComponent from "./components/product-detail/product
➥detail";

@NgModule({
    imports:      [ BrowserModule,
                    RouterModule.forRoot([
                        {path: '',component:HomeComponent},
                        {path: 'products/:prodTitle',
                                component: ProductDetailComponent}
    ]) ],
    declarations: [ ApplicationComponent,CarouselComponent,
                    FooterComponent, NavbarComponent,
                    HomeComponent, ProductDetailComponent,
                    ProductItemComponent,SearchComponent,StarsComponent],
    providers:    [ProductService,
                   {provide: LocationStrategy, useClass: HashLocationStrategy}],
    bootstrap:    [ ApplicationComponent ]
})
export class AppModule { }
```

在上述代码中配置了两个路由：基础URL(路径为空)将会导航到HomeComponent，products/:prodTitle路径则用于渲染ProductDetailComponent，参数为产品标题。ProductITemComponent定义了routerLink，并为prodTitle提供参数值。

3.8.6 运行在线拍卖应用程序

在命令窗口中切换到auction目录，输入npm start以启动服务器(在第2章中已介绍过，启动脚本配置在pacakage.json中)。浏览器将会打开在线拍卖应用程序的首页，它与第2章

的启动结果一模一样。现在单击任何一个产品，都将看到简化后的Product Details页，如图3.15所示。在第4章中，将会向该视图注入额外的产品详情信息。

应用扩展运算符

随着应用程序不断迭代，在AppModule中会声明大量的组件，这会降低代码的可读性。使用ES6扩展运算符(将在附录A中讨论)能够解决这个问题。考虑创建一个单独的文件，在其中列出所有的组件，如下所示：

```
export const myComponents = [
    ApplicationComponent,
    CarouselComponent,
    FooterComponent,
    NavbarComponent,
    HomeComponent,
    ProductDetailComponent,
    ProductItemComponent,
    SearchComponent,
    StarsComponent];
```

之后在@NgModule装饰器中使用扩展运算符，如下所示：

```
@NgModule({
    // other code goes here

    declarations: [ ...myComponents],

    // other code goes here
})
```

3.9 本章小结

在本章中，你已经学会了如何在单页面应用中使用Angular路由实现导航。以下这些是本章的主要内容：

- 使用RouterModule为应用程序配置路由。
- 选择一种定位策略，控制每个视图的URL。
- 当应用程序执行导航时，路由会把底层组件渲染到<router-outlet>标签定义的区域内。在页面中可以有一个或多个这样的区域。
- 为了能够导航到路由，在应用程序中添加锚点标签。锚点标签使用routerLink属性代替href属性。可以在此处将参数传递给路由。
- 为了最小化应用程序初始化时的代码量，检查是否有模块可以按需加载，按需加载可通过使用延迟加载技术来实现。

第4章

依赖注入

本章涵盖：

- 引入依赖注入(Dependency Injection，DI)作为设计模式
- DI的好处
- Angular如何实现DI
- 注册对象providers并使用注入器
- 注入器的层级
- 在在线拍卖应用程序中使用DI

在第3章中，我们讨论了路由器，现在，在线拍卖应用程序知道如何从Home视图导航到几乎空的Product Details视图。本章将继续开发在线拍卖应用程序。但这一次，我们将专注于如何使用Angular自动化创建对象的过程，并且使用其组件装配应用程序。

任何Angular应用程序，都是可能相互依赖的组件、指令以及类的集合。虽然每个组件都可以显式地实例化它的依赖，但Angular可以使用它的依赖注入(DI)机制来完成这项工作。

本章首先将确定DI能解决的问题，并审视DI作为一种软件设计模式的益处。然后，将通过一个依赖于ProductService的ProductComponent的例子，介绍Angular如何实现DI的具体细节。你将看到如何编写一个可注入的服务以及如何将其注入到另一个组件中。

之后你将看到一个示例应用程序，它演示了Angular DI如何通过仅改动一行代码来轻松替换一个组件的依赖。之后，将介绍一个更高级的概念：注入器的层级。在本章末尾，我们将通过动手实践来构建在线拍卖应用程序的下一个版本，它将使用本章涵盖的技术。

4.1 依赖注入模式和控制反转模式

设计模式是如何解决某些常见任务的建议。特定的设计模式，根据使用的软件可以有不同的实现。在本节中，我们将简要介绍两种设计模式：依赖注入(DI)和控制反转(Inversion of Control，IoC)。

4.1.1 依赖注入模式

如果写过将对象作为参数的函数，就可以说编写了一个程序来实例化这个对象并将其注入到函数中。想象一下运送产品的履行中心(fulfillment center)。跟踪产品运送的应用程序可以创建一个产品对象并调用一个创建和保存装运记录的函数：

```
var product = new Product( );
createShipment(product);
```

createShipment( )函数取决于Product实例对象的存在。也就是说，createShipment( )函数有一个依赖：Product。但这个函数本身不知道如何创建Product对象。调用脚本应该以某种方式创建对象，并将其作为参数传给(注入)此函数。

技术上讲，这么做是将Product对象的创建与使用解耦——但上述两行代码都位于同一脚本中，因此不是真正的解耦。如果需要用MockProduct替换Product，在这个简单的示例中，需要进行小小的代码改动。

如果createShipment( )函数有三个依赖关系(如产品、运输公司和履行中心)，并且每个依赖都有自己的依赖，该怎么办呢？这种情况下，为createShipment( )创建一组不同的对象将需要进行更多的手动代码更改。是否有可能要求别人为你创建依赖(包括依赖的依赖)的实例呢？

这是依赖注入模式的关键：如果对象A依赖于类型B的一个对象，对象A将不会显式地实例化对象B(与前例中的new操作符一样)。相反，将从运行环境中注入对象B。对象A只需要声明：我需要一个类型B的对象，有人可以给我吗？类型在这里很重要。对象A并不要求对象的具体实现，只要被注入的对象是类型B就可以了。

4.1.2 控制反转模式

控制反转(IoC)是相比依赖注入更为通用的一种模式。框架会创建并提供应用程序所需的对象，而不是让应用程序使用框架(或软件容器)中的一些API。IoC模式能以不同的方式实现，DI是提供所需对象的方式之一。Angular扮演了IoC容器的角色，能根据组件的声明提供所需的对象。

4.1.3 依赖注入的好处

在探讨Angular实现DI的语法之前，先介绍使用对象注入而不使用new操作符实例化它们的好处。Angular提供了一种有助于注册和实例化组件依赖的机制。简而言之，DI帮助你以松散耦合的方式编写代码，并使你的代码更具可测试性和可重用性。

1. 松耦合与可重用性

假设有一个ProductComponent使用ProductService类来获取产品详细信息。没有DI，

ProductComponent需要知道如何实例化ProductService类。这可以通过多种方式完成，例如使用new，在单例对象上调用getInstance( )，或者在某些工厂类上调用createProductService( )。在任何情况下，ProductComponent都与ProductService紧密耦合。

如果需要在另一个使用不同服务获取产品详情的应用程序中重用ProductComponent，那么就必须修改代码(例如，productService=newAnotherProductService( ))。DI允许解耦应用程序组件，它们不需要知道如何创建它们的依赖。

请考虑以下ProductComponent示例：

```
@Component({
  providers: [ProductService]
})
class ProductComponent {
  product: Product;

  constructor(productService: ProductService) {

    this.product = productService.getProduct( );
  }
}
```

在Angular应用程序中，通过指定provider(提供者)为DI注册对象。provider是一条Angular指令，与如何创建将来要注入到目标组件及指令的对象实例有关。在上述代码片段中，providers: [ProductService]这一行是[{provide: ProductService，useClass: ProductService}]的简写。

注意

你已在第3章中见到过provider属性，但它不是在组件上定义的，而是在模块级别定义的。

Angular使用了令牌(token)的概念，它是一个表示被注入对象的任意名称。通常，令牌的名称与被注入对象的类型相匹配。因此，上述代码片段指示Angular使用ProductService同名的类提供ProductService令牌。使用有provides属性的对象，可以将相同的令牌映射到不同的值或对象(例如模拟ProductService的功能，当其他人正在开发真正的服务类时)。

注意

在4.4.1节，你将看到如何使用任意的名称来声明一个令牌。

既然已经添加了providers属性到ProductComponent的@Component注解，Angular的DI模块将知道它必须实例化一个ProductService类型的对象。ProductComponent不需要知道会用ProductService的哪个具体实现——它将使用被指定为provider的任何对象。ProductService对象的引用将通过构造函数的参数注入，并且不需要在ProductComponent

中显式实例化ProductService。只需要像在前面的代码中那样使用，它神奇地调用了由Angular创建的ProductService实例上的服务方法getProduct( )。

在含有类型ProductService不同实现的不同应用程序中，如果要复用同样的ProductComponent，请修改providers代码行，如下所示：

```
providers: [{provide: ProductService, useClass: AnotherProductService}]
```

现在Angular将实例化AnotherProductService，但是使用类型ProductService的代码不会中断。在这个例子中，使用DI增加了ProductComponent的可重用型，并消除了它与ProductService的紧耦合。如果一个对象与另一个对象紧耦合，当要在其他应用程序中仅重用其中一个对象时，可能需要修改大量的代码。

2. 可测试性

DI增加了组件在孤立情况下的可测试性。如果实际的实现不可用，或者想对代码进行单元测试，可以轻松地注入模拟对象。

假设需要向应用程序添加登录功能。可以创建一个使用LoginService组件的LoginComponent(用于渲染ID和密码字段)，该组件应连接到某台授权服务器并检查用户的权限。授权服务器必须由不同的部门提供，但还没有准备好。虽然完成了LoginComponent的编码，但是由于无法控制的原因，无法对其进行测试，例如别人开发的另一个依赖组件。

在测试中，我们经常使用模拟对象模仿真实对象的行为。使用DI框架，可以创建一个模拟对象MockLoginService，它不连接到授权服务器，而是用特定的ID/密码组合赋予用户硬编码的访问权限。使用DI，可以编写一行代码来将MockLoginService注入到应用程序的Login视图中，而不用等到授权服务器准备就绪。之后，等服务器准备就绪了，就可以修改provider代码行，这样Angular将注入真正的LoginService组件，如图4.1所示。

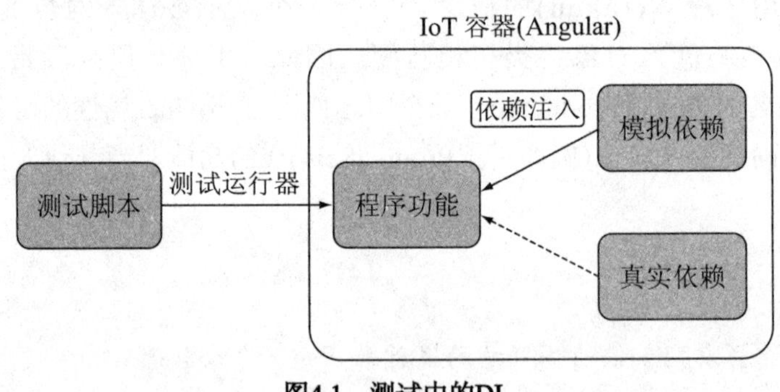

图4.1 测试中的DI

> **注意**
>
> 在第9章的实践部分，将看到如何对可注入的服务进行单元测试。

4.2　注入器和provider

既然已经简要介绍了依赖注入作为一种普通的软件工程设计模式，下面让我们看看Angular中实现DI的具体细节。特别地，我们将介绍注入器(injector)和provider之类的概念。

每个组件都可以有一个能将对象或基本值注入组件或服务的injector实例。任何Angular应用程序都有一个根注入器(root injector)，它可用于其所有模块。为了让injector知道要注入的内容，请指定provider。injector将provider中指定的对象或值注入到组件的构造函数中。

> **注意**
>
> 虽然热加载的模块没有自己的注入器，但懒加载的模块具有自己的根注入器，它是应用程序根注入器的直接子(direct child)注入器。

provider允许将自定义类型(或令牌)映射到此类型(或值)的具体实现。可以在组件的@Component装饰器内部指定provider，也可以将其作为@NgModule的一个属性指定，就像迄今为止介绍的每个代码示例一样。

> **提示**
>
> 在Angular中，只能通过构造函数的参数注入数据。如果一个类的构造函数没有参数，那么这个组件就肯定没被注入过任何东西。

本章中的所有代码示例都将使用ProductComponent和ProductService。如果应用程序有个类实现了某个特定的类型(例如ProductService)，那么可以在AppModule启动过程中为此类指定一个provider对象，如下所示：

```
@NgModule({
  ...
  providers: [{provide:ProductService,useClass:ProductService}]
})
```

当令牌名称和类名称相同时，可以使用较短的符号来指定模块中的provider：

```
@NgModule({
  ...
  providers: [ProductService]
})
```

可以在@Component注解中指定providers属性。@Component中ProductService provider的简短符号如下所示：

```
providers:[ProductService]
```

这时还没有创建ProductService的实例。providers代码行如下指示injector：“当需要构造一个具有ProductService类型参数的对象时，请创建一个已注册类的实例并注入到这个对象中。”

注意

Angular还具有viewProviders属性，当不希望子组件使用在父组件中声明的provider时，该属性将被使用。你将在4.5节中看到使用viewProviders属性的示例。

如果需要注入特定类型的不同实现，请使用较长的符号：

```
@NgModule({
  ...
  providers: [{provide:ProductService,useClass:MockProductService}]
})
```

下面在组件级别上：

```
@Component({
   ...
   providers: [{provide:ProductService, useClass:MockProductService}]
})
```

这样会给injector下达如下指令：“当需要将一个类型为ProductService的对象注入组件时，请创建MockProductService类的一个实例。”

由于provider，injector知道要注入什么。现在需要指定要注入对象的位置。在TypeScript中，它归结为声明一个指定其类型的构造函数参数。以下代码行显示了如何将ProductService类型的对象注入到组件的构造函数中：

```
constructor(productService: ProductService)
```

使用TypeScript与ES6进行注入

TypeScript简化了注入到组件中的语法，因为它不需要使用任何带有构造函数参数的DI注解。需要做的只是指定构造函数的参数类型：

```
constructor(productService: ProductService)
```

这起作用是因为任何组件都拥有一个@Component注解。由于TypeScript编译器配置了选项"emitDecoratorMetadata"：true，Angular将为要注入的对象自动生成所有必需的元数据。

因为使用了SystemJS即时转码TypeScript，所以可以在systemjs.config.js中添加以下TypeScript编译器选项：

```
typescriptOptions: {
    "emitDecoratorMetadata": true
```

```
}
```

如果使用ES6编写该类，请将带有明确类型的@Inject注解添加给构造函数的参数：

```
constructor(@Inject(ProductService) productService)
```

构造函数将保持不变，而无论哪种ProductService的具体实现被指定为provider。图4.2显示了注入过程的一个示例序列图。

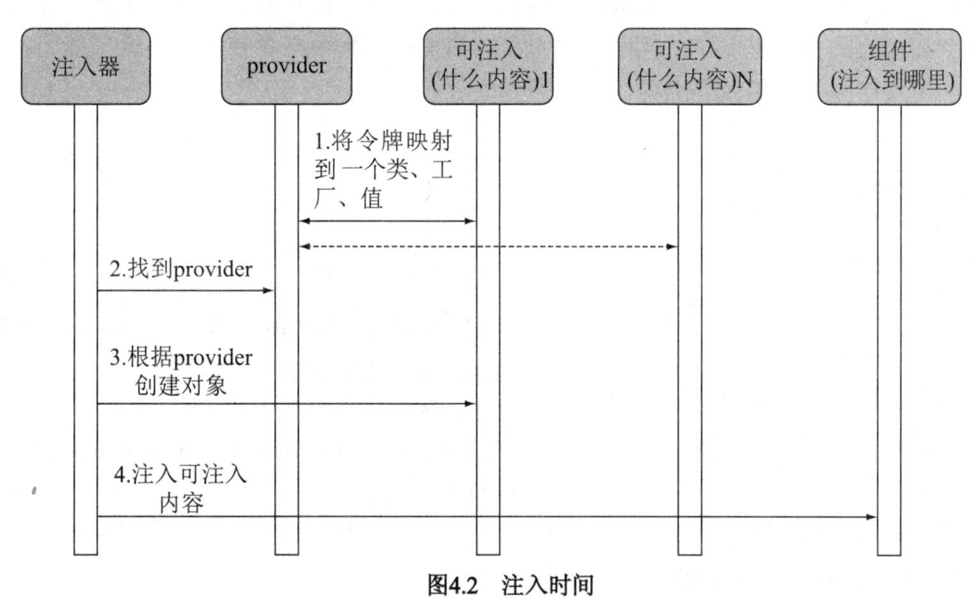

图4.2　注入时间

如何声明provider

可以将自定义的provider声明为一个含有provide属性的对象的数组。可以在模块的providers属性或组件级别指定这个数组。下面是一个单元素数组的例子，该数组指定了ProductService令牌的provider对象：

```
[{provide:ProductService, useClass:MockProductService}]
```

provide属性将令牌映射到实例化可注入对象的方法。这个示例指示Angular在使用ProductService作为依赖的任何位置，创建MockProductService类的一个实例。但对象的创建者(Angular的注入器)可以使用类、工厂函数、字符串或特殊的OpaqueToken类进行实例化和注入：

- 要将令牌映射到类的实现，请使用具有useClass属性的对象。
- 如果有一个基于特定条件实例化对象的工厂函数，请使用具有useFactory属性的对象，该属性指定了知道如何实例化所需对象的工厂函数(或胖箭头函数)。工厂函数可以有一个带依赖的可选参数，如果存在的话。
- 要提供具有简单注入值的字符串(例如服务的URL)，请使用具有useValue属性的对象。

在下一节中，将在复习基本应用程序时使用useClass属性。在4.4节将说明useFactory和useValue属性。

4.3　使用Angular DI的示例应用程序

现在，已经看到了许多与Angular DI相关的代码片段，让我们来构建一个将所有代码片段整合在一起的小应用程序。我们希望为在线拍卖应用程序准备使用DI。希望能为在在线拍卖应用程序中使用DI做好准备。

4.3.1　注入产品服务

让我们创建一个简单的应用程序，它用ProductComponent渲染产品详情，并且用ProductService提供相关产品数据。如果使用本书附带的可下载代码，则此应用程序位于di_samples目录下的main-basic.ts文件中。在本节，将构建一个生成图4.3所示页面的应用程序。

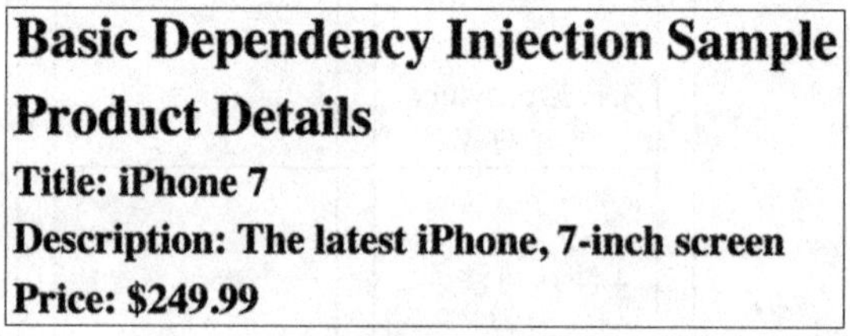

Basic Dependency Injection Sample

Product Details

Title: iPhone 7

Description: The latest iPhone, 7-inch screen

Price: $249.99

图4.3　示例DI应用程序

ProductComponent可以通过声明带有类型的构造函数参数来请求ProductService对象注入：

```
constructor(productService: ProductService)
```

图4.4显示了使用这些组件的示例应用程序。

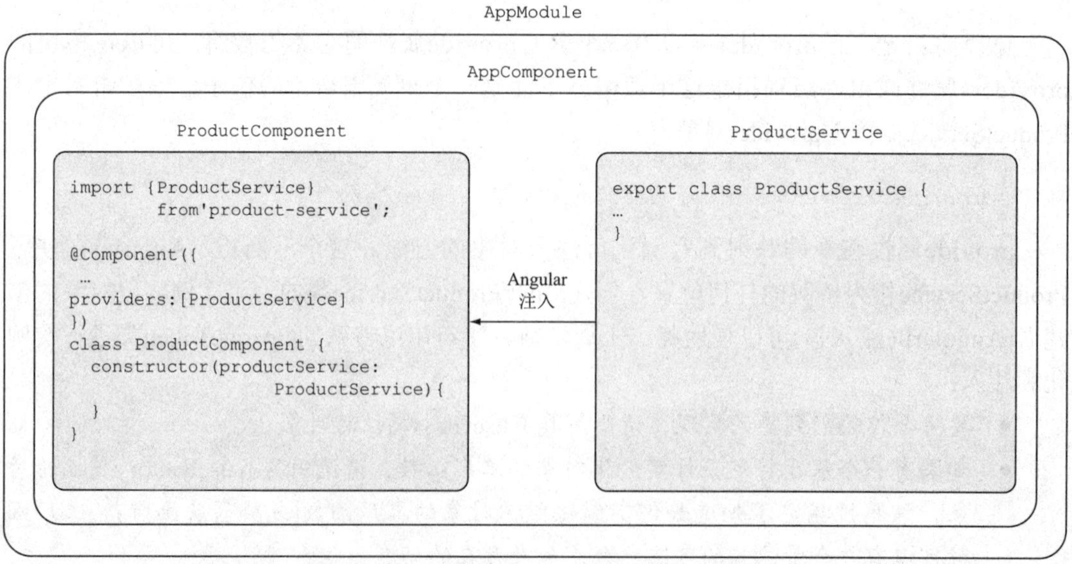

AppModule

AppComponent

ProductComponent

```
import {ProductService}
        from'product-service';

@Component({
 …
providers:[ProductService]
})
class ProductComponent {
  constructor(productService:
                 ProductService){
  }
}
```

Angular
注入

ProductService

```
export class ProductService {
…
}
```

图4.4　将ProductService注入ProductComponent

AppModule引导启动AppComponent，其中包括依赖于ProductService的ProductComponent。注意import和export语句。ProductService的类定义以export语句开头，以使其他组件能够访问其内容。ProductComponent包括提供类名称(ProductService)的import语句，以及正在导入的模块(位于文件product-service.ts中)。

在组件级别定义的providers属性指示Angular在被请求时提供ProductService类的实例。ProductService可能会与某些服务器进行通信，请求在网页上选择的产品的详细信息，但是我们现在将跳过这部分，并专注于如何将该服务注入到ProductComponent中。我们将实现图4.4中的组件。

除了index.html，还将创建以下文件：

- main-basic.ts文件将包含加载AppModule的代码，其中包含承载ProductComponent的AppComponent。
- ProductComponent将在product.ts文件中实现。
- ProductService将在单独的product-service.ts文件中实现。

这些(文件)都很简单。文件 main-basic.ts(如代码清单4.1所示)包含此模块代码，以及承载子组件ProductComponent的根组件的代码。此模块导入并声明了ProductComponent。

代码清单4.1　main-basic.ts

```
import {Component} from '@angular/core';
import ProductComponent from './components/product';
import {platformBrowserDynamic} from '@angular/platform-browser-dynamic';
import {NgModule}       from '@angular/core';
import {BrowserModule} from '@angular/platform-browser';

@Component({
    selector: 'app',
    template: `<h1> Basic Dependency Injection Sample</h1>
             <di-product-page></di-product-page>`
})
class AppComponent { }

@NgModule({
    imports:       [ BrowserModule],
    declarations: [ AppComponent, ProductComponent],
    bootstrap:     [ AppComponent ]
})
class AppModule { }

platformBrowserDynamic( ).bootstrapModule(AppModule);
```

基于标签<di-product-page>，很容易猜出，有一个组件带的选择器有这个值。此选择器在ProductComponent中声明，它的依赖(ProductService)是通过构造函数注入的。

代码清单4.2　product.ts

```
import {Component, bind} from '@angular/core';
import {ProductService, Product} from "../services/product-service";
```

```
@Component({
  selector: 'di-product-page',
  template: `<div>
  <h1>Product Details</h1>
  <h2>Title: {{product.title}}</h2>
  <h2>Description: {{product.description}}</h2>
  <h2>Price: \${{product.price}}</h2>
</div>`,
  providers:[ProductService              ← providers属性的简写符号告诉注入器去实例化ProductService类
})

export default class ProductComponent {
  product: Product;

  constructor(productService: ProductService) {    ← Angular实例化ProductService并注入到此处

    this.product = productService.getProduct( );
  }
}
```

在代码清单4.2中，类型的名称与类ProductService的名称相同，因此使用简写符号，而不需要显式映射provide和useClass属性。指定provider时，将可注射对象的名称(一个令牌)与其实现分开。在这种情况下，令牌的名称与类型的名称相同：ProductService。该服务的实际实现可以位于名为ProductService、OtherProductService或其他名称的类中。用另一种实现来替换一种实现，实质上是改变providers那行代码。

ProductComponent的构造函数在服务上调用getProduct( )，并将返回的Product对象的引用放入类变量product中，它会在HTML模板中被用到。通过使用双大括号，代码清单4.2可以绑定Product类的title、description和price属性。

product-service.ts文件包括两个类——Product和ProductService的声明。

代码清单4.3　product-service.ts

```
export class Product {                 ← Product类代表产品(一个值对象)。它在此脚本之外使用，因此将其导出
  constructor(
    public id: number,
    public title: string,
    public price: number,
    public description: string) {
  }
}

export class ProductService {          为简单起见，getProduct( )方法总是返回硬编码的值相同的产品

  getProduct( ): Product {             ←
    return new Product(0, "iPhone 7", 249.99, "The latest iPhone,
    ➥ 7-inch screen");
  }
}
```

在现实世界的应用程序中，getProduct( )方法必须从外部数据源获取产品信息，例如通过向远程服务器发出HTTP请求。

要运行此例，请在项目目录下打开命令窗口，并执行npm strart命令。实时服务器将打开窗口，如图4.3所示。ProductService的实例被注入到ProductComponent中，该组件将渲染服务器提供的产品详细信息。

在下一节，你将看到使用@Injectable注解装饰的ProductService，当服务本身具有依赖时，可以用它来生成DI元数据。此处不需要@Injectable注解，因为ProductService没有注入任何其他服务，Angular不需要额外的元数据来将ProductService注入到组件中。

4.3.2　注入Http服务

通常，服务将需要进行HTTP请求以获取所请求的数据。ProductComponent依赖于用AngularDI机制注入的ProductComponent。如果ProductService需要进行HTTP请求，那么它将有一个HTTP对象作为自己的依赖。ProductService将需要导入HTTP对象进行注入;@NgModule必须导入HttpModule，HttpModule定义了HTTPprovider。ProductService类应该有一个用于注入HTTP对象的构造函数。图4.5显示ProductComponent依赖于ProductService，而ProductService有它自己的依赖Http。

图4.5　依赖可以有自己的依赖

以下代码片段演示了将HTTP对象注入到ProductService，以及从products.json文件中检索产品：

```
import {Http} from '@angular/http';
import {Injectable} from "@angular/core";

@Injectable( )
export class ProductService {
    constructor(private http:Http){
      let products = http.get('products.json');
    }
   // other app code goes here
}
```

这个类构造函数是注入点，但是在哪里声明provider以注入HTTP类型对象呢？所有需要注入各种HTTP对象的provider都是在HttpModule中声明的。只需将其添加到AppModule中，如下所示：

```
import { HttpModule} from '@angular/http';
...
@NgModule({
  imports: [
    BrowserModule,
    HttpModule
  ],
  declarations: [ AppComponent ],
  bootstrap: [ AppComponent ]
})
export class AppModule { }
```

注意

在8.3.4节，将编写一个应用程序来演示图4.5所示的架构。

现在已经看到了如何将一个对象注入到组件中，下面我们来看看使用Angular DI将一个服务实现替换为另一个服务实现需要什么。

4.4 轻松切换可注入(组件/对象)

在本章前面，我们阐述了DI模式允许将组件和其依赖解耦。在上一节中，将ProductComponent与ProductService做了解耦合。现在我们来模拟另外一个场景。

假设已经开始开发用于从远程服务器获取数据的ProductService，但服务器的供给还没有准备就绪。你将创建另外一个类MockProductService，而不是修改ProductService中的代码来引入硬编码进行测试。

此外，为了说明从一个服务切换到另一个服务是多么容易，将创建两个使用ProductComponent实例的小型应用程序。起初，第一个使用MockProductService，第二个使用ProductService。然后，通过改动一行(代码)，将使它们两个使用同样的服务。图4.6展示了多注入器应用程序如何在浏览器中渲染产品组件。

图4.6 渲染两种产品

iPhone 7产品由Product1Component呈现，而Samsung 7产品由Product2Component呈现。该应用程序专注于使用Angular DI切换产品服务，因此我们将组件和服务保持简单。为此，所有的TypeScript代码都位于main.ts文件中。

扮演接口角色的类

在附录B中，解释了TypeScript接口，这是一种有用的方式，可以确保传递给函数的对象有效，或者确保实现接口的类遵循声明的契约。类可以使用关键字implements实现一个接口，但还有其他方式：在TypeScript中，所有类都可以用作接口(尽管不鼓励使用此功能)，因此ClassA可以实现ClassB。即使代码最初没有使用接口编写，也仍然可以使用一个具体的类，就像它被声明为接口一样。

main.ts的内容如代码清单4.4所示。我们想提醒你请注意下面一行：

```
class MockProductService implements ProductService
```

这表示一个类实现了另一个类，就像后者被声明为接口一样。

代码清单4.4　main.ts

```
import {platformBrowserDynamic} from '@angular/platform-browser-dynamic';
import {NgModule, Component} from '@angular/core';
import {BrowserModule } from '@angular/platform-browser'

class Product {
  constructor(public title: string) {}
}

class ProductService {
  getProduct( ): Product {
    // Code making an HTTP request to get actual product details
    // would go here
    return new Product('iPhone 7');
  }
}

class MockProductService implements ProductService {
  getProduct( ): Product {
    return new Product('Samsung 7');
  }
}

@Component({
  selector: 'product1',
  template: '{{product.title}}'})
class Product1Component {
  product: Product;

  constructor(private productService: ProductService) {
    this.product = productService.getProduct( );
  }
}

@Component({
  selector: 'product2',
  template: '{{product.title}}',
  providers: [{provide:ProductService, useClass:MockProductService}]
```

最初，开发ProductService作为一个类

然后，引入另一个服务MockProductService，它实现了将ProductService作为接口

Product1Component的构造函数获取注入的ProductService实例

在第二个组件中声明ProductService的一个具体实现

```
})
class Product2Component {
  product: Product;

  constructor(private productService: ProductService) {
    this.product = productService.getProduct( );
  }
}

@Component({
  selector: 'app',
  template: `
    <h2>A root component hosts two products<br>
       å provided by different services</h2>
    <product1></product1>
    <br>
    <product2></product2>
  `
})
class AppComponent {}

@NgModule({
  imports:      [ BrowserModule],
  providers:    [ProductService],
  declarations: [ AppComponent, Product1Component, Product2Component],
  bootstrap:    [ AppComponent ]
})
class AppModule { }

platformBrowserDynamic( ).bootstrapModule(AppModule);
```

不用更改构造函数，Product2Component获得MockProductService，因为它的provider是在组件级别指定的

AppComponent渲染两个子组件，并且每个子组件使用不同的ProductService实例

使用应用程序级别的注入器，注册一个provider

如果组件不需要特定的ProductService实现，那么只要在父级别指定了provider，就不需要为每个组件显式声明provider。在代码清单4.4中，Product1Component没有声明自己的provider，因此Angular将在应用程序级别找到一个。但是，每个组件都可以自由地重写在应用程序或父组件级别所做的provider声明，就像在Product2Component中那样。

ProductService成了两个组件都理解的通用令牌。Product2Component声明了一个显式的provider，它将MockProductService映射到通用的ProductService自定义类型。该组件级provider将覆盖父级的provider。如果决定Product1Component也应该使用Product1Component，那么可以将provider一行添加到@Component注解中，如Product2Component中所示。

运行此应用程序会在浏览器中渲染产品组件，如之前的图4.6所示。这一切都很好，但假设收到另一个团队的通知，ProductService类(被用作应用程序级的provider)将不可用一段时间，如何切换到仅使用MockProductService一段时间？

这需要修改一行代码。在模块声明中，替换掉providers一行可以做到这一点：

```
@NgModule({
...
providers: [{provide:ProductService, useClass:MockProductService}]
...
})
```

从现在开始，任何需要注入ProductService类型，而且没有在组件级别指定providers一行代码的地方，Angular将实例化并注入MockProductService。进行上述更改后，运行应用程序会渲染出如图4.7所示的组件。

想象一下，如果应用程序有数十个组件使用ProductService。如果每个组件都使用new操作符或工厂类来实例化这个服务，那么就需要做数十处代码改动。使用Angular DI，只需要在providers声明中修改一行代码就可以切换服务。

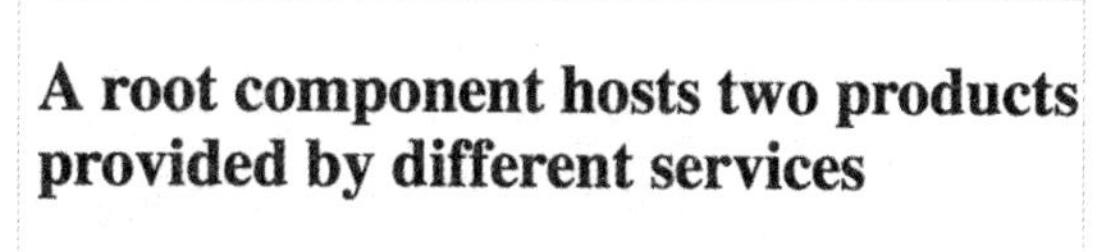

图4.7　使用MockProductService渲染两个产品

> **JavaScript变量提升(hoisting)和类**
>
> 类声明不会被提升(对提升的解释在附录A中)。通常，每个类都在一个单独的文件中声明，并且它们的声明在脚本之上导入，所以所有的类声明在前面都是可用的。
>
> 如果一个文件中声明了多个类，那么ProductService和MockProductService都必须在组件使用它们之前声明。如果遇到在注入点后声明对象的情况，请考虑使用带有@Inject 注解的forwardRef( )函数(请参阅forwardRef( )函数的Angular文档，网址为http://mng.bz/31YN)。

4.4.1　使用useFactory和useValue属性声明providers

我们看一些演示工厂和值provider的例子。通常，在实例化对象之前需要实现应用程序逻辑时，会使用工厂函数。例如，可能需要确定要实例化哪个对象，或者有个对象可能有一个构造函数，其中包含需要在创建实例之前进行初始化的参数。

来自main-factory.ts文件的以下列表，显示了如何将工厂函数指定为provider。这个工厂函数基于boolean标志创建ProductService或MockProductService。

代码清单4.5　指定工厂函数作为provider

```
const IS_DEV_ENVIRONMENT: boolean = true;

@Component({
  selector: 'product2',

  providers:[{
    provide: ProductService,
    useFactory:(isDev) => {
      if(isDev){
        return new MockProductService( );
      } else{
```

```
            return new ProductService( );
          }
        },
        deps: ["IS_DEV_ENVIRONMENT"]}],

    template: '{{product.title}}'
  })
  class Product2Component {
    product: Product;

    constructor(productService: ProductService) {
      this.product = productService.getProduct( );
    }
  }
```

首先，使用任意名称(此处为IS_DEV_ENVIRONMENT)声明一个令牌并将其设置为true，以使程序知道正在开发环境中操作(即想使用模拟的产品服务)。工厂函数使用的箭头表达式将实例化MockProductService。

Product2Component的构造函数具有一个ProductService类型的参数，该服务将被注入到那里。也可以为Product1Component使用这样的工厂(函数)；将IS_DEV_ENVIRONMENT的值改为 false，可以把ProductService的实例注入到两个组件中。

代码清单4.5不是切换环境的最佳解决方案：它涉及在组件外部声明的IS_DEV_ENVIRONMENT，这破坏了组件的封装性。你希望组件是独立的，因此我们尝试把IS_DEV_ENVIRONMENT的值注入到组件中；这样，它就不需要触及外部代码了。

声明为常量(或变量)不足以使其可注入。需要通过注入器来注册 IS_DEV_ENVIRONMENT的值，使用带有useValue的provider，这样可以将其用作代码清单4.5中箭头表达式中的可注入参数。

注意

useFactory和useValue属性都来自Angular Core。useValue属性是useFactory属性的特殊情况，用在当工厂由单个表达式表示，并且不需要任何其他依赖时。

为了在开发环境和其他环境之间轻松切换，可以在根组件级别指定环境的值provider，如代码清单4.6所示；之后服务工厂将知道要构建哪个服务。useFactory属性的值是一个带有两个参数的函数：工厂函数本身及其依赖(deps)。

注意

代码清单4.6及本书中的许多其他代码示例使用胖箭头(fat-arrow)函数表达式(在附录A中有描述)。本质上，胖箭头函数表达式是匿名函数的一种简写符号。例如，(isDev)=> {...} 等效于 function(isDev){...}。

代码清单4.6 指定环境的值provider

```
@Component({
  selector: 'product2',

  providers:[{
    provide: ProductService,
    useFactory:(isDev) => {
      if(isDev){
        return new MockProductService( );
      } else{
        return new ProductService( );
      }
    },
         deps:["IS_DEV_ENVIRONMENT"]})],
  template: '{{product.title}}'
 }
class Product2Component {...}
...

@NgModule({
  ...
  providers: [ ProductService,
             {provide: "IS_DEV_ENVIRONMENT", useValue:true}]
```

工厂函数有个isDev参数，它是从外部注入的一个依赖项

第二个属性deps定义了工厂函数的依赖(这里是一个可注入的值IS_DEV_ENVIRONMENT)

要使IS_DEV_ENVIRONMENT的值可注入，请使用useValue属性指定provide

因为在应用级别将值注入IS_DEV_ENVIRONMENT中，所以使用此工厂的任何子组件，都将受从false到true的简单切换的影响。

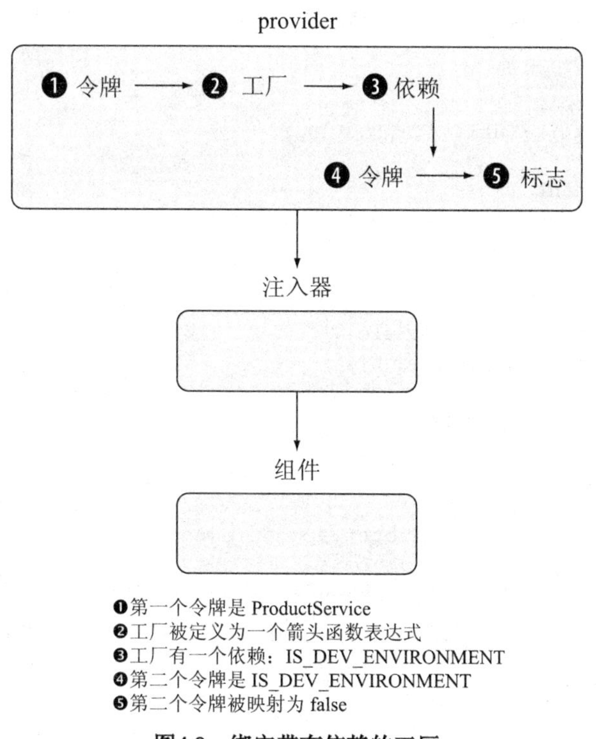
provider
❶ 令牌
❷ 工厂
❸ 依赖
❹ 令牌
❺ 标志
注入器
组件
❶第一个令牌是 ProductService
❷工厂被定义为一个箭头函数表达式
❸工厂有一个依赖：IS_DEV_ENVIRONMENT
❹第二个令牌是 IS_DEV_ENVIRONMENT
❺第二个令牌被映射为 false

图4.8 绑定带有依赖的工厂

概括要点，provider将令牌映射到类或工厂，以使注入器知道如何创建对象。类或工厂可能有自己的依赖，所以provider应该指定所有这些。图4.8说明了代码清单4.6中provider和注入器之间的关系。

Angular准备了一颗provider树，找到注入器，并将其用于Product2Component组件。Angular将会使用组件或其父级组件的注入器，接下来我们将讨论注入器的层级结构。

4.4.2 使用OpaqueToken

如果应用程序有多个provider因不同目的而使用具有相同值的一个字符串，那么注入硬编码的字符串(如IS_DEV_ENVIRONMENT)可能会导致问题。Angular提供了一个更适于使用字符串作为令牌的OpaqueToken类。

设想一下，你想创建一个能从不同服务器(例如dev、prod及QA)获取数据的组件。下一个代码清单会说明如何将可注入的值BackendUrl作为OpaqueToken类的实例引入，而非作为字符串引入。

代码清单4.7　使用OpaqueToken代替字符串

```
import {Component, OpaqueToken, Inject, NgModule} from '@angular/core';
import {platformBrowserDynamic} from '@angular/platform-browser-dynamic';
import {BrowserModule} from '@angular/platform-browser';

export const BackendUrl  = new OpaqueToken('BackendUrl');

@Component({
  selector: 'app',
  template: 'URL: {{url}}'
})
class AppComponent {
  constructor(@Inject(BackendUrl) public url: string) {}
}

@NgModule({
  imports:       [ BrowserModule],
  declarations: [ AppComponent],
  providers: [  {provide:BackendUrl, useValue: 'myQAserver.com'}],
  bootstrap:     [ AppComponent ]
})
class AppModule { }

platformBrowserDynamic( ).bootstrapModule(AppModule);
```

将字符串“BackendUrl”包装到OpaqueToken的实例中。然后，在这个组件的构造函数中，注入带有在模块声明中提供值的具体的BACKEND_URL类型，而不是注入模糊的string 类型。

4.5　注入器的层级结构

任何Angular应用程序都是一个嵌套组件树。当网页加载时，Angular会使用其注入器创建应用程序对象。它还会根据应用程序结构创建具有相应注入器的组件层级结构。例如，你可能希望在应用程序被初始化时执行一个特定的函数：

```
{provide:APP_INITIALIZER, useValue: myappInit}
```

应用程序的根组件托管其他组件。例如，如果将组件B包含在组件A的模板中，后者就变成了前者的父级组件。换句话说，根组件是其他子组件的父级组件，而其他子组件又可以拥有自己的子级组件。

请考虑以下HTML文档，其中包含一个由标签<app>表示的根组件：

```
<html>
  <body>
    <app></app>
  </body>
</html>
```

从以下代码中可以看出app是AppComponent的选择器，它是<product1>和<product2>组件的父级组件：

```
@Component({
  selector: 'app',
  template: `
    <product1></product1>
    <product2></product2>
  `
})
class AppComponent {}
```

父组件的注入器为每个子组件创建一个注入器，因此将会有组件的层级结构和注入器的层级结构。此外，每个组件的模板标记可以有自己元素的Shadow DOM，并且每个元素有自己的注入器。图4.9显示了注入器的层级结构。

当代码创建一个需要注入特定对象的组件时，Angular将在组件级别查找所请求对象的provider。如果找到，就使用组件的注入器。如果没有找到，Angular会检查provider是否存在于某个父组件上。如果在任何级别的注入器层级结构中都没有找到所需对象的provider，Angular将抛出一个错误。

注意

Angular为惰性加载(lazy-loaded)的模块创建了额外的注入器。在惰性加载的模块的@NgModule中声明的provider在模块中可用，但不适用于整个应用程序。

示例应用程序仅注入了一个服务，而且并没有说明元素注入器的使用。在浏览器中，每个组件示例可以通过ShadowDOM来表示。

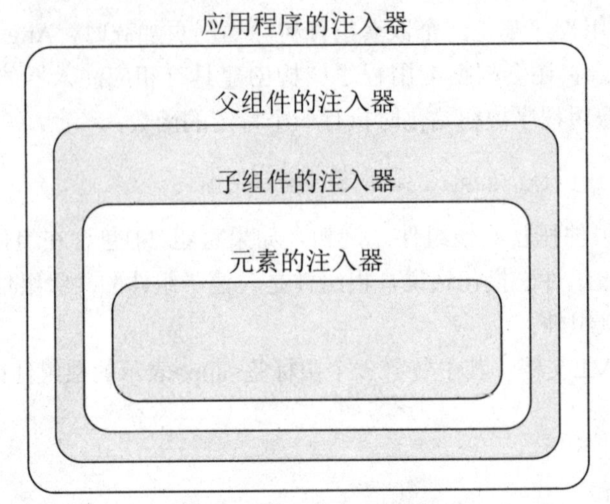

图4.9　注入器的层级结构

ShadowDOM具有一个或多个元素，具体取决于组件模板中定义的内容。ShadowDOM中的每个元素都具有一个与DOM元素本身父子层次结构相同的ElementInjector。

假设要向HTML的<input>元素组件添加自动完成功能。为此，可以定义一条指令，如下所示：

```
@Directive({
  selector: '[autocomplete]'
})
class AutoCompleter {
  constructor(element: ElementRef) {
    // Implement the autocomplete logic here
  }
}
```

方括号表示autocomplete可以作为HTML元素的属性。对该元素的引用将由元素注入器自动地被注入到AutoCompleter类的构造函数中。

现在再看看4.4节的代码。Product2Component类有一个组件别的MockProductService provider。Product1Component类未指定ProductService类型的任何provider，因此Angular执行了以下操作：

- 检查它的父级AppComponent——没有provider。
- 检查AppModule并在那里找到了provider：[ProductService]。
- 使用应用级别的注入器，并在 应用级别创建了ProductService的实例。

如果从Product2Component中删除providers一行并重新运行应用程序，它仍可运行，将使用应用级别的注入器并为两个组件提供相同的ProductService实例。如果在父组件和子组件上指定相同令牌的provider，并且这些组件中的每一个组件都具有需要令牌所表示对象的构造函数，将创建这个对象的两个单独实例：一个用于父级组件，另一个用于子级组件。

viewProviders属性

如果想要确保一个特殊的可注入服务对子组件和其他组件不可见，请使用viewProviders属性代替providers。假设正在编写一个可复用的库，其内部使用的服务不希望对使用此库的应用程序可见。使用viewProviders属性代替providers将允许创建这样一个对这个库私有的服务。

这是另一个例子，想象一下有如下组件层级结构：

```
<root>
  <product2>
    <luxury-product></luxury-product>
  </product2>
</root>
```

AppModule和Product2Component都有使用令牌ProductService定义的provider，但是Product2Component使用一个不希望对其子组件可见的特殊类。在这种情况下，可以和Product2Component类一起使用viewProviders属性；当LuxuryProductComponent的注入器没有找到provider时，它会向层级结构的顶层走。它在Product2Component上看不到provider，它将会使用在RootComponent中定义的ProductService的provider。

> **注意**
> 可注入对象的实例与定义此对象的provider的组件同时被创建及销毁。

4.6　实践：在在线拍卖应用程序中使用DI

在第3章中，已经添加路由到在线拍卖应用程序中，以便它可以渲染简化的Product Details视图。在本实践练习中，将实现ProductDetail组件来展示实际的产品详情。

拍卖首页如图4.10所示。如果单击了任何一个链接，例如First Product或Second Product，应用程序将显示十分基础的详情视图，如图3.16所示。

你的目标是渲染选中产品的详情，并提供DI的另一个运行说明。图4.11显示了First Product被选中时，Product Details视图看上去的效果。

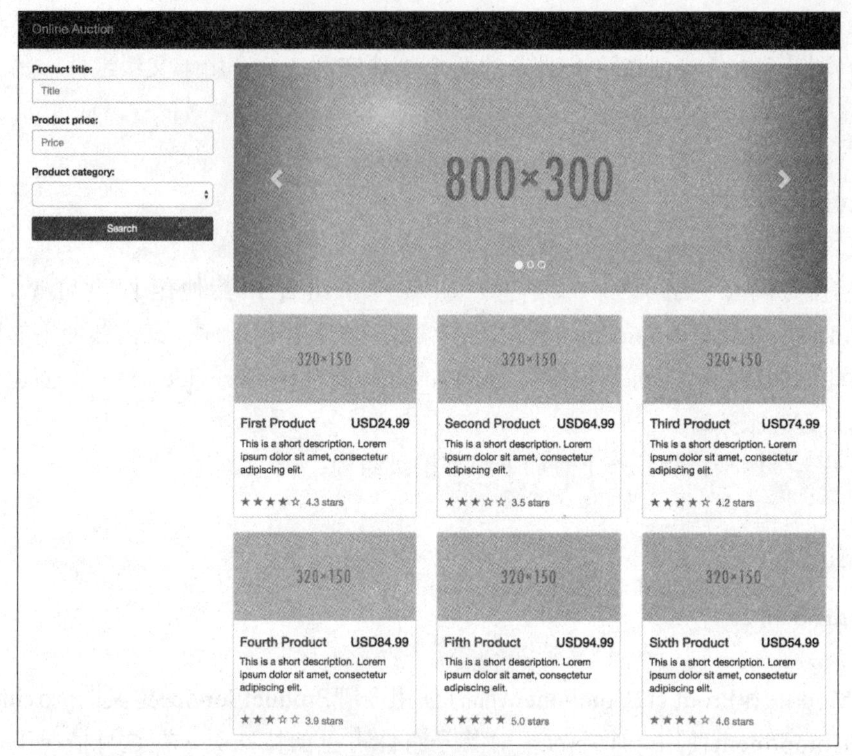
Online Auction
Product title:
Title
Product price:
Price
Product category:
Search
800×300
320×150
First Product USD24.99
This is a short description. Lorem ipsum dolor sit amet, consectetur adipiscing elit.
4.3 stars
Second Product USD64.99
This is a short description. Lorem ipsum dolor sit amet, consectetur adipiscing elit.
3.5 stars
Third Product USD74.99
This is a short description. Lorem ipsum dolor sit amet, consectetur adipiscing elit.
4.2 stars
Fourth Product USD84.99
This is a short description. Lorem ipsum dolor sit amet, consectetur adipiscing elit.
3.9 stars
Fifth Product USD94.99
This is a short description. Lorem ipsum dolor sit amet, consectetur adipiscing elit.
5.0 stars
Sixth Product USD54.99
This is a short description. Lorem ipsum dolor sit amet, consectetur adipiscing elit.
4.6 stars

图4.10 拍卖首页

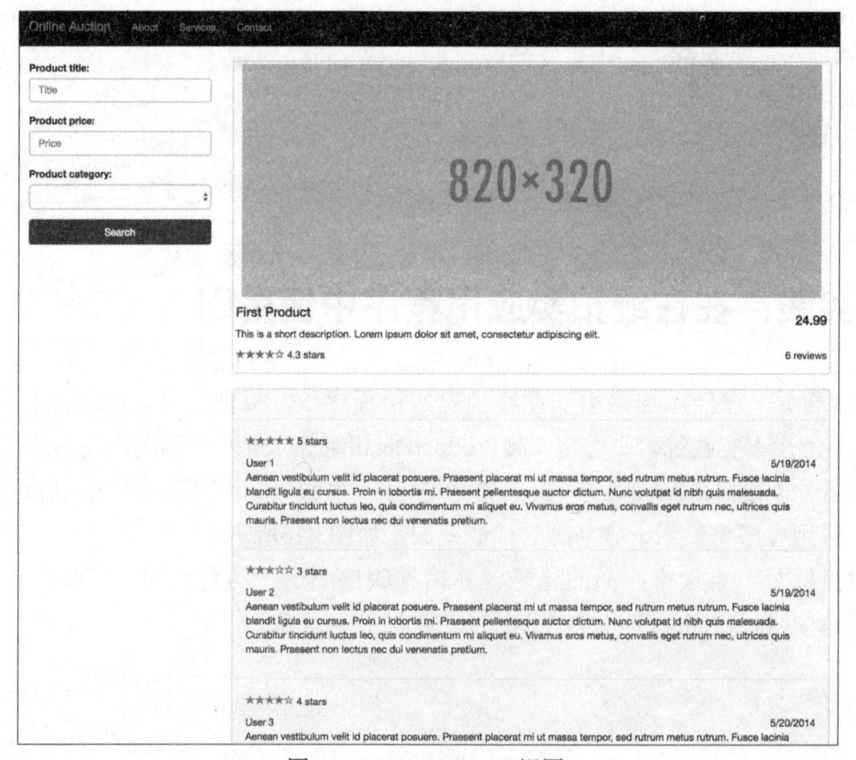
Online Auction
About
Services
Contact
Product title:
Title
Product price:
Price
Product category:
Search
820×320
First Product
24.99
This is a short description. Lorem ipsum dolor sit amet, consectetur adipiscing elit.
4.3 stars
6 reviews
5 stars
User 1
5/19/2014
Aenean vestibulum velit id placerat posuere. Praesent placerat mi ut massa tempor, sed rutrum metus rutrum. Fusce lacinia blandit ligula eu cursus. Proin in lobortis mi. Praesent pellentesque auctor dictum. Nunc volutpat id nibh quis malesuada. Curabitur tincidunt luctus leo, quis condimentum mi aliquet eu. Vivamus eros metus, convallis eget rutrum nec, ultrices quis mauris. Praesent non lectus nec dui venenatis pretium.
3 stars
User 2
5/19/2014
Aenean vestibulum velit id placerat posuere. Praesent placerat mi ut massa tempor, sed rutrum metus rutrum. Fusce lacinia blandit ligula eu cursus. Proin in lobortis mi. Praesent pellentesque auctor dictum. Nunc volutpat id nibh quis malesuada. Curabitur tincidunt luctus leo, quis condimentum mi aliquet eu. Vivamus eros metus, convallis eget rutrum nec, ultrices quis mauris. Praesent non lectus nec dui venenatis pretium.
4 stars
User 3
5/20/2014
Aenean vestibulum velit id placerat posuere. Praesent placerat mi ut massa tempor, sed rutrum metus rutrum. Fusce lacinia

图4.11 Product Details视图

提示

我们使用在第3章中开发的在线拍卖应用程序作为这个练习的起点。如果希望看到此项目的最终版本，请从第4章的auction文件夹中查阅源代码。否则，请将auction文件夹从第3章复制到单独位置，运行npm install，然后按本节中的说明进行操作。

现在，你已经学习了provider和依赖注入，下面快速查看一下在第3章中创建的在线拍卖应用程序中的一些代码片段，聚焦于DI相关的代码。app.module.ts文件中的脚本指定了应用级别的服务provider，如下所示：

```
@NgModule({
    ...
    providers:     [ProductService,
                   {provide: LocationStrategy, useClass: HashLocationStrategy}],
    bootstrap:     [ ApplicationComponent ]
})
export class AppModule { }
```

由于ProductServiceprovider在模块中指定，因此它能被ApplicationComponent的所有子项重用。HomeComponent中的以下片段(请参阅 home.ts)没有指定用于通过构造函数注入ProductService的provider，它会重用在其父项中创建的ProductService实例：

```
@Component({
  selector: 'auction-home-page',
  styleUrls: ['/home.css'],
  template: `...`
})
export default class HomeComponent {
  products: Product[] = [];

  constructor(private productService: ProductService) {
    this.products = this.productService.getProducts( );
  }
}
```

一旦HomeComponent被实例化，就会注入ProductService，并且其getProducts( )方法会填充绑定到视图的products数组。

显示此数组内容的HTML片段使用*ngFor循环为每个数组元素显示一个<auction-product-item> 模板：

```
<div class="row">
  <div *ngFor="let product of products" class="col-sm-4 col-lg-4 col-md-4">
    <auction-product-item [product]="product"></auction-product-item>
  </div>
</div>
```

<auction-product-item>模板包含以下行：

```
<h4><a [routerLink]="['/products', product.title]">{{ product.title }}</a></h4>
```

单机此链接将指示路由器渲染ProductDetailComponent，并提供product.title的值作为路由参数。你想要修改此代码以传递产品ID而非标题。

现有代码的简要概述旨在提醒Product Details页面如何被请求。接下来，将实现生成图4.11所示视图的代码。

4.6.1 更改代码，将产品ID作为参数传递

打开product-item.html文件，并修改[routerLink]行，使之看起来像下面这样：

```
<h4><a [routerLink]="['/products', product.id]">{{ product.title }}</a></h4>
```

product-item.html文件包含用于在Home视图中显示产品的模板。现在，单击产品标题，将会把product.id传递给为路径products配置的路由。

4.6.2 修改ProductDetailComponent

在开始编码前，请看图4.12，它显示了在线拍卖应用程序组件之间的父子关系。理解父子关系有助于决定某些父级注入器是否能被其子级注入器复用。

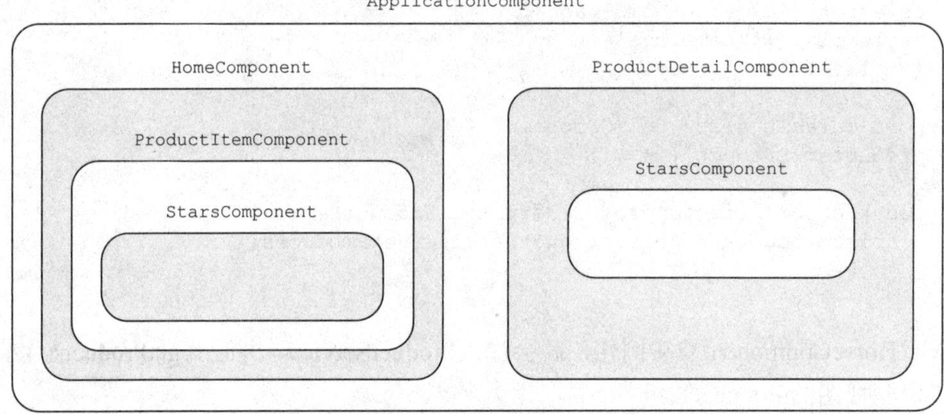

图4.12 在线拍卖应用程序中的父子组件关系

在第3章中，在HomeComponent中注入了一个ProductService实例，但在ProductDetailComponent中也需要它。可以在应用程序启动期间定义ProductService的provider，以使其在ApplicationComponent的所有子级组件中可用。为此，请按照下列步骤执行操作：

(1) 修改app.module.ts中的代码，将路由配置从products/: prodTitle 改为products/: productId。@NgModule装饰器的第一行应该如下所示：

代码清单4.8 在app.module.ts中所做的修改

```
@NgModule({
    imports:[ BrowserModule,
              RouterModule.forRoot([
                {path: '',  component: HomeComponent},
                {path: 'products/:productId',
                                    å component: ProductDetailComponent}
    ]) ],
```

因为将产品ID传递给了ProductDetailComponent，所以应对它的代码做相应修改。

(2) 打开product-detail.ts文件，并修改其代码，如下所示：

代码清单4.9 在product-detail.ts 中所做的改动

```
import {Component} from '@angular/core';
import { ActivatedRoute} from '@angular/router';
import {Product, Review, ProductService} from
➥ '../../services/product-service';

@Component({
  selector: 'auction-product-page',
  templateUrl: 'app/components/product-detail/product-detail.html'
})
export default class ProductDetailComponent {
  product: Product;
  reviews: Review[];

  constructor(route: ActivatedRoute, productService: ProductService) {

    let prodId: number = parseInt(route.snapshot.params['productId']);
    this.product = productService.getProductById(prodId);

    this.reviews = productService.getReviewsForProduct(this.product.id);
  }
}
```

Angular会将ProductService实例注入到ProductDetailComponent中。当创建ProductDetailComponent时，它调用getProductsById( )方法，该方法返回一个产品，此产品的ID与通过构造函数的ActivatedRoute 类型的参数从Home视图传递而来的productId相匹配。这就是填充product变量的方式。

(3) 在product-detail文件夹中创建product-detail.html文件。

代码清单4.10 product-detail.html

```
<div class="thumbnail">
    <img src="http://placehold.it/820x320">
    <div>
        <h4 class="pull-right">{{ product.price }}</h4>
        <h4>{{ product.title }}</h4>
        <p>{{ product.description }}</p>
```

```
    </div>
    <div class="ratings">
        <p class="pull-right">{{ reviews.length }} reviews</p>
        <p><auction-stars [rating]="product.rating"></auction-stars></p>
    </div>
</div>
<div class="well" id="reviews-anchor">
    <div class="row">
        <div class="col-md-12"></div>
    </div>
     <div class="row" *ngFor="let review of reviews">
        <hr>
        <div class="col-md-12">
            <auction-stars [rating]="review.rating"></auction-stars>
            <span>{{ review.user }}</span>
            <span class="pull-right">
            ➥ {{ review.timestamp | date: 'shortDate' }}</span>
            <p>{{ review.comment }}</p>
        </div>
    </div>
</div>
```

此HTML模板使用局部绑定product变量的属性。注意如何使用方括号将rating传入StarsComponent(由<auction-stars>表示)，这在第2章中介绍过。在在线拍卖应用程序的这一版本中，用户只能看评论；将在第6章中实现“ LeaveAReview”功能。

管道操作符(|) 允许创建可以转换值的过滤器。表达式review.timestamp|date：'shortDate'从Review对象中获取时间戳，并以shortDate的形式显示。可以在http://mng.bz/CX8F处的Angular文档中找到其他日期格式。Angular带有几个可与管道操作符一起使用的类，还可以创建自定义的过滤器(在第5章中介绍)。第8章中，你将看到如何使用异步管道自动展开服务器的响应。

(4) 为了少打一些字，请将本章中在在线拍卖应用程序代码附带的app/services/product-service.ts文件复制到项目中。此文件包含三个类：Product、Review和ProductService——以及为产品和评论硬编码的数据。代码清单4.10中的HTML模板使用以下Product和Review类。

代码清单4.11 Product 和Review类

```
export class Product {
  constructor(
    public id: number,
    public title: string,
    public price: number,
    public rating: number,
    public description: string,
    public categories: string[]) {
  }
}

export class Review {
  constructor(
```

```
    public id: number,
    public productId: number,
    public timestamp: Date,
    public user: string,
    public rating: number,
    public comment: string) {
  }
}
```

ProductService类在下面的代码清单中。

代码清单4.12　ProductService类

```
export class ProductService {
  getProducts( ): Product[] {
    return products.map(p => new Product(p.id, p.title, p.price, p.rating,
    ➥ p.description, p.categories));
  }

  getProductById(productId: number): Product {
    return products.find(p => p.id === productId);
  }

  getReviewsForProduct(productId: number): Review[] {
    return reviews
      .filter(r => r.productId === productId)
      .map(r => new Review(r.id, r.productId, Date.parse(r.timestamp),
      ➥ r.user, r.rating, r.comment));
  }
}

var products = [
  {
    "id": 0,
    "title": "First Product",
    "price": 24.99,
    "rating": 4.3,
    "description": "This is a short description. Lorem ipsum dolor sit
    ➥ amet, consectetur adipiscing elit.",
    "categories": ["electronics", "hardware"]},
  {
    "id": 1,
    "title": "Second Product",
    "price": 64.99,
    "rating": 3.5,
    "description": "This is a short description. Lorem ipsum dolor sit
      ➥ amet, consectetur adipiscing elit.",
    "categories": ["books"]}];

var reviews = [
  {
    "id": 0,
    "productId": 0,
    "timestamp": "2014-05-20T02:17:00+00:00",
```

```
    "user": "User 1",
    "rating": 5,
    "comment": "Aenean vestibulum velit id placerat posuere. Praesent..."},
  {
    "id": 1,
    "productId": 0,
    "timestamp": "2014-05-20T02:53:00+00:00",
    "user": "User 2",
    "rating": 3,
    "comment": "Aenean vestibulum velit id placerat posuere. Praesent..."
  }];
```

这个类有三个方法：getProducts( )，返回一个Product对象的数组；getProductById( )，返回一个产品；以及getReviewsForProduct( )，返回选中产品的Review对象的数组。产品和评论的所有数据都分别在products和reviews数组中硬编码(为简洁起见，我们展示了这些数组的片段)。getReviewsForProduct( )方法过滤reviews数组，找到指定productId的评论。然后使用map( )函数将一个Object元素数组转换成一个新的Review对象数组。

当编译成ES5语法时使用ES6 API

如果IDE将find( )函数显示成红色，那么说明tsconfig.json文件将ES5指定为编译目标，而且ES5数组不支持find( )函数。要消除红色，可以为ES6 shim安装类型定义文件：

```
npm i @types/es6-shim --save-dev
```

详见附录B的B.10.1节。

(5) 通过输入npm start命令启动auction目录中的服务器。当看到在线拍卖应用程序的首页时，单击产品标题可以查看图4.11所示的Product Details视图。

4.7 本章小结

在本章，你学习了什么是依赖注入模式以及Angular如何实现它。在线拍卖应用程序将在每个页面上使用DI。下面这些是本章的主要内容：

- provider为将来的注入注册对象。
- 不仅可以为对象创建provider，也可以为字符串值创建provider。
- 注入器构成了层级结构，如果Angular在组件级别找不到所请求类型的provider，将尝试通过遍历父级注入器找到provider。
- providers属性的值对子组件是可见的，而viewProviders属性的值仅在当前组件层级可见。

第5章

绑定、observable和管道

本章概览：

- 使用数据绑定风格
- 绑定特性(attribute)与绑定属性(property)
- 理解observable数据流
- 把事件作为observable数据流来处理
- 取消不必要的HTTP请求以最大限度地减少网络负载
- 利用管道减少人工编码量

本书前4章的目标是开始使用Angular开发应用程序。我们讨论了如何使用属性绑定、处理事件以及应用指令，但是没有提供详细的说明。在本章中，我们希望能够更加详细地介绍这些技术，将会继续使用TypeScript作为开发语言，还会看到在处理事件时使用解构语法(destructuring syntax)的示例。

5.1 数据绑定

数据绑定允许把应用程序的数据与UI连接在一起。数据绑定语法减少了人工开发的代码量。第2章简要介绍了数据绑定语法，在前几章的每个示例中几乎都用到了它。特别地，已经见过如下示例：

```
<h1>Hello {{ name }}!</h1>

<span [hidden]="isValid">This field is required</span>

<button(click)="placeBid( )">Place Bid</button>
```

在模板中以字符串显示值或表达式

使用方括号绑定HTML元素的属性

使用圆括号绑定事件

在Angular中，数据绑定是以单向方式(也称为单向数据绑定)实现的。“单向”意味着组件的属性将数据变化应用到UI上，或者使用组件的方法绑定UI事件。例如，当组件的productTitle属性被更新时，在视图(模板)中使用了{{productTitle}}语法的地方会被自动更新。类似地，当用户在<input>字段中输入文本时，数据绑定(用圆括号表示)将会调用等号右侧的事件处理方法：

```
(input) = "onInput( )"
```

注意

在模板中，文本内的双大括号和HTML元素特性内的方括号都会对属性进行绑定。Angular将插值(一个被注入了表达式值的字符串)绑定到对应DOM节点的textContext属性上。这并不仅仅是一次性分配——随着对应表达式的值不断变化，文本也会持续更新。

AngularJS的双向绑定有什么问题？

在AngularJS中，视图中数据的变化将会自动更新底层数据(这是一个方向)，同时这也会触发视图更新(这是另外一个方向)。换言之，AngularJS在底层使用双向数据绑定。

尽管在表单中使用双向数据绑定可以简化开发工作，但是如果在多个应用程序脚本中使用双向绑定，在一些大型应用程序中可能会造成性能大幅降低。这是因为在AngularJS内部保存了一份当前页面的数据绑定表达式清单，而浏览器事件会促使AngularJS一遍遍地检查该清单，直到确保所有数据处于同步状态。在这个过程中，一个属性可能会被更新很多次。

尽管Angular默认不采用双向绑定，但是仍然可以实现它。这需要你来做选择，而不是让框架做决定。在本节中，我们将介绍几种数据绑定方式：

- 数据绑定将会触发绑定了该事件的函数。
- 特性绑定将会更新HTML元素中对应特性的文本内容。
- 属性绑定将会更新DOM元素中对应属性的值。
- 模板绑定用来转换视图模板。
- 使用ngModel 实现双向数据绑定。

5.1.1 事件绑定

为了给事件分配事件处理函数，需要在组件模板中把事件用括号括起来。下面的代码片段显示了如何将onClickEvent( )函数绑定到click事件上，以及如何将onInputEvent( )函数绑定到input事件上：

```
<button(click)="onClickEvent( )">Get Products</button>
<input placeholder="Product name"(input)="onInputEvent( )">
```

当括号中声明的事件被触发时，双引号中的表达式将会被执行。在上面的示例中，表达式是函数，因此每次与之关联的事件被触发时，它们都会被调用。

如果有兴趣分析事件对象的属性，可以将$event作为参数添加到处理函数中。特别地，事件对象的target属性表示事件发生的DOM节点。事件对象只能在绑定的作用域内(即在事件处理函数中)使用。图5.1显示了如何读取事件绑定语法。

括号中的事件被称为绑定目标，可以为任何一个标准的DOM事件绑定函数，既可以是目前为止已经明确的事件(请参阅Mozilla开发者网络文档(网址为http://mzl.la/1JcBR22)中的“Event reference”)，也可以是未来新引入的事件。还可以创建自定义事件，并以同样的方式绑定事件处理函数。请参见6.1.1节“输入和输出属性”)。

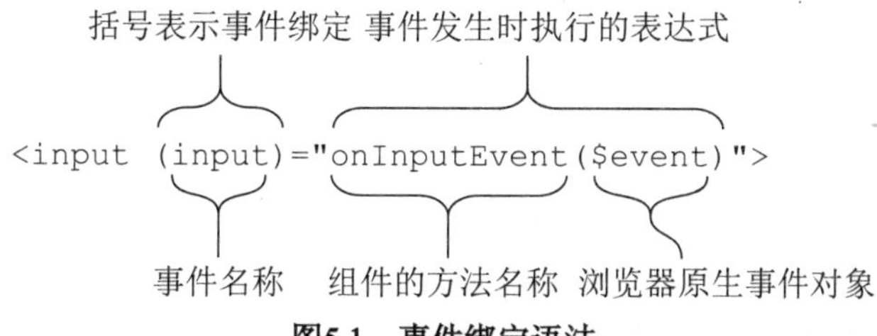

图5.1　事件绑定语法

5.1.2　属性绑定和特性绑定

每个HTML元素都是由带有特性的标签来呈现的，浏览器为每一个标签创建带有属性的DOM对象。用户在屏幕上看到的便是浏览器渲染的DOM对象。你需要很好地理解下面三种不同的概念分别在什么阶段存在：

- HTML文档
- DOM对象
- 被渲染的UI

HTML文档是由元素组成的，而元素则由带有特性的标签呈现，这些特性总是字符串类型。浏览器将HTML元素实例化为具有属性的DOM对象(节点)，并作为UI渲染到页面上。每当DOM对象的属性值发生变化时，页面就会重新渲染。

属性

请看以下<input>标签：

```
<input type="text" value="John" required>
```

浏览器使用这个字符串在DOM树中创建了一个节点，该节点是一个JavaScript对象，类型为HTMLInputElement。每个DOM对象都有以方法形式呈现的API以及属性(请参阅Mozilla开发者网络文档中的“HTMLInputElement”，网址为http://mzl.la/1QqMBgQ)。特别地，HTMLInputElement对象包括type和value两个属性，类型为DOMString；还包括required属性，类型为Boolean。浏览器会渲染这个DOM节点。

注意

浏览器会同步被渲染的内容与对应DOM对象的属性值，这与框架提供的同步功能无关。

在Angular中，通过将属性名称括在方括号中并为其分配一个表达式(或一个类变量)来表示属性绑定。图5.2说明了Angular中属性绑定机制的原理。想象一个组件MyComponent，它有一个类变量greeting。MyComponent组件的模板包括一个<input>标签，将类变量greeting绑定到<input>标签的value属性上。

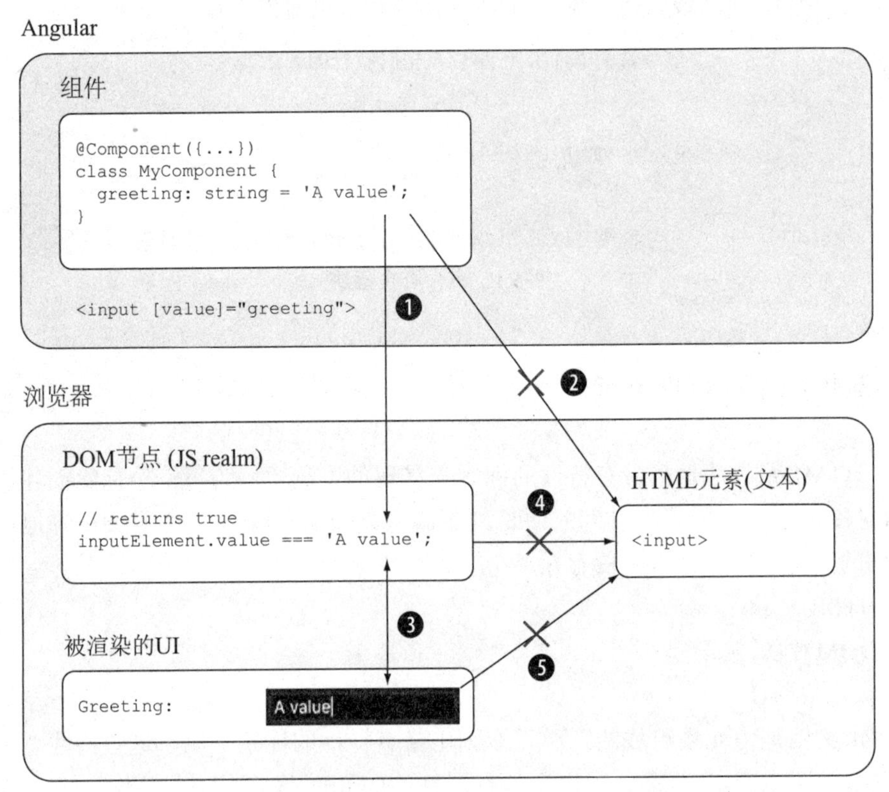

❶ Angular使用单向属性绑定更新DOM(从greeting到DOM对象的属性)。如果在脚本中把对这个<input>元素的引用分配给inputElement变量，那么该变量的值等于A value。
请注意，我们使用点符号来访问节点的属性值。
❷ Angular的属性绑定在inputElement.value的值发生变化后，并不会更新HTML元素的特性。
❸ UI会显示DOM节点的value属性。Angular更新DOM节点，浏览器重新渲染以保持DOM与UI之间的同步。
❹ DOM节点的value属性不会改变对应HTML元素的特性。
❺ 当用户在<input>中输入时，浏览器不会同步UI和HTML元素的特性。用户观察到的新值来自于DOM而不是HTML文档。

图5.2　属性绑定

应用程序组件可以为数据模型设计数据结构。应用程序代码可以更改数据模型的属性(例如，计算某些运算的函数或者从服务器请求数据)，这会触发属性绑定机制，引起UI更新。

何时需要使用属性绑定

在以下两种情况下需要使用属性绑定：

- 组件需要在视图中反映数据模型的状态。
- 父组件需要更新子组件的属性(请参见第6章中的6.6.1节“输入和输出属性”)。

特性

在HTML文档(不是DOM对象)的上下文中，我们使用了“特性”一词。特性绑定很少使用，因为浏览器使用HTML构建DOM树，并主要处理DOM对象的属性。但是在某些情况下，可能需要使用特性绑定。比如IE10浏览器不支持hidden特性，不会创建对应的DOM属性，因此如果需要使用CSS样式来切换组件是否可见，特性绑定将有所帮助。另一个例子，如果需要与Google Polymer框架集成，那么只能通过特性绑定来实现。

与属性绑定类似，通过将特性括在方括号中表示特性绑定。但为了让Angular知道想要绑定的是特性(而不是DOM属性)，需要添加attr. 前缀：

```
<input [attr.value]="greeting">
```

图 5.3 说明了特性绑定。

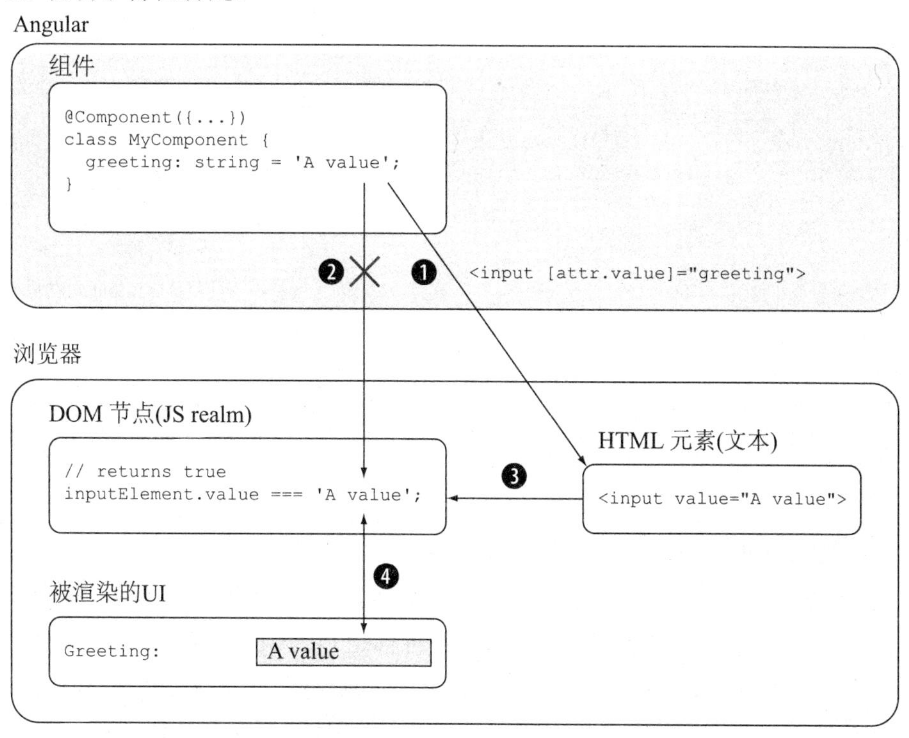

❶ Angular使用单向特性绑定(从greeting到HTML文档的特性)更新HTML元素。注意绑定表达式中的attr.。
❷ Angular的特性绑定不更新DOM节点。
❸ 在这种情况下，DOM对象获得A value，因为浏览器会同步HTML元素特性与DOM属性之间的值。
❹ DOM节点的value属性显示在UI中，因为浏览器保持UI和DOM之间的同步。

图5.3　特性绑定

下面通过一个简单的示例来介绍属性绑定和特性绑定的工作方式。代码清单5.1显示了一个<input>元素，它绑定了value特性和value属性。示例代码位于attribute-vs-property.ts文件中。

代码清单5.1 attribute-vs-property.ts

```
import {platformBrowserDynamic} from '@angular/platform-browser-dynamic';
import {NgModule, Component}      from '@angular/core';
import {BrowserModule} from '@angular/platform-browser';

@Component({
  selector: 'app',
  template: `
    <h3>Property vs attribute binding:</h3>
    <input [value]="greeting"
    [attr.value] = "greeting"
  (input)="onInputEvent($event)">
  `
})
class AppComponent {

  greeting: string = 'A value';

  onInputEvent(event: Event): void {
    let inputElement: HTMLInputElement = <HTMLInputElement> event.target;

    console.log(`The input property value = ${inputElement.value}`);
    console.log(`The input attribute value = ${inputElement
    ➥ .getAttribute('value')}`);
    console.log(`The greeting property value = ${this.greeting}`);
  }
}

@NgModule({
  imports:      [ BrowserModule],
  declarations: [ AppComponent],
  bootstrap:    [ AppComponent ]
})
class AppModule { }

platformBrowserDynamic( ).bootstrapModule(AppModule);
```

属性绑定

特性绑定

绑定标准的DOM input事件，当<input>元素的值发生变化时，会触发该事件

onInputEvent( )事件处理函数接受Event对象作为参数，Event对象的target属性是一个元素的引用，该元素就是事件源

使用getAttribute( )方法获得特性的值，使用点符号访问属性

如果运行上面的程序，在输入框中输入文字，在浏览器控制台中将会打印DOM的value属性值、HTML <input>元素的value特性值以及MyComponent的greeting属性值。图5.4显示了启动此程序后，在<input>输入框中输入3之后控制台的输出。

value特性的值没有发生变化，greeting属性的值同样没有发生变化，这证明Angular并不使用双向数据绑定。在Angular中，更改数据模型(greeting)会更新视图；如果用户更改了视图中的数据，会自动更新数据模型。

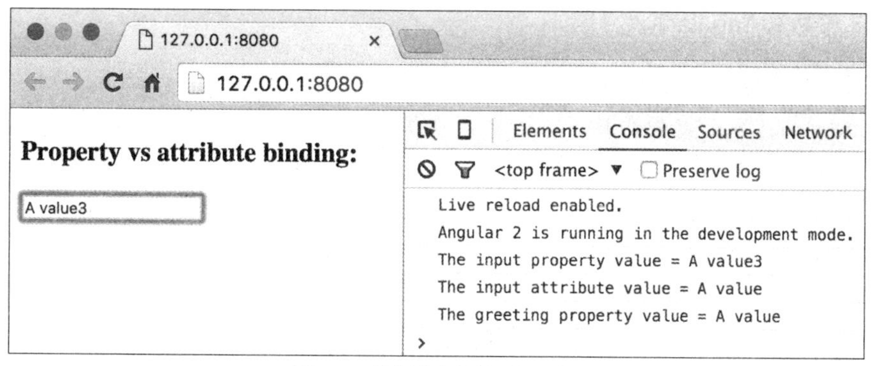

图5.4　特性与属性运行示例

利用解构简化代码

在附录A中，我们将介绍ES6的解构特性，TypeScript同样支持解构。解构将会简化代码清单5.1中事件处理函数onInputEvent( )的代码。

onInputEvent( )函数接收Event对象，之后在下一行从target属性提取值。使用解构语法后，可以省略从event.target中提取值的代码：

```
onInputEvent({target}): void {

  console.log(`The input property value = ${target.value}`);
  console.log(`The input attribute value =
   ➥ ${target.getAttribute('value')}`);
  console.log(`The greeting property value = ${this.greeting}`);
}
```

在这个函数的参数中使用花括号，会向该函数发出如下指令："You'll get an object that has a target property. Just give me the value of this property."(你会接收到一个包含了target属性的对象，只需要把该属性的值给我就好了。")

5.1.3　模板中的绑定

假如需要根据条件隐藏或显示一个HTML元素，可以把一个Boolean类型的标志位绑定到hidden特性上，或者绑定到元素的display样式上。根据标志位的值，该元素将被显示或隐藏，但在DOM树中仍然保留着表示此元素的对象。

Angular提供了结构指令(NgIf、NgFor和NgSwitch)，可以通过删除或添加元素来改变DOM结构。NgIf可以根据条件从DOM树中删除元素或添加元素。NgFor循环遍历数组，并把数组中的每个元素添加到DOM树中。NgSwitch把一组可挑选的元素集合，基于某些条件添加到DOM树中。使用模板绑定，可以令Angular执行上述操作。对于不需要显示的元素，如果不想应用程序为它们浪费性能(例如处理事件或监控更改)，那么删除会比隐藏它们更有利。

HTML模板和Angular指令

HTML<template>标签(参见Mozilla开发者网络文档(网址为http://mzl.la/1OndeMV)中的“<template>”)并不是典型的标签，浏览器默认会忽略该标签，除非应用程序中包含了能够解析并把它添加到DOM中的脚本。Angular为指令提供了所谓的快捷语法——它们以星号开始，如*ngIf或*ngFor。当Angular的解析器看到一条以星号开始的指令时，它将该指令转换为使用<template>标签的HTML片段，并可被浏览器识别。

代码清单5.2包括了一个<span>和一个<template>标签，表示两个使用了NgIf指令的模板绑定。基于标志位的值(单击按钮可以切换该值)，<span>元素会被添加到DOM中或者从DOM中删除。

代码清单5.2　template-binding.ts

```
import {platformBrowserDynamic} from '@angular/platform-browser-
➥dynamic';
import {NgModule, Component}      from '@angular/core';
import {BrowserModule } from '@angular/platform-browser';

@Component({
    selector: 'app',
    template: `
    <button(click)="flag = !flag">Toggle flag's value</button>

    <p>
      Flag's value: {{flag}}
    </p>

    <p>
     1. span with *ngIf="flag": <span *ngIf="flag">Flag is true</span>
    </p>

    <p>
      2. template with [ngIf]="flag": <template [ngIf]="flag">Flag is true
         ➥ </template>
    </p>
    `
})
class AppComponent {
    flag: boolean = true;
}

@NgModule({
    imports:       [ BrowserModule],
    declarations: [ AppComponent],
    bootstrap:     [ AppComponent ]
})
class AppModule { }

platformBrowserDynamic( ).bootstrapModule(AppModule);
```

与其他Angular绑定不同，模板绑定会转换视图模板。代码清单5.2中的代码根据条件把关于标志位的信息添加到DOM树中或者从DOM树中删除该信息。可以用快捷语法*ngIf="flag"处理<span>元素，用正常语法[ngIf]="flag"处理<template>标签。

图5.5显示了当标志位为true时，DOM树中包含<span>和<template>的内容。图5.6显示了当标志位为false时，DOM 树中没有包含<span>和<template>的内容。

至此，你所看到的所有绑定方式都是单向的：从UI到代码，或者从代码到UI。但是还有另外一种绑定方式，也就是双向绑定，接下来我们将讨论这种方式。

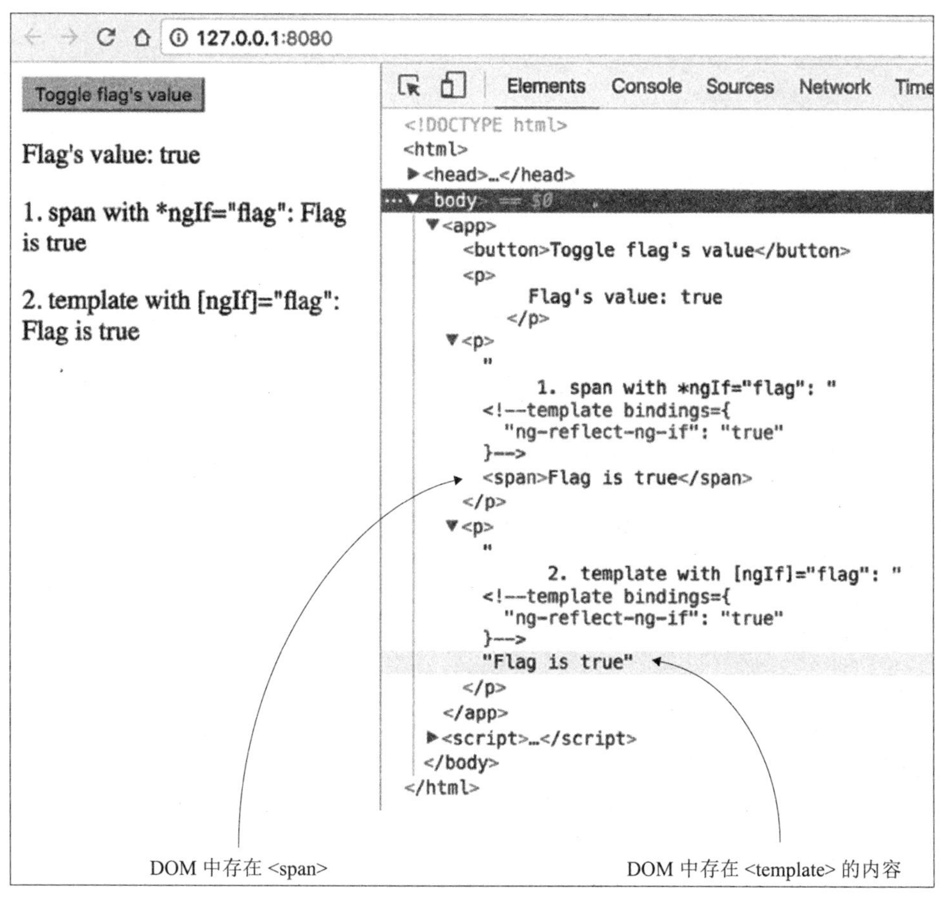

图5.5　模板绑定：标志位为true

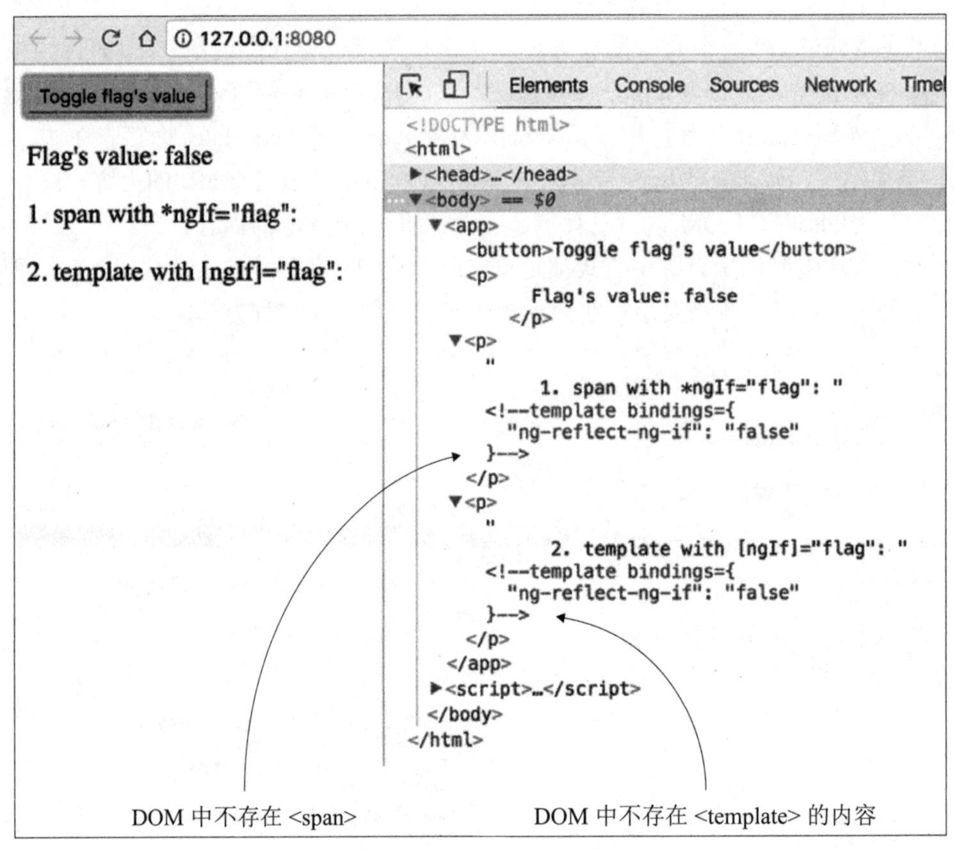

图5.6 模板绑定：标志位为false

5.1.4 双向数据绑定

双向数据绑定是一种保持视图和数据模型同步的简单方法。无论视图或数据模型哪一方首先改变，双方都会立即同步。

你已经学习了如何使用单向数据绑定，通过括号括起事件名称，实现从UI到Angular组件的单向绑定：

```
<input(input)="onInputEvent($event)">
```

通过方括号括起HTML特性，实现从Angular组件到UI的单向绑定：

```
<input [value]="myComponentProperty" >
```

在某些情况下，可能仍然需要使用双向数据绑定。把上面两个例子以一种较长的写法组合在一起，如下所示：

```
<input [value]="myComponentProperty"
    (input)="onInputEvent($event)>
```

Angular还提供了一种更短的组合符号：[( )]。特别是Angular有一条用于双向数据绑定的NgModel指令(注意，当在模板中使用NgModel时，其名称不会大写)：

```
<input [(ngModel)] = "myComponentProperty">
```

仍然可以看到myComponentProperty，但它用来处理哪个事件呢？在本例中，NgModel 指令与<input>元素一起使用。该事件是一个默认触发器，用于在HTML<input>元素中的UI发生更改时与底层数据模型同步。但驱动事件是不同的，取决于使用ngModel的UI控件。这是由一个特殊的ControlValueAccessorAngular接口控制的，该接口连接了控件和原生元素。ControlValueAccessor通常用来创建自定义表单控件。

当我们使用表单时，若需要同步表单域的值与底层数据模型的属性，双向数据绑定就十分有用。在第7章中，我们将详细介绍NgModel指令。你将学会如何处理表单，而不必为每个表单控件使用[(ngModel)]；这很方便，所以我们提前熟悉一下语法。

假设在金融应用程序的着陆页上，允许用户在输入框中输入股票代码来检查股票的最新价格。用户通常会输入自己购买的或关注的股票，比如输入AAPL查询苹果公司股票。你可以将最后输入的股票代码保存在cookie(或HTML5的local storage)中。当用户下一次打开页面时，程序读取cookie并填充到输入框中。用户仍然可以在这个输入框中进行输入，输入的值会与数据模型中的变量lastStockSymbol同步。下面的代码清单实现了该功能。

代码清单5.3　two-way-binding.ts

```
import {platformBrowserDynamic} from '@angular/platform-browser-dynamic';
import {NgModule, Component}      from '@angular/core';
import {BrowserModule} from '@angular/platform-browser';
import {FormsModule} from '@angular/forms';

@Component({
    selector: 'stock-search',
    template: `<input type='text' placeholder= "Enter stock symbol"
       å [(ngModel)] = "lastStockSymbol" />
              <br>The value of lastStockSymbol is {{lastStockSymbol}}`
})

class StockComponent {

    lastStockSymbol: string;

    constructor( ) {
        setTimeout(( ) => {
            // Code to get the last entered stock from
            // local history goes here(not implemented)

            this.lastStockSymbol="AAPL";
        }, 2000);
```

利用lastStockSymbol实现双向绑定以同步变更

lastStockSymbol是数据模型，可以通过用户输入或编程的方式加以修改

为了模拟从cookie中读取最后一支股票的代码，可以设置一秒的延迟，之后将lastStockSymbol的值改为AAPL，在输入框中会显示出该值

```
    }
}
@Component({
    selector: 'app',
    directives: [StockComponent],
    template:`<stock-search></stock-search>`

})
class AppComponent {}

@NgModule({
    imports:      [ BrowserModule, FormsModule],
    declarations: [ AppComponent],
    bootstrap:    [ AppComponent ]
})
class AppModule { }

platformBrowserDynamic( ).bootstrapModule(AppModule);
```

导入FormsModule，以便能够使用NgModel

lastStockSymbol变量和<input>输入框中的值总是同步的。可以运行two-way-binding.ts文件来查看此操作。

注意

代码清单5.3使用Angular的NgModel指令实现双向数据绑定，但是使用特定的属性同样可以实现该功能。需要使用特殊的后缀Change为属性命名。在第6章的实践小节，你将会看到如何使用[(rating)]实现双向数据绑定，以修改某个产品的评分。

在AngularJS中，双向绑定是默认的操作选项，这看起来在同步视图和数据模型时更简单、更优雅。但是在包含数十个控件的复杂UI中，某一处的修改可能会引起连锁更新，从而导致性能降低。

使用了双向绑定后，很难对代码进行调试，因为一个特定值的改变可能会是很多原因引起的。是由于用户输入引起的呢？还是因为修改了变量的值引起的呢？

在Angular框架中，实现变更检测也不是微不足道。使用单向数据流，你始终知道修改了什么UI元素或者组件的哪个属性发生了变化，因为组件中的每一个属性只能够修改UI中特定的一处显示。

5.2 响应式编程和observable

响应式编程是关于创建响应式(快速)事件驱动的应用程序，其中observable事件流会被推送到订阅者。在软件工程中，Observer/Observable是一个众所周知的模式，适合任何异步处理场景。但是响应式编程不仅仅是Observer/Observable模式的实现，observable流可以被取消，它们可以通知流已经结束了，可以在从源到订阅者的过程中通过应用各种操作

(函数)来转换推送给订阅者的数据。

> **注意**
> observable最重要的特征之一是实现了数据处理的推送模型(push model)。相比之下，推送模型是由Iterable或ES6 generator函数通过循环遍历数组实现的。

很多第三方库实现支持observable流的reactive extensions(Rx)、RxJS(参见https://github.com/Reactive-Extensions/RxJS)就是这样的一种库。Angular中也集成了RxJS。

5.2.1　什么是observable和观察者

observer是一个对象，能够处理由observable函数推送的数据流。目前observable主要有两种类型：hot和cold。对于cold observable，当代码调用它的subscribe( )函数时，数据流会被启动。即使数据中没有订阅者感兴趣的数据，hot observable也会传输数据。在本书中，我们仅使用code observable。

订阅了observable的脚本提供观察者对象，该对象知道如何处理流中的元素：

```
let mySubscription: Subscription = someObservable.subscribe(myObserver);
```

要取消对流的订阅，可调用unsubscribe( )方法：

```
mySubscription.unsubscribe( );
```

observable是一个对象，能够从多个数据源(网络嵌套字、数组、UI事件)传输数据，每次一个元素。准确而言，observable流知道如何完成以下三件事：

- 发送下一个元素。
- 抛出异常。
- 当流结束时(已经发送完最后一个元素)，发出一个信号。

因此，observable最多提供三个回调函数：

- 能够处理由observable发送的下一个元素的函数。
- 能够处理observable中错误的函数。
- 当流结束时能被调用的函数。

> **注意**
> 在附录A中，我们将讨论如何使用Promise对象。Promise对象可以在then( )函数中调用事件处理方法，但是只能调用一次。subscribe( )方法就像then( )的一个调用序列，每个数据元素到达都会被调用一次。

在每一个元素到达事件处理函数之前，可以对其执行一系列操作。图5.7显示了一个简单的数据流，从observable发出数据到订阅者(它实现了观察者)。在数据流中执行了两个操作：map( )和 filter( )。发送器(生产者)会创建一个原始的数据流(矩形)。map( )方法把每一个矩形转换成三角形，并传递给 filter( )方法。filter( )方法过滤数据流，把经过选择的三角形推送给订阅者。

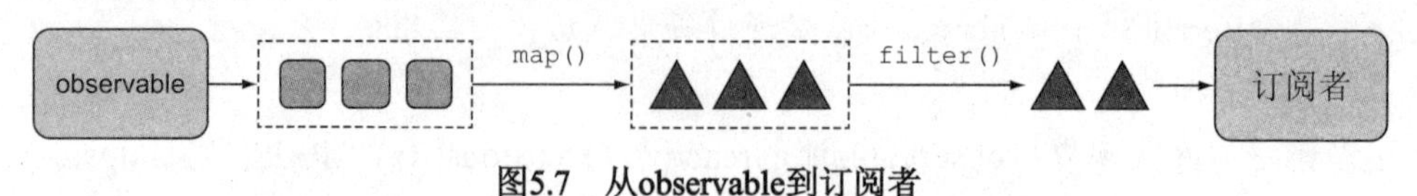

图5.7 从observable到订阅者

下面是一个更加切合实际的例子：Customer对象的数据流经过map后变成另一个只包含每个Customer对象age属性的数据流。Customer对象的数据流经过过滤后只保留age属性值小于50的Customer对象。

> **注意**
>
> 每个操作方法都会接收一个observable对象作为参数，并同样返回一个observable对象。这形成了链式调用。

reactive extensions(Rx)的文档(参见ReactiveX文档中的“Operators”，网址为http://reactivex.io/documentation/operators.html)使用marble图(宝石图)说明操作。比如，图5.8显示了关于 map( )操作的宝石图。

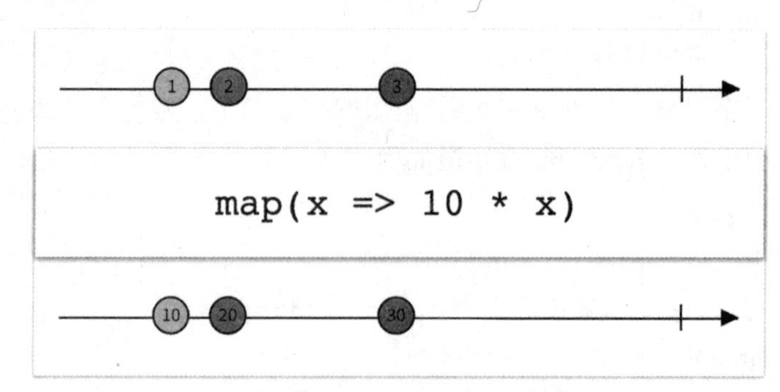

图5.8 关于map( )操作的宝石图

图5.8中说明map( )方法对流中的每一个元素执行乘以10的运算。右侧竖线表示流的结尾。在宝石图中，错误由红色十字表示。

> **提示**
>
> 查看RxMarbles网站(参见http://rxmarbles.com)，其中有各种Rx操作的交互式宝石图。

> **从数组操作到iterables和observables**
>
> JavaScript中有很多处理数组的方法，比如：

- map( )：允许对数组中的每个元素执行函数。使用map( )，可以把一个数组转换成另一个相同长度的数组。比如，myArray.map(convertToJSON)。
- filter( )：允许对数组中的每个元素执行函数，根据一些业务逻辑过滤某些元素。比如，myArray.filter(priceIsLessThan100)。过滤后的数组长度更可能会少于原始数组的长度。
- reduce( )：允许从数组中的元素产生聚合值，比如myArray.reduce((x,y) => x+y)。reduce( )的执行结果总是一个单独的值。

数据流可以被视为随着时间实时向应用程序提供数据集合。ES6引入了iterables和iterator的概念。可以让你将数组视为数据集合，并迭代其中的元素。

iterable数据源不一定必须是数组。可以写一个ES6的generator函数，并返回一个对它自己的iterator的引用，之后可以从这个iterator中拉取数据(每次获得一个数据)：myIterator.next( ).value。对于获得的每一个值，可以在它上面执行业务逻辑，执行之后继续获得下一个元素。

observable是一个更高级的iterator。iterators使用拉取模型来检索数据，而observable则是把数据推送给订阅者。

可视化从服务器获得的数据，能够更容易地理解observable流的概念。稍后将在本章中看到这样的示例，在第8章学习HTTP请求和WebSocket时将会有更多的内容介绍，observable流同样可以应用到事件上。一个事件仅仅是一次性处理一个事件处理函数吗？是否能够把事件想象成随着时间而产生的元素序列呢？我们接下来将讨论事件流。

注意

在第8章中将会介绍如何把任何一个服务转换成一个observable。

5.2.2 observable事件流

在本章的前面，已经介绍了模板中事件绑定的语法。 现在让我们来仔细看一下事件处理。

每一个事件都是由Event对象(包括其继承者描述的，Event对象包含了描述事件的属性。Angular应用程序能够处理标准DOM事件，还能创建和触发(分发)自定义事件。

事件处理函数有一个可选的$event参数，其中包含一个描述事件属性的JavaScript对象，可以使用浏览器的Event对象的任何函数和属性(请参阅Mozilla开发者网络文档(网址为http://mzl.la/1EAG6iw)中的“Event”)。

在某些情况下，你不会对事件对象的属性感兴趣，比如页面中唯一的按钮被单击，这就是全部事件了。而在其他情况下，你可能希望知道特定的信息，例如在<input>输入框中输入字符时，keyup事件被触发：

```
template:`<input(keyup)="onKey($event)">`
...

onKey(event:any) {
  console.log("You have entered " + event.target.value);
}
```

上面的代码片段通过使用event.target来访问<input>元素的value属性，event.target指向分发事件的元素。但是在Angular中可以声明一个模板本地变量，该变量持有自身的HTML元素，因此可以从模板中直接获得HTML元素(及其属性)。

下面的代码片段声明了一个mySearchFiled本地模板变量(名字必须以哈希标志为前缀)，获得宿主HTML元素(本例中是<input>)的值，并将其传递给事件处理函数，事件处理函数不再以Event对象为参数。注意，只有在模板中声明本地变量才需要使用哈希标志前缀；在JavaScript代码中使用变量时并不需要使用哈希标志：

```
template:`<input #mySearchField(keyup)="onKey(mySearchField.value)">`
...

onKey(value: string) {
  console.log("You have entered " + value);
}
```

注意

如果在代码中分发自定义事件，可以携带专属数据，事件对象可以是强类型的(不只是any类型)。在第6章的6.6.1节中，将会学习如何执行此操作。

传统JavaScript应用程序把分发出去的事件视为一次性的；例如，一次单击导致一个函数的调用。Angular提供了另一种方法，可以考虑随时间产生的事件observable数据流。处理observable流对于熟练开发者来说是非常重要的技术，让我们来看看它是什么。

通过对流的订阅，表示代码希望接收到流的元素。在订阅期间，指定一个元素被发出时调用的代码，还可以选择是否为错误处理和流结束后的回调编写代码。通常会指定一些链式操作，然后调用subscribe( )方法。

全部这些如何应用到UI的事件中呢？可以使用事件绑定处理多个keyup事件并处理lastStockSymbol的值：

```
<input type='text'(keyup) = "getStockPrice($event)">
```

这种技术足以处理多个事件吗？想想一下上述代码用于获取AAPL股票的报价。用户输入了第一个A后，getStockPrice( )函数将会发出一个基于promise的请求到服务器，如果这只股票存在，就返回A的价格。用户输入第二个 A，这会向服务器发起另一个请求，请求股票AA的报价。输入AAP和AAPL也是同样的流程。

这并不是想要的，可以设置500毫秒的延迟以便用户有足够的时间能多输入几个字母。setTimeout( )能帮助你解决这一问题。

如果用户输入较慢，在500毫秒之间只输入了AAP，会发生什么？首先会向服务器发送第一个请求，请求股票AAP的报价。500毫秒后发送第二个请求，请求股票AAPL的报价。如果服务器返回一个promise对象，程序无法取消第一个HTTP请求，所以期待用户能够输入得足够快，并避免向服务器发送不必要的请求，防止造成服务器过载。

使用observable流，能够更好地解决这个问题。Angular中的一些UI组件就可以生成observable流。例如，FormControl类是表单处理的基础块，用来显示表单元素。每个表单元素有自己的FormControl对象。默认情况下，一旦表单元素的值发生变化，FormControl就会发出valueChanges事件，这会产生 一个observable流，这个流可以被订阅。

让我们来写一个小的应用程序，有一个简单的表单，其中包含一个能生成observable流的输入框。为了了解接下来的示例，你需要知道表单元素是通过formControl属性绑定到Angular组件中的。

> **注意**
>
> 在组件的模板中使用指令开发表单的方式：模板驱动表单(template-driven forms)。还可以通过在组件的TypeScript代码中创建form-related对象来开发表单。这些是响应式表单(reactive forms)。我们将在第7章中介绍Angular表单。

代码清单5.4在调用subscribe( )之前，只调用了一个操作方法debounceTime( )。RxJS 支持数十个能够应用于observable流的操作方法(参见RxJS文档，网址为http://mng.bz/ZxZT)，但是Angular并没有全部实现它们。这就是为什么需要从RxJS中导入额外操作方法的原因，这种依赖是Angular的peer依赖。debounceTime( )操作能够让数据流的发送延迟一段时间。

代码清单5.4　observable-events.ts

```
import {platformBrowserDynamic} from '@angular/platform-browser-dynamic';
import {NgModule, Component}      from '@angular/core';
import {BrowserModule } from '@angular/platform-browser';
import {FormControl,  ReactiveFormsModule} from '@angular/forms';
import 'rxjs/add/operator/debounceTime';

@Component({
    selector: "app",
    template: `
       <h2>Observable events demo</h2>
      <input type="text" placeholder="Enter stock" [formControl]="searchInput">
```

可以像这样只导入特定的操作方法，也可以使用import 'rxjs/Rx'导入全部操作方法

命名为searchInput的ngFormControl用来展现<input>元素

```
})
class AppComponent {

    searchInput: FormControl = new FormControl('');

    constructor( ){

        this.searchInput.valueChanges
            .debounceTime(500)
            .subscribe(stock => this.getStockQuoteFromServer(stock));
    }

    getStockQuoteFromServer(stock: string) {

        console.log(`The price of ${stock} is ${100*Math.random( )
            ➥ .toFixed(4)}`);
    }
}

@NgModule({
    imports:      [ BrowserModule,  ReactiveFormsModule],
    declarations: [ AppComponent],
    bootstrap:    [ AppComponent ]
})
class AppModule { }

platformBrowserDynamic( ).bootstrapModule(AppModule);
```

在<input>元素发出下一个事件之前，等待500毫秒

订阅observable流

导入支持响应式表单的模块

可以使用subscribe( )方法创建Observer实例，在上面的例子中，searchInput所生成流中的每一个数据会由实例传递给getStockQuoteFromServer( )方法。在真实的场景中，这个方法将会向服务器发布一个请求，你将在下一节看到这样的应用程序；但是目前，这个方法只会生成随机数。

如果不使用debounceTime( )操作方法，那么用户输入每一个字母后，valueChange事件会被立即发出。为了防止每次按键都会触发事件，可以令searchInput在500毫秒的延迟之后才发出事件，这就允许在输入框中的内容被发出到流之前用户能够输入多个字母。图5.9显示了在输入框中输入AAPL之后的截屏。

> **提示**
>
> 无论链式调用了多少个操作，在调用subscribe( )之前，这些操作都不会在流上被调用。

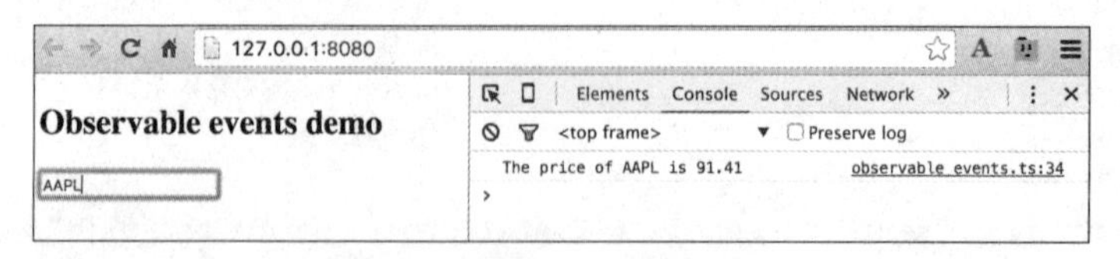

图5.9　获得APPL股票的报价

> **注意**
>
> 代码清单5.4处理了DOM对象发出change事件时FormControl提供的observable流。如果

希望基于其他事件(比如keyup)生成observable流，可以使用RxJS的Observable.fromEvent( ) API(请参阅GitHub上的RxJS文档，网址为http://mng.bz/8K8l)。

你可能会认为，通过处理input事件也可以实现上面的示例，input事件将在用户输入完股票代码并把焦点移出输入框之后被触发。这确实是可行的，但是在很多情况下，需要服务器立即响应，例如在用户输入时检索和过滤数据集合。

代码清单5.4并不会真正向服务器发送网络请求以获得股票价格，而是使用随机数作为替代。即使用户输入了错误的股票代码，也只会在本地调用Math.random( )来生成报价结果，这对性能的影响可以忽略不计。在正式环境中使用的应用程序，如果用户输入了错误的代码并发送网络请求，服务器返回这个错误代码的股票报价会有一定的延迟。在下一节中，我们将展示如何使用observable流取消正在发送的服务器请求。

5.2.3　取消observables

与promise相比，observable有一个优点，那就是能够被取消。在上一节中，有一个场景是如果我们输入了错误的字母，造成了没有必要的请求。实现产品详情视图是另一个请求被取消的例子。假设用户单击产品列表中的一行来查看产品详情，详情数据必须从服务器检索返回。然而，用户改变了注意，单击了另外一行，这会向服务器发起另外的请求。在这种情况下，前面那个正在发送的请求理论上应该被取消。

让我们来看看，当用户在输入框中输入并创建一个HTTP请求之后，该如何取消正在发送中的请求。你将会处理两个observable流：

- 由搜索框产生的observable 流。
- 当用户在搜索框中输入时，因发布HTTP请求而产生的observable流。

在这个示例(observable-events-http.ts)中，将会使用由http://openweathermap.org提供的免费天气服务。这个网站提供了一个API，能够为世界各地的城市创建天气数据请求，请求会以JSON格式返回天气信息。例如，要获得现在伦敦的华氏温度，URL如下所示：

```
http://api.openweathermap.org/data/2.5/find?q=London&units=imperial&appid
=12345
```

为了使用此服务，需要访问openweathermap.org，并创建一个应用程序ID(appid)。在代码清单5.5的代码中，把基础URL、输入的城市名称以及appid拼接在一起，形成了请求URL。当用户输入城市名称时，代码中会执行订阅事件流并发布HTTP请求。如果在前一个请求返回之前有新的请求要发布，switchMap( )将会取消之前的请求并把新的请求发送给天气服务。使用promise无法实现取消正在发送的请求。在此例中，当用户在输入框中输入城市名称时，输入框中的FormControl指令会产生observable流。

代码清单5.5 observable-events-http.ts

```
import {platformBrowserDynamic} from '@angular/platform-browser-dynamic';
import {NgModule, Component}      from '@angular/core';
import {BrowserModule} from '@angular/platform-browser';
import {FormControl,  ReactiveFormsModule} from '@angular/forms';
import {HttpModule, Http} from '@angular/http';       ◄── 导入需要的HTTP依赖

import {Observable} from 'rxjs/Rx';
import 'rxjs/add/operator/switchMap';
import 'rxjs/add/operator/map';
import 'rxjs/add/operator/debounceTime';

@Component({
    selector: "app",
    template: `
      <h2>Observable weather</h2>
      <input type="text" placeholder="Enter city" [formControl]="searchInput">
      <h3>{{temperature}}</h3>
    `
})
class AppComponent {
  private baseWeatherURL: string=
➥ 'http://api.openweathermap.org/data/2.5/find?q=';
  private urlSuffix: string =
   ➥ "&units=imperial&appid=ca3f6d6ca3973a518834983d0b318f73";

  searchInput: FormControl = new FormControl('');
  temperature: string;

  constructor(private http:Http){

    this.searchInput.valueChanges
      .debounceTime(200)
      .switchMap(city => this.getWeather(city))   ◄── switchMap( )操作获得用户在输入框中输入的值(第一个observable)，并把其传递给getWeather( )方法。在getWeather( )方法中发布HTTP请求到天气服务
 subscribe( )方法会启动observable并发送其数据，在本例中，将会有200毫秒的间隔 ──►
      .subscribe(
        res => {
            if(res['cod'] === '404') return;
            if(!res.main) {
                    this.temperature ='City is not found';
            } else {

                    this.temperature =
                       'Current temperature is  ${res.main.temp}F, ' +
                        'humidity: ${res.main.humidity}%';
            }
        },
 subscribe( )方法的第二个参数用来处理出错情况 ──►
      err => console.log('Can't get weather. Error code: %s, URL: %s',
                 ➥ err.message, err.url),
       ( ) => console.log('Weather is retrieved')   ◄── subscribe( )方法的第三个参数在流完成时会被调用
      );
  }

  getWeather(city: string): Observable<Array<string>> {
```

```
    return this.http.get(this.baseWeatherURL + city + this.urlSuffix)
        .map(res => {
            console.log(res);
            return res.json( )});
  }
}

@NgModule({
    imports:      [ BrowserModule,  ReactiveFormsModule,
                   HttpModule],
    declarations: [ AppComponent],
    bootstrap:    [ AppComponent ]
})
class AppModule { }

platformBrowserDynamic( ).bootstrapModule(AppModule);
```

getWeather( )方法构造URL并定义HTTP GET请求

map( )操作以JSON格式对相应对象进行格式化处理，并将其转换为对象

添加HttpModule

我们希望你能在代码清单5.5中识别出两个observable：

- FormControl指令从输入框事件中产生一个ovservable(this.searchInput.valueChanges)。
- getWeather( )也会返回一个observable。

当函数处理由observable生成的数据并返回一个observable时，可以用switchMap( )操作代替subscribe。这样就可以使用subscribe( )处理第二个observable：

```
Observable1 → switchMap(function) → Observable2 → subscribe( )
```

当正在从第一个observable转到第二个observable时，如果Observable1推送了新的数据，但是创建Ovservable2的函数尚未完成，那么整个流程会被取消；switchMap( )取消订阅并重新订阅Observable1，之后开始处理流中的新数据。

如果来自UI的observable流推送了新数据，而getWeather( )还没有返回，那么switchMap( )会取消正在运行的getWeather( )，重新从UI中获得新的城市名称，再次调用getWeather( )。在取消getWeather( )的过程中，同时会终止其中缓慢且尚未完成的HTTP请求。

subscribe( )方法的第一个参数包含一个用于处理服务器返回数据的回调函数。箭头函数中的代码能够处理天气服务提供的API。只需要从返回的JSON中提取温度和湿度。天气服务提供的API在响应中存储了错误代码，因此可以手动处理404状态，而不是在错误处理回调函数中处理。

现在让我们来验证一下取消功能是否正常工作。花费超过200毫秒的时间输入London，200毫秒是在debounceTime( )中指定的，这会造成valueChanges事件发送observable数据一次以上。为了确保请求与服务器的交互超过200毫秒，需要低速的网络连接。

注意

在代码清单5.5的构造函数中含有大量的代码，对应那些喜欢只在构造函数中初始化变量而不执行任何耗时操作的开发者来说，这看起来很危险。但是，如果仔细阅读代码，

> 你会注意到在构造函数中仅仅订阅了两个observable流(UI事件和HTTP服务)。直到组件渲染完成，用户开始输入城市的名称，才会发生真正的处理过程。

运行上面的示例，并在Chrome浏览器的开发者工具中打开throttling选项，模拟低速GPRS链接。输入London引起getWeather( )的四次调用：Lo、Lon、Lond和London。于是这四个HTTP请求中的三个被switchMap( )取消，如图5.10所示。

通过少量的代码，那些并不真正想要查询的城市，甚至根本不存在的城市，不会再向服务器发送请求，从而节省了带宽。正如第1章中所述，一个好的框架能够帮你减少开发代码量。

管道是Angular的另一个特性，也能够减少开发代码量。

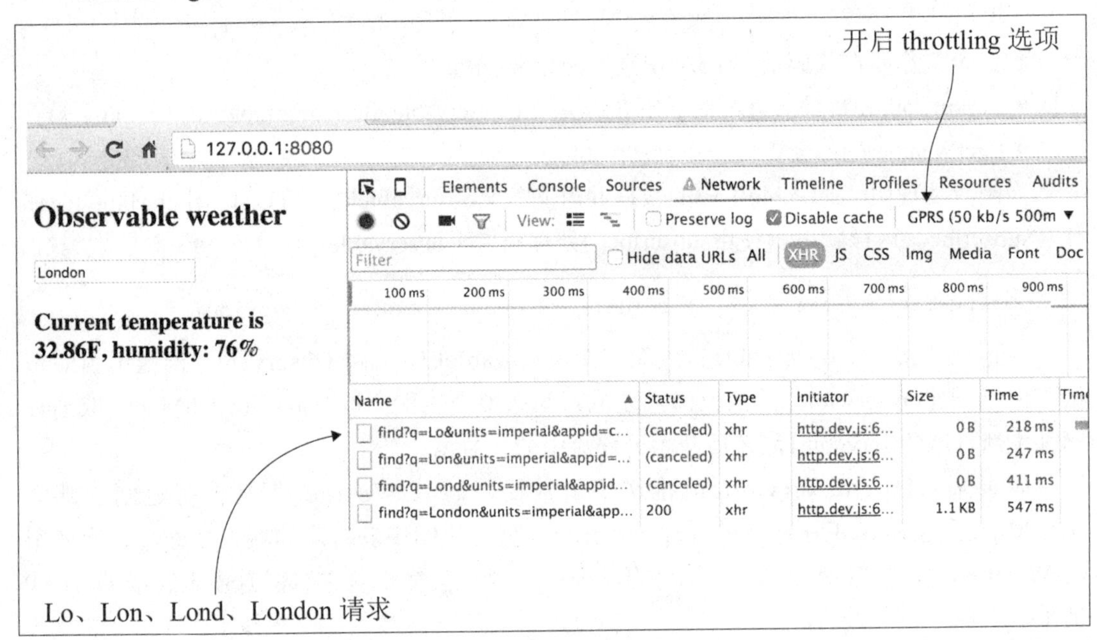

图5.10　运行observable_events_http.ts

5.3　管道

管道是一个模板元素，能够让你将值转换成想要的输出。在需要被转换的值的后面添加竖线(|)和管道名称来指定管道：

```
template: `<p>Your birthday is {{ birthday | date }}</p>`
```

Angular配备了一些内置的管道，每个管道都有实现其功能的类(例如DatePipe)以及在模板中使用的管道名称(例如date)：

- UpperCasePipe：在模板中使用| uppercase，允许把输入的字符转换为大写。

- DatePipe：使用| date能够让你显示不同格式的日期。
- CurrencyPipe：使用| currency将数字转换为想要的货币。
- AsyncPipe：使用| async将从observable流中获得的数据展开。在第8章中会有使用async的例子。

有些管道是不需要参数的(如uppercase)，另外一些管道需要传递参数(如date：'medium')。可以链式调用任意数量的管道。下面的代码片段显示了如何把birtheday变量转换为大写的medium日期格式(例如JUN 15,2001,9:43:L11 PM)：

```
template=
   `<p>
      {{ birthday | date:'medium' | uppercase}}
   </p>`
```

如你所见，表面上看起来并没有编写任何代码，就可以实现想要的日期转换格式，并转换成大写(请参阅AngularDatePipe文档，网址为http://mng.bz/78lD)。

管道兼容性解决方案

在撰写本书时，诸如日期、数字和货币等管道并不是在所有浏览器中都能正常运行。有两种方案用于解决此问题：

- 在index.html中添加polyfill：

```
<script src="https://cdn.polyfill.io/v2/
➥ polyfill.min.js?features=Intl.~locale.en"></script>
```

polyfill将会让浏览器具备管道功能

- 如果不希望从CDN中加载脚本，那么可以为项目安装国际化包：

```
npm install intl@1.1.0 --save
```

之后，将以下代码添加到index.html中：

```
<script src="node_modules/intl/dist/Intl.min.js"></script>
<script src="node_modules/intl/locale-data/jsonp/en.js"></script>
```

第二种解决方案将会增大应用程序体积33KB。

可以在https://angular.io/docs/ts/latest/guide/pipes.html的Angualr文档中阅读更多关于管道的信息，其中包括内置管道的类的名称及其使用示例。

除了内置的管道，Angular还提供了简单的方法，能够用来创建符合应用程序的自定义管道。需要创建一个实现了PipeTransform接口的@Pipe注解类。PipeTransform接口有如下签名：

```
export interface PipeTransform {
```

```
  transform(value: any, ...args: any[]): any;
}
```

上面的代码显示自定义管道类只需要实现一个方法，该方法只需要具有上述签名即可。transform的第一个参数获得通过管道传递的值；第二个参数是非必填参数，可以是零个或多个参数，它们定义了管道转换算法所需要的参数。@Pipe注解类声明在模板中使用该管道时的名称。如果组件使用自定义管道，那么在其@Component注解的pipes属性中，必须显式地声明自定义管道。

在上一节中，天气示例显示了伦敦的华氏温度。但是大多数国家使用公制标准并使用摄氏温度作为温度的单位。让我们创建一个管道，从而在华氏温度和摄氏温度之间相互转换。自定义管道TemperaturePipe(见下面的代码清单5.6)在模板中可以被引用为temperature。

代码清单5.6 temperature-pipe.ts

```
import {Pipe, PipeTransform} from '@angular/core';

@Pipe({name: 'temperature'})
export class TemperaturePipe implements PipeTransform {

    transform(value: any[], fromTo: string): any {

        if(!fromTo) {
          throw "Temperature pipe requires parameter FtoC or CtoF ";
        }

        return(fromTo == 'FtoC') ?
                (value - 32) * 5.0/9.0:  // F to C
                   value * 9.0 / 5.0 + 32;  // C to F
    }
}
```

管道的名称为temperature，在组件的模板中以此作为引用

自定义管道实现了PipeTransform接口，因此必须添加transform( )方法

如果在不提供参数的情况下使用此管道，就会抛出错误。另一种做法是不抛出错误，而是对值不做任何转换，原样返回

下面的代码是使用了temperature管道的组件(pipe-tester.ts)。最初，温度将会从华氏温度转换为摄氏温度(参数 FtoC)。当单击切换按钮时，会改变温度转换的方向。

代码清单5.7 pipe-tester.ts

```
import {platformBrowserDynamic} from '@angular/platform-browser-dynamic';
import {NgModule, Component}      from '@angular/core';
import {BrowserModule} from '@angular/platform-browser';
import {FormsModule} from '@angular/forms';
import {TemperaturePipe} from './temperature-pipe';

@Component({
  selector: 'app',

  template:`<input type='text' value="0"
```

```
            placeholder= "Enter temperature" [(ngModel)] = "temp">
            <button(click)="toggleFormat( )">Toggle Format</button>
           <br>In {{targetFormat}} this temperature is {{temp | temperature:
                  ➥ format | number:'1.1-2'}}`
})
class AppComponent {

    temp: number;
    toCelsius: boolean=true;
    targetFormat: string ='Celsius';
    format: string='FtoC';

    toggleFormat( ){

        this.toCelsius = !this.toCelsius;
        this.format = this.toCelsius? 'FtoC': 'CtoF';

        this.targetFormat = this.toCelsius?'Celsius':'Fahrenheit';
    }
}
@NgModule({
    imports:       [ BrowserModule, FormsModule],
    declarations: [ AppComponent, TemperaturePipe],
    bootstrap:     [ AppComponent ]
})
class AppModule { }

platformBrowserDynamic( ).bootstrapModule(AppModule);
```

与Angular的number管道组成链式管道调用，以数字的方式显示温度，并且小数点前至少一位数字，小数点之后至少两位数字

初始值FtoC将会被传递给temperature管道，并作为其参数

当用户单击切换按钮时，改变转换方向，并相应地更改显示结果

导入FormsModule，以支持ngModel

在模块的declarations属性中显式地声明自定义管道

在下一节中，将会创建另一个自定义管道来过滤拍卖产品。

5.4 实践：在线拍卖应用程序中的产品过滤功能

在本次练习中，将会在在线拍卖应用程序的首页中使用ovservable事件流过滤特色产品。一个拍卖系统(或在线商店)可能需要展示很多产品，这会使用户找到指定产品变得复杂。

例如，参与拍卖的用户可能只记住了产品名称中的几个字母。为了尽量避免用户滚动产品页面，可以让他们输入产品名称来过滤那些不符合条件的产品。最重要的是，随着用户的输入，产品列表必须被渲染。

这是一个很好的关于响应式observable事件流的用例。用户输入一个字母，便会发送流的下一个元素，这个流表示搜索输入框中当前的内容。流的订阅者会立即在UI上过滤并重新渲染产品。在这种场景中，是不会向服务器发送任何请求的。

注意

我们将会使用在第4章开发的在线拍卖应用程序作为本次练习的切入点。如果想使用这个项目的最终版本，那么可以浏览第5章的auction目录中的源代码。否则，请将第4章的auction目录单独复制到另外的位置，运行npm install命令，按照下面的说明进行操作。

执行下面的步骤：

(1) 创建一个自定义管道FilterPipe。为此，需要在app目录下单独创建一个名为pipes 的子目录，并在其中创建filter-pipe.ts文件，实现自定义管道FilterPipe，代码如下所示：

代码清单5.8 filter-pipe.ts

```
import { Pipe, PipeTransform} from '@angular/core';

@Pipe({name: 'filter'})
export class FilterPipe implements PipeTransform {

  transform(list: any[], filterByField: string, filterValue: string): any {

     if(!filterByField || !filterValue) {        ◄── 如果没有提供filterByField
        return list;                                 或filterValue参数，那么不进
     }                                               行过滤


     return list.filter(item => {                ◄── 根据filterByField参数对产品对象列表
        const field = item[filterByField].toLowerCase( );    中的产品属性进行过滤。只有当产品的
        const filter = filterValue.toLocaleLowerCase( );     filterByField属性与filterValue一致时才会
        return field.indexOf(filter) >= 0;                   返回true
     });
   }
}
```

(2) 修改HomeComponent以使用FilterPipe。HomeComponent是<auction-product-item>的父组件，并且还包含了products变量，该变量存储了由ProductService提供的产品数组。FilterPipe将会对该数组进行过滤。

需要增加一个<input>元素，用户能在其中输入过滤条件。HomeComponent将会订阅该输入框的observable流，获得用户输入的字符用于管道。

最后，需要使用自定义管道，按照下面的步骤进行操作：

① 导入FilterPipr。

② 在@NgModule注解的declarations区域导入FilterPipe。

③ 在*ngFor循环中对每个数组元素执行过滤。

修改home.ts文件，参见下面的代码清单：

代码清单5.9　home.ts

```
import {Component} from '@angular/core';
import {FormControl} from '@angular/forms';
import {Product, ProductService} from '../../services/product-service';
import CarouselComponent from '../carousel/carousel';
import ProductItemComponent from '../product-item/product-item';
import {FilterPipe} from '../pipes/filter-pipe'
import 'rxjs/add/operator/debounceTime';

@Component({
  selector: 'auction-home-page',
  styleUrls: ['app/components/home/home.css'],
  template: `
    <div class="row carousel-holder">
      <div class="col-md-12">
        <auction-carousel></auction-carousel>
      </div>
    </div>
    <div class="row">
      <div class="col-md-12">
        <div class="form-group">
          <input placeholder="Filter products by title"
                 class="form-control" type="text"
                 [formControl]="titleFilter">
        </div>
      </div>
    </div>
    <div class="row">
      <div *ngFor="let product of products | filter:'title':filterCriteria"
class="col-sm-4 col-lg-4 col-md-4">
        <auction-product-item [product]="product"></auction-product-item>
      </div>
    </div>
  `
})
export default class HomeComponent {
  products: Product[] = [];
  titleFilter: FormControl = new FormControl( );
  filterCriteria: string;

  constructor(private productService: ProductService) {
    this.products = this.productService.getProducts( );
    this.titleFilter.valueChanges
      .debounceTime(100)
      .subscribe(
        value => this.filterCriteria = value,
        error => console.error(error));
  }
}
```

导入管道

增加<input>元素，用户能够在其中输入

执行过滤管道。filter是自定义管道的名称，title是要过滤的产品属性，filterCriteria是一个属性的名称，用来保存用户输入的过滤条件的值

订阅输入框的事件流，把<input>元素的值分配给过滤器

(3) 把ReactiveFormsModule添加到app.module.ts文件中@NgModule的imports区域，需要用它来支持过滤<input>元素。

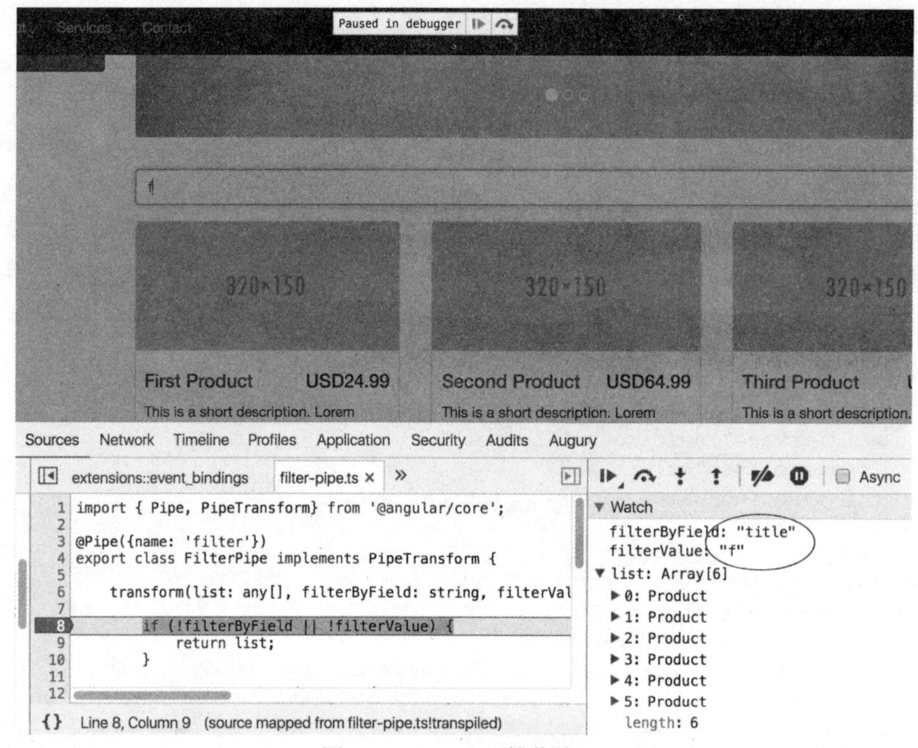

图5.11　FilterPipe 接收输入

(4) 在命令行中输入npm　start启动应用程序。在产品名称的过滤框中输入任何字母，你会看到只有满足过滤条件的产品才会被浏览器渲染出来。

作为参考，我们运行在线拍卖应用程序，在过滤框中输入f后，通过debugger暂停运行程序。图5.11显示了在过滤完成之前，FilterPipe接收到的输入。

打开“Watch”面板，可以看到FilterPipe作为参数接收到的值。箭头表示使用了TypeScript中的解构。过滤完成后，页面中仅显示那些名称带有“f”的产品。在本次练习中，实现了observable流和自定义管道。

5.5　本章小结

从绑定的角度来看，软件开发者和Angular之间的职责是明确分离的。开发者负责提供组件的模板与支持代码之间的绑定。Angular的变更检测机制确保绑定能够被及时更新以反映应用程序的最新状态。

observable流是响应式编程风格的基本概念，响应式编程已经被开发者用多种开发语言加以实践。RxJS5是reactive extensions的JavaScript库，已经被集成到Angular框架中。

下面列出本章的主要内容：

- 绑定组件的属性，将数据按照一个方向传播：从DOM到UI。

- 绑定事件，将动作从UI传播到组件。
- 双向绑定用[( )]表示。
- 可以使用结构化指令ngIf，从浏览器DOM中添加或删除节点.
- 使用observable数据流简化异步编程。可以订阅流，也可以取消订阅流，并可以取消正在发送的数据请求。

第6章

实现组件通信

本章概览：

- 创建松耦合的组件
- 父组件如何向子组件传递数据，反之，子组件如何向父组件传递数据
- 实现Mediator设计模式以创建可复用组件
- 组件的生命周期
- 理解变更检测

我们已经明确所有Angular应用程序都是一个组件树。当设计组件时，需要确保组件是可复用和独立的，并且能够与其他组件通信。在本章中，我们将重点介绍如何以松耦合的方式在组件之间传递数据。

首先，我们将展示如何通过绑定子组件的输入(input)属性以实现父组件向子组件传递数据。之后，将介绍子组件通过自身的输出(output)属性触发事件来向父组件传递数据。

随后会演示一个示例，在其中应用Mediator设计模式以实现不具备父子关系的组件之间的数据交换。在任何基于组件的框架中，Mediator设计模式可能是最重要的模式。最后，将讨论Angular组件的生命周期以及钩子函数，钩子函数能够在组件的创建、生存期和销毁期间，拦截重要事件并执行指定的代码。

6.1 组件间通信

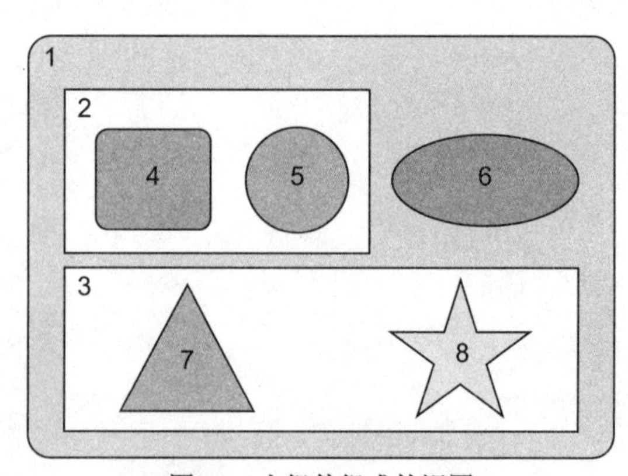

图6.1 由组件组成的视图

图6.1显示了一张由若干被编号组件组成的视图，这些组件的形状各不相同以相互区别。其中一些组件包含了其他组件(我们称外面的组件为容器)，另外的组件则是同级组件。为了把视图从特定的UI框架抽离出来，要避免使用诸如输入框、下拉列表和按钮等HTML元素，但是可以将其推断为真实应用

程序的视图。

在设计一个包含多个组件的视图时，组件之间越独立越好。比如，一个用户单击了组件4中的按钮，需要在组件5中初始化一些操作。有没有可能组件4并不知道组件5的存在呢？当然可以。

前面已经介绍过使用依赖注入的松耦合组件的示例了。现在我们将展示如何通过绑定和事件达到同样的目的。

6.1.1　输入和输出属性

考虑将Angular组件视为一个具有路由插座的黑盒子。其中一些被标记为@Input( )，另一些被标记为@Output( )，可以根据需要创建任意数量的包含输入和输出属性的组件。

如果一个Angular组件需要从外部接收数据，可以将这些数据的生成器绑定到组件相应的输入部分。这些数据来源于何处？组件并不需要知道。组件只需要知道如何使用这些数据即可。

如果一个组件需要与外部通信，它可以通过输出属性触发事件(emit events)。谁接收被触发的事件？组件并不需要知道。只要对组件触发的事件感兴趣，就可以监听或订阅它们。

下面实现这些原则。首先，创建一个OrderComponent，接收来自外部的订单请求。

输入属性

组件通过@Input( )声明其输入属性，用于从父组件获取数据。想象一下，需要创建一个UI组件用来提交购买股票的订单。它需要知道如何连接到股票交易所，但是这并不在本次讨论输入属性的范畴中。需要确保OrderComponent能够通过其被@Input注解标注的属性接收其他组件的数据。

代码清单6.1包括两个组件：AppComonent(父组件)和OrderComponent(子组件)。后者有两个被@Input标记的属性：stockSymbol和quantity。AppComponent允许用户输入股票代码，通过绑定把该代码传递给OrderComponent。

quantity也会被传递给OrderComponent；但是并不会绑定quantity，因此这个示例展示了父组件如何向子组件传递一个不会改变的值。<order-processor> 标签中的quantity不会被方括号包裹，这样也就不会用到绑定机制了。

代码清单6.1　input_property_binding.ts

```
import {platformBrowserDynamic} from '@angular/platform-browser-dynamic';
import {NgModule, Component, Input} from '@angular/core';
import {BrowserModule} from '@angular/platform-browser';

@Component({
```

```
    selector: 'order-processor',
    template: `
    Buying {{quantity}} shares of {{stockSymbol}}
  `,
    styles:[`:host {background: cyan;}`]
})
class OrderComponent {

    @Input( ) stockSymbol: string;
    @Input( ) quantity: number;
}
@Component({
    selector: 'app',
    template: `
    <input type="text" placeholder="Enter stock(e.g. IBM)"
      ➥(change)="onInputEvent($event)">
    <br/>
    <order-processor [stockSymbol]="stock"
            quantity="100"></order-processor>
  `
})
class AppComponent {
    stock: string;


    onInputEvent({target}):void{
        this.stock=target.value;
    }
}

@NgModule({
    imports:      [ BrowserModule],
    declarations: [ AppComponent, OrderComponent],
    bootstrap:    [ AppComponent ]
})
class AppModule { }

platformBrowserDynamic( ).bootstrapModule(AppModule);
```

声明两个输入属性

将AppComponent中stock属性的值与OrderComponent的输入属性绑定在一起

把OrderComponent中quantity属性的值设置为100，此处并不会使用绑定

一旦用户从AppComponent输入框移除焦点，change事件就立即被分发，而OrderComponent会获得一个新的股票代码用于订单处理

提示

因为并没有绑定quantity属性，100这个值会以字符串的形式传递给 OrderComponent(HTML所有属性的值都是字符串)。

注意

如果更改了OrderComponenet中stockSymbol或quantity属性的值，更改并不会影响父组件的属性。属性绑定是单向的：从父组件到子组件。

图6.2显示了当用户在输入框中输入IBM之后，浏览器窗口是如何显示的。OrderComponent接收了输入的文本。

下一个问题是：当组件的输入属性发生变化时，组件如何拦截这种变化呢？一个简单的方法是把输入属性更改为一个设置器(setter)。同样，在组件模板中使用访问器(getter)来获得stockSymbol。这是因为公共(public)的设置器会把变量重命名为_stockSymbol，这是一个私有(private)变量。

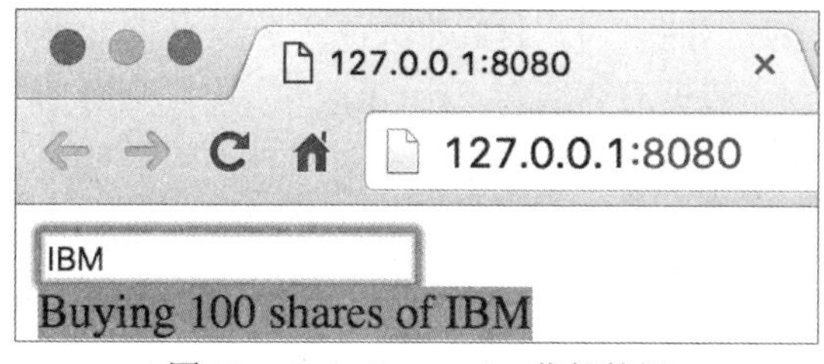

图6.2　OrderComponent获得数据

代码清单6.2　添加设置器和访问器

```
private _stockSymbol: string;

@Input( )
set stockSymbol(value: string) {
    this._stockSymbol = value;
    if(this._stockSymbol != undefined) {
      console.log('Sending a Buy order to NASDAQ:
          ➥ ${this.stockSymbol} ${this.quantity}');
    }
}

get stockSymbol( ): string {
    return this._stockSymbol;
}
```

当应用程序启动时，所有的输入变量将被初始化为默认值，变更检测机制会绑定变量stockSymbol的变化。调用设置器，并且用设置器对数据进行校验，从而避免触发undefinedstockSymbol的订单。

> **注意**
> 在6.2.1节中，将会展示在不使用设置器的情况下拦截输入属性的变化。

在第3章中，已经展示了如何使用ActivatedRouter向组件传递参数。在这种场景中，参数是通过构造函数传递的。绑定@Input( )参数能够解决从父组件向子组件传递数据的问题，这种方式只适用于在同一个路由内的组件间进行数据传递。

输出属性和自定义事件

Angular组件可以使用EventEmitter对象分发自定义事件。这些事件可以在组件内部或它们的父组件中被处理。EventEmitter是Subjet(在RxJS中实现)的子类，能够同时作为ovservable和观察者。换句话说，EventEmitter既能够使用自身的emit( )方法分发自定义事件，又可以使用自身的subscribe( )方法订阅ovservable。由于本节是关于组件如何向外部传递数据的，因此我们将关注于分发自定义事件。

假设需要编写一个UI组件，连接到股票交易所并显示实时的股票价格。该组件可能会在经纪公司的金融工作台应用程序中被使用。除了显示价格，该组件还可以向外触发携带股票最新价格的事件，以便其他组件能够获得并处理实时变化的价格。

我们创建一个PriceQuoterComponent组件来实现这样的功能。这个示例将不会连接到任何真实的服务器，而是使用随机数生成器来模拟实时变化的价格。在PriceQuoterComponent中显示实时价格非常简单——将会把stockSymbol和lastPrice属性绑定到组件的模板中。

通过组件的@Output属性来向外触发自定义事件。一旦价格发生变化，不仅会触发事件，事件中还会携带数据：一个具有股票代码和最新价格的对象。下面的脚本实现了这样的功能：

代码清单6.3　output-property-binding.ts

```
import {platformBrowserDynamic} from '@angular/platform-browser-dynamic';
import {NgModule, Component, Output, EventEmitter}
➥       from '@angular/core';
import {BrowserModule} from '@angular/platform-browser';

interface IPriceQuote {          ← 声明了一个TypeScript接口，用于显示价格。这将有助于IDE的错误检查和输入提示
    stockSymbol: string;
    lastPrice: number;
}

@Component({
    selector: 'price-quoter',
    template: `<strong>Inside PriceQuoterComponent: {{stockSymbol}}
  {{price | currency:'USD':true:'1.2-2'}}</strong>`,      ← 在组件的UI中显示股票代码和价格。使用CurrencyPipe对价格进行货币格式化
    styles:[':host {background: pink;}']
})
class PriceQuoterComponent {
    @Output( ) lastPrice: EventEmitter <IPriceQuote> = new EventEmitter( );   ← 输出属性lastPrice，它是EventEmitter类型的对象，能够向父组件触发lastPrice事件
    stockSymbol: string = "IBM";     ← 示例中的股票代码被硬编码为IBM
    price:number;

    constructor( ) {
      setInterval(( ) => {
          let priceQuote: IPriceQuote = {
              stockSymbol: this.stockSymbol,     ← 调用一个函数，每秒生成一个随机数来模拟实时价格，并把价格填入priceQuote对象
              lastPrice: 100*Math.random( )
          };

          this.price = priceQuote.lastPrice;

          this.lastPrice.emit(priceQuote)     ← 把携带priceQuote对象的事件向外发送最新的价格，只要对输出属性感兴趣，就能接收到该数据
    }, 1000);
```

```
    }
}
@Component({
   selector: 'app',
   template: `
   <price-quoter(lastPrice)="priceQuoteHandler($event)"></price-quoter><br>
   AppComponent received: {{stockSymbol}} {{price |
     ➥ currency:'USD':true:'1.2-2'}}`
})
@NgModule({
    imports:      [ BrowserModule],
    declarations: [ AppComponent, PriceQuoterComponent],
    bootstrap:    [ AppComponent ]
})
class AppModule { }

platformBrowserDynamic( ).bootstrapModule(AppModule);
```

这个标签显示了PriceQuoterComponent的子元素，它在内部更新自身模板中的价格。在应用程序层面，last-price事件的事件处理函数将会被调用，在该处理函数中显示接收到的事件对象中的价格

同样，在应用程序的模板中显示报价

事件处理函数接收到IPriceQuote类型的对象，从中提取stockSymbol和lastPrice属性。如果运行这个示例，将看到PriceQuoterComponent(阴影背景)和AppComponent(白色背景)每秒都会更新一次价格，如图6.3所示。

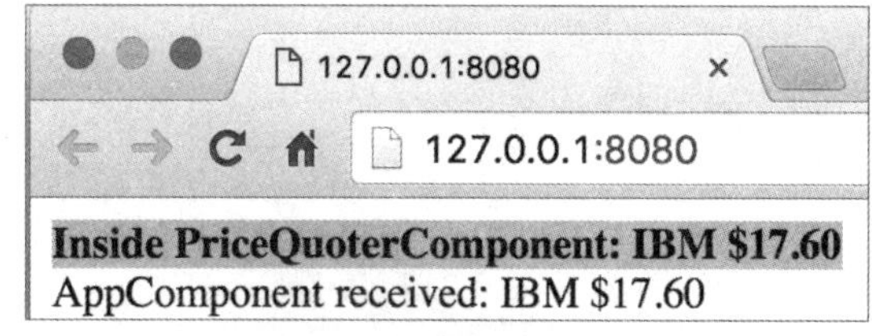

图6.3　运行输出属性示例

> **提示**
>
> 默认情况下，自定义事件的名称与输出属性的名称是一致的。在本例中，两者都是lastPrice。如果希望能够触发一个不同名称的事件，需要把@Output注解的参数指定为事件的名字。比如，如果要触发一个名为last-price的事件，那么输出属性需要如下声明：@Output('last-price')lastPrice。

在代码清单5.3中，由于PriceQuoterComponent中包括了UI，可以把其创建为一个Angular组件。但是在业务中可能并不需要UI，仅需要价格检索功能，以便能够在交易应用程序和大型工作台中复用该功能。与在线拍卖应用程序中的ProductService类似，可以把该功能作为注入服务来实现。

> **事件绑定**
>
> 当编写本书时，Angular并没有提供语法以支持事件冒泡。对于PriceQuoterComponent来说，这意味着如果试图在组件的父组件中监听last-price事件，事件并不会冒泡到父组件中。在下面的代码片段中，last-price事件不会到达<div>，因为<div>是<price-quoter>的父组件：
>
> ```
> <div(last-price)="priceQuoteHandler($event)">
> ```

```
  <price-quoter ></price-quoter>
</div>
```

如果事件冒泡对于应用程序不可或缺，那么不要使用EventEmitter；而是使用原生的DOM事件代替EventEmitter。下面的例子是另一个版本的PriceQuoterComponent，放弃使用Angular的EventEmitter以便能够处理事件冒泡。

```
import {platformBrowserDynamic} from '@angular/platform-browser-dynamic';
import {NgModule, Component, ElementRef}      from '@angular/core';
import {BrowserModule} from '@angular/platform-browser';

interface IPriceQuote {
  stockSymbol: string,
  lastPrice: number
}

@Component({
  selector: 'price-quoter',
  template: `PriceQuoter: {{stockSymbol}} \${{price}}`,
  styles:[`:host {background: pink;}`]
})
class PriceQuoterComponent {
  stockSymbol: string = "IBM";
  price:number;

  constructor(element: ElementRef) {
    setInterval(( ) => {
      let priceQuote: IPriceQuote = {
        stockSymbol: this.stockSymbol,
        lastPrice: 100*Math.random( )
      };

      this.price = priceQuote.lastPrice;

      element.nativeElement
          .dispatchEvent(new CustomEvent('last-price', {
            detail: priceQuote,
            bubbles: true
          }));
    }, 1000);
  }
}

@Component({
  selector: 'app',
  template: `
    <div(last-price)="priceQuoteHandler($event)">
      <price-quoter></price-quoter>
    </div>
    <br>
    AppComponent received: {{stockSymbol}} \${{price}}
  `
})
```

```
class AppComponent {

  stockSymbol: string;
  price:number;

  priceQuoteHandler(event: CustomEvent) {
    this.stockSymbol = event.detail.stockSymbol;
    this.price = event.detail.lastPrice;
  }
}
@NgModule({
  imports:      [ BrowserModule],
  declarations: [ AppComponent, PriceQuoterComponent],
  bootstrap:    [ AppComponent ]
})
class AppModule { }

platformBrowserDynamic( ).bootstrapModule(AppModule);
```

在前一个应用程序中，Angular使用ElementRef把<price-quoter>的DOM元素作为引用注入到代码中，调用element.nativeElement.dispatchEvent( )分发事件。事件冒泡能够正常工作，但是请注意，这样一来代码只能运行于浏览器中，并且必须渲染HTML才能工作。

6.1.2　Mediator模式

在设计一个基于组件的 UI时，每个组件都应该是独立的，并且不应该依赖其他UI组件。根据维基百科(Wiki Pedia)中的“定义一组对象如何交互”(参见https://en.wikipedia.org/wiki/Mediator_pattern)，这种松耦合的组件可以使用Mediator设计模式来实现。我们将以积木作为类比来解释Mediator设计模式。

想象一下，当一个孩子在玩搭积木(积木被想象成组件)时，积木“并不知道”彼此。这个孩子(视为中介)今天使用积木建造一间房子，明天用同样的组件可以建造一艘船。

注意

中介的作用是确保组件能够根据任务正确配合在一起，同时仍然保持松耦合。

让我们重新回顾一下图6.1。除了组件1，其他每个组件都有一个父组件(容器)能够充当中介的角色。顶层的中介是容器 1，它确保组件2、3 和6在需要的情况下能够通信。另一方面，组件2是组件4和5的中介。组件3是组件7和8的中介。

中介需要从一个组件接收数据并将其传递给另一个组件。让我们回到监控股票价格的示例。

想象一下，一名股票交易员监控多只股票的价格。在某些时候，交易员单击股票代码旁边的Buy按钮，向股票交易所提交一个购买股票的订单。通过上一节的学习，可以很轻松地为PriceQuoterComponent添加Buy按钮，但是这个组件并不知道如何提交订单购买股票。PriceQuoterComponent将会通知中介(AppComponent)，股票交易员希望在这个时刻购买指定的股票。

中介需要知道哪个组件可以提交购买订单，以及如何把股票代码和数量传递给它。图6.4显示了一个AppComponet如何作为中介，为PriceQuoterComponent和OrderComponent提供通信。

注意触发事件类似于广播。PriceQuoterComponent通过@Output属性触发事件，而并不知道谁会接收到事件。OrderComponent等待@Input属性的值发生变化，以便能够得知订单何时被提交。

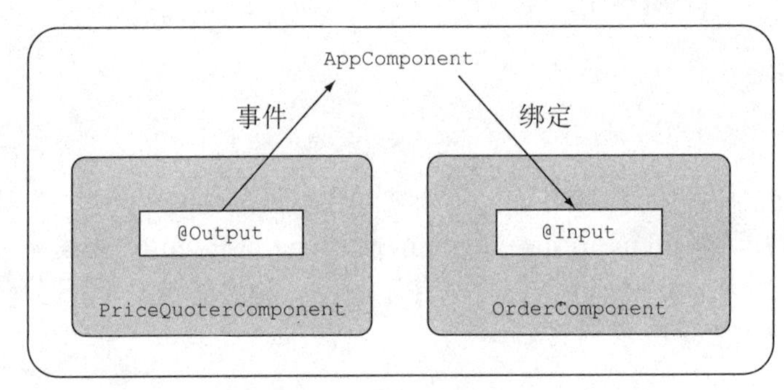

图6.4 中介沟通

为了演示Mediator模式，下面编写一个小的应用程序，它由图6.4中的两个组件组成。可以在mediator目录中找到这个应用程序，该应用程序包含下面几个文件：

- stock.ts：定义股票对象的接口
- price-quoter.ts：PriceQuoterComponent
- order.ts：OrderComponent
- mediator.ts：AppComponent

有两个场景需要用到Stock接口：

- 表示由 PriceQuoteComponent 触发事件所携带的数据
- 表示通过绑定传递给OrderComponent的数据

stock.ts 文件的内容如下所示：

代码清单6.4 stock.ts

```
export interface Stock {
  stockSymbol: string;
  bidPrice: number;
}
```

假定使用SystemJS实时转换TypeScript。SystemJS默认将会把stock.ts文件中的内容转换到空的stock.js文件模块中，当SystemJS加载器试图导入它时，会发生异常。需要令SystemJS把Stock当作模块处理。使用meta注解配置SystemJS将会解决这个问题，如下面

systemjs.config.js中的代码所示：

```
packages: {...},
meta: {
  'app/mediator/stock.ts': {
    format: 'es6'
  }
}
```

下面展示的PriceQuoteComponent拥有Buy按钮和输出属性buy。当用户单击Buy按钮时，将会触发buy事件。

代码清单6.5　price-quoter.ts

```
import {Component, Output, Directive, EventEmitter} from '@angular/core';
import {Stock} from './stock';

@Component({
    selector: 'price-quoter',
    template: `<strong><input type="button" value="Buy"
       ➥(click)="buyStocks($event)">
        {{stockSymbol}} \${{lastPrice | currency:'USD':true:'1.2-2'}}
              ➥ </strong>
            `,
    styles:[':host {background: pink; padding: 5px 15px 15px 15px;}']
})
export class PriceQuoterComponent {
    @Output( ) buy: EventEmitter <Stock> = new EventEmitter( );

    stockSymbol: string = "IBM";
    lastPrice:number;

    constructor( ) {
        setInterval(( ) => {
            this.lastPrice = 100*Math.random( );
        }, 2000);
    }

    buyStocks( ): void{

        let stockToBuy: Stock = {
            stockSymbol: this.stockSymbol,
            bidPrice: this.lastPrice
        };

        this.buy.emit(stockToBuy);
    }
}
```

当中介(AppComponent)从<price-quoer>接收到buy事件时，它会从事件中提取数据，并把其分配给stock变量，stock变量被绑定到<order-processor>的输入参数，代码如下所示：

代码清单6.6 mediator.ts

```
import {platformBrowserDynamic} from '@angular/platform-browser-dynamic';
import {NgModule, Component} from '@angular/core';
import {BrowserModule} from '@angular/platform-browser';

import {OrderComponent} from './order';
import {PriceQuoterComponent} from './price-quoter';
import {Stock} from './stock';

@Component({
    selector: 'app',
    template: `
    <price-quoter(buy)="priceQuoteHandler($event)"></price-quoter><br>
    <br/>
    <order-processor [stock]="stock"></order-processor>
  `
})
class AppComponent {
    stock: Stock;

    priceQuoteHandler(event:Stock) {
        this.stock = event;
    }
}
@NgModule({
    imports:      [ BrowserModule],
    declarations: [ AppComponent, OrderComponent,
                    PriceQuoterComponent],
    bootstrap:    [ AppComponent ]
})
class AppModule { }

platformBrowserDynamic( ).bootstrapModule(AppModule);
```

当OrderComponent的stock属性值发生变化时，buy输入属性的设置器会显示消息“Placed order”，并显示stockSymbol和bidPrice的值。

代码清单6.7 order.ts

```
import {Component, Input} from '@angular/core';
import {Stock} from './stock';

@Component({
    selector: 'order-processor',
    template: `{{message}}`,
    styles:[`:host {background: cyan;}`]
})
export class OrderComponent {

    message:string = "Waiting for the orders...";

    private _stock: Stock;
```

```
    @Input( ) set stock(value: Stock){
        if(value && value.bidPrice != undefined) {
            this.message = `Placed order to buy 100 shares of
          ➥ ${value.stockSymbol} at \$${value.bidPrice.toFixed(2)}`;
        }
    }

    get stock( ): Stock{
        return this._stock;
    }
}
```

图6.5是用户单击Buy按钮后IBM的股票价格显示为$12.17的截屏。PriceQuoteComponent在顶部渲染，OrderComponent在底部渲染。它们之间是独立和松耦合的。

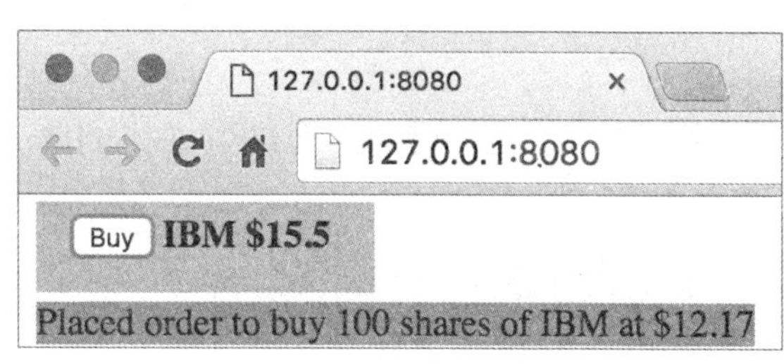

图6.5　运行中介示例

提示

在确定中介、自定义可复用组件以及这些组件的通信方法之前，不要先实现应用程序的UI组件。

Mediator设计模式同样适用于在线拍卖应用程序。想象一下热门项目所引起的投标竞争，在最后几分钟内，监视器上的价格频繁更新，用户会不断单击按钮提高自己的出价。

中介者的其他实现方式

在本节中，演示了同级的组件如何把它们的父组件作为中介使用。如果组件之间没有相同的父组件或者并不在同一时刻显示(此时路由器可能无法显示所需的组件)，注入服务可以被作为中介使用。无论组件何时创建，中介服务都会被注入到其中，并且组件能够订阅由服务触发的事件(而不是像OrderComponent一样使用@Input( )参数)。

如果希望了解这种实现方式，可以阅读第8章中的实践段落“为HomeComponent提供搜索结果”。查看ProductService代码，其扮演中介的角色。这个服务定义了searchEvent：EventEmitter变量，SearchComponent使用该事件发送用户输入的数据。HomeComponent订阅searchEvent变量，以接收用户在搜索表单中的输入。

6.1.3　使用ngContent在运行时修改模板

在某些情况下，需要能够在运行时动态修改组件的模板。在AngularJS中，这被称为transclusion，现在新的术语叫作projection。在Angular中，能够使用ngContent指令把父组件的一个模板片段投影(project)到它的子组件中。语法很简单，需要完成以下两个步骤：

(1) 在子组件的模板中，引入<ng-conteng></ng-content>标签(插入点)。

(2) 在父组件中，在代表子组件的标签(如 <my-child>)之间引入希望投影到子组件的插

入点的HTM片段。

```
template: `
  ...
  <my-child>
    <div>Passing this div to the child</div>
  </my-child>
  ...
`
```

在本例中，父组件将不会渲染<my-child>和</my-child>之间的内容，下面的代码说明了这种技术。

代码清单6.8　basic-ng-content.ts

```
import {platformBrowserDynamic} from '@angular/platform-browser-dynamic';
import {NgModule, Component, ViewEncapsulation}      from '@angular/core';
import {BrowserModule} from '@angular/platform-browser';

@Component({
  selector: 'child',
  styles: ['.wrapper {background: lightgreen;}'],
  template: `
    <div class="wrapper">
     <h2>Child</h2>
      <div>This div is defined in the child's template</div>
      <ng-content></ng-content>        ← 在此处显示从父组件传递的内容
    </div>
  `,
  encapsulation: ViewEncapsulation.Native   ← Angular默认使用ViewEncapsulation.Emulated模式(详见第3章的特殊段落“Angular对Shadow Dom的支持”)。从Native模式开始，后面会采用Emulated和None模式重新运行程序
})
class ChildComponent {}

@Component({
  selector: 'app',
  styles: ['.wrapper {background: cyan;}'],
  template: `
    <div class="wrapper">
     <h2>Parent</h2>
      <div>This div is defined in the Parent's template</div>
      <child>
        <div>Parent projects this div onto the child </div>   ← AppComponent不会渲染内容，但是会把内容传递给ChildConponent
      </child>
    </div>
  `,
  encapsulation: ViewEncapsulation.Native
})
class AppComponent {}

@NgModule({
  imports:      [ BrowserModule],
  declarations: [ AppComponent, ChildComponent],
  bootstrap:    [ AppComponent ]
```

```
})
class AppModule { }

platformBrowserDynamic( ).bootstrapModule(AppModule);
```

这个示例还可以说明ShadowDOM和Angular的ViewEncapsulation是如何工作的。请注意父组件和子组件都在最外层的<div>元素中使用了.wrapper样式。在常规HTML页面中，这意味着父组件和子组件使用同一个样式渲染。我们将会展示在子组件中封装样式后，即使父组件有相同名字的样式也不会发生冲突。

图6.6显示了当以ViewEncapsulation.Native模式运行代码时，打开Developer Tools面板的样子。ChildComponent从AppComponent得到HTML内容，为父组件和子组件创建ShadowDom节点(请看图6.6右侧的#shadow-root)。请注意父组件中<div>的.wrapper样式(如果目前阅读的是本书彩色版，那么会看到青色背景)，这个样式并没有作用到在子组件中同样使用了.wrapper样式的<div>上，它被渲染成浅绿色背景。子组件的#shadow-root起到隔离墙的作用，阻止子组件从父组件继承样式。

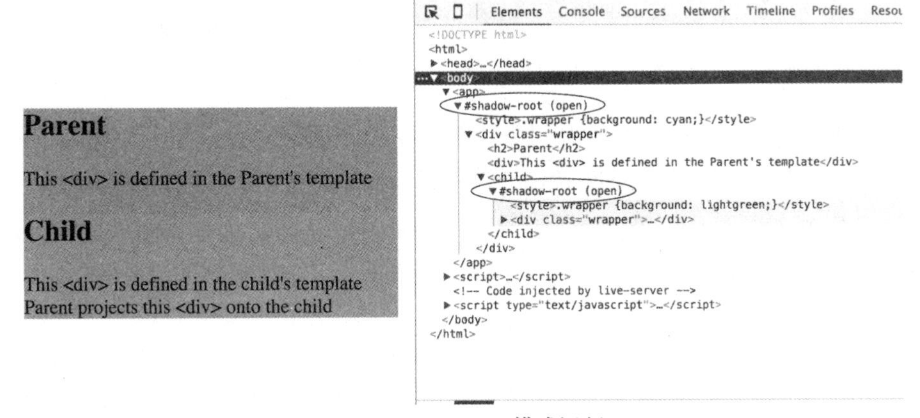

图6.6　使用ViewEncapsulation.Native模式运行basic-ng-content.ts

图6.7展示了把封装方式改变为ViewEncapsulation.Emulated后的截图。DOM结构发生了变化，不再有任何#shadow-root节点。Angular为子组件和父组件的元素生成额外的属性以实现封装，但UI被以相同的方式渲染。

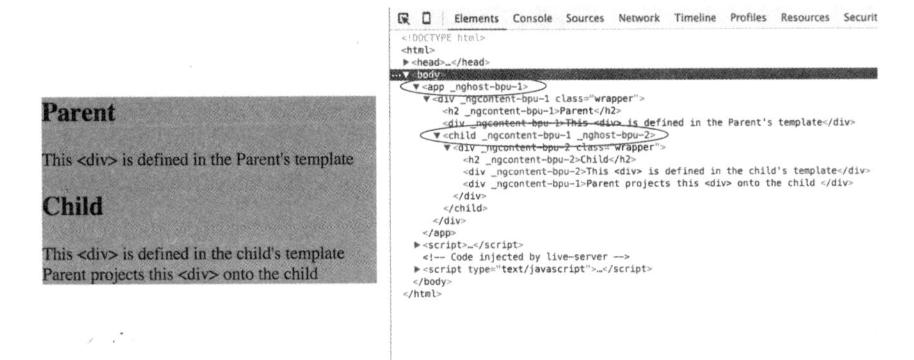

图6.7　使用ViewEncapsulation.Emulated模式运行basic-ng-content.ts

图6.8展示了同样的示例，但是封装方式改变为ViewEncapsulation.None。在这种情况下，所有父组件和子组件的元素被合并到了一起。

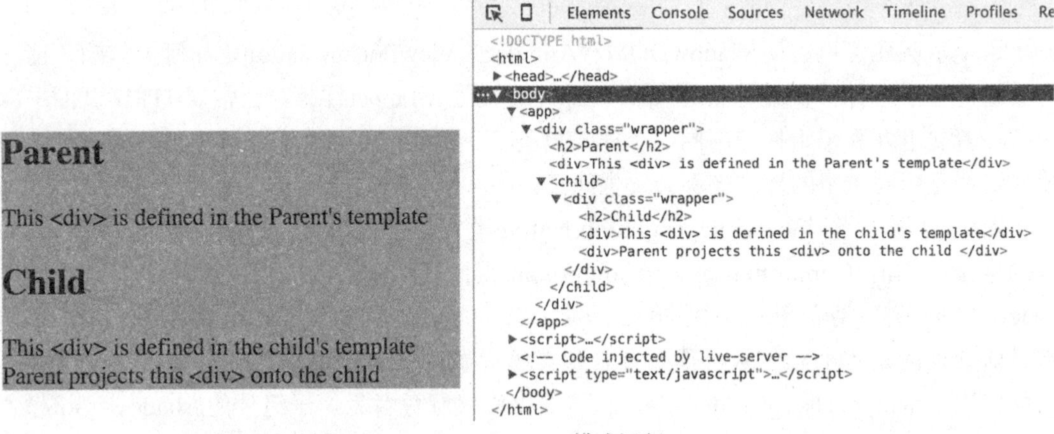

图6.8　使用ViewEncapsulation.None模式运行basic-ng-content.ts

主DOM树以及样式都不会被封装，整个页面展示为子组件的浅绿色背景。

投影到多个区域

一个组件在其模板中可以存在超过一个的<ng-content>标签。让我们考虑一种情况，一个子组件的模板被分成了三个区域：头部、内容和底部。头部和底部的HTML元素是由父组件投影到子组件的，内容区域可以在子组件中定义。为了实现这个功能，子组件需要包括两对独立的<ng-content></ng-content>标签，内容是由父组件(头部和底部)投影得到的。

为了确保头部和顶部的内容能够被正确地渲染到<ng-content>区域，可以使用select属性，其值可以是任何一种选择器(CSS 类名、标签名称等选择器)。子组件的模板如下所示：

```
<ng-content select=".header"></ng-content>
<div>This content is defined in child</div>
<ng-content select=".footer"></ng-content>
```

从父组件获得的内容将会经过选择器匹配，之后渲染到相应的区域。以下是实现此功能的完整代码：

代码清单6.9　ng-content-selector.ts

```
import {platformBrowserDynamic} from '@angular/platform-browser-dynamic';
import {NgModule, Component}       from '@angular/core';
import {BrowserModule} from '@angular/platform-browser';

@Component({
  selector: 'child',
  styles: ['.child {background: lightgreen;}'],
```

```
  template: `
    <div class="child">
     <h2>Child</h2>
      <ng-content select=".header" ></ng-content>
      <div>This content is defined in child</div>
      <ng-content select=".footer"></ng-content>
    </div>
  `
})
class ChildComponent {}

@Component({
  selector: 'app',
  styles: ['.app {background: cyan;}'],
  template: `
    <div class="app">
     <h2>Parent</h2>
      <div>This div is defined in the Parent's template</div>
      <child>
            <div class="header" >Child got this header from parent
                      {{todaysDate}}
            </div>
        <div class="footer">Child got this footer from parent</div>
      </child>
    </div>
  `
})
class AppComponent {
  todaysDate: string = new Date( ).toLocaleDateString( );
}


@NgModule({
  imports:      [ BrowserModule],
  declarations: [ AppComponent, ChildComponent],
  bootstrap:    [ AppComponent ]
})
class AppModule { }

platformBrowserDynamic( ).bootstrapModule(AppModule);
```

注意，在AppComponent中使用了属性绑定以便在头部显示今天的日期。被投影的HTML只能绑定父组件作用域内的属性，因此不能在父组件的绑定表达式中使用子组件的属性。

图6.9显示了运行这个示例将会渲染的页面。使用了select属性的ngContent指令会创建一个通用组件，它的视图被分为几个区域并分别从外部获得自己的元素。

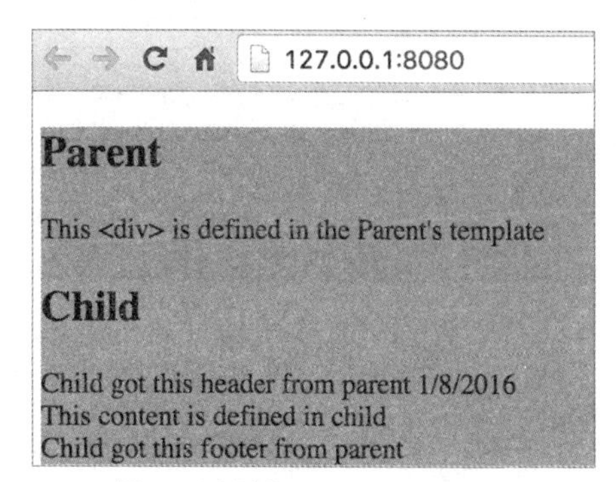

图6.9 运行ng-content-select.ts

直接绑定到innerHTML

可以将组件属性与HTML内容直接绑定到模板，如下所示：

```
<p [innerHTML]="myComponentProperty"></p>
```

但是使用ngContent更适合绑定innerHTML，原因如下：

- innerHTML是一种浏览器特有的API，而ngContent则是独立于平台的。
- 使用ng-content，可以定义多个区域，以便将HTML片段插入其中。
- ngContent能够把父组件的属性绑定到被投影的HTML。

6.2　组件生命周期

在一个Angular组件的生命周期内会发生很多事件。当一个组件被创建时，变更检测机制(将会在下一章解释)开始监控组件。组件被初始化，插入到DOM中并执行渲染后，用户就能看到该组件了。上述过程完成后，组件被的状态(组件属性的值)可能发生变化，导致组件被重新渲染。最后，组件被销毁。

图6.10显示了生命周期的钩子函数(回调函数)，如有必要，可以向其中添加需要执行的代码。浅灰色背景中显示的回调函数只会被调用一次，较暗背景中显示的回调函数会被调用多次。

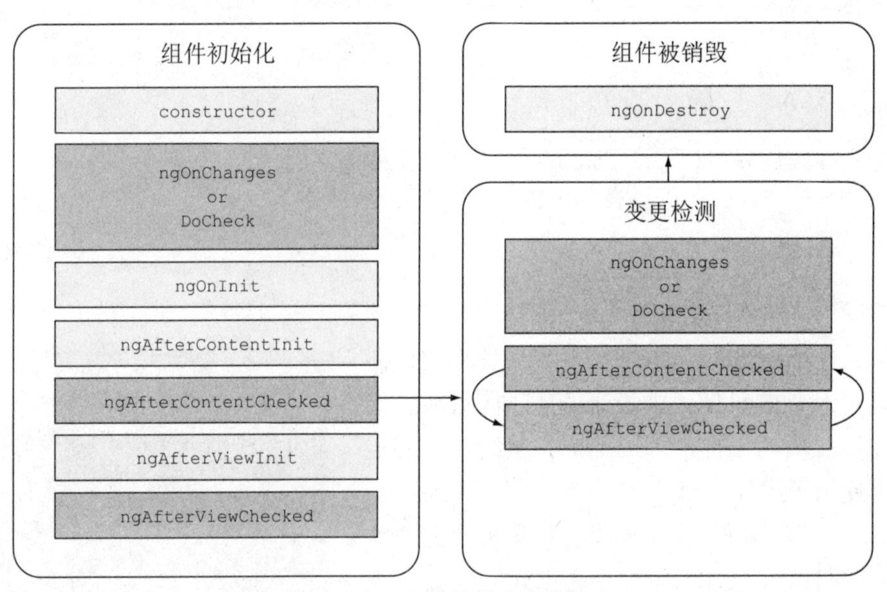

图6.10　一个组件的生命周期

用户在初始化阶段完成之后便能看到组件。之后变更检测机制确保组件的属性与其UI之间是同步的。当路由导航或结构指令(如ngIf)导致组件从DOM树中被删除时，Angular会进入销毁阶段。

当组件的实例被创建时，首先会调用构造函数，但是组件的属性并没有在构造函数中被初始化。在构造函数被执行后，如果下面的回调函数被实现，那么Angular会调用它们。

- ngOnChanges( )：当父组件更改(或初始化)绑定到子组件的输入属性的值时会被调用。如果组件没有输入属性，ngOnChanges( )不会被调用。如果希望实现自定义变更检测算法，请在 DoCheck( )中实现。但是实现自定义变更检测算法可能会有代价，因为DoCheck( )在每一个变更检测周期之后都会被调用。
- ngOnInit( )：如果实现了ngOnChanges( )，那么会在首次调用ngOnChanges( )之后被调用。尽管可能在构造函数中初始化了一些组件变量，但组件的属性尚未准备就绪。当ngOnInit( )被调用时，组件的属性将会被初始化。
- ngAfterContentInit( )：如果使用ngContent指令把HTML代码传递给子组件，那么该方法会在子组件的状态被初始化后被调用。
- ngAfterContentChecked( )：如果ngContent中的绑定发生变更，那么当子组件使用ngContent从父组件中获取内容之后会被调用。
- ngAfterViewInit( )：当组件模板中的绑定完成时被调用。父组件首先被初始化，如果它有子组件，则在所有子组件准备好之后被调用。
- ngAfterViewChecked( )：当变更检测技术检查到组件模板中的绑定发生任何变更时，它会被调用。组件更改可能会引起调用该方法多次。

无论何时，只要在生命周期回调方法的名称中包含Content，那么只要使用<ng-content>对内容进行投影，该方法就会被调用。回调方法的名称中包含View，这个方法被应用于组件模板。回调方法的名称中包含Checked意味着组件改变时会调用该方法，这会令组件与DOM保持同步。

一些应用程序可能需要在属性值更改时调用指定的业务逻辑。比如，金融应用程序需要为每一步交易记录日志，如果一名交易员以101美元进行了一笔交易，之后又立即把价格改为100美元，那么必须能够在日志文件中被记录。这是一个很好的用例，可以把日志功能加入到DoCheck( )回调中。

在销毁阶段，应用程序可能会释放系统资源。假设组件订阅了应用程序级别的服务，以保持对应用程序状态(如Redux库提供的应用商店)的追踪。当Angular销毁该组件时，应该在ngOnDestroy( )回调中取消对状态服务的订阅。

什么情况下不要在构造函数中编写代码

在在线拍卖应用程序中，在HomComponent的构造函数中注入了ProductService，并在构造函数中调用getProducts( )方法。如果getProducts( )方法需要使用组件属性的值，那么需要把该方法转移到ngOnInit( )，以确保调用getProducts( )时所有属性都被初始化了。促使代码从构造函数转移到ngOnInit( )中还有另外一个原因，即为了保持构造函数中的代码能够快速执行，不要在其中执行耗时很长的同步函数。

提示

在接口中声明每个生命周期回调函数，名称与上面回调函数的名称相匹配，只是去掉了ng前缀。例如，如果计划实现ngOnChanges( )回调函数的功能，那么需要在类的声明中实现OnChanges。

关于组件声明周期的更多信息，请在http://mng.bz/6huZ上阅读Angualr文档中生命周期钩子函数的部分。在下一节中将展示其中一个生命周期钩子函数的示例。

使用ngOnChanges( )

下面以 ngOnChanges( )为例说明组件生命周期。这个示例将包括父组件和子组件，后者具有两个输入属性：greeting和user。第一个属性的类型是string，第二个属性的类型是Object，同时第二个属性内部有一个名为name的属性。为了理解ngOnChanges( )回调函数是否会被调用，需要首先熟悉可变对象(mutable object)和不可变对象(immutable object)。

可变对象与不可变对象

JavaScript字符串是不可变对象，这意味着在内存中创建一个字符串变量，该变量永远不会改变。考虑以下代码片段：

```
var greeting = "Hello";
greeting = "Hello Mary";
```

第一行代码在内存的指定位置创建了变量Hello，假设其内存地址为@287651。第二行代码并没有改变位于这个内存地址的变量的值，而是在内存的其他地方创建了一个新的字符串Hello Mary，假设其内存地址为@286777。现在，在内存中有两个字符串，其中每一个都是不可变对象。

变量greeting发生了什么？该变量的值被改变了，这是因为它被从一个内存地址指向了另一个内存地址。

JavaScript对象是可变对象，这意味着在内存的指定位置创建一个对象实例之后，即使实例的属性发生变化，它在内存中的位置也不会改变。考虑以下代码：

```
var user = {name: "John"};
user.name = "Mary";
```

执行第一行代码后，对象被创建，user变量指向内存中的指定位置，假设其内存地址为@277500。字符串John被创建在内存的其他位置，假设其内存地址为@287600，在user.name变量中存储该内存地址的引用。

执行第二行代码之后，新的字符串Mary被创建在内存的其他位置，假设其内存地址为@287700，user.name变量存储这个新内存地址的引用。但是user变量在内存中的地址仍然是@277500。换句话说，改变的是@277500内存地址中对象的内容。

现在为子组件添加ngOnChanges( )钩子函数以演示如何拦截输入属性的修改。在用程序中包括了父组件和子组件两部分。其中，子组件中有两个输入属性(greeting和user)以及一个普通属性(message)。用户能够修改子组件的输入属性的值。下面演示了如果调用ngOnChanges( )方法，什么样的属性值会被传递到ngOnChanges( )中。

代码清单6.10 ng-onchanges-with-param.ts

```
import {platformBrowserDynamic} from '@angular/platform-browser-dynamic';
import {NgModule, Component, Input,  OnChanges, SimpleChange,
➥ enableProdMode} from '@angular/core';
import {BrowserModule} from '@angular/platform-browser';
import {FormsModule} from '@angular/forms';

interface IChanges {[key: string]: SimpleChange};

@Component({
  selector: 'child',
  styles: ['.child{background:lightgreen}'],
  template: `
     <div class="child">
      <h2>Child</h2>
      <div>Greeting: {{greeting}}</div>
      <div>User name: {{user.name}}</div>
      <div>Message: <input [(ngModel)]="message"></div>
    </div>
  `

})
class ChildComponent implements OnChanges {

  @Input( ) greeting: st
  @Input( ) user: {name: string};
  message: string = 'Initial message';

  ngOnChanges(changes: IChanges) {
    console.log(JSON.stringify(changes, null, 2));
  }
}

@Component({
  selector: 'app',
  styles: ['.parent {background: lightblue}'],
  template: `
     <div class="parent">
       <h2>Parent</h2>
      <div>Greeting: <input type="text" [value]="greeting"
    (change)="greeting = $event.target.value"></div> //
      <div>User name: <input type="text" [value]="user.name"
    (change)="user.name = $event.target.value"></div>
```

为一个对象声明结构类型以存储变化。它在ngOnChanges( )中被使用

从AppComponent获得ChildComponent输入属性的值

message属性没有使用@Input注解。添加这个属性是为了说明：修改该属性的值不会导致ngOnChanges( )回调函数被调用

当绑定的输入属性发生变化时，Angular会调用ngOnChanges( )

在父组件中，输入框丢失焦点之后会分发change事件，在change事件中分别修改greeting和user.name的值

```
      <child [greeting]="greeting" [user]="user"></child>
    </div>
  `
})
class AppComponent {
  greeting: string = 'Hello';
  user: {name: string} = {name: 'John'};
}

enableProdMode( );

@NgModule({
  imports:      [ BrowserModule, FormsModule],
  declarations: [ AppComponent, ChildComponent],
  bootstrap:    [ AppComponent ]
})
class AppModule { }

platformBrowserDynamic( ).bootstrapModule(AppModule);
```

父组件的greeting和user属性被绑定到子组件的输入属性

启用生产模式(查看稍后的“开启生产模式”)段落

当Angular调用ngOnChanges( )时，它提供每个被修改的输入属性的值。每个被修改的值由一个SimpleChange实例对象表示，该对象包含输入属性修改前后的值。Simple.change.isFirstChange( )方法允许判断该属性是否是首次设置，还是要更新属性的值。使用JSON.stringify( )能够以更美观的格式打印接收到的值。

注意

TypeScript有一个结构类型系统，因此可以通过包含对预期数据的描述，指定 ngOnChanges( )方法的changes参数的类型。也可以指定一个内联的结构{[key: string]: SimpleChange}，函数签名看起来类似于ngOnChanges(changes：{[key：string]：SimpleChange})。上面对AppComponent user属性的声明是另一个结构类型的例子。

下面查看如果改变greeting和user.name，导致子组件中的ngOnChanges( )被调用，UI会发生什么改变。图6.11显示了运行代码清单6.10之后Chrome开发者工具的截图。

最初，当应用程序绑定子组件的输入属性时，输入属性并没有值。ngOnChanges( )回调函数被调用，greeting和user的值被更改，这两个属性更改之前的值都是{}，更改后的值分别为Hello和{name："John"}。

开启生产模式

在图6.11中展示了一条信息，以Angular 2 is running in development mode 开头，该模式会在框架中执行断言和其他检查。一条这样的断言能够验证变更检测是否通过而不会引起任何绑定的额外变更(例如，代码不会在生命周期回调函数中修改UI)。

试着修改所有输入框中的内容。在为Greeting输入框添加一个dear单词，并把焦点从输入框中移走后，Angular的变更检测机制会刷新子组件中被绑定的不可变输入属性greeting；调用ngOnChanges( )回调函数；打印前一次的值Hello和当前的值Hello dear，如图6.12所示。

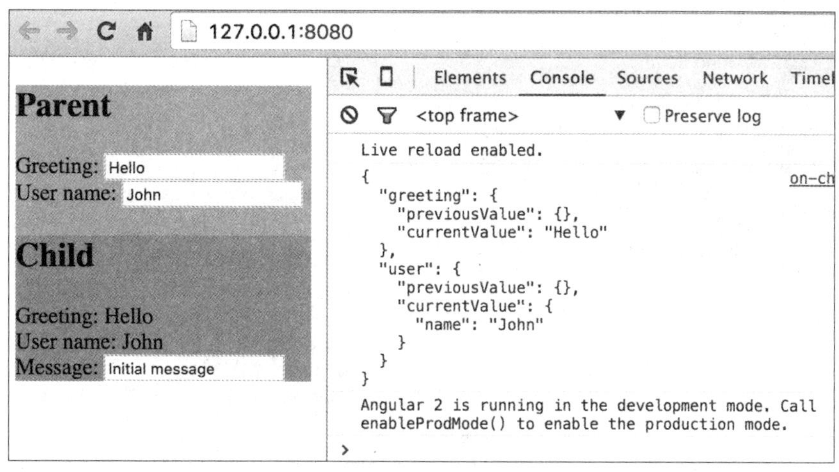

图6.11　初始化调用ngOnChanges( )

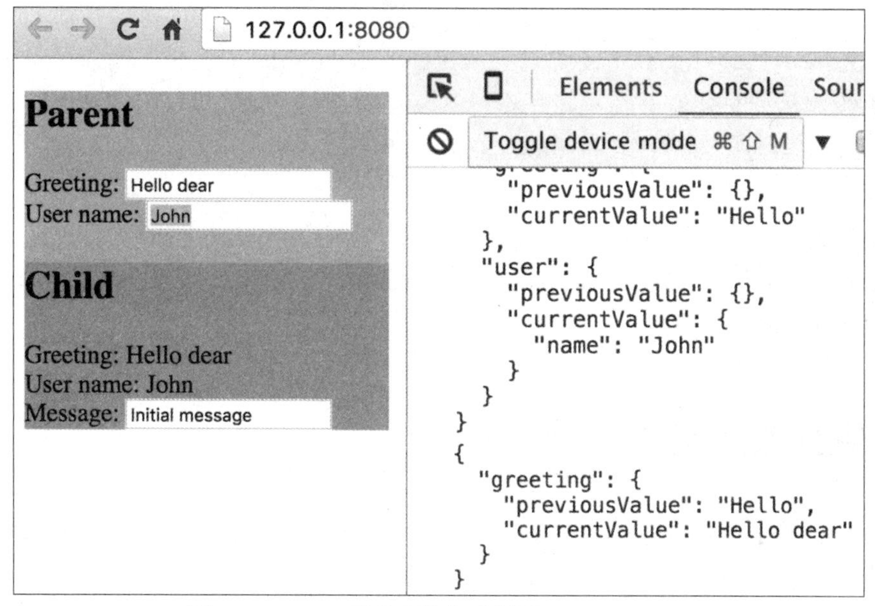

图6.12　greeting发生变化之后调用ngOnChanges( )

现在假设用户在User name输入框中添加了一个Smith单词，并把焦点从输入框中移除：如图6.13所示，在控制台中并没有打印出新的消息。这是因为用户只修改了可变对象user中的name属性；对user对象的引用并没有修改。这就解释了为什么ngOnChanges( )方法没有被调用。修改ChildComponent的message属性的值同样不会触发ngOnChanges( )，因为并没有使用@Input注解message属性。

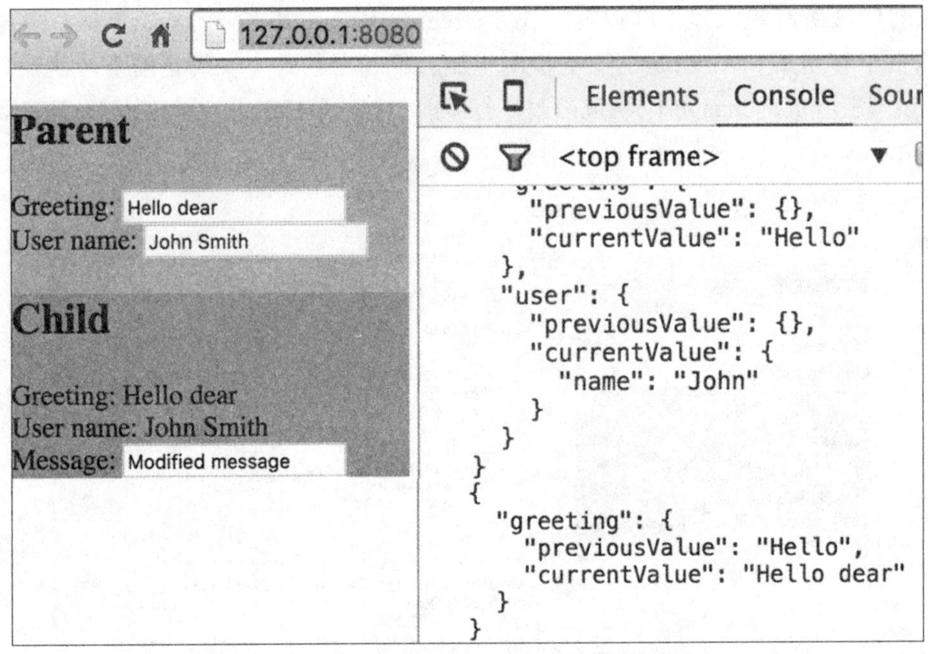

图6.13 这一次ngOnChanges( )并没有被调用

注意

如果输入属性的对象引用没有发生改变，那么Angular不会更新输入属性的绑定，但是变更检测机制仍然能够捕获每一个对象属性的更改。这就是为什么在子组件中User Name被重新渲染为新的用户名——John Smith的原因。

在之前的6.1.1节中，当输入参数发生变化时，使用设置器来拦截更改。现在可以使用ngOnChanges( )来代替设置器。使用ngOnChanges( )代替设置器并不仅仅是一个可选项，而是有用例的，本章的实践小节将会介绍原因。

6.3 变更检测高级概述

Angular的变更检测(Change-Detection，CD)机制是由zone.js(又被称为Zone)实现的，其主要目的是使组件属性(模型)与UI之间的变更始终保持同步。CD可以被浏览器中发生的任何异步事件初始化(用户单击按钮、从服务器接收数据、调用setTimeout( )函数等)。

当CD运行自己的生命周期时，它会检查组件模板中所有的绑定。为什么绑定表达式可能会被更新？因为组件的一个属性被更改了。

注意

CD机制把组件属性的变化应用到UI中。CD不会修改组件的属性值。

应用程序可以被想象成一颗组件树，树的顶层是根组件。当Angular编译组件模板时，每个组件都会获得自己的变更检测器。当Zone启动CD时，它将从根节点向下直到叶节点组件进行一次检查，尝试检查是否需要更新每个组件的UI。

Angular实现了两种CD策略：Default和OnPush。如果所有的组件都使用Default策略，不管更改发生在组件树中的哪个位置，Zone都会检查整个组件树。如果某个组件声明了OnPush策略，那么只有在该组件被绑定的输入属性发生更改时，Zone才会检查这个组件及其子组件。如果需要声明OnPush策略，只需在组件的模板中添加以下代码：

```
changeDetection: ChangeDetectionStrategy.OnPush
```

下面通过三个组件来熟悉这些策略：父组件、子组件和孙组件，如图6.14所示。

假设父组件的某个属性被修改了。CD将会开始检查这个组件及其所有的后代组件。图 6.14 左侧说明了default CD策略：所有这些组件都会被检查是否被更改。

图6.14的右侧说明了当子组件使用OnPush CD策略时发生了什么。CD从顶部开始，但它检查到声明了OnPush策略的子组件。如果子组件没有被绑定的输入属性更改，CD就不会检查子组件及其后代组件。

图6.14显示了一个只有三个组件的小型应用程序，但是在真实的应用程序中可能会有几百个组件。使用OnPush 策略，可以指定组件树中特定的分支不执行CD。

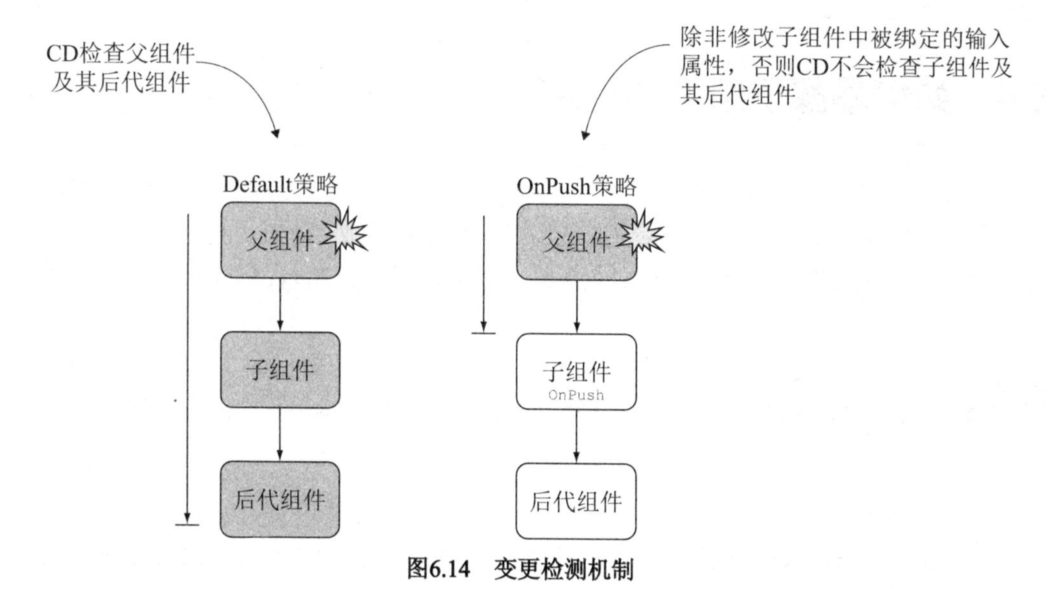

图6.14 变更检测机制

图6.15显示了一个由GrandChild1组件中的事件引起的CD周期。尽管这个事件发生在叶节点组件中，CD也会从最顶层开始自己的周期。每一个分支都会被执行，除非该分支是使用OnPush CD策略的组件起源，并且该组件中被绑定的输入属性没有被更改。被排除在CD周期之外的组件用白色背景显示。

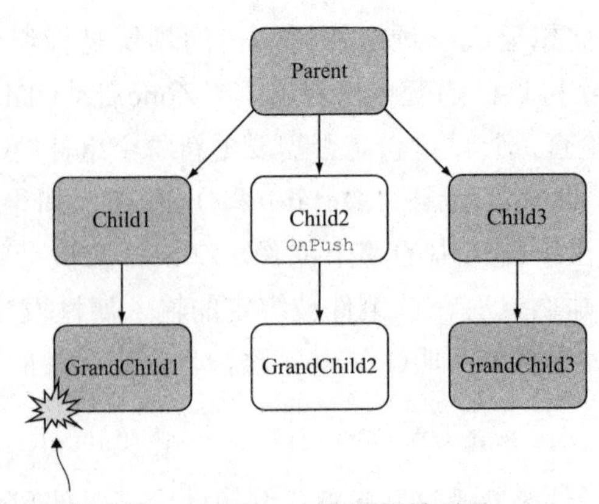
Parent
Child1
Child2
OnPush
Child3
GrandChild1
GrandChild2
GrandChild3
后代组件中的事件触发了CD周期，CD周期从最顶层开始。Child2及其后代组件被排除在CD周期之外，除非更改Child2被绑定的输入属性。

图6.15　从CD周期中排除一个分支

这只是对CD机制的简要概述，CD机制可能是Angular中最复杂的模块。只有当需要对UI密集型的应用程序(例如包含数百个不断变化的单元的数据表格)做性能调优时，才应该深入了解CD。有关Angular变更检测的更多细节，请参阅由Victor Savkin所写的“Angular 2 变更检测”，网址为http://mng.bz/bD6v。

6.4　如何暴露子组件中的API

之前已经介绍了一个父组件如何使用绑定的输入属性向它的子组件传递数据，但还有另外一种情况，就是父组件仅仅需要使用子组件暴露出来的API。我们将会展示一个示例，用来说明父组件如何使用子组件的API，分别使用模板和TypsScript代码两种方式来实现。

首先创建一个简单的应用程序，其中父组件会调用子组件的greet( )方法。为了说明上述两种实现，父组件会使用同一个子组件的两个实例。这两个实例有不同的模板变量名称：

```
<child #child1></child>
<child #child2></child>
```

现在需要在TypeScript代码中声明一个变量，并用@ViewChild对其进行注解。这个注解由Angular提供，用来获得子组件的引用，将在第一个子组件上使用该注解。

```
@ViewChild('child1')
firstChild: ChildComponent;
...
this.firstChild.greet('Child 1');
```

这段代码指示Angular找到模板变量child1所标识的子组件，并将对该组件的引用放到firstChild变量中。

为了说明另一种技术，不使用TypeScript代码来访问第二个组件，而是从父组件模板访问。就像下面这样简单：

```
<button(click)="child2.greet('Child 2')">Invoke greet( ) on child 2</button>
```

两种技术的完整代码如下：

代码清单6.11　exposing-child-api.ts

```
import {platformBrowserDynamic} from '@angular/platform-browser-dynamic';
import {NgModule, Component, ViewChild, AfterViewInit} from
➥ '@angular/core';
import {BrowserModule} from '@angular/platform-browser';

@Component({
    selector: 'child',
    template: `<h3>Child</h3>`

})
class ChildComponent {
    greet(name) {
        console.log(`Hello from ${name}.`);
    }
}

@Component({
    selector: 'app',
    template: `
    <h1>Parent</h1>
    <child #child1></child>
    <child #child2></child>

    <button(click)="child2.greet('Child 2')">Invoke greet( ) on child 2
    </button>
  `

})
class AppComponent implements AfterViewInit {
    @ViewChild('child1')
    firstChild: ChildComponent;

    ngAfterViewInit( ) {
        this.firstChild.greet('Child 1');
    }
}

@NgModule({
    imports:      [ BrowserModule],
    declarations: [ AppComponent, ChildComponent],
    bootstrap:    [ AppComponent ]
})
class AppModule { }

platformBrowserDynamic( ).bootstrapModule(AppModule);
```

当运行这个应用程序时，会在控制台中打印“Hello from Child 1.”。单击按钮，则会打印出“Hello from Child 2.”，如图 6.16所示。

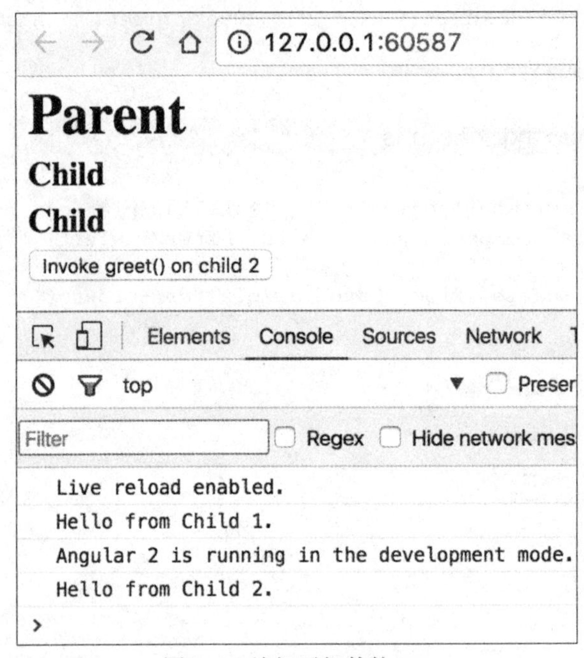

图6.16 访问子组件的API

从生命周期钩子函数中更新UI

代码清单6.11使用组件的生命周期钩子函数ngAfterViewInit( )来调用子组件API。如果子组件的greet( )方法不更改UI，上面的代码运行正常。但是如果试图在greet( )中修改UI，Angular会抛出异常，这是因为UI只有在调用ngAfterViewInit( )之后才会被更改。造成这种限制的原因是：在同一个事件循环中，父组件和子组件都会调用此钩子函数。

有两种办法能够解决上述问题：可以在生产模式中运行应用程序，这样Angular就不会进行额外的绑定检查；也可以用setTimeout( )来执行更改UI的代码，这样代码将会在下一个事件循环中被运行。

6.5 实践：为在线拍卖应用程序添加评分功能

在这一节中，将会为在线拍卖应用程序添加评分功能。之前的版本仅显示评分，但是现在需要让用户能够为产品评分。在第4章中，已经创建了Produce Details视图；现在将在其中添加“LeaveAReview”按钮，该按钮允许用户导航到一个视图，在这个视图中可以为产品分配一颗星到五颗星的评分，并输入一条评论。图6.17展示了全新Produce Details视图的一部分。

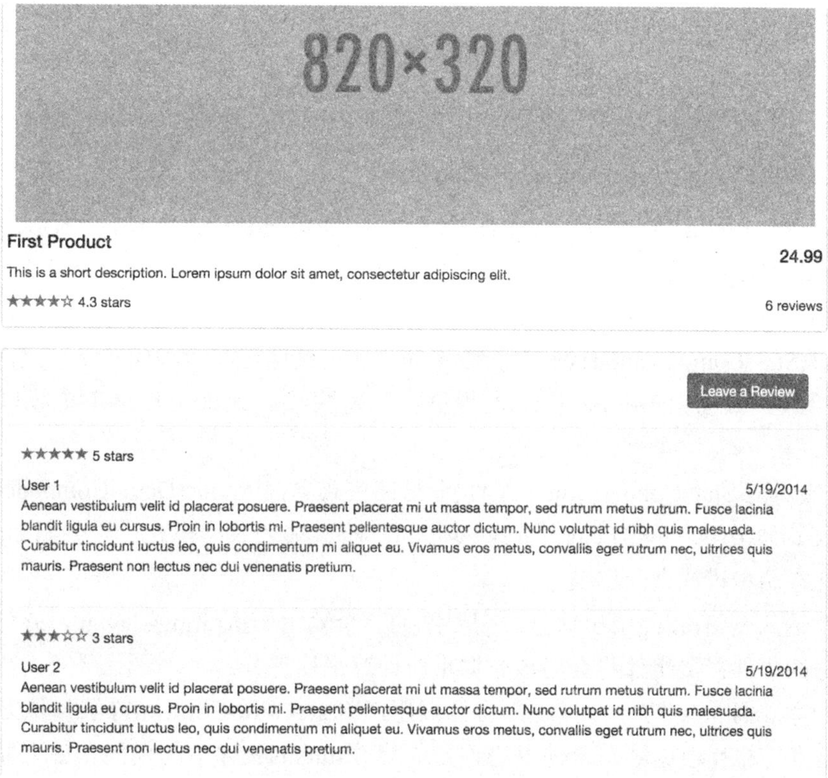

图6.17 Produce Details视图

StarsComponent将会有一个输入属性，它可以被修改。新添加的分值需要被传递给StarsComponent的父组件ProductItemComponent。

注意

我们将使用在第5章开发的在线拍卖应用程序作为这次实践练习的基础。如果想要查看这个项目的最终版本，浏览第6章auction目录中的源代码。否则，把第5章的auction目录复制到一个单独的位置。之后从第6章的auction目录中把package.json文件复制过来，运行npm install，安装完成后按照本节的说明进行操作。

安装type-definition(类型声明)文件

在这个版本的应用程序中，需要在StarsComponent中使用Array.fill( )方法；但是这个API仅在ES6中可用，并且TypeScript编译器也会报错。在本地安装的core.js包中已经包括了ES6 shim。但是因为需要保持转换的目标是ES5，因此需要一个ES6 shim type-definition文件，以便这个API能够被TypeScript编译器识别。

需要从npm仓库中安装一个额外的type-definition文件(详见附录B)。一般来说，每次添加第三方的JavaScript库时，都需要安装type-definition文件。

按照下面的步骤进行操作：

(1) 为ES6 shim安装type-definition文件。为了安装该文件，打开命令窗口，运行下面的命令：

```
npm install @types/es6-shim --save-dev
```

这个命令会在node_modules/@types目录下安装es6-shim.d.ts文件，并且会在package.json文件的devDependencies属性中保存这个配置。推荐使用TypeScript 2.0，它可以在@types 目录下查找 type-definition文件。

(2) 修改StarsComponent的代码。新版本的程序将会运行在两种模式下：只读模式，仅显示评分星级，数据由ProductService提供；读写模式，允许用户单击星级以设置新的评分。

图6.17显示了StarsComponent(子组件)在只读模式下，ProductDetailComponent(父组件)的渲染结果。如果用户单击LeaveAReview按钮，将会关闭只读模式。需要添加readonly作为输入属性在两种模式之间切换。

第二个输入变量rating用于评分。需要添加一个输出变量ratingChange，并触发一个携带新的评分的事件；父组件将会用该数据重新计算平均评分。

当用户单击评分中的一颗星时，将会调用fillStartsWithColor( )方法，该方法将会为rating 分配值，并且通过触发事件发送评分。修改stars.ts文件中的代码，如下面的代码清单6.12所示。

代码清单6.12 stars.ts

```
import {Component, EventEmitter, Input, Output} from '@angular/core';

@Component({
  selector: 'auction-stars',
  styles: ['.starrating { color: #d17581; }'],
  templateUrl: 'app/components/stars/stars.html'
})
export default class StarsComponent {
  private _rating: number;
  private stars: boolean[];

  private maxStars: number =5;

  @Input( ) readonly: boolean = true;

  @Input( ) get rating( ): number {
    return this._rating;
  }

  set rating(value: number) {
    this._rating = value || 0;
    this.stars = Array(this.maxStars).fill(true, 0, this.rating);
  }
```

```
  @Output( ) ratingChange: EventEmitter<number> = new EventEmitter( );

  fillStarsWithColor(index) {

    if(!this.readonly) {
      this.rating = index + 1;
      this.ratingChange.emit(this.rating);
    }
  }
}
```

输入属性rating使用了设置器。该设置器既可以在StarsComponent内部被调用(渲染已经存在的评分)，也可以在它的父组件中被调用(当用户单击评分时)。在这个应用程序中，使用ngOnChanges( )是不起作用的，因为ngOnChanges( )只会在StarsComponent被创建时由它的父组件调用一次。

注意在rating( )设置器中使用了ES6的 fill( )方法。stars数组从第0个元素开始，直到选中的评分所对应的索引，在这个区域内的元素设置为true。被选中的星级用true填充，以便进行颜色填充；对于没有被选中的星级，使用false填充。

(3) 如代码清单6.13所示，修改stars.html文件中StarsComponet的模板。使用NgFor指令，循环遍历stars数组，stars数组中的值均为布尔类型。可以使用Bootstrap内置的预设图片来设置被选中的和未被选中的星级(请参阅http://getbootstrap.com/components)。基于数组中元素的值，既可以渲染充满颜色的星级，也可以渲染空白的星级。当用户单击星级时，需要把被单击星级的索引传递给fillStarsWithColor( )函数。

代码清单6.13　修改后的 stars.html

```
<p>
  <span *ngFor="let star of stars; let i = index"
        class="starrating glyphicon glyphicon-star"
        [class.glyphicon-star-empty]="!star"
      (click)="fillStarsWithColor(i)">
  </span>
  <span *ngIf="rating">{{rating | number:'.0-2'}} stars</span>
</p>
```

number管道会将评分的值格式化，保留小数点后两位小数。

(4) 修改ProductDetailComponent的模板。ProductDetailComponent包含LeaveAReview按钮，该按钮提供了一条为产品评分和留言的途径。单击它能够切换<div>是否可见。如图6.18 所示，在<div>中允许用户评分并留言。

此处StartComponent运行在编辑模式下，用户可以为选中的产品评分，最多5颗星。下面的代码实现了图6.18 所示的视图：

```
<div [hidden]="isReviewHidden">
     <div><auction-stars [(rating)]="newRating"
       [readonly]="false" class="large"></auction-stars></div>
     <div><textarea [(ngModel)]="newComment"></textarea></div>
```

```
    <div><button(click)="addReview( )" class="btn">Add review</button></div>
</div>
```

只读模式被关闭。请注意有两个地方使用了双向绑定：[(rating)]和[(ngModel)]。在本章前面，我们讨论过如何使用ngModel指令来实现双向绑定；但是如果有一个输入属性(例如rating)和一个具有相同名称且加上后缀Change(如ratingChange)的输出属性，那么可以对这样的属性使用[( )]语法。

图6.18　Leave a Review 视图

单击LeaveAReview按钮可切换上面的<div>是否可见。具体实现如下所示：

```
<button(click)="isReviewHidden = !isReviewHidden"
                class="btn btn-success btn-green">Leave a Review</button>
```

使用如下代码替换 product-detail.html 文件的内容。

代码清单6.14　product-detail.html

```
<div class="thumbnail">
    <img src="http://placehold.it/820x320">
    <div>
        <h4 class="pull-right">{{ product.price }}</h4>
        <h4>{{ product.title }}</h4>
        <p>{{ product.description }}</p>
    </div>
    <div class="ratings">
        <p class="pull-right">{{ reviews.length }} reviews</p>
        <p><auction-stars [rating]="product.rating" ></auction-stars></p>
    </div>
</div>
<div class="well" id="reviews-anchor">
    <div class="row">
        <div class="col-md-12"></div>
    </div>
    <div class="text-right">
        <button(click)="isReviewHidden = !isReviewHidden"
                class="btn btn-success btn-green">Leave a Review</button>
    </div>

    <div [hidden]="isReviewHidden">
        <div><auction-stars [(rating)]="newRating"
          [readonly]="false" class="large"></auction-stars></div>
```

```
        <div><textarea [(ngModel)]="newComment"></textarea></div>
        <div><button(click)="addReview( )" class="btn">Add review</button>
        </div>
    </div>

    <div class="row" *ngFor="#review of reviews">
        <hr>
        <div class="col-md-12">
            <auction-stars [rating]="review.rating"></auction-stars>
            <span>{{ review.user }}</span>
                  <span class="pull-right">{{ review.timestamp | date:
                  ➥'shortDate' }}</span>
            <p>{{ review.comment }}</p>
        </div>
    </div>
</div>
```

在为一个产品输入评价和评分之后，用户单击Add Review按钮，调用组件的addReview( )方法。下面使用TypeScript实现这个功能。

(1) 修改product-detail.ts文件。添加评论需要做两件事情：将新输入的评论发送到服务器，在UI中重新计算产品的平均评分。重新计算平均值会在UI中进行，而不会与服务器通信；评价将会显示在浏览器的控制台中。之后将会把新的评论加入到保存现有评论的数组中。以下ProductDetailComponent代码片段实现了上述功能：

```
addReview( ) {
  let review = new Review(0, this.product.id, new Date( ), 'Anonymous',
     ➥ this.newRating, this.newComment);
  console.log("Adding review " + JSON.stringify(review));
  this.reviews = [...this.reviews, review];

  this.product.rating = this.averageRating(this.reviews);

  this.resetForm( );
}

averageRating(reviews: Review[]) {
  let sum = reviews.reduce((average, review) => average + review.rating, 0);
  return sum / reviews.length;
}
```

创建了Review对象实例之后，需要将其添加到reviews数组中。利用扩展运算符可以做到更优雅地实现：

```
this.reviews = [...this.reviews, review];
```

reviews数组获得当前存在的全部元素(…this.reviews)，添加一条新的评论。重新计算的平均值被分配给rating属性，该属性通过绑定会把值传递给UI。

现在还剩什么没有做？用下面的代码替换product-detail.ts文件，这样实践练习就可以结束了。

代码清单6.15 product-detail.ts

```
import {Component} from '@angular/core';
import {ActivatedRoute} from '@angular/router';
import {Product, Review, ProductService} from '../../services/product-
➥ service';
import StarsComponent from '../stars/stars';

@Component({
  selector: 'auction-product-page',
  styles: ['auction-stars.large {font-size: 24px;}'],
  templateUrl: 'app/components/product-detail/product-detail.html'
})
export default class ProductDetailComponent {
  product: Product;
  reviews: Review[];

  newComment: string;
  newRating: number;

  isReviewHidden: boolean = true;

  constructor(route: ActivatedRoute, productService: ProductService) {

    let prodId: number = parseInt(route.snapshot.params['productId']);
    this.product = productService.getProductById(prodId);

    this.reviews = productService.getReviewsForProduct(this.product.id);
  }

  addReview( ) {
    let review = new Review(0, this.product.id, new Date( ), 'Anonymous',
        this.newRating, this.newComment);
    console.log("Adding review " + JSON.stringify(review));
    this.reviews = [...this.reviews, review];
    this.product.rating = this.averageRating(this.reviews);

    this.resetForm( );
  }

  averageRating(reviews: Review[]) {
    let sum = reviews.reduce((average, review) => average + review.rating,0);
    return sum / reviews.length;
  }

  resetForm( ) {
    this.newRating = 0;
    this.newComment = null;
    this.isReviewHidden = true;
  }
}
```

6.6　本章小结

任何一个Angular应用程序都是一个由若干组件组成的结构，组件之间能够彼此通信。本章专门介绍了几种不同的通信方式。绑定组件的输入属性并经过输出属性分发事件能够创建松耦合的组件。通过变更检测机制，Angular能够拦截组件属性的变化以确保它们的绑定被更新。

每个组件在其生命周期中都会经历一系列特定的事件。Angular提供了一些生命周期钩子函数，可以在这些函数中编写代码以拦截上述事件，执行自定义逻辑。

以下是本章的主要内容：

- 父组件和子组件应该避免互相直接访问内部，而是经过输入属性和输出属性进行通信。
- 一个组件能够经过输出属性触发自定义事件，这些事件还可以携带应用程序指定的数据。
- 使用Mediator设计模式，令两个互不相关的组件之间能够通信。
- 父组件在运行时可以向子组件传递一个或多个模板片段。
- 每个Angular组件都可以拦截组件的主要生命周期事件，并在其中插入应用程序指定的代码。
- Angular变更检测机制自动监控组件属性的变化，并更新相关UI。
- 可以标记应用程序组件树中被选中的分支，这些分支会被排除在变更检测过程之外。

第7章

使用表单

7

本章涵盖：

- 理解AngularForms API(NgModel、FormControl、FormGroup、表单指令和FormBuilder)
- 使用模板驱动(template-driven)表单
- 使用响应式表单(reactive forms)
- 理解表单验证

Angular为表单处理提供了丰富的支持。它通过将表单字段作为一级公民对待，并提供对表单数据细粒度的控制，超越了常规数据绑定。

本章将首先演示如何使用纯HTML实现示例的用户注册表单。在处理此表单时，我们将简要论述标准HTML表单及其缺点。然后，将介绍Angular Forms API带来的好处，我们将涵盖Angular中创建表单的模板驱动方式和响应式方式。

覆盖基础知识后，将使用模板驱动方式，重构用户注册表单的原始版本，并且将探讨其优缺点。然后，我们用响应式方式实现同样的操作。之后将讨论表单验证。在本章末尾，将把这些新知识应用到在线拍卖应用程序中，并开始实现它的搜索表单组件。

模板驱动方式与响应式方式

在模板驱动方式中，表单完全在组件的模板中编程实现，这个模板定义了表单的结构及其字段格式和验证规则。

相反，在 响应式方式中，在代码(本例为TypeScript)中以编程的方式创建表单模型。模板可以静态定义并绑定到现有的表单模型或基于模型动态生成。

在本章结尾，你将熟悉Angular Forms API以及各种使用表单和数据验证的方式。

7.1 HTML表单概述

HTML提供了表单显示、输入值验证以及将数据提交至服务器的基本功能，但对于现实世界中的商业应用程序，HTML表单可能还不够好。这些应用程序需要以编程的方式处理输入的数据，应用自定义的验证规则，显示对用户友好的错误信息，转换输入数据的格式，并且选择数据提交至服务器的方式。对于商业应用程序，选择Web框架时最重要的考虑因素之一就是如何处理表单。

在本节中，将使用示例的用户注册表单来评估标准HTML表单的功能，并且将定义一组现代Web应用程序需要满足的用户需求，还将查看Angular提供的表单特性。

7.1.1 标准浏览器功能

如果HTML已经允许验证并提交表单，那么你可能会想知道除了数据绑定以外，还需要应用程序框架提供什么。为了回答这个问题，下面查看仅使用标准浏览器特性的HTML表单。

代码清单7.1　普通的HTML用户注册表单

```
<form action="/register" method="POST">
  <div>Username:          <input type="text"></div>
  <div>SSN:               <input type="text"></div>
  <div>Password:          <input type="password"></div>
  <div>Confirm password: <input type="password"></div>
  <button type="submit">Submit</button>
</form>
```

这个表单包含一个按钮Submit和四个输入字段：Username、SSN、Password和Confirm password。用户可以输入任意的值：此处没有应用输入验证。当用户单击Submit按钮时，表单的值将通过HTTP的POST方式被提交到服务器的/register端点，并刷新页面。

默认的HTML表单行为并不适合SPA(单页面应用程序)，典型的SPA需要下述功能：

- 验证规则能够应用到单个输入字段。
- 错误信息能够显示在触发错误的输入字段旁。
- 相互依赖的字段可以一起验证。这个表单有密码和密码确认字段。因此，当其中一个字段发生改变时，两个字段都应该重新验证。
- 应用程序应该可以控制提交给服务器的值。当用户单击Submit按钮时，应用程序应该调用事件处理函数来传递表单的值。应用程序可以在发送提交请求之前验证值或更改其格式。
- 应用程序应该决定如何将数据提交到服务器，无论请求是常规HTTP请求、AJAX请求还是WebSocket消息。

HTML的验证属性和语义输入类型能部分地满足前两个要求。

HTML验证属性

有几个标准验证属性可以用来验证单个输入字段：required、 pattern、 maxlength、min、max、step等。例如，可以要求username字段为必填字段，并且其值应仅包含字母和数字：

```
<input id="username" type="text" required pattern="[a-zA-Z0-9]+">
```

这里使用一个正则表达式[a-zA-Z0-9]+来限制可在此字段中输入的内容。当用户单击Submit按钮时，表单将在提交请求发送之前被验证。在图7.1中，当username不符合指定的模式时，可以看到Chrome浏览器中默认的错误消息。

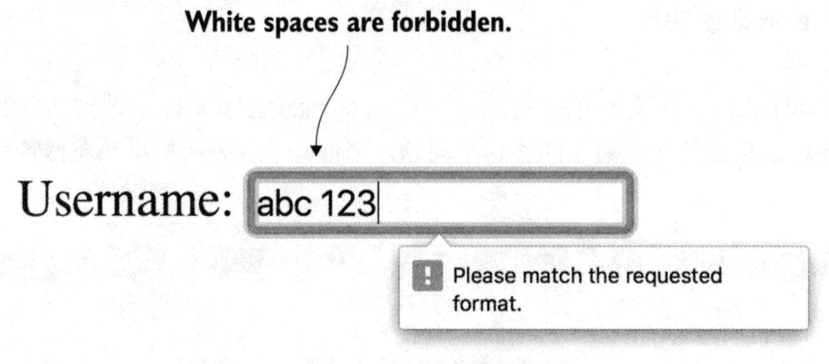

图7.1 验证错误消息

这条消息存在很多问题：

- 它太模糊，不能帮用户识别和解决问题。
- 一旦输入字段失去焦点，错误信息就会消失。
- 此消息格式可能与应用程序中的其他样式不匹配。

此输入字段可防止用户提交无效值，但无法通过使用友好的客户端验证来帮助用户获得良好的用户体验。

语义输入类型

HTML支持多种类型的输入元素：text、number、URL、email等。为表单字段选择正确的类型可以防止用户输入无效的值。尽管这提供了更好的用户体验，但仍然不能满足特定应用程序的验证需求。

下面考虑邮政编码字段(美国邮政编码)。使用number输入元素可能是诱人的，因为邮政编码由数字表示(至少在美国是这样)。为了让值保持在特定范围内，可以使用min和max属性。例如，对于五位数的邮政编码，可以使用以下标记：

```
<input id="zipcode" type="number" min="10000" max="99999">
```

但并不是每个五位的数字都是有效的邮政编码。 在一个更复杂的例子中，可能还想要仅允许来自用户(所属)州的邮政编码的子集。

为了支持现实世界中的所有这些场景，需要更高级的表单支持，而这正是应用程序框架所能可提供的。下面查看Angular所提供的内容。

7.1.2 Angular Forms API

在Angular中使用表单有两种方式：模板驱动方式和响应式方式。这两种方式在Angular中作为两个不同的API(指令集和TypeScript类)被暴露出来。

使用模板驱动方式，表单模型是在组件的模板中使用指令定义的。由于定义这种表单模型仅限于HTML语法，因此模板驱动方式仅适用于简单的场景。

对于复杂的表单，响应式方式是更好的选择。使用响应式方式，可以在代码中(不是在模板中)创建底层的数据结构。创建模型后，使用以form*为前缀的特殊指令将HTML模板元素链接到模型。不同于模板驱动表单，响应式表单可以在没有Web浏览器的情况下被测试。

下面重点介绍几个重要的概念，以进一步澄清模板驱动表单和响应式表单之间的区别：

- 这两种类型的表单都有一个模型(model)，它是存储表单数据的底层数据结构。在模板驱动方式中，模型是根据附加到模板元素的指令由Angular隐式创建的。在响应式方式中，显式地创建模型，然后将HTML模板元素链接到这个模型。
- 模型不是一个任意的对象。它是使用@angular/forms中定义的类(FormControl、FormGroup和FormArray)构造的对象。在模板驱动方式中，不需要直接访问这些类。而在响应式方式中，要显式地创建这些类的实例。
- 响应式方式并不会使你省去编写HTML模板的工作。Angular不会为你生成视图。

启用Forms API支持

在开始使用之前，两种类型的表单——模板驱动表单和响应式表单——都需要显式地启用。要启用模板驱动表单，请从@angular/forms将FormsModule添加到使用Forms API的NgModule的imports列表中。对于响应式表单，请使用响应式FormsModule。以下是实现方式：

```
import {NgModule} from '@angular/core';
import {BrowserModule} from '@angular/platform-browser';
import {platformBrowserDynamic} from
å '@angular/platform-browser-dynamic';
import {FormsModule, ReactiveFormsModule} from '@angular/forms';

@NgModule({
  imports      : [ BrowserModule, FormsModule, ReactiveFormsModule ],

  declarations: [ AppComponent ],
  bootstrap    : [ AppComponent ]
})
class AppModule {}
```

可以在同一应用程序模块中导入两个表单模块

```
platformBrowserDynamic( ).bootstrapModule(AppModule);
```

我们不会在本章中为每个示例重复此代码，但是所有这些代码都假定(以上)模块被导入。本书的所有可下载代码示例都在AppModule中导入模块。

7.2　模板驱动表单

如前所述，在模板驱动方式中只能使用指令来定义模型，但是能够使用哪些指令呢？这些指令来FormsModule：NgModel、NgModelGroup和NgForm。

在第5章讨论了如何将NgModel用于双向数据绑定。但在Forms API中，它扮演着不同的角色：它会标记应该变成表单模型一部分的HTML元素。尽管这两个角色是分开的，但它们并不冲突，而且可以在单个HTML元素上同时安全地使用。你将在本节后面看到示例。下面简单介绍一下这些指令，然后将模板驱动方式应用于示例注册表单。

7.2.1　指令概述

在此简要介绍一下来自FormsModule的三个主要指令：NgModel、NgModelGroup和NgForm。我们将展示如何在模板中使用它们，并突出介绍其中最重要的功能。

NgForm

NgForm是表示整个表单的指令。它会自动附加到每个<form>元素。NgForm隐式地创建FormGroup类的一个实例，这个实例表示模型并存储表单数据(更多内容将在本章后面的FormGroup中介绍)。NgForm自动发现用NgModel指令标记的所有子HTML元素，并将它们的值添加到表单模型。

NgForm有多个选择器，可用于将NgForm附加到非<form>元素：

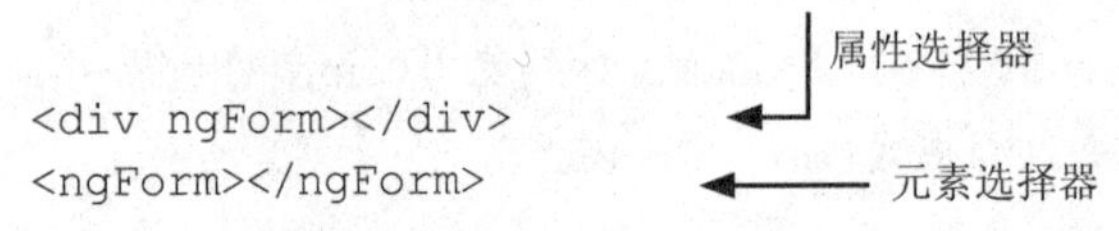

如果正在使用的CSS框架要求HTML元素有特定的结构，并且不能使用<form>元素，那么这种语法就能派上用场。

如果要排除特定的<form>，使其不被Angular处理，请使用ngNoForm属性：

```
<form ngNoForm></form>
```

ngNoForm属性可以防止Angular创建NgForm的实例并将其附加到<form>元素。

NgForm在其@Directive注解中声明了一个exportAs属性，它允许使用这个属性的值创建一个引用NgForm实例的本地模板变量：

```
<form #f="ngForm"></form>
<pre>{{ f.value | json }}</pre>
```

首先，指定ngForm作为NgForm的exportAs属性的值；f指向附加到<form>元素的NgForm实例。然后就可以使用变量f来访问NgForm对象的实例成员。其中之一是value，它表示所有表单字段作为JavaScript对象的当前值。可以通过标准的JSON管道传递它，以将表单的值显示在页面上。

NgForm拦截标准的HTML表单的Submit事件，并阻止自动提交表单。取而代之的是，发出自定义的ngSubmit事件：

```
<form #f="ngForm" (ngSubmit)="onSubmit(f.value)"></form>
```

这行代码使用事件绑定语法订阅ngSubmit事件。onSubmit是定义在组件中的方法的一个任意名称，当ngSubmit事件发生时它被调用。可以使用f变量来访问NgForm的value属性，将表单所有的值作为参数传递给这个方法。

NgModel

在Forms API上下文中，NgModel表示表单上的单个字段。它隐式地创建一个表示模型并存储字段数据的FormControl类的实例(更多内容将在本章后面的FormControl中介绍)。

可以使用ngModel属性将FormControl对象附加到HTML元素。请注意，Forms API不需要给ngModel赋值或者在属性旁边加任何括号：

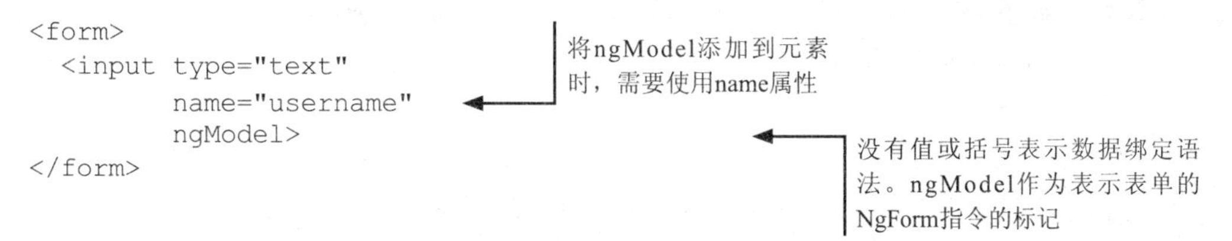

NgForm.value属性指向包含所有表单字段值的JavaScript对象。字段的name属性的值，会成为NgForm.value的JavaScript对象中相应属性的属性名称。

与NgForm一样，NgModel指令具有exportAs属性，因此可以在模板中创建一个引用NgModel实例及其value属性的变量：

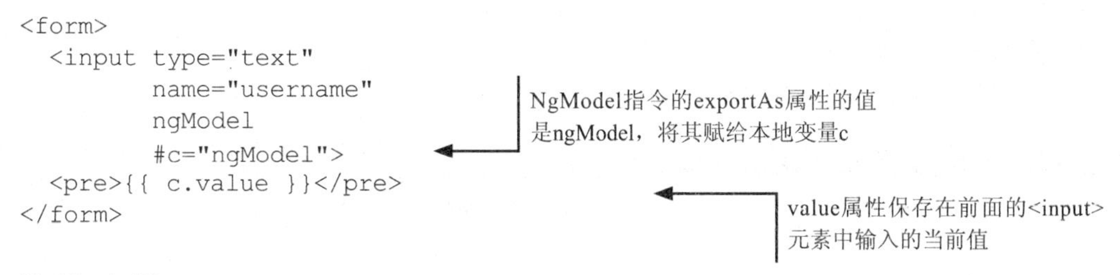

<form>
<input type="text"
name="username"
ngModel
#c="ngModel">
<pre>{{ c.value }}</pre>
</form>
NgModel指令的exportAs属性的值是ngModel，将其赋给本地变量c
value属性保存在前面的<input>元素中输入的当前值

NgModelGroup

NgModelGroup表示表单的一部分，并允许将表单字段组合在一起。像NgForm一样，它隐式地创建FormGroup类的一个实例。基本上，NgModelGroup在NgForm.value的对象中创建了一个嵌套对象。NgModelGroup的所有子字段都成了这个嵌套对象的属性。

以下是它的使用方式：

ngModelGroup属性需要一个字符串值，它将成为属性名称，表示带有子字段值的嵌套对象

```
<form #f="ngForm">
  <div ngModelGroup="fullName">
    <input type="text" name="firstName" ngModel>
    <input type="text" name="lastName" ngModel>
  </div>
</form>

<!-- Access the values from the nested object-->
<pre>First name: {{ f.value.fullName.firstName }}</pre>
<pre>Last name:  {{ f.value.fullName.lastName }}</pre>
```

要访问firstName和lastName字段的值，请使用嵌套的fullName对象

7.2.2 丰富HTML表单

下面重构来自代码清单7.1的示例用户注册表单。该例中的表单是一个没有使用任何Angular特性的普通HTML表单。现在将它包装成一个Angular组件，添加验证逻辑，并对Submit事件进行编程处理。我们首先重构模板，然后继续TypeScript部分。首先，修改<form>元素：

代码清单7.2 Angular表单

```
<form #f="ngForm"(ngSubmit)="onSubmit(f.value)">
      <!-- Form fields go here -->
</form>
```

在代码中声明了一个局部的模板变量f，它指向附加到<form>元素的NgForm对象。需要用此变量来访问表单的属性，例如value和valid，并检查表单是否具有特定类型的错误。

为NgForm发出的ngSubmit事件也配置了事件处理程序。由于不想监听标准的Submit事件，因此NgForm拦截此事件并停止传播。这样可以防止因表单自动提交到服务器而导致页面重新加载。作为替代，NgForm发出自己的NgForm事件。

onSubmit( )方法是事件处理程序。它被定义为组件的实例方法。在模板驱动表单中，onSubmit( )接受一个参数：表单的值(value)，它是一个包含表单上所有字段值的纯JavaScript对象。接下来，修改username和ssn字段。

代码清单7.3 修改username和ssn字段

ngModel属性将NgModel指令附加到<input>元素，并将此字段作为表单的一部分，还需要添加name属性

```
<div>Username: <input type="text" name="username" ngModel></div>
<div>SSN:      <input type="text" name="ssn"      ngModel></div>
```

对ssn字段进行类似更改，但name属性的值不同

现在我们来更改密码字段。因为这些字段是相关的并表示相同的值，所以很自然地将它们组合成一组。在本章稍后实现表单验证时，将两个密码作为单个对象处理也是很方便的。

代码清单7.4　修改密码字段

ngModelGroup指令指示NgForm在表单的值对象中创建一个保存子字段的嵌套对象。passwordsGroup将成为此嵌套对象的属性名称

```
<div ngModelGroup="passwordsGroup">
  <div>Password:          <input type="password" name="password" ngModel>
   ➥ </div> 2((C07-2))
  <div>Confirm password: <input type="password" name="pconfirm" ngModel>
   ➥ </div> 2((C07-3))
</div>
```

对password和pconfirm字段的更改与ngModelGroup类似，但name属性的值不同

Submit按钮是模板中仅剩的HTML元素，但它与表单的纯HTML版本保持一致：

```
<button type="submit">Submit</button>
```

既然已经完成了模板重构，下面将其包装成一个组件，以下是该组件的代码：

代码清单7.5　HTML表单组件

```
@Component({
  selector: 'app',
  template: `...`
})
class AppComponent {
  onSubmit(formValue: any) {
    console.log(formValue);
  }
}
```

为了保持代码清单简洁，没有在其中包含模板的内容，但前面描述的重构过的版本应该在这里嵌入。

onSubmit( )事件处理程序(函数)接受单个参数：表单的值。如你所见，这个处理程序不使用任何Angular专用API。根据有效性标志，可以决定是否将formValue发送到服务器。在此例中，将其打印到控制台。

图7.2显示了应用表单指令的示例注册表单。每条表单指令都被圈起来了，因此可以看到表单由什么组成。说明如何使用表单指令的完整运行的应用程序位于01_template-driven.ts文件中，可以在本书附带的代码中找到。

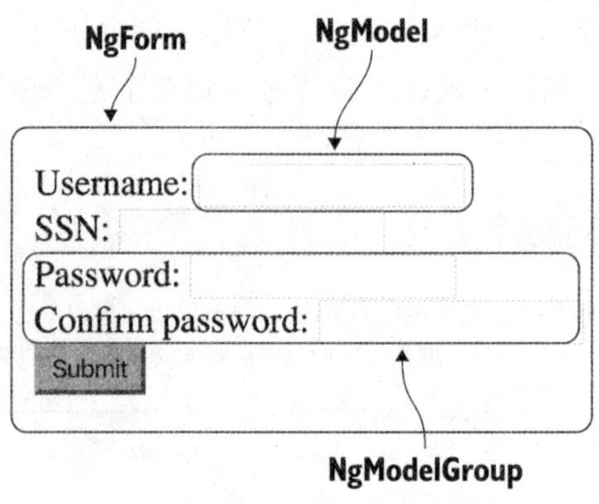

图7.2 注册表单上的表单指令

7.3 响应式表单

与模板驱动方式不同，创建响应式表单是一个分两步的过程。首先需要在代码中以编程方式创建模型，然后使用模板中的指令将HTML元素链接到该模型。我们从第一步开始，创建一个模型。

7.3.1 表单模型

表单模型是保存表单数据的底层数据结构，由@angular/forms中定义的特殊类构成：FormControl、FormGroup以及FormArray。

FormControl

FormControl是一个原子表单单元。通常它对应于单个<input>元素，但它也可以表示更复杂的UI组件，如日历或滑块。FormControl保存它所对应HTML元素的当前值、元素的有效性状态以及是否被修改。

以下是创建控件的方法：

```
let username = new FormControl('initial value');
```

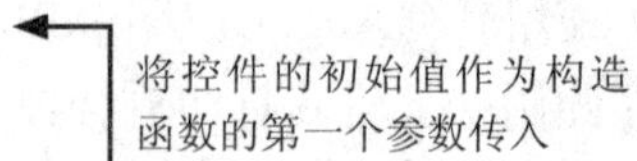

将控件的初始值作为构造函数的第一个参数传入

FormGroup

FormGroup通常表示表单的一部分，是FormControl的集合。FormGroup聚合分组中每个FormControl的值和状态。如果分组中的某个控件无效，整个分组都将无效。管理表单上的相关字段会很方便。FormGroup也用于表示整个表单。例如，如果一个日期范围由两个date输入字段表示，可以将它们组合为单个组，以将日期范围作为单个值获取，并在输入的任一日期无效时显示错误。

以下展示了如何创建一个组合了from与to控件的控件组：

```
let formModel = new FormGroup({
  from: new FormControl( ),
  to  : new FormControl( )
});
```

FormArray

FormArray类似于FormGroup，但它具有可变长度。FormArray通常表示一个可增长的字段集合，而FormGroup表示整个表单或表单字段的一个固定子集。例如，可以使用FormArray允许用户输入任意数量的邮箱。下面是一个可以支持这种表单的模型：

```
let formModel = new FormGroup({      ← FormGroup表示整个表单
  emails: new FormArray([            ← 使用FormArray表示emails字段，因为想要允许用户输入多个邮箱
    new FormControl( ),              ← 与FormGroup不同，FormArray中的控件不与键相关联，但可以通过索引引用它们
    new FormControl( )
  ])
});
```

7.3.2　表单指令

响应式方式使用与模板驱动方式完全不同的指令集。响应式表单的指令来自于ReactiveFormsModule(见7.2节)。

所有响应式指令都以form* 字符串为前缀，因此可以通过查看模板轻松辨别响应式方式与模板驱动方式。响应式指令不可导出，这意味着不能在模板中创建变量引用指令的实例。有意这样做是为了明确分离这两种方式。在模板驱动表单中，不访问模型类；而在响应式表单中，不能在模板中操作模型。

表7.1显示了模型类如何对应于表单指令。第一列列出了上一节涉及的模型类。第二列里是使用属性绑定语法将DOM元素绑定到模型类实例的指令。可以看到，FormArray不能和属性绑定一起使用。第三列列出了可将DOM元素通过名称链接到模型类的指令。它们只能在FormGroup指令中使用。

表7.1　模型类与表单指令的对应关系

模型类	表单指令	
	绑定	链接
FormGroup	formGroup	formGroupName
FormControl	formControl	formControlName
FormArray	—	formArrayName

我们来看看表单指令。

formGroup

formGroup经常将表示整个表单模型的FormGroup类的实例绑定到顶层表单的DOM元

素，通常是一个<form>元素。附加到子DOM元素的所有指令将在formGroup的作用域内，并且可以按名称链接模型实例。

要使用FormGroup指令，首先在组件中创建一个FormGroup对象：

```
@Component(...)
class FormComponent {
  formModel: FormGroup = new FormGroup({});
}
```

然后将FormGroup属性添加到一个HTML元素。将formGroup属性的值引用至保存FormGroup类实例的一个组件属性：

```
<form [formGroup]="formModel"></form>
```

formGroupName

formGroupName可用于链接表单中的嵌套组合。它需要在父FormGroup指令的作用域内链接其一个子FormGroup实例。以下展示了如何定义一个可以和formGroupName一起使用的表单模型。

代码清单7.6 与formGroupName一起使用的表单模型

```
@Component(...)
class FormComponent {
  formModel: FormGroup = new FormGroup({
    dateRange: new FormGroup({
      from: new FormControl( ),
      to  : new FormControl( )
    })
  })
}
```

一个没有名字的FormGroup。它被绑定到一个DOM元素，使用formGroup指令和属性绑定语法

一个名为dateRange的子FormGroup。可以使用formGroupName将该组链接到模板中的DOM元素

现在我们看看模板。

代码清单7.7 formGroup模板

```
<form [formGroup]="formModel">
  <div formGroupName="dateRange">...</div>
</form>
```

使用属性绑定语法绑定表示整个表单的FormGroup

将<div>元素链接到formModel中定义的名为dateRange的FormGroup

在FormGroup作用域内，可以使用formGroupName通过在父级FormGroup中定义的名称链接到子模型类。赋给formGroupName属性的值必须与代码清单7.7中为子FormGroup所选的名称相匹配(在本例中为 dateRange)。

属性绑定简写语法

因为赋给*Name指令的值是一个字符串字面量，所以可以使用简写语法，并忽略属性

名称周围的方括号。长版本(指令写法)如下所示：

```
<div [formGroupName]="'dateRange'">...</div>
```

注意属性名称周围的方括号和属性值周围的单引号。

formControlName

formControlName必须在FormGroup指令的作用域内使用。它将其子级FormControl实例链接到DOM元素。我们继续在解释formGroupName指令时引入的日期范围模型示例。组件和表单模型保持不变。只需要完成模板。

代码清单7.8 已完成的formGroup模板

```
<form [formGroup]="formModel">
  <div formGroupName="dateRange">
    <input type="date" formControlName="from">
    <input type="date" formControlName="to">
  </div>
</form>
```

与formGroupName指令一样，只需要指定想要链接到的DOM元素的FormControl名称。再次，这些是在定义表单模型时选择的名称。

formControl

当不想创建带有FormGroup的表单模型，但又想要使用Forms API的功能(如验证和FormControl.valueChanges属性提供的响应行为)时，formControl可以用于单字段表单。当讨论observables时，在第5章中看到过一个例子，以下是那个例子的精髓：

代码清单7.9 FormConrol

```
@Component({...})
class FormComponent {
  weatherControl: FormControl = new FormControl( );   ← 创建FormControl的一个单独实例，而不是用FormGroup定义一个表单模型，就像在本节前面见到的那样

  constructor( ) {
    this.weatherControl.valueChanges   ← 使用valueChanges从表单中获取值
        .debounceTime(500)
        .switchMap(city => this.getWeather(city))
        .subscribe(weather => console.log(weather));
  }
}
```

可以使用ngModel将用户输入值与组件的属性同步；但因为正在使用Forms API，所以可以使用它的响应式特性。在前面的示例中，将几个RxJS运算符应用于valueChanges属性返回的observable，以提升用户体验。有关此例的更多详细信息，请参见第5章。

以下是来自代码清单7.9的FormComponent的模板：

```
<input type="text" [formControl]="weatherControl">
```

因为正在使用不属于FormGroup的独立FormControl，所以无法使用formControlName指令将其按名称链接，而是以属性绑定语法使用formControl。

formArrayName

formArrayName必须在FormGroup指令的作用域内使用。它将一个子级的FormArray实例链接到一个DOM元素。因为FormArray中的表单控件没有名称，所以只能通过索引将它们链接到DOM元素。通常使用NgFor指令在一个循环中渲染它们。

我们来看一个允许用户输入任意数量的电子邮件的例子。这里我们将突出代码的关键部分。但是可以在本书所附代码的02_growable-items-form.ts中找到完整的可运行示例。首先定义模型。

代码清单7.10 02_growable-items-form.ts文件：定义模型

```
@Component(...)
class AppComponent {
  formModel: FormGroup = new FormGroup({     ← 创建一个将表示整个表单的FormGroup
    emails: new FormArray([
      new FormControl( )                     ← 为emails集合使用FormArray，允许用户输入多个电子邮件
    ])
  });
  //...
}
```

在模板中，使用NgFor指令在循环中渲染电子邮件字段。

代码清单7.11 02_growable-items-form.ts文件：模板

```
<ul formArrayName="emails">                  ← formArrayName将FormArray链接到DOM元素
  <li *ngFor="let e of formModel.get('emails').controls; let i=index">   ← 循环遍历emails数组，并为每个输入创建一个input字段
    <input [formControlName]="i">            ← 通过索引将<input>元素链接到FormControl的一个实例
  </li>
  <button type="button"(click)="addEmail( )">Add Email</button>   ← 定义click事件处理程序
</ul>
```

*ngFor循环中的let i符号允许自动将数组的index值绑定到循环中可用的i变量。formControlName指令将FormArray中的FormControl链接到DOM元素；但并非通过指定名称，而是使用引用当前控件索引的i变量。当用户单击Add Email按钮时，将一个新的FormControl实例推送到FormArray：this.formModel.get('emails').push(new FormControl( ))。

图7.3显示了具有两个电子邮件字段的表单；动画版本可以在https://www.manning.com/books/angular-2-development-with-typescript上找到，上面显示了如何运作。每次用户单击Add Email按钮时，一个新的FormControl实例将被推送到电子邮件的FormArray，并且通过数据绑定，一个新的输入字段将被渲染到页面上。表单的值也通过数据绑定实时更新。

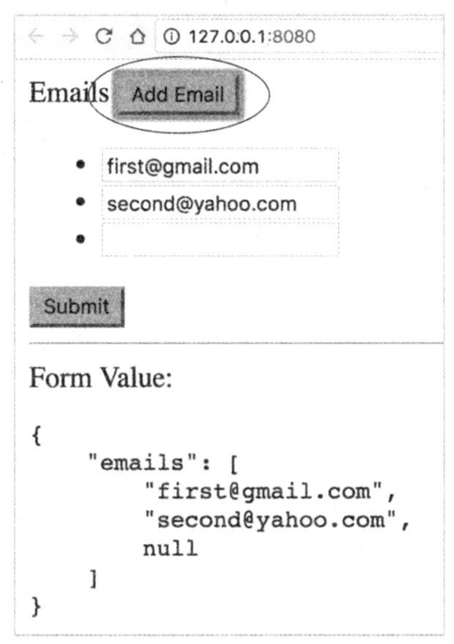

图7.3　带有可增长的电子邮件集合的表单

7.3.3　重构示例表单

现在我们来重构代码清单7.1中的示例注册表单。起初它是一个纯HTML表单，然后应用了模板驱动方式。现在是时候做个响应式版本了，通过定义表单模型来开始响应式表单。

代码清单7.12　定义表单模型

```
@Component(...)
class AppComponent {
  formModel: FormGroup;            ← 声明一个保存表单模型的组件属性

  constructor( ) {
    this.formModel = new FormGroup({          ← 在构造函数中实例化表单模型
      'username': new FormControl( ),
      'ssn': new FormControl( ),
      'passwordsGroup': new FormGroup({       ← 密码字段的嵌套组
        'password': new FormControl( ),
        'pconfirm': new FormControl( )
      })
    });
  }
```

```
  onSubmit( ) {
    console.log(this.formModel.value);
  }
}
```

使用组件的formModel属性访问表单的值

formModel属性保存一个定义了表单结构的FormGroup类型的实例。在模板中将使用此属性把模型绑定到带有FormGroup指令的DOM元素。它在构造函数中通过实例化模型类以编程方式初始化。在模板中，使用在父级FormGroup模型中表单控件的名称，将模型链接到带有formControlName和formGroupName指令的DOM元素。

passwordsGroup是一个嵌套的FormGroup，用于组合密码和密码确认字段。这便于在添加表单验证时，将它们的值作为单个对象管理。

因为响应式表单指令是不可导出的，所有无法在模板中访问它们，也无法将表单值作为参数直接传给onSubmit( )方法。相反，可以使用持有表单模型的组件属性访问该值。

现在模型已被定义，可以编写绑定到模型的HTML标记了。

代码清单7.13 绑定到模型的HTML

使用formGroup指令将<form>元素绑定到由FormGroup类表示的表单模型

在响应式方式中，不需要传递任何参数给处理ngSubmit事件的方法

使用formControlName指令将输入字段链接到在父级FormGroup模型中定义的FormControl实例

```
<form [formGroup]="formModel"
    (ngSubmit)="onSubmit( )">
  <div>Username: <input type="text" formControlName="username"></div>
  <div>SSN:      <input type="text" formControlName="ssn"></div>

  <div formGroupName="passwordsGroup">
    <div>Password:         <input type="password" formControlName="password">
    </div>
    <div>Confirm password: <input type="password" formControlName="pconfirm">
    </div>
  </div>
  <button type="submit">Submit</button>
</form>
```

使用formControlName指令链接password和pconfirm

HTML结构模仿组件中定义的模型结构。要将FormGroup链接到DOM元素，请使用formGroupName指令

这个注册表单的此响应式版本的行为与其模板驱动版本相同，但内部实现方式不同。说明如何创建响应式表单的完整应用程序位于03_reactive.ts文件中，该文件在本书附带下载的代码中。

7.3.4 使用FormBuilder

FormBuilder简化了响应式表单的创建。与直接使用FormControl、FormGroup及FormArray类相比，它没有提供任何独特的功能，但它的API更加简练，并且可以避免重复

键入类名。

下面使用FormBuilder重构上一节的组件类。模板将保持原样，但将会更改formModel的构造方式。它看起来如下所示。

代码清单7.14　使用FormBuilder重构formModel

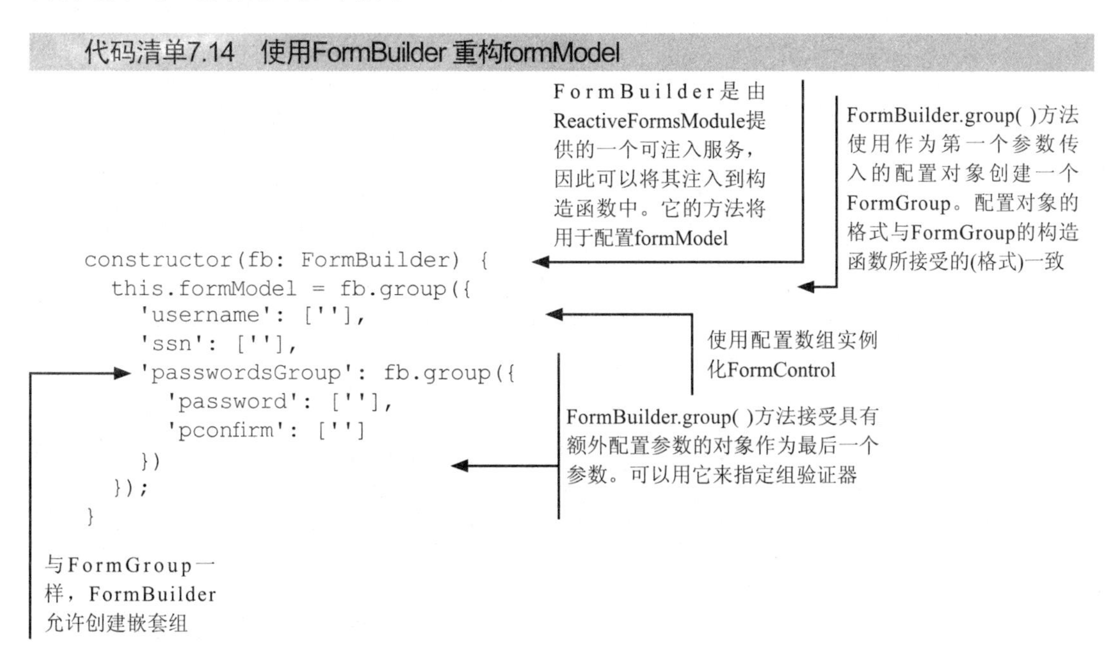

FormBuilder是由ReactiveFormsModule提供的一个可注入服务，因此可以将其注入到构造函数中。它的方法将用于配置formModel
FormBuilder.group( )方法使用作为第一个参数传入的配置对象创建一个FormGroup。配置对象的格式与FormGroup的构造函数所接受的(格式)一致
constructor(fb: FormBuilder) {
this.formModel = fb.group({
'username': [''],
'ssn': [''],
'passwordsGroup': fb.group({
'password': [''],
'pconfirm': ['']
})
});
}
使用配置数组实例化FormControl
FormBuilder.group( )方法接受具有额外配置参数的对象作为最后一个参数。可以用它来指定组验证器
与FormGroup一样，FormBuilder允许创建嵌套组

与FormGroup不同，FormBuilder允许使用一个数组实例化FormControl。该数组的每一项都有特殊含义。第一元素是FormControl的初始值。第二元素是验证器函数。它也可以接受第三个参数——一个异步验证器函数。数组的其余元素会被忽略。

如你所见，使用FormBuilder配置表单模型不太冗长，并且是基于配置对象而不需要显式地实例化控件类。说明如何使用FormBuilder的完整应用程序位于本书附带代码的04_form-builder.ts 文件中。

7.4　表单验证

与常规的数据绑定相比，使用Forms API的优点之一是表单具有验证功能。验证对两种类型的表单都可用：模板驱动表单及响应式表单。像纯TypeScript函数一样创建验证器。在响应式方式中，直接使用函数，而在模板驱动方式中会将它们包装到自定义指令中。

我们从验证响应式表单开始，然后过渡到模板驱动方式。我们将涵盖基础知识，并将表单验证应用到示例注册表单。

验证响应式表单

验证器就是符合以下接口的函数：

```
interface ValidatorFn {
(c: AbstractControl): {[key: string]: any};
}
```

类型声明{[key：string]：any}描述了一个对象字面量，其属性名称是字符串，值可以是任何类型

验证器函数应该声明一个类型为AbstractControl的单个参数并返回一个对象字面量。对函数的实现没有限制——由验证器的作者决定。AbstractControl是FormControl、FormGroup及FormArray的超类，这意味着可以为所有模型类创建验证器。

Angular附带了许多预定义的验证器：required、minLength、maxLength及pattern。它们被定义为在模块@angular/forms中声明的Validators类的静态方法，并且它们与标准的HTML5验证属性相匹配。

一旦有了验证器，就需要配置模型以使用它。在响应式方式中，将验证器作为参数提供给模型类的构造函数。以下是一个例子：

```
import { FormControl, Validators } from '@angular/forms';

let usernameControl = new FormControl('', Validators.required);
```

第一个参数是默认值，第二个参数是验证器函数

还可以提供验证器列表作为第二个参数：

```
let usernameControl = new FormControl('', [Validators.required,
➥ Validators.minLength(5)]);
```

要测试控件的有效性，请使用valid属性，它返回true或false：

```
let isValid: boolean = usernameControl.valid;
```

指示在该字段中输入的值是否通过了为控件配置的验证规则

如果任何验证规则验证失败，可以获取验证器函数产生的错误对象：

```
let errors: {[key: string]: any} = usernameControl.errors;
```

错误对象

验证器返回的错误由JavaScript对象表示，该对象有一个与验证器名称相同的属性。无论是一个对象字面量还是一个具有复杂原型链的对象，对验证器都无关紧要。

该属性的值可以是任意类型，并可能提供额外的错误详情。例如，标准的Validators.minLength( )验证器返回如下错误对象：

```
{
  minlength: {
    requiredLength: 7,
    actualLength: 5
  }
```

```
}
```

该对象具有与此验证器名称minlength相匹配的顶级属性。它的值也是一个具有两个字段的对象：requiredLength和actualLength。这些错误详情可用于展示用户友好的错误消息。

并非所有的验证器都提供错误详情。有时，此顶级属性只表示错误发生了。在这种情况下，属性将被初始化为true。以下是标准Validators.required( )错误对象的一个示例：

```
{
  required: true
}
```

自定义验证器

标准验证器有助于验证基本数据类型，如字符串和数字。如果需要验证更复杂的数据类型或特定于应用程序的逻辑，可能需要创建自定义验证器。因为Angular的验证器只是具有特定签名的函数，所以它们很容易创建。只需要声明一个接受某个控件类型——FormControl、FormGroup或FormArray的实例的函数，并返回一个表示验证错误的对象(请参阅上方的特殊段落“错误对象”)。

这是自定义验证器的一个示例，用于检查控件的值是否是有效的社会保险号(Social Security Number，SSN)，这是给予每个美国公民的唯一ID：

```
function ssnValidator(control: FormControl): any {
  const value = control.value || '';
  const valid = value.match(/^\d{9}$/);
  return valid ? null : { ssn: true };
}
```

因为正在测试单个字段，所以参数的类型是FormControl

将该值与表示SSN格式的正则表达式匹配。此检查虽简单，但它适用于这个示例

如果该值是无效的SSN，则返回一个错误对象；否则返回null，表示没有错误。错误对象不提供任何细节

即使在用户输入实际值之前，Angular也可能会调用验证器，因此请确保它不为空

自定义验证器的使用方法与标准验证器一样：

```
let ssnControl = new FormControl('', ssnValidator);
```

说明如何创建自定义验证器的完整的可运行应用程序，位于本书附带代码05_custom-validator.ts文件中。

组验证器

你可能不仅想要验证单个字段，还要验证字段组。Angular也允许为FormGroups定义验证器函数。

我们创建一个验证器，确保示例注册表单上的密码和密码确认字段具有相同的值。下面是一个可能的实现：

```
function equalValidator({value}: FormGroup): {[key: string]: any} {
  const [first, ...rest] = Object.keys(value || {});
  const valid = rest.every(v => value[v] === value[first]);
  return valid ? null : {equal: true};
}
```

获取value对象的所有属性名称

迭代所有的值，并确保它们是相等的

返回null或一个错误对象

此函数的签名遵循ValidatorFn接口：第一个参数的类型是FormGroup，它是AbstractControl的一个子类，返回类型是对象字面量。注意，这里使用了一个称为解构(请参见附录A中的"解构"部分)的ECMAScript特性。从作为参数传递的FormGroup类的实例中提取value属性。在这里这样做的意义在于，在验证器代码中从不访问FormGroup的任何其他属性。

接下来，获取value对象中所有属性的名称，并将它们保存到两个变量中：first和rest。first是将被用于作为参照值的属性的名称——所有其他属性的值必须与它相等才能验证通过。rest保存所有其他属性的名称。又一次使用解构功能来提取对数组项(请参见附录A中的"数组结构"部分)的引用。最后，如果组中的值有效，则返回null，否则返回指示错误状态的对象。

验证示例注册表单

现在已经介绍了基础知识，下面为示例注册表单添加验证。我们将会使用本节前面实现的ssnValidator和equalValidator。下面这是修改后的表单模型：

代码清单7.15 修改后的表单模型

```
this.formModel = new FormGroup({
  'username': new FormControl('', Validators.required),
  'ssn': new FormControl('', ssnValidator),
  'passwordsGroup': new FormGroup({
    'password': new FormControl('', Validators.minLength(5)),
    'pconfirm': new FormControl('')
  }, {}, equalValidator)
});
```

对于username控件，使用标准的Validators.required验证器，确保在字段中输入的是非空值

对于ssn字段，使用之前实现的ssnValidator

对password字段，使用标准的validators.minLength验证器。如果输入的字符串值的长度小于5个字符，则返回错误

为passwordsGroup配置equalValidator，它确保组中所有字段的值相同。与FormControl不同，将验证器作为第三个参数传递给FormGroup的构造函数

在onSubmit( )方法将表单模型打印到控制台之前，请先检查表单是否有效：

```
onSubmit( ) {
  if(this.formModel.valid) {
```

```
      console.log(this.formModel.value);
    }
  }
```

在模型驱动方式中，配置验证器只需要在代码中进行更改，但是(有时)仍然想要在模板中进行一些更改。希望当用户输入无效值时显示验证错误。下面是模板的修改版本：

代码清单7.16 修改后的模板

```
<form [formGroup]="formModel"(ngSubmit)="onSubmit( )" novalidate>
  <div>Username:
    <input type="text" formControlName="username">
    <span [hidden]="!formModel.hasError('required', 'username')">Username is
    ➥ required</span>                          ← 有条件地显示username字段的错误消息
  </div>
  <div>SSN:
    <input type="text" formControlName="ssn">
    <span [hidden]="!formModel.hasError('ssn', 'ssn')">SSN is invalid
    </span>                                     ← 与username字段一样，为ssn字段添加错误消息
  </div>

  <div formGroupName="passwordsGroup">
    <div>Password:
      <input type="password" formControlName="password">
      <span [hidden]="!formModel.hasError('minlength', ['passwordsGroup',
        ➥ 'password'])">
          Password is too short                 ← 有条件地显示password字段的错误消息
      </span>
    </div>
    <div>Confirm password:
      <input type="password" formControlName="pconfirm">
      <span [hidden]="!formModel.hasError('equal', 'passwordsGroup')">
          Passwords must be the same
      </span>
    </div>
  </div>
  <button type="submit">Submit</button>
</form>
```

注意当有条件地显示错误消息时，应该如何访问表单模型上可用的hasError( )方法。它需要两个参数：要检查的验证错误的名称，以及表单模型中感兴趣的字段的路径。在username的情形中，它是表示表单模型的顶级FormGroup的直接子级，因此只需指定控件的名称。但password字段是嵌套的FormGroup的子级，因此将控件的路径指定为一个字符串数组。第一个元素是嵌套组的名称，第二个元素是password字段本身的名称。与username字段一样，passwordsGroup将路径指定为字符串，因为它是顶级FormGroup的一个直接子节点。

有关如何和响应式表单一起使用验证器函数的完整可运行应用程序的说明，位于本书附带代码的09_reactive-with-validation.ts文件中。在这个例子中，硬编码了模板中的错

误消息，但它们可以由验证器来提供。对于动态提供错误消息的示例，请参阅07_custom-validator-error-message.ts文件。

使用FormBuilder配置验证器

当使用FormBuilder定义表单模型时，也可以配置验证器。以下是示例注册表单使用FormBuilder修改后的模型版本：

```
@Component(...)
class AppComponent {
  formModel: FormGroup;

  constructor(fb: FormBuilder) {
    this.formModel = fb.group({
      'username': ['', Validators.required],
      'ssn': ['', ssnValidator],
      'passwordsGroup': fb.group({
        'password': ['', Validators.minLength(5)],
        'pconfirm': ['']
      }, {validator: equalValidator})
    });
  }
}
```

FormBuilder是已注册的provider，因此可以将其注入到组件的构造函数中，而非使用new关键字直接实例化

配置FormControl时，验证器被指定为数组的第二个元素

当配置FormGroup的验证器时，提供一个可选对象作为group( )的第二个参数，并使用该对象的validator属性指定验证器

异步验证器

Forms API支持异步验证器。异步验证器可用于对远程服务器检查表单值，这涉及发送HTTP请求。像常规验证器一样，异步验证器是函数。唯一的区别是异步验证器应返回一个observable或Promise对象。 这是SSN验证器的异步版本。

代码清单7.17 异步的SSN验证器

在这种情况下，返回值为Observable类型

```
function asyncSsnValidator(control: FormControl): Observable<any> {
  const value: string = control.value || '';
  const valid = value.match(/^\d{9}$/);
  return Observable.of(valid ? null : { ssn: true }).delay(5000);
}
```

为简化此例，使用RxJS的delay运算符模拟异步。验证结果在函数调用5秒后到达

异步验证器作为模型类构造函数的第三个参数传递：

```
let ssnControl = new FormControl('', null, asyncSsnValidator);
```

有关如何使用异步验证器的完整可运行应用程序的说明，位于本书附带代码的08_async-validator.ts文件中。

检查字段的状态和有效性

你已经熟悉了控件的属性，如valid、invalid以及检查字段状态的errors。在本小节中，我们将介绍一些有助于改善用户体验的其他属性：

- touched和untouched字段：除了检查控件的有效性之外，还可以使用touched和untouched属性来检查字段是否被用户访问过。如果用户使用键盘或鼠标将焦点放在一个字段中，该字段变为touched；否则就是untouched。这在显示错误消息时可能很有用：如果一个字段中的值无效，但用户从未访问过，就可以选择不用红色突出显示，因为这不是用户的错。以下是一个例子：

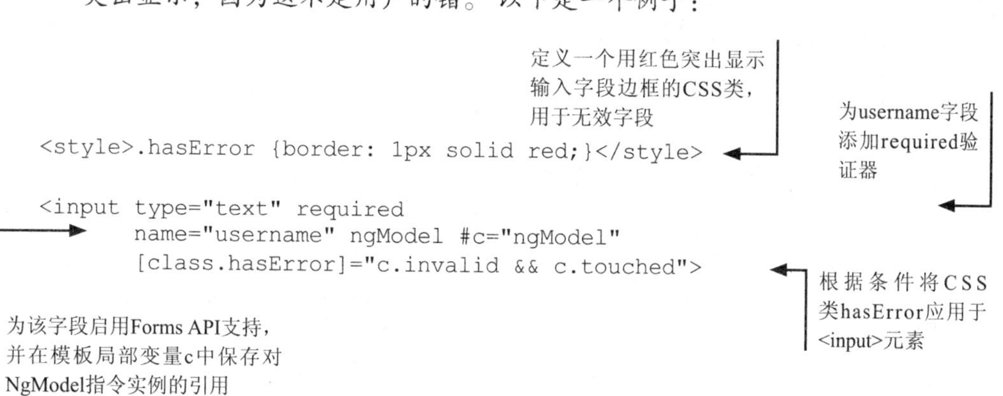

定义一个用红色突出显示输入字段边框的CSS类，用于无效字段
为username字段添加required验证器
<style>.hasError {border: 1px solid red;}</style>
<input type="text" required
name="username" ngModel #c="ngModel"
[class.hasError]="c.invalid && c.touched">
根据条件将CSS类hasError应用于<input>元素
为该字段启用Forms API支持，并在模板局部变量c中保存对NgModel指令实例的引用

> **注意**
>
> 在此讨论的所有属性都可用于模型类FormControl、FormGroup和FormArray，以及用于模板驱动指令NgModel、NgModelGroup和NgForm。

注意最后一行的CSS类绑定示例。如果右侧的表达式为true，就根据条件将CSS类hasError应用于元素。如果只使用c.invalid，那么页面一旦渲染，边框就会被突出显示；但这可能会使用户感到困惑，特别是在页面有很多字段时。相反，再添加一个条件：该字段必须是touched。现在，只有在用户访问此字段之后该字段才会被突出显示。

- pristine和dirty字段——另一对有用的属性是pristine和与之对应的dirty。dirty表示在用原始值初始化之后，字段被修改了。这些属性可用于提示用户在离开页面或关闭对话窗口之前保存更改的数据。

> **注意**
>
> 前面的所有属性都具有相应的CSS类(ng-touch和ng-untouched、ng-dirty和ng-pristine. ng-valid和ng-invalid)，当这些属性为truc时，它们会被自动添加到HTML元素。这在某个特定状况下对于风格化的元素很有用。

- pending字段：如果为控件配置了异步验证器，那么可能也会发现Boolean属性

pending很有用。它表示有效性状态当前是否未知。当异步验证器仍在进行中并且需要等待结果时，会发生这种情况。此属性可用于显示进度指示器。

对于响应式表单，Observable类型的statusChanges属性可能更方便。它会发出如下三个值之一：VALID、INVALID和PENDING。

验证模板驱动表单

当创建模板驱动表单时，能够使用指令，因此可以将验证器函数包装在指令里以便在模板中使用它们。下面创建一条包含代码清单7.17中实现的SSN验证器的指令。

代码清单7.18 SsnValidatorDirective

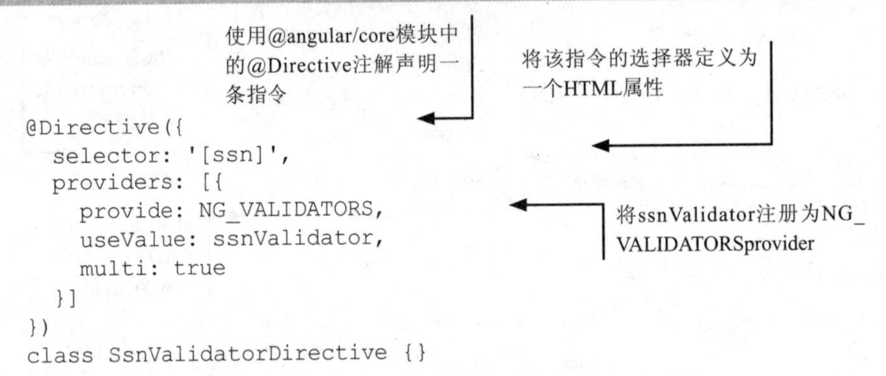


```
@Directive({
  selector: '[ssn]',
  providers: [{
    provide: NG_VALIDATORS,
    useValue: ssnValidator,
    multi: true
  }]
})
class SsnValidatorDirective {}
```

ssn选择器周围的方括号表示该指令可以用作属性。这很方便，因为可以将该属性添加到任何<input>元素或由自定义HTML元素表示的Angular组件。

在这个例子中，使用预定义的Angular令牌NG_VALIDATORS注册了验证器函数。这个令牌由NgModel指令依次注入，而且NgModel会获取附加到HTML元素的所有验证器的列表。然后，NgModel将验证器传递给在它内部隐式创建的FormControl实例。负责运作验证器的是同样的机制；指令只是一种不同的配置方式而已。multi属性可以将多个值和同一个令牌相关联。当令牌被注入到NgModel指令中时，NgModel获得一个值的列表而非单个值。这使得可以传递多个验证器。

以下是SsnValidatorDirective的用法：

```
<input type="text" name="my-ssn" ngModel ssn>
```

在本书附带代码的06_custom-validator-directive.ts文件中，可以找到说明指令验证器的完整可运行应用程序。

验证示例注册表单

现在可以将表单验证添加到示例注册表单。我们从模板开始。

代码清单7.19 注册表单验证模板

将表单的值和有效性状态传给onSubmit( )方法

```
<form #f="ngForm"(ngSubmit)="onSubmit(f.value, f.valid)" novalidate>
```

添加required属性作为验证指令

```
  <div>Username:
    <input type="text" name="username" ngModel required>
    <span [hidden]="!f.form.hasError('required', 'username')">Username is
      ➥ required</span>
  </div>
  <div>SSN:
    <input type="text" name="ssn" ngModel ssn>
    <span [hidden]="!f.form.hasError('ssn', 'ssn')">SSN in invalid</span>
  </div>

  <div ngModelGroup="passwordsGroup" equal>
    <div>Password:
      <input type="password" name="password" ngModel minlength="5">
      <span [hidden]="!f.form.hasError('minlength', ['passwordsGroup',
         ➥ 'password'])">
        Password is too short
      </span>
    </div>
    <div>Confirm password:
      <input type="password" name="pconfirm" ngModel>
      <span [hidden]="!f.form.hasError('equal', 'passwordsGroup')">
        Passwords must be the same
      </span>
    </div>
  </div>
  <button type="submit">Submit</button>
</form>
```

根据条件显示或隐藏错误消息

equal是之前实现的equalValidator的指令包装器。自定义验证器指令的添加方式与标准验证器指令相同

在模板驱动方式中，组件中没有模型。只有模板可以通知表单的处理程序表单是否有效，这就是为什么要将表单的值和有效性状态作为参数传递给onSubmit( )方法的原因。我们还添加了novalidate属性，以防止标准浏览器验证干扰Angular验证。

验证指令被添加作为属性。required指令由Angular提供，一旦使用FormsModule注册了Forms API支持，该指令就是可用的。同样，可以使用minlength指令验证密码字段。

要根据条件显示或隐藏验证错误，请使用与响应式版本中用过的相同的hasError( )方法。但要访问此方法，需要使用FormGroup类型的form属性。该属性在引用FormGroup指令实例的变量地上可用。

在onSubmit( )方法中，在将值打印到控制台之前，请检查表单是否有效。

代码清单7.20 检查表单验证

```
@Component({ template: '...' })
class AppComponent {
  onSubmit(formValue: any, isFormValid: boolean) {
    if(isFormValid) {
      console.log(formValue);
    }
  }
```

将isFormValid参数添加到方法声明中

如果表单有效，将表单的值打印到控制台

```
}
```

现在是最后一步：需要在定义了AppComponent的NgModule的声明列表中添加自定义验证器指令。

代码清单7.21 添加验证器指令

```
@NgModule({
  imports     : [ BrowserModule, FormsModule ],
  declarations: [ AppComponent, EqualValidatorDirective,
  ➥ SsnValidatorDirective ],        ← 将指令添加到
  bootstrap   : [ AppComponent ]       声明列表中
})
class AppModule {}
```

演示如何与模板驱动表单一起使用验证器指令的完整可运行应用程序，位于本书附带代码的10_template-driven-with-validation.ts文件中。

7.5 动手实践：给搜索表单添加验证

这个动手练习将从第6章的中断处开始。需要修改SearchComponent的代码，以启用表单验证并收集在表单中输入的数据。当提交搜索表单时，将在浏览器的控制台打印出表单的值。第8章的内容是关于与服务器通信，而且在该章中会重构代码，因此搜索表单将会进行真正的HTTP请求。

在本节中，将执行以下步骤：

(1)向ProductService类添加一个新方法，返回一个所有可用商品类别的数组。

(2)使用FormBuilder创建一个表示搜索表单的模型。

(3)为模型配置验证规则。

(4)重构模板以正确地绑定上一步创建的模型。

(5)实现reSearch( )方法以处理表单的Submit事件。

图7.4显示了完成此动手练习后搜索表单的外观。它说明验证器在起作用。

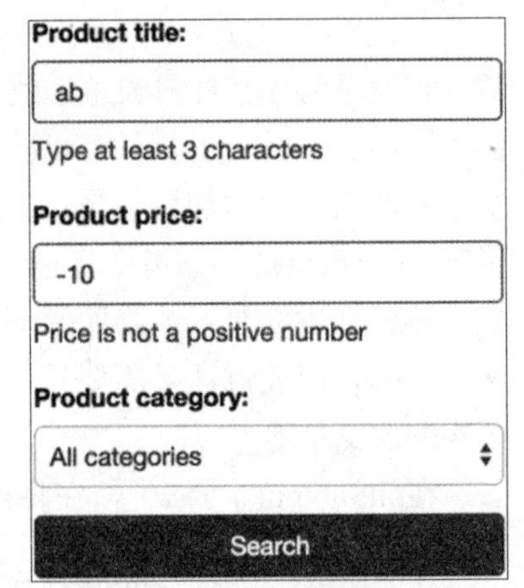

图7.4 带有验证器的搜索表单

如果想要看到该项目的最终版本，请浏览第7章auction文件夹中的源代码。否则，将auction文件夹从第6章复制到另一个位置，并按照本节中的说明进行操作。

7.5.1 修改根模块以添加Forms API支持

更新app.module.ts文件，为此应用程序启用响应式表单支持。从@angular/forms导入

ReactiveFormsModule，并将其添加到在主应用程序NgModule中导入的模块列表中。

代码清单7.22　更新app.module.ts文件

```
import { ReactiveFormsModule } from '@angular/forms';

@NgModule({
  imports: [
    BrowserModule,
    FormsModule,
    ReactiveFormsModule,
    RouterModule.forRoot([ ... ])
  ],
```

7.5.2　将一个类别列表添加到SearchComponent

每个商品都有categories属性，由一个字符串数组表示，而且单个产品可以与多个类别相关联。表单应允许用户在搜索产品时选择类别；需要一种方法来为表单提供所有可用类别的列表，以便将它们显示给用户。在真实应用程序中，类别可能来自于服务器。在这个在线拍卖示例应用程序中，将向ProductService类添加一个返回硬编码类别的方法：

(1) 打开app/services/product-service.ts文件，并添加一个不接受参数而返回字符串列表的getAllCategories( )方法：

```
getAllCategories( ): string[] {
  return ['Books', 'Electronics', 'Hardware'];
}
```

(2) 打开app/components/search/search.ts文件，并为ProductService添加import语句：

```
import {ProductService} from '../../services/product-service';
```

(3) 将此服务配置为SearchComponent的provider：

```
@Component({
  selector: 'auction-search',
  providers: [ProductService],
  //...
})
```

(4) 声明一个类属性categories: string[]以引用类别列表。将使用它来进行数据绑定：

```
export default class SearchComponent {
  categories: string[];
}
```

(5) 声明constructor( )带有一个参数ProductService。当组件被实例化时，Angular将注入它。使用getAllCategories( )方法初始化categories属性：

```
                              private关键字自动创建与参数名称相同的类属
                              性，并使用提供的值对其进行初始化
constructor(private productService: ProductService) {   ←
  this.categories = this.productService.getAllCategories( );
}
```

7.5.3 创建表单模型

现在我们来定义处理搜索表单的模型：

(1) 打开app/components/search/search.ts文件，并添加Forms API相关的导入语句。文件开头的import语句应该如下所示：

```
import {Component} from '@angular/core';
import {FormControl, FormGroup, FormBuilder, Validators} from
➥ '@angular/forms';
```

(2) 声明一个FormGroup类型的类属性formModel：

```
export default class SearchComponent {
  formModel: FormGroup;
  //...
}
```

(3) 在构造函数中，使用FormBuilder类定义formModel：

```
const fb = new FormBuilder( );
this.formModel = fb.group({
  'title': [null, Validators.minLength(3)],
  'price': [null, positiveNumberValidator],
  'category': [-1]
})
```

(4) 添加positiveNumberValidator函数：

```
function positiveNumberValidator(control: FormControl): any {
  if(!control.value) return null;
  const price = parseInt(control.value);
  return price === null || typeof price === 'number' && price > 0
      ? null : {positivenumber: true};
}
```

positiveNumberValidator( )尝试使用标准parseInt( )函数从FormControl的值中解析一个整数值。如果解析的值为有效的正数，该函数返回null，表示没有错误；否则该函数返回一个错误对象。

7.5.4 重构模板

下面在模板中添加表单指令，将上一步定义的模型绑定到HTML元素：

(1) 由于已在实现了响应式方式的代码中定义了表单模型，因此在模板中应该将NgFormModel指令附加到<form>元素：

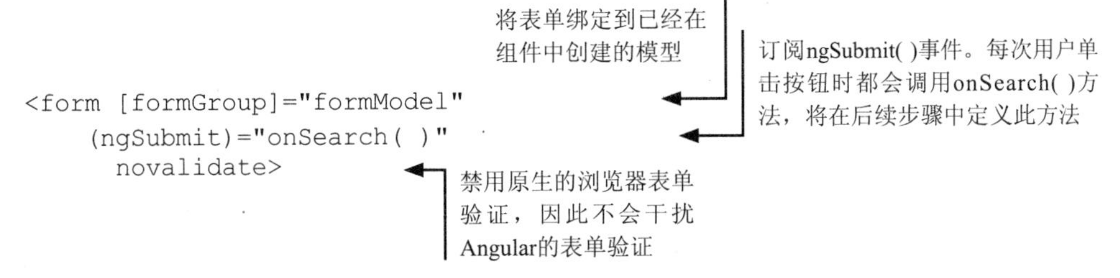

(2) 定义验证规则，并有条件地显示title字段的错误消息：

```
<div class="form-group"
     [class.has-error]="formModel.hasError('minlength', 'title')">
  <label for="title">Product title:</label>
  <input id="title"
         placeholder="Title"
         class="form-control"
         type="text"
         formControlName="title"
         minlength="3">
  <span class="help-block"
      [class.hidden]="!formModel.hasError('minlength', 'title')">
    Type at least 3 characters
  </span>
</div>
```

在这里，使用了Twitter的Bootstrap库中定义的CSS类form-group、form-control、has-error和help-block。为了正确地渲染表单，并在验证错误的情况下用红色边框突出显示字段，它们是必需的。可以在Bootstrap文档的“Forms”部分阅读有关这些类的更多信息，详见http://getbootstrap.com/css/#forms。

(3) 对商品的price字段做同样的事情：

```
<div class="form-group"
      [class.has-error]="formModel.hasError('positivenumber', 'price')">
  <label for="price">Product price:</label>
  <input id="price"
          placeholder="Price"
          class="form-control"
          type="number"
          step="any"
          min="0"
          formControlName="price">
  <span class="help-block"
        [class.hidden]="!formModel.hasError('positivenumber', 'price')">
    Price is not a positive number
  </span>
</div>
```

(4) 为产品的category字段添加验证规则及错误消息：

```
<div class="form-group">
  <label for="category">Product category:</label>
  <select id="category"
          class="form-control"
          formControlName="category">
    <option value="-1">All categories</option>
    <option *ngFor="let c of categories"
            [value]="c">{{c}}</option>
  </select>
</div>
```

Submit按钮保持不变。

7.5.5 实现onSearch( )方法

添加以下onSearch( )方法：

```
onSearch( ) {
  if(this.formModel.valid) {
    console.log(this.formModel.value);
  }
}
```

7.5.6 启动在线拍卖应用程序

要启动在线拍卖应用程序，请打开命令窗口并在项目的根目录中启动http-server。在Web浏览器中输入http://localhost:8080，应该会看到包含图7.4中显示的搜索表单的首页。该版本的应用程序说明了表单创建和验证，而不执行搜索。当我们讨论与服务器的通信时，将在第8章中实现搜索功能。

7.6 本章小结

在本章中，你已经学会了如何在Angular中使用表单。以下是本章的主要内容：

- 有两种使用表单的方式：模板驱动(template-driven)方式和响应式(reactive)方式。模板驱动方式配置更容易且更快速，但响应式方式更易于测试，带来更多灵活性，并提供对表单的更多控制。
- 响应式方式不仅为使用DOM渲染器的应用程序提供了优势，也为其他的针对非浏览器环境的应用程序提供了优势。响应式表单一次编写，就可被多个渲染器复用。
- 有许多标准验证器和Angular一起搭配，但也可以创建自定义验证器。应该验证用户的输入，但客户端验证无法替代在服务器上执行的其他验证。考虑将客户端验证作为向用户提供即时反馈的一种方法，最大限度地减少带有无效数据的服务器请求。

第8章

使用HTTP和WebSocket与服务器交互

本章涵盖：

- 使用Node和Express框架创建一台简单的Web服务器
- 使用Http对象的API从Angular发送服务器请求
- 使用HTTP协议从Angular客户端与Node服务器进行通信
- 将WebSocket客户端封装到一个可以生成observable流的Angular服务中
- 通过WebSocket将数据从服务器广播到多个客户端

不管使用什么服务器端平台，Angular应用程序都可以与支持HTTP或WebSocket协议的任何Web服务器通信。到目前为止，我们一直在重点介绍Angular应用程序的客户端，第5章中的天气服务示例是唯一例外。在本章中，将更详细地学习如何与Web服务器进行通信。

首先，我们将简要介绍Angular的HTTP对象，然后将使用TypeScript和Node.js创建一台Web服务器。这台Web服务器将会为所有的代码示例提供所需的数据，包括在线拍卖应用程序。然后，将学习客户端代码如何向Web服务器发送HTTP请求，以及如何使用第5章中介绍过的observable消费响应。我们还将介绍如何通过WebSocket与服务器进行通信，重点介绍服务器端数据的推送。

在动手实践部分，将实现产品搜索功能，其中拍卖的产品和评论相关的数据，将通过HTTP请求自服务器。还将实现产品出价通知，它将由服务器使用WebSocket协议发送。

8.1 简述Http对象的API

Web应用程序异步地运行HTTP请求，以便UI保持响应，用户可以在服务器处理HTTP请求时继续使用应用程序。异步HTTP请求可以使用回调、promises或observables来实现。虽然promises消除了回调地狱(callback hell，见附录A)，但它们还是具备以下缺点：

- 无法取消promise发出的pending(状态的)请求
- 当一个promise resolve或reject时，客户端会收到数据或错误消息，但在任何一种情况下，它只是单个数据片段。promise没有提供任何方式来处理随着时间传送的连续数据块流。

observables就不具备这些缺点。在5.2.2节，我们看到过一个基于promise的场景，为获取一只股票的报价导致多个不必要的请求，产生了不必要的网络流量。之后在5.2.3节中的天气服务示例中，我们演示了如何取消使用observables进行的HTTP请求。

我们来看看Angular的HTTP类的实现，它包含在@angular/http包中。这个包包含若干个类和接口，如Angular HTTP客户端文档(详见http://mng.bz/87C3)中所述。

如果查看类型定义文件@angular/http/src/http.d.ts，将在HTTP类中看到以下API：

```
import {Observable} from 'rxjs/Observable';
...
export declare class Http {
...
   constructor(_backend: ConnectionBackend, _defaultOptions:
➥ RequestOptions);

   request(url: string | Request, options?: RequestOptionsArgs):
     ➥ Observable<Response>;

   get(url: string, options?: RequestOptionsArgs): Observable<Response>;

   post(url: string, body: string, options?: RequestOptionsArgs):
     ➥ Observable<Response>;

   put(url: string, body: string, options?: RequestOptionsArgs):
     ➥ Observable<Response>;

  delete(url: string, options?: RequestOptionsArgs): Observable<Response>;

  patch(url: string, body: string, options?: RequestOptionsArgs):
   ➥ Observable<Response>;

  head(url: string, options?: RequestOptionsArgs): Observable<Response>;
}
```

上述代码是用TypeScript编写的，Http对象的每个方法都有url作为一个强制参数，它可以是一个字符串或Request对象。还可以传递一个RequestOptionArgs类型的可选对象。每个方法返回一个observable，它封装了一个Response类型的对象。

以下代码片段说明了使用HTTP对象的get( )API的一种方式，将URL作为字符串传递：

```
constructor(private http: Http) {
  this.http.get('/products').subscribe(...);
}
```

这里我们没有指定完整的URL(例如http://localhost:8000/products)，假设Angular应用程序向其部署服务器发出请求，那么url的基本部分可以省略。subscribe( )方法必须接收一个

observer对象，该对象包含用于处理收到的数据和错误的代码。

Request对象提供了一个更通用的API，可以在其中单独创建Request实例，指定HTTP方法，并包括搜索参数和Header：

```
let myHeaders:Headers  = new Headers( );
myHeaders.append('Authorization', 'Basic QWxhZGRpb');

this.http
    .request(new Request({
      headers: myHeaders,
      method: RequestMethod.Get,
      url: '/products',
      search: 'zipcode=10001'
    }))
    .subscribe(...);
```

RequestOptionsArgs被声明为一个TypeScript接口：

```
export interface RequestOptionsArgs {
    url?: string;
    method?: string | RequestMethod;
    search?: string | URLSearchParams;
    headers?: Headers;
    body?: any;
    withCredentials?: boolean;
    responseType?: ResponseContentType;
}
```

此接口的所有成员都是可选的，但如果决定使用它们，TypeScript编译器将确保提供正确的数据类型的值：

```
var myRequest: RequestOptionsArgs = {
    url: '/products',
    method: 'Get'
};

this.http
    .request(new Request(myRequest))
    .subscribe(...);
```

在动手实践部分，你将看到如何使用RequestOptionsArgs的search属性来创建具有查询字符串参数的HTTP请求的一个例子。

什么是Fetch API？

目前正在逐步统一从网络上获取资源的过程。Fetch API(https://fetch.spec.whatwg.org/)可以用作XMLHttpRequest对象的替代品。它定义了通用的Request和Response对象，它们不仅可以用于HTTP，还可以与其他新兴的Web技术(如Service Worker和Cache API)一起使用。

使用Fetch API的全局函数fetch( )进行HTTP请求：

```
fetch('https://www.google.com/search?q=fetch+api')
  .then(response => response.text( ))
  .then(result => console.log(result));
```

要获取的资源的URL是唯一必需的参数

fetch( )调用返回一个promise，无论HTTP响应代码如何，它都能成功地解析为Response对象

收到所请求的数据后，可以将应用程序的逻辑应用于数据。这里只需要在控制台打印数据

要从响应中提取正文的内容，需要使用Response对象的其中一个方法。每个方法都期望正文具有特定的格式。使用text( )方法将正文作为普通文本读取，但该方法又会返回一个Promise对象。

与Angular的基于observable的Http服务不同，Fetch API是基于promise的。在Angular文档中提到了Fetch API，因为Angular有几个类和接口(如Request、Response和RequestOptionsArgs)的灵感来自于它。

在本章的后面，你将看到如何使用HTTP对象的API进行请求，以及如何通过订阅observable流来处理HTTP响应。在第5章中，使用了公共的天气服务器，但在此将使用Node.js框架创建自己的Web服务器。

8.2 使用Node和TypeScript创建Web服务器

许多平台都允许开发并部署服务器。在本书中，我们决定使用Node.js，原因如下：

- 不必为了理解代码而学习新的编程语言。
- Node允许创建独立的应用程序(例如，服务器)。
- Node在使用HTTP和WebSocket通信方面做得很好。
- 使用Node就可以继续使用TypeScript编写代码。因此，我们不需要解释如何使用Java、.NET或Python创建Web服务器。

在Node中，使用几行代码就可以创建一台简单的Web服务器，我们将从一台最基础的Web服务器开始。然后，将会创建一台可以使用HTTP协议提供JSON数据(产品详情)的Web服务器。稍后，将创建另一个版本的Web服务器，它将通过WebSocket连接与客户端进行通信。最后，在动手实践项目中，我们将教你如何编写在线拍卖应用程序的客户端部分，以便它与Web服务器通信。

8.2.1 创建一台简单的Web服务器

在本节中，将创建一个独立的Node应用程序，该应用程序将作为支持所有Angular代码示

例的服务器运行。当服务器和客户端都准备就绪时，项目的目录将具有图8.1所示的结构。

下面先创建一个名为http_websocket_samples并带有子目录server的目录。通过运行以下命令在其中配置一个新的Node项目：

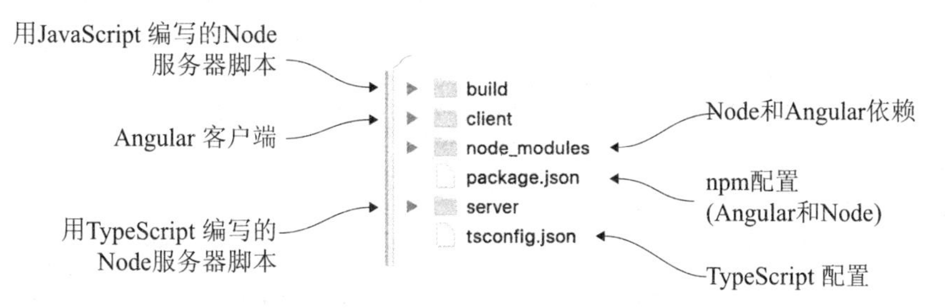

图8.1　Angular-Node应用程序的项目结构

> **注意**
>
> 如果已经运行来自附录B的代码示例，那么你的电脑上应该已经安装了TypeScript编译器。如果没有，请现在就安装。

```
npm  init  -y
```

如第2章所述，-y选项指示npm使用默认设置创建package.json配置文件，而不会提示任何选项。

接下来，创建具有以下内容的hello_server.ts文件：

代码清单8.1　hello_server.ts

```
import * as http from 'http';

const server = http.createServer((request, response)=> {

    response.writeHead(200, {'Content-Type': 'text/plain'});
    response.end('Hello World!\n');
});

const port = 8000;

server.listen(port);
console.log('Listening on http://localhost:' + port);
```

代码清单8.1需要被转换，因此在http_websocket_samples目录中创建tsconfig.json文件，以配置tsc编译器。

代码清单8.2　tsconfig.json

```
{
  "compilerOptions": {
    "target": "es5",
    "module": "commonjs",
    "emitDecoratorMetadata": true,
    "experimentalDecorators": true,
    "outDir": "build"
  },
  "exclude": [
    "node_modules",
    "client"
  ]
}
```

指示tsc根据CommonJS规范转换模块，hello-server，ts将被转换为var http = require('http')；

transpiler(转码器)会将.js文件放入build目录

稍后，将为应用程序的Angular部分创建client目录，但是该代码不需要被转换，因为SystemJS会在运行时完成转换

tsc不应该转换node_modules目录中的代码

运行npmrun tsc命令后，已打包的hello_server.js文件将保存在build目录中，可以启动Web服务器：

```
node build/hello_server.js
```

Node将启动JavaScript引擎V8，它将运行hello_server.js中的脚本，创建一台Web服务器并在控制台打印以下消息："Listening on http://localhost:8000"。如果用浏览器打开此网址，将看到一个带有"Hello World！"文本的页面。

TypeScript 2.0与@types

在本项目中，使用了本地安装的tsc编译器2.0版，它使用@types包来安装类型定义文件。这是因为tsc的旧版本不支持types编译器选项，而且如果在全局安装了旧版本的tsc，运行tsc时将使用该版本，这会导致编译错误。

要确保使用tsc的本地版本，请在package.json的scripts部分将其配置为一个命令("tsc"："tsc")，然后通过输入npm runtsc命令启动编译器来转换服务器的文件。请从tsconfig.json所在的同一目录运行此命令(本章代码示例中的项目根目录)。

需要有Node的类型定义文件(请参阅附录B)以防止TypeScript编译错误。要为其他项目安装Node的类型定义，请从项目的根目录运行以下命令：

```
npm i @types/node --save
```

如果使用本章附带的代码示例，可以运行命令npminstall，因为package.json文件包含Node的@types/node依赖项：

```
"@types/node": "^4.0.30"
```

8.2.2　提供JSON

目前在在线拍卖应用程序的所有代码示例中，产品和评论相关的数据已经在product-service.ts中被硬编码为JSON格式对象的数组。在动手实践部分，将把这些数据移动到服务器，所以NodeWeb服务器需要知道如何提供JSON。

要将JSON发送到浏览器，需要修改header以指定application/json的MIME类型：

```
const server = http.createServer((request, response) => {
    response.writeHead(200, {'Content-Type': 'application/json'});
    response.end('{"message": "Hello Json!"}\n');
});
```

这个代码片段足够作为发送JSON的说明，但现实世界中的服务器执行更多的功能，例如读取文件、路由以及处理各种HTTP请求(GET、POST等)。之后，在在线拍卖应用程序中，需要根据请求响应产品数据或评论数据。

为了减少手动编码，下面安装Express(详见http://expressjs.com)。这是一个Node框架，它提供了所有Web应用程序所需的一组功能。你不会用到它所有的功能，但它有助于创建一个会返回JSON格式数据的RESTfulWeb服务。

要安装Express，请从http_websocket_samples目录运行以下命令：

```
npm install express --save
```

这会将Express下载到node_modules目录并更新package.json中的dependencies部分。

因为该项目的文件具有"@types/express"："^4.0.31"条目，所以在node_modules目录中已经有了Express所有的类型定义。但是，如果要在任何其他项目中安装它们，请运行以下命令：

```
npm i @types/express --save
```

现在可以将Express导入到应用程序中，并在编写TypeScript代码时开始使用其API。以下代码清单显示了my-express-server.ts文件，它实现了针对HTTPGET的服务器端路由。

代码清单8.3　my-express-server.ts

实例化Express对象，用app常量作为引用

仅使用Express API的get( )实现针对GET 请求的路由，但Express具有处理所有HTTP方法所需的方法。可以在express.d.ts中找到它们的声明

```
import * as express from "express";
const app = express( );

app.get('/',(req, res) => res.send('Hello from Express'));

app.get('/products',(req, res) => res.send('Got a request for products'));

app.get('/reviews',(req, res) => res.send('Got a request for reviews'));
```

```
const server = app.listen(8000, "localhost",( ) => {
  const {address, port} = server.address( );

  console.log('Listening on http://localhost:' + port);
```

开始在localhost地址监听端口8000，并当启动时从宽箭头函数执行代码

在此使用解构(请参阅附录A)自动提取 address 和 port 属性的值

如果使用ES5语法而不使用解构，则需要编写两行而不是一行代码：

```
var address = server.address( ).address;
var port = server.address( ).port;
```

通过运行npm run tsc来转换my-express-server.ts，并启动此服务器(node build/my-express-server.js)。根据在浏览器中输入的url，可以请求产品或评论，如图8.2所示。

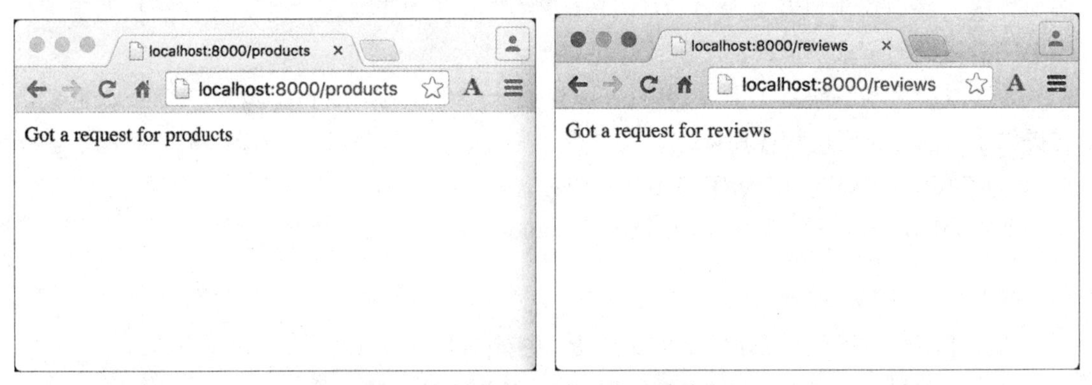

图8.2　使用Express的服务器端路由

> **注意**
> 要调试Node应用程序，请参阅首选的IDE文档，还可以使用命令行工具node-inspector(详见https://github.com/node-inspector/node-inspector)。

8.2.3　TypeScript实时重新编译与代码重新加载

由于服务器端示例使用TypeScript编写，因此在将代码部署到Node之前，需要使用tsc将代码转换为JavaScript。在附录B的B.3.1节中，我们将讨论在监视模式下运行tsc的编译选项-w；每当一个TypeScript文件发生更改时，它会自动被重新编译。要为代码设置自动编译模式，请在含有源代码的目录中打开单独的命令窗口，并在其中运行以下命令：

```
tsc -w
```

当没有指定文件名时，tsc为编译选项使用tsconfig.json文件。现在，每当更改TypeScript代码并保存文件时，它将在构建(build)目录中生成相应的.js文件，正如tsconfig.json中所指定的那样。因此，要使用Node启动Web服务器，可以使用以下命令：

```
node build/my-express-server.js
```

TypeScript代码的实时编译是有用的，但Node服务器在启动后将不会自动获取代码更改。为了使你无需手动重启Node服务器以查看代码修改是否生效，可以使用一个便捷的工具Nodemon(参见http://nodemon.io)。它将监控源代码的任何更改，并且在检测到更改时，自动重新启动服务器并重新加载代码。

可以在全局或本地安装Nodemon。对于全局安装，请使用以下命令：

```
npm install -g nodemon
```

以下命令将以监控模式启动服务器：

```
nodemon build/my-express-server.js
```

在本地安装Nodemon(npm install nodemon--save-dev)并在package.json文件中引入npm脚本(参见https://docs.npmjs.com/misc/scripts)。

代码清单8.4　package.json

```
"scripts": {
  "tsc": "tsc",
  "start": "node build/my-express-server.js",
  "dev": "nodemon build/my-express-server.js"
},
"devDependencies": {
  "nodemon": "^1.8.1"
}
```

使用此设置，可以在开发模式下通过npmrun dev(自动重新启动/重新加载)启动服务器，或者在生产环境中通过npmstart(无重新启动/重新加载)启动服务器。我们将启动nodemon的命令命名为dev，但也可以将其命名为任何想要设置的名称，例如startNodemon。

8.2.4　添加提供产品的RESTful API

你的最终目标是为在线拍卖应用程序提供产品和评论。在本节中，我们将说明如何准备一台具有rest端点的Node服务器。当接收到HTTPGET请求时，以JSON格式提供产品。

修改my-express-server.ts文件中的代码，以提供全部产品或指定产品(按ID)。此应用程序的修改版本在auction-rest-server.ts文件中，如下所示：

代码清单8.5　auction-rest-server.ts

```
import * as express from "express";
const app = express( );
```

```
class Product {                              定义Product类
    constructor(
        public id: number,
        public title: string,
        public price: number){}
}
                                             使用硬编码的数据创建一个含有3
const products = [                           个Product实例的数组
    new Product(0, "First Product", 24.99),
    new Product(1, "Second Product", 64.99),
    new Product(2, "Third Product", 74.99)
];
                                             此函数返回整个Product实
function getProducts( ): Product[] {         例数组
    return products;
}


                                             返回文本提示，作为对来自基本URL的
app.get('/',(req, res) => {                  GET请求的响应
    res.send('The URL for products is http://localhost:8000/products');
});
                                             当Express收到包含/products
app.get('/products',(req, res) => {          的GET请求时，它会调用
    res.json(getProducts( ));                getProducts( )方法并向客户端
});                                          返回JSON格式的结果

function getProductById(productId: number): Product {
    return products.find(p => p.id === productId);
}
                                             根据ID返回产品。这里使用ES6中引入的新的
                                             Array.prototype.find( )方法。如果IDE不知道此
                                             方法，请安装es6-shim polyfill的类型定义文件：
                                             npm install@types/es6-shim--save-dev

app.get('/products/:id',(req, res) => {
    res.json(getProductById(parseInt(req.params.id)));
});

const server = app.listen(8000, "localhost",( ) => {
    const {address, port} = server.address( );
    console.log('Listening on %s %s', address, port);
});
```

当Express收到带有参数的GET请求时，它们的值被存储在请求对象(req)的params属性中。将产品ID从字符串转换为整数，并调用getProductById( )，将结果以JSON格式发送给客户端

现在，可以在Node(运行nodemonbuild/auction-rest-server.js)中启动auction-rest-server.ts应用程序，并查看浏览器是否收到所有产品或选定的产品。图8.3显示了我们输入url http://localhost:8000/products后的浏览器窗口。我们的服务器以JSON格式返回所有产品。

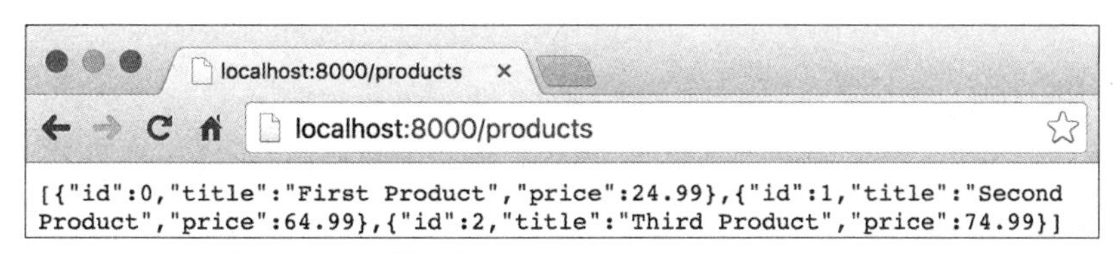

图8.3 Node服务器响应http://localhost:8000/products

图8.4显示了输入URL http://localhost:8000/products/1后的浏览器窗口。这一次，我们的服务器只返回ID为1的产品的数据。

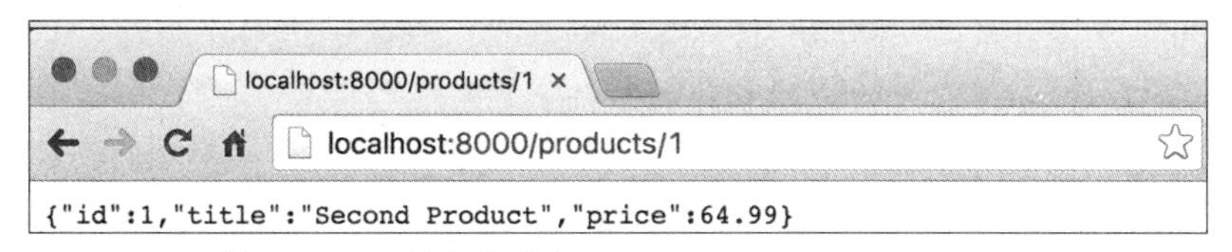

图8.4 Node服务器响应http://localhost:8000/products/1

服务器已准备就绪。现在可以学习如何在Angular应用程序中发起HTTP请求并处理响应。

8.3 将Angular与Node结合在一起

在本章前面，创建了包含auction-rest-server.ts文件的文件夹http_websocket_samples，它是一个响应HTTPGET请求并提供产品详情的Node应用程序。在本节中，将编写Angular客户端，它会发出HTTP请求，并将产品数据作为服务器返回的observable对象处理。Angular应用程序的代码将位于client子目录中(见图8.1)。

8.3.1 服务器上的静态资源

部署在服务器上的典型Web应用程序，会包括用户在输入应用程序的url时必须在浏览器中加载的静态资源(如HTML、图像、CSS和JavaScript代码)。因为我们正在使用的是SystemJS，它可以实时地进行转换，所以TypeScript文件也是静态资源。

从Node的角度来看，这个应用程序的Angular部分被认为是静态资源。因为Angular应用程序会从node_modules加载依赖，所以该目录也属于浏览器所需的静态资源。

Express框架有一个特殊的API用来指定具有静态资源的目录，因而在代码清单8.5所示的auction-rest-server.ts文件中进行一些小改动。在该文件中，还没有指定具有静态资源的目录，因为还没有客户端的应用程序部署在那里。该文件的新版本将被称为auction-rest-server-angular.ts。首先，请添加下列几行代码：

```
import * as path from "path";

app.use('/', express.static(path.join(__dirname, '..', 'client')));
app.use('/node_modules', express.static(path.join(__dirname, '..',
➥ 'node_modules')));
```

当浏览器请求静态资源时，Node将在client和node_modules目录中查找它们。在这里，使用Node的path.join API来确保以跨平台的方式创建文件路径。当需要构建特定文件的绝对路径时，可以使用path.join；你会在后面看到例子。

让我们在服务器上保留相同的rest端点：

- / 提供main.html，它是此应用程序的着陆页。
- /products获取全部产品。
- /products/:id通过ID获取产品。

与my_express_server.ts应用程序中的情况不同，你并不希望Node处理base URL(即/)；你希望Node将main.html发送到浏览器。在auction-rest-server-angular.ts文件中，更改base URL的路由，如下所示：

```
app.get('/',(req, res) => {
  res.sendFile(path.join(__dirname, '../client/main.html'));
});
```

现在，当用户在浏览器中输入Node服务器的url时，首先会提供main.html文件。然后，它将加载你的Angular应用程序与所有依赖。

公共NPM配置文件

新版本的package.json文件将结合Node相关代码和Angular应用程序两者所需的所有依赖。请注意在script部分声明了几个命令。第一个命令用于运行本地安装的tsc，而其他命令用于启动本章包含的代码示例的Node服务器。

代码清单8.6　修改后的package.json文件

```
{
  "private": true,
  "scripts": {
    "tsc": "tsc",
    "start": "node build/my-express-server.js",
    "dev": "nodemon build/my-express-server.js",
    "devRest": "nodemon build/auction-rest-server.js",
    "restServer": "nodemon build/auction-rest-server-angular.js",
    "simpleWsServer": "node build/simple-websocket-server.js",
    "twowayWsServer": "nodemon build/two-way-websocket-server.js",
    "bidServer": "nodemon build/bids/bid-server.js"
  },
  "dependencies": {
    "@angular/common": "^2.0.0",
    "@angular/compiler": "^2.0.0",
```

```
    "@angular/core": "^2.0.0",
    "@angular/forms": "^2.0.0",
    "@angular/http": "^2.0.0",
    "@angular/platform-browser": "^2.0.0",
    "@angular/platform-browser-dynamic": "^2.0.0",
    "@angular/router": "^3.0.0",

    "core-js": "^2.4.0",
    "rxjs": "5.0.0-beta.12",
    "systemjs": "0.19.37",
    "zone.js": "0.6.21",

    "@types/express": "^4.0.31",
    "@types/node": "^4.0.30",
    "express": "^4.14.0",
    "ws": "^1.1.1"
  },
  "devDependencies": {
    "@types/es6-shim": "0.0.30",
    "@types/ws": "0.0.29",
    "nodemon": "^1.8.1",
    "typescript": "^2.0.0"
  }
}
```

请注意，此处包含@angular/http包，其中包括Angular对HTTP协议的支持，还包括ws和@types/ws，在本章后面将会需要它们以用于WebSocket支持。

npm脚本

npm支持package.json中的scripts属性，其中包含十多个开箱即用的脚本(有关详细信息，请参阅npm-scripts文档(详见https://docs.npmjs.com/misc/scripts))。还可以针对开发和部署流程添加新命令。

其中的一些脚本需要手动运行(如npm start)，有些脚本会自动被调用(例如postinstall)。一般来说，如果scripts部分的任何命令以post前缀开头，它将在此前缀后面指定的命令后自动运行。例如，如果定义命令为"postinstall":"myCustomIstall.js"，那么每次运行npm install时，脚本myCustomIstall.js也将运行。

类似地，如果一个命令有pre前缀，那么该命令将在该前缀命名的命令之前运行。例如，在10.3.2节中，将在package.json文件中看到以下命令：

```
"prebuild": "npm run clean && npm run test",
"build": "webpack --config webpack.prod.config.js --progress --profile--colors"
```

如果运行build命令，npm将首先运行在prebuild中定义的脚本；然后将运行在build中定义的脚本。到目前为止，只使用了两个命令：npm start和npm run dev。但是可以将任何喜欢的命令添加到package.json文件的scripts部分。例如，上例中的build和prebuild都是自定义命令。

公共配置文件与单独配置文件

在本章中，客户端和服务器的所有代码示例属于单个npm项目，并共享相同的package.json文件。所有依赖和键入的内容都由客户端和服务器应用程序共享。此设置可能会减少安装依赖的时间并节省磁盘上的空间，因为某些依赖可能在客户端和服务器之间共享。

但是，将客户端和服务器的代码保存在单个项目中往往会使构建自动化过程复杂化，原因有两个：

- 客户端和服务器可能需要特定依赖互相冲突的版本。
- 可以使用构建自动化工具，这可能需要客户端和服务器的不同配置，并且它们的node_modules目录将不再位于项目的根目录中。

在第10章中，将把在线拍卖应用程序的客户端和服务器部分分成两个独立的npm项目。

下一步是将Angular应用程序添加到client目录。

8.3.2　使用Http对象进行GET请求

当Angular的HTTP对象发出请求时，响应返回为observable，而客户端的代码将使用subscribe( )方法处理它。我们从一个简单的应用程序(client/app/main.ts)开始，它从Node服务器检索所有产品，并使用HTML无序列表渲染它们。

代码清单8.7　client/app/main.ts

```
import{platformBrowserDynamic} from '@angular/platform-browser-dynamic';
import {NgModule, Component}      from '@angular/core';
import {BrowserModule} from '@angular/platform-browser';
import {HttpModule, Http} from '@angular/http';
import {Observable} from "rxjs/Observable";
import 'rxjs/add/operator/map';

@Component({
  selector: 'http-client',
  template: `<h1>All Products</h1>
  <ul>
    <li *ngFor="let product of products">
       {{product.title}}
    </li>
  </ul>
  `})
class AppComponent {

  products: Array = [];

    theDataSource: Observable;
```

导入将要被注入AppComponent的HTTP模块和Http对象

RxJS中有100多个运算符；在这个例子中只需要map( )

```
    constructor(private http: Http) {          ← Http服务的实例
                                                 被注入到组件中
        this.theDataSource = this.http.get('/products')  ← 还没有向Node服务器的/
            .map(res => res.json( ));  ← map( )运算符将数        products端点发送GET请
    }                                     据转换为JSON字        求，因为没有被订阅
                                          符串，并返回一个
    ngOnInit( ){                          Observable。在调用
                                          subscribe( )方法之
        // Get the data from the server   前，不会进行任何
        this.theDataSource.subscribe(     服务器请求
            data => {
                if(Array.isArray(data)){
                    this.products=data;
                } else{
                    this.products.push(data);
                }
            },                                    仅当服务器响应错误时，
            err =>                          ←     才会调用错误回调
               console.log("Can't get products. Error code: %s, URL: %s ",
                           å err.status, err.url),
          ( ) => console.log('Product(s) are retrieved')  ←
      );                                        数据流处理完毕后调用
                                                最后的回调
    }
}

@NgModule({
    imports:      [ BrowserModule,
                    HttpModule],          ← 声明HttpModule，它定
    declarations: [ AppComponent],          义了注入Http对象所需
    bootstrap:    [ AppComponent ]          的provider
})
class AppModule { }

platformBrowserDynamic( ).bootstrapModule(AppModule);
```

（左侧注释指向 this.theDataSource.subscribe(：subscribe( )方法发起对服务器的请求。subscribe( )在内部创建一个Observer对象，这个胖箭头表达式将收到的数据赋值给products数组）

要看到错误回调起作用，请将端点从'/products'改为其他值。Angular应用程序将在控制台打印以下内容：“Can't get products.Error code:404，URL:http://localhost:8000/products”。

注意

只有当调用subscribe( )方法，而不是在调用get( )方法时，HTTP GET请求才会发送到服务器。

你已准备好启动服务器并在浏览器中输入其url，以查看提供的Angular应用程序了。可以通过运行下方的长命令来启动你的Node服务器：

```
node build/auction-rest-server-angular.js
```

或通过使用在package.json文件中定义的如下npm脚本来启动：

```
npm run restServer
```

打开浏览器并导航到http://localhost:8000，你会看到图8.5所示的Angular应用程序。

图8.5 从Node服务器检索所有产品

> **注意**
>
> 确保client/systemjs.config.js文件将包app映射到了main.ts。

> **提示**
>
> 可以使HTTP GET请求在问号后面传递URL中的参数(比如myserver.com?param1=val1¶m2=val2)。Http.get( )方法可以接受第二个参数，它是一个实现了RequestOptionsArgs的对象。RequestOptionsArgs的search字段可被用于设置一个字符串或URLSearchParams对象。你将在动手实践部分看到使用URLSearchParams的示例。

8.3.3 在模板中使用AsyncPipe展开observables

在上一节中，通过调用subscribe( )方法处理了TypeScript代码中的observable产品流。Angular提供了一种替代语法，允许使用管道在组件的模板中处理observables；在第5章中将讨论它。

Angular包括AsyncPipe(或async，如果在模板中使用的话)，它可以接收一个promise或observable作为输入并自动订阅。要了解该操作，对上一节的代码进行以下更改：

- 将products变量的类型从Array更改为Observable。
- 删除theDataSource变量的声明。
- 删除代码中的subscribe( )调用，将http.get( ).map( )返回的Observable赋值给products。
- 将async管道添加到模板的*ngFor循环内。

以下代码(main-asyncpipe.ts)实现了这些更改。

代码清单8.8 main-asyncpipe.ts

```
import{platformBrowserDynamic} from '@angular/platform-browser-dynamic';
import {NgModule, Component}       from '@angular/core';
import { BrowserModule } from '@angular/platform-browser';
import {HttpModule, Http} from '@angular/http';
import 'rxjs/add/operator/map';
import {Observable} from "rxjs/Observable";

@Component({
  selector: 'http-client',
  template: `<h1>All Products</h1>
```

```
  <ul>
    <li *ngFor="let product of products | async">    ← async管道从提供的
       {{product.title}}                                products的observable流
    </li>                                               中展开数组元素

  </ul>
  `})                                          现在，products数组有了
class AppComponent {                           Observable类型，它包装一
                                               个字符串数组
  products: Observable<Array<string>>;    ←

  constructor(private http: Http) {

    this.products = this.http.get('/products')
        .map(res => res.json( ));          ←  将map( )返回的
  }                                            Observable赋值给
}                                              products

@NgModule({
  imports:      [ BrowserModule, HttpModule],
  declarations: [ AppComponent],
  bootstrap:    [ AppComponent ]
})
class AppModule { }

platformBrowserDynamic( ).bootstrapModule(AppModule);
```

运行此应用程序将产生与图8.5中相同的输出。

注意

使用了async的AppComponent的这个版本比代码清单8.7中的版本更短，但是显式地调用subscribe( )的代码更容易测试。

8.3.4 将HTTP注入到服务中

在本节中，你将看到一个可注入的ProductService类的示例，该类将封装与服务器的HTTP通信。本节将创建一个小型应用程序，用户可以在该应用程序中输入产品ID，并让此应用程序向服务器的/products/:id端点发出请求。

用户输入产品ID并单击该按钮，该按钮将启动对ProductService对象上observable属性productDetails的一次订阅。图8.6显示了要构建的应用程序的可注入对象。

图8.6　客户端-服务器工作流

在第7章中，你熟悉了Forms API。本章将创建带有一个简单表单的AppComponent，

该表单具有输入字段和Find Product按钮。此应用程序将与之前创建的NodeWeb服务器进行通信，并且将在两次迭代中实现客户端部分。在第一版(main-form.ts)中，将不使用ProductService类。AppComponent将获得注入的HTTP对象，并向服务器发出请求。

代码清单8.9 main-form.ts

```
import {platformBrowserDynamic} from '@angular/platform-browser-dynamic';
import {NgModule, Component}      from '@angular/core';
import {BrowserModule} from '@angular/platform-browser';
import {FormsModule} from '@angular/forms';
import {HttpModule, Http} from '@angular/http';

@Component({
  selector: 'http-client',
  template: `<h1>Find Product By ID</h1>
     <form #f="ngForm"(ngSubmit) = "getProductByID(f.value)" >   ← 定义当用户单击提交按钮时调用getProductByID( )的表单
       <label for="productID">Enter Product ID</label>
       <input id="productID" type="number" name = "productID" ngModel>
       <button type="submit">Find Product</button>
     </form>

     <h4>{{productTitle}} {{productPrice}}</h4>
  `})
class AppComponent {

  productTitle: string;
  productPrice: string;

  constructor(private http: Http) {}

  getProductByID(formValue){
    this.http.get(`/products/${formValue.productID}`)   ← 使用字符串内插方式将输入的productID附加到HTTP get( )请求中的URL 。此时尚未发出HTTP GET请求
        .map(res => res.json( ))
        .subscribe(
           data => {this.productTitle= data.title;   ← subscribe( )发出GET请求，并将接收到的值赋给类变量productTitle和productPrice，它们将被绑定到HTML模板
                    this.productPrice=`$` + data.price;},
           err => console.log("Can't get product details. Error code: %s,
                ➥ URL: %s ",
                err.status, err.url),   ← 如果发生错误，就在控制台打印错误代码和URL
        ( ) =>    console.log('Done')
     );
  }
}

@NgModule({
    imports:       [ BrowserModule,  FormsModule, HttpModule],
    declarations: [ AppComponent],
    bootstrap:     [ AppComponent ]
})
class AppModule { }

platformBrowserDynamic( ).bootstrapModule(AppModule);
```

图8.7显示了当我们输入2作为产品ID并单击Find Product按钮之后的截图，该按钮向

url http://localhost:8000/products/2发送了一个请求。Node Express服务器用相应的rest端点匹配到/products/2，并将此请求路由到定义为app.get('/products/:id')的方法。

图8.7　根据ID获取产品详情

将HTTP对象注入到服务中

现在介绍ProductService类(product-service.ts)。在代码清单8.9中，将HTTP注入到AppComponent的构造函数中；现在会把使用HTTP的代码移动到ProductService中，代码反映了图8.6中的架构。

代码清单8.10　product-service.ts

```
import { Http} from '@angular/http';
import { Injectable} from "@angular/core";
import {Observable} from 'rxjs/Observable';
import 'rxjs/add/operator/map';

@Injectable( )
export class ProductService{

  constructor(private http: Http){}

  getProductByID(productID: string): Observable<any>{
    return this.http.get(`/products/${productID}`)
        .map(res => res.json( ));
  }
}
```

在之前版本的ProductService中没有使用@Injectable注解，因为没有将任何东西注入ProductService本身

Angular注入Http对象的实例，而private限定符隐式地创建了http实例变量

getProductByID( )方法形成了URL，但没有调用subscribe( )方法。它返回一个Observable对象。处理数据的组件将提供一个观察者

ProductService类使用DI。@Injectable( )装饰器指示TypeScript编译器为ProductService生成元数据，这里需要使用这个装饰器。在将HTTP注入到具有另一个装饰器(@Component)的组件中时，这是向TypeScript编译器发出信号以生成DI所需组件的元

数据。如果ProductService类没有任何装饰器，那么TypeScript编译器就不会为其生成任何元数据，而Angular DI机制也不会知道要对ProductService做一些注入。对于表示服务的类，只需要存在@Injectable( )装饰器，并且不应该忘记在tsconfig.json文件中包含"emitDecoratorMetadata":true。

AppComponent(main-with-service.ts)的新版本将成为ProductService生成的observable流的订阅者。

代码清单8.11 main-with-service.ts

```
import {platformBrowserDynamic} from '@angular/platform-browser-dynamic';
import {NgModule, Component}       from '@angular/core';
import {BrowserModule} from '@angular/platform-browser';
import {FormsModule} from '@angular/forms';
import {HttpModule, Http} from '@angular/http';
import {ProductService} from './product-service';

@Component({
  selector: 'http-client',
  providers: [ProductService],
  template: `<h1>Find Product By ID Using ProductService</h1>
     <form #f="ngForm"(ngSubmit)="getProductByID(f.value)">
       <label for="productID">Enter Product ID</label>
       <input id="productID" type="number" ngControl="productID">
       <button type="submit">Find Product</button>
     </form>
     <h4>{{productTitle}} {{productPrice}}</h4>
  `})
class AppComponent {

  productTitle: string;
  productPrice: string;

  constructor(private productService: ProductService) {}

  getProductByID(formValue){
      this.productService.getProductByID(formValue.productID)
        .subscribe(
            data => {this.productTitle = data.title;
                     this.productPrice = `$` + data.price;},
           err => console.log("Can't get product details. Error code: %s,
                 ➥ URL: %s ",err.status, err.url),
           ( ) => console.log('Done')
      );
  }.
}

@NgModule({
    imports:      [ BrowserModule,  FormsModule, HttpModule],
    declarations: [ AppComponent],
    bootstrap:    [ AppComponent ]
})
```

现在Angular注入了ProductService，而在此组件之前的版本中，注入了Http对象

调用ProductService上的返回一个Observable对象的方法

订阅该Observable对象，并处理结果

```
class AppModule { }

platformBrowserDynamic( ).bootstrapModule(AppModule);
```

ProductService不是组件，而是一个类，而且Angular不允许为类指定provider。因此，通过在@Component装饰器中包含providers属性来指定AppComponent中的HTTP provider。另一个选择是在@NgModule中声明provider。在这个特定的应用程序中，这不会产生什么区别。

在第4章中，当讨论DI时，我们提到Angular可以注入对象，而且如果它们有自己的依赖，Angular也会将它们注入。代码清单8.11证实Angular的DI模块运行符合预期。

8.4 通过WebSocket进行客户端-服务器通信

WebSocket是所有现代Web浏览器都支持的低开销二进制协议。使用基于请求的HTTP，客户端通过连接发送请求，并等待响应(半双工)，如图8.8所示。另一方面，WebSocket协议允许数据在同一连接上同时(全双工)在两个方向上传播，如图8.9所示。WebSocket连接是长连接(keep alive)，这具有额外的优点：降低了服务器和客户端之间交互的延迟。

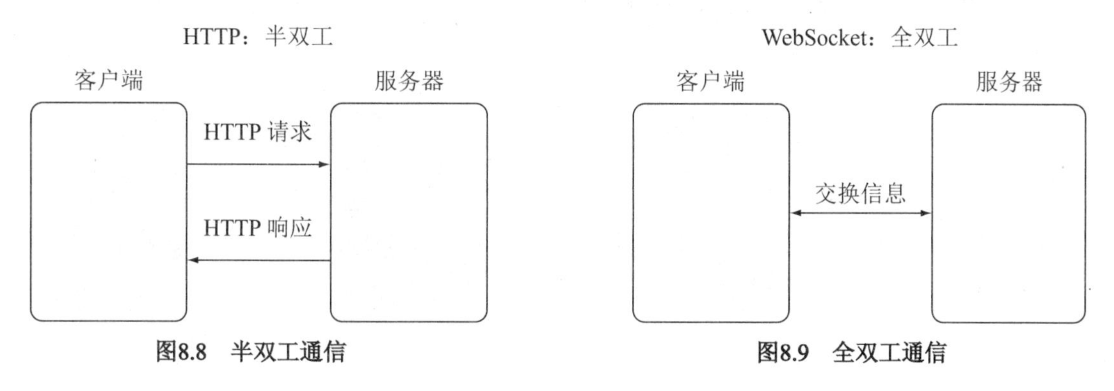

图8.8 半双工通信　　**图8.9 全双工通信**

使用WebSocket的开销低至几个字节，而典型的HTTP请求/响应向应用程序数据添加了几百个字节(headers)。如果不熟悉WebSocket，请参阅www.websocket.org上的一些在线教程。

8.4.1 从Node服务器推送数据

大多数服务器端平台(Java、NET、Python等)都支持WebSocket，但是我们将继续使用Node来实现基于WebSocket的服务器。你将实现一个特定的用例：服务器在客户端连接到socket后立即将数据推送到基于浏览器的客户端。我们故意不从客户端发送数据请求，以说明WebSocket不是请求-响应式的通信。任意一方都可以通过WebSocket连接开始发送数据。

有几个Node包实现了WebSocket协议；在此将使用名为ws(https://www.npmjs.com/package/ws)的npm包。通过在项目目录中输入以下命令来安装它：

```
npm install ws --save
```

然后安装ws的类型定义文件：

```
npm install @types/ws --save-dev
```

现在，当使用ws包中的API时，TypeScript编译器就不会抱怨了。此外，该文件可方便查看可用的API和类型。

你的第一台WebSocket服务器将非常简单：一旦建立连接后，就会将文本“This message was pushed by the WebSocket server”推送到客户端。 你有意不希望客户端向服务器发送任何数据请求，以说明socket是双向通道，并且服务器可以在没有任何请求仪式的情况下推送数据。

代码清单8.12(simple-websocket-server.ts)中的应用程序创建了两台服务器。HTTP服务器将在端口8000上运行，并负责将初始HTML文件发送给客户端。WebSocket服务器将在端口8085上运行，并通过此端口与所有连接的客户端进行通信。

代码清单8.12 simple-websocket-server.ts

```
import * as express from "express";
import * as path from "path";
import {Server} from "ws";

const app = express( );

app.use('/', express.static(path.join(__dirname, '..', 'client')));
app.use('/node_modules', express.static(path.join(__dirname, '..',
➥ 'node_modules')));

// HTTP Server
app.get('/',(req, res) => {
    res.sendFile(path.join(__dirname, '..',
       ➥ 'client/simple-websocket-client.html'));
});

const httpServer = app.listen(8000, "localhost",( ) => {

    console.log('HTTP Server is listening on port 8000');
});

// WebSocket Server

var wsServer: Server = new Server({port:8085});
```

此例使用ws模块中的Server类型显式声明变量，这就是为什么只导入Server定义的原因

每当HTTP客户端连接到base URL时，HTTP服务器将发回client/simple-websocket-client.html文件

HTTP服务器开始监听端口8000

WebSocket服务器开始监听端口8085。wsServer变量将知道有关此socket的所有内容

```
console.log('WebSocket server is listening on port 8085');

wsServer.on('connection',
            websocket => websocket.send('This message was pushed by the
            ➥ WebSocket server'));
```

一旦客户端连接到此socket，连线事件将在由wsSocket表示的对象上发送到该特定客户端

send( )方法将推送消息：This message was pushed by the WebSocket server

注意

在代码清单8.12中，只从ws导入了Server模块。如果使用了其他导出的成员，可以写成import*as ws from "ws"。

在代码清单8.12中，HTTP和WebSocket服务器正在不同的端口上运行，但可以通过向WsServer的构造函数提供新创建的httpServer实例来重用相同的端口：

```
const httpServer = app.listen(8000, "localhost",( ) => {...});
const wsServer: WsServer = new WsServer({server: httpServer});.
```

在动手实践部分，将为HTTP和WebSocket通信复用端口8000(请参阅server/auction.ts文件)。

注意

一旦新的客户端连接到服务器，对此连接的引用将被添加到wsServer.clients数组中，以便可以根据需要向所有连接的客户端广播消息：wsServer.clients.forEach(client=>client.send('...'); 。

客户端的simple-websocket-client.html文件的内容如代码清单8.13所示。此客户端不使用Angular或TypeScript。一旦将该文件下载到浏览器，其脚本将连接到位于ws://localhost:8085地址的WebSocket服务器。注意，协议是ws而不是http。对于secure socket连接，请使用wss协议。

代码清单8.13　simple-websocket-client.html

```
<!DOCTYPE html>
<html>
<head>
    <meta charset="UTF-8">
</head>
<body>
<span id="messageGoesHere"></span>

<script type="text/javascript">
    var ws = new WebSocket("ws://localhost:8085");
```

建立socket连接。此时，服务器将协议从HTTP升级到WebSocket

```
    ws.onmessage = function(event) {
        var mySpan = document.getElementById("messageGoesHere");
        mySpan.innerHTML=event.data;
    };

    ws.onerror = function(event){
        console.log("Error ", event)
    }
</script>
</body>
</html>
```

当消息从socket到达时，将其内容显示在<span>元素中

在出现错误的情况下，浏览器会在控制台记录错误消息

要运行将数据推送到客户端的服务器，请启动Node服务器(node build/simple-websocket-server.js 或npmsimpleWsServer)，它将在控制台打印以下消息：

```
WebSocket server is listening on port 8085
HTTP Server is listening on 8000
```

注意

如果要修改位于server目录中的代码，请不要忘记在项目的根目录中运行npm runtsc，这是用于在build目录中创建新版本的JavaScript代码，否则node命令将加载旧的JavaScript文件。

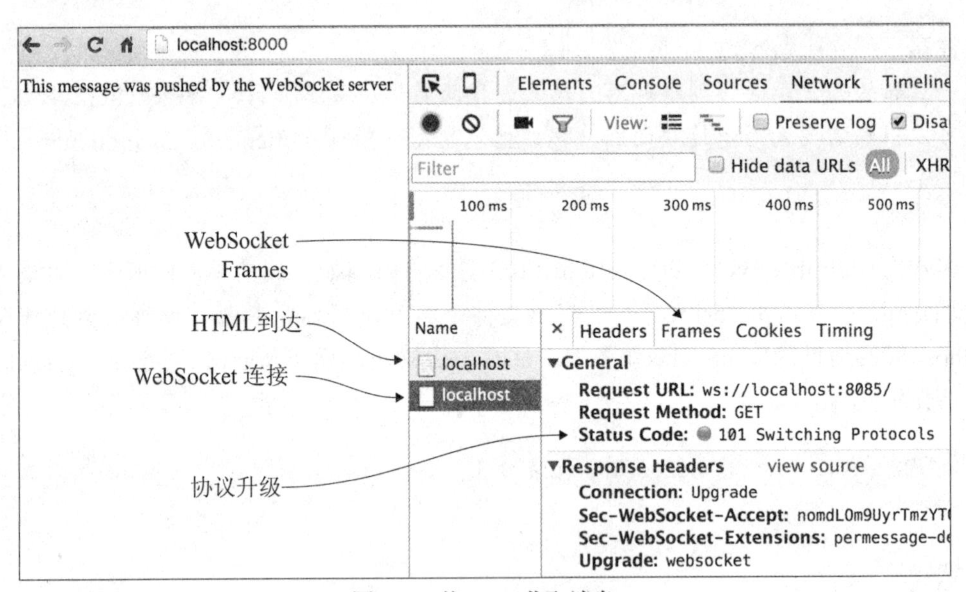

图8.10　从socket获取消息

要接收从服务器推送的消息，请打开浏览器并导航到http://localhost:8000。你将看到如图8.10所示的消息。

在这个例子中，HTTP协议仅用于初始加载HTML文件。然后客户端请求将协议升级到WebSocket(状态码101)，此后应用程序将不再使用HTTP。

> **提示**
> 可以使用Chrome Developer Tools中的Frames选项卡来监控socket上的消息。

8.4.2　将WebSocket转换成observable

在上一节中，使用浏览器的WebSocket对象在JavaScript(无Angular)中编写了一个客户端。现在我们将向你展示如何创建一个将浏览器的WebSocket对象包装在observable流中的服务，以便Angular组件可以通过socket连接订阅来自服务器的消息。

此前，在8.3.2节中，接收产品数据的代码的结构如下(伪代码)：

```
this.http.get('/products')
  .subscribe(
      data => handleNextDataElement( ),
      err => handleErrors( ),
    ( ) => handleStreamCompletion( )
);
```

基本上，你的目标是编写应用程序代码，此代码将消耗由Angular的HTTP服务提供的observable流。但Angular没有可以从WebSocket连接中产生observable的服务，所以必须编写这样一个服务。Angular客户端将采用与使用HTTP对象相同的方式订阅来自WebSocket的消息。

在observable流中封装任意服务

现在将创建一个不使用WebSocket服务器的小型Angular应用程序，但它将说明如何将业务逻辑封装进一个通过observable流发送数据的Angular服务中。我们首先创建一个observable服务，它将发送硬编码的值，而不实际连接到socket。以下代码创建一个每秒发出当前时间的服务：

代码清单8.14　custom-observable-service.ts

```
import {Observable} from 'rxjs/Rx';

export class CustomObservableService{

  createObservableService( ): Observable<Date>{

      return new Observable(
          observer => {
              setInterval(( ) =>
                  observer.next(new Date( ))
              , 1000);
          }
      );
  }
}
```

在上述代码中，创建了一个observable，假设订阅者将提供一个Observer对象，该对象知道如何处理由observable推送的数据。每当observable调用observer上的next( )方法时，订阅者将收到作为参数给出的值(在此例中为new Date( ))。数据流不会抛出错误，并且永远不会完成。

注意

还可以通过显式调用Subscriber.create( )来为observable创建一个订阅者。在动手实践部分将介绍一个这样的例子。

代码清单8.15中的AppComponent被注入了CustomObservableService，调用了返回observable的createObservableService( )方法，并订阅了它，创建了一个知道如何处理数据的observer。此应用程序中的observer将接收的时间赋值给currentTime变量。

代码清单8.15　custom-observable-service-subscriber.ts

```
import{platformBrowserDynamic} from '@angular/platform-browser-dynamic';
import{NgModule, Component}      from '@angular/core';
import{BrowserModule} from '@angular/platform-browser';
import 'rxjs/add/operator/map';

import {CustomObservableService} from "./custom-observable-service";

@Component({
  selector: 'app',
  providers: [ CustomObservableService ],
  template: `<h1>Simple subscriber to a service</h1>
      Current time: {{currentTime | date: 'jms'}}
  `})
class AppComponent {

  currentTime: Date;

  constructor(private sampleService: CustomObservableService) {

      this.sampleService.createObservableService( )
        .subscribe(data => this.currentTime = data);
  }
}

@NgModule({
  imports:      [ BrowserModule],
  declarations: [ AppComponent],
  bootstrap:    [ AppComponent ]
})
class AppModule { }

platformBrowserDynamic( ).bootstrapModule(AppModule);
```

对于此应用程序，可以在项目的根目录中创建index.html文件。此应用程序不使用任何服务器，可以通过在终端窗口中输入命令live-server来运行它。在浏览器窗口中，当前时间将每秒更新一次。这里使用了格式为'jms'的DatePipe，它仅显示小时、分钟和秒(在Angular DatePipe文档中描述了所有的日期格式，网址为http://mng.bz/78lD)。

这是一个简单的例子，但它演示了将任何应用程序逻辑封装进一个observable流并订阅它的基本技术。在这个例子中，使用了setInterval( )，但也可以将其替换为生成一个或多个值的任何特定应用程序的代码，并将其作为流发送。

如果需要，不要忘记错误处理和完成流。以下代码片段显示了向observer发送一个元素的示例observable，可能会抛出一个错误，并告诉observer流已完成：

```
return new Observable(
    observer => {
      try {
        observer.next('Hello from observable');

        //throw("Got an error");

      } catch(err) {
         observer.error(err);
      } finally{
         observer.complete( );
      }
    }
);
```

如果取消throw一行的注释，observer.error( )会被调用，这会导致在订阅者上调用错误处理程序(如果有的话)。

现在我们来学习Angular服务与WebSocket服务器之间的通信。

Angular与WebSocket服务器之间的通信

下面创建一个小型的Angular应用程序，并使用WebSocket服务(在客户端上)与NodeWebSocket服务器进行交互。服务器层可以使用任何支持WebSocket的技术来实现。图8.11说明了此应用程序的架构。

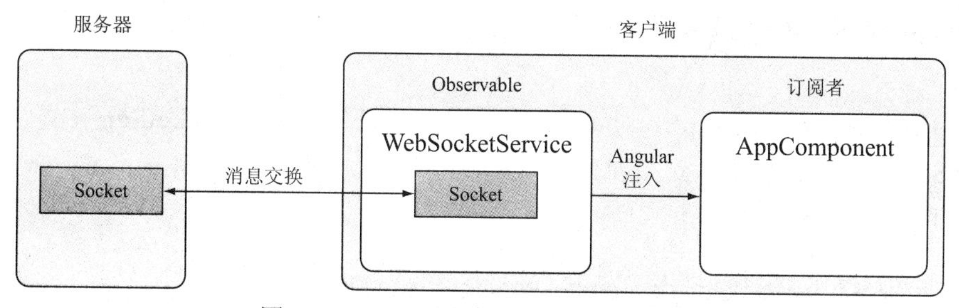

图8.11　Angular通过socket与服务器交互

代码清单8.16中的代码将浏览器的WebSocket对象封装到一个observable流中。此服务创建一个基于所提供的url连接到服务器的WebSocket实例，并且该实例会处理从服务器接收的消息。WebSocketService还有一个sendMessage( )方法，因此客户端可以向服务器发送消息。

代码清单8.16 websocket-observable-service.ts

```
import {Observable} from 'rxjs/Rx';

export class WebSocketService{

    ws: WebSocket;

    createObservableSocket(url:string):Observable{

        this.ws = new WebSocket(url);

        return new Observable(
          observer => {

            this.ws.onmessage =(event) =>
                       observer.next(event.data);

            this.ws.onerror =(event) => observer.error(event);

            this.ws.onclose =(event) => observer.complete( );

        }
  );
    }

    sendMessage(message: any){
        this.ws.send(message);
    }
}
```

注意

代码清单8.16显示了从WebSocket创建observable的一种方法。作为替代，也可以使用Observable.webSocket( )方法来实现。

代码清单8.17显示了AppComponent的代码，它订阅了WebSocketService。在图8.11中，WebSocketService被注入到AppComponent中。当用户单击Send Msg to Server按钮时，此组件还可以向服务器发送消息。

代码清单8.17 websocket-observable-service-subscriber.ts

```
import {platformBrowserDynamic} from '@angular/platform-browser-dynamic';
```

```
import {NgModule, Component} from '@angular/core';
import {BrowserModule} from '@angular/platform-browser';

import {WebSocketService} from "./websocket-observable-service";

@Component({
  selector: 'app',
  providers: [ WebSocketService ],
  template: `<h1>Angular subscriber to WebSocket service</h1>
       {{messageFromServer}}<br>
       <button(click)="sendMessageToServer( )">Send msg to Server</button>
  `})
class AppComponent {

  messageFromServer: string;

  constructor(private wsService: WebSocketService) {

      this.wsService.createObservableSocket("ws://localhost:8085")
        .subscribe(
            data => {
              this.messageFromServer = data;
            },
            err => console.log(err),
          ( ) =>  console.log('The observable stream is complete')
      );
  }

    sendMessageToServer( ){
        console.log("Sending message to WebSocket server");

        this.wsService.sendMessage("Hello from client");
    }
}

@NgModule({
    imports:      [ BrowserModule],
    declarations: [ AppComponent],
    bootstrap:    [ AppComponent ]
})
class AppModule { }

platformBrowserDynamic( ).bootstrapModule(AppModule);
```

渲染这个组件的HTML文件叫作two-way-websocket-client.html。需要确保systemjs.config.js中的websocket-observable-service-subscriber被配置为main app脚本。

代码清单8.18 two-way-websocket-client.html

```
<!DOCTYPE html>
<html>
<head>
  <title>Http samples</title>
```

```
<script src="https://cdn.polyfill.io/v2/polyfill.js?features=Intl.~locale.en">
</script>

  <script src="node_modules/zone.js/dist/zone.js"></script>
  <script src="node_modules/typescript/lib/typescript.js"></script>
  <script src="node_modules/reflect-metadata/Reflect.js"></script>
  <script src="node_modules/rxjs/bundles/Rx.js"></script>
  <script src="node_modules/systemjs/dist/system.src.js"></script>
  <script src="systemjs.config.js"></script>
  <script>
    System.import('app').catch(function(err) {console.error(err);});
  </script>
</head>
<body>
<app>Loading...</app>
</body>
</html>
```

最后，将创建simple-websocket-server.ts的另一个版本，为一个不同的Angular客户端提供HTML文件。该服务器将在two-way-websocket-server.ts文件中实现，这两个版本的代码几乎相同，但有两处小的改动：

- 当服务器接收到发给base URL的请求时，需要向客户端提供上述HTML：

```
app.get('/',(req, res) => { res.sendFile(path.join(__dirname, '..',
➥ 'client/two-way-websocket-client.html'));
});
```

- 需要添加on('message')处理程序来处理从客户端发来的消息：

```
wsServer.on('connection',
   websocket => {
       websocket.send('This message was pushed by the WebSocket server');

       websocket.on('message',
               message => console.log("Server received:%s", message));
   });
```

要查看此应用程序的运行情况，请运行nodemon build/two-way-websocket_server.js(或使用在package.json中配置的npmrun twowayWsServer命令)，并将浏览器导航到localhost:8000。你看到的窗口将带有从Node推送过来的消息，如果单击按钮，一条“Hello from client”消息将被发送到服务器。单击按钮一次后，截屏将如图8.12所示(在Network下的Frames选项卡中将打开Chrome Developer Tools)。

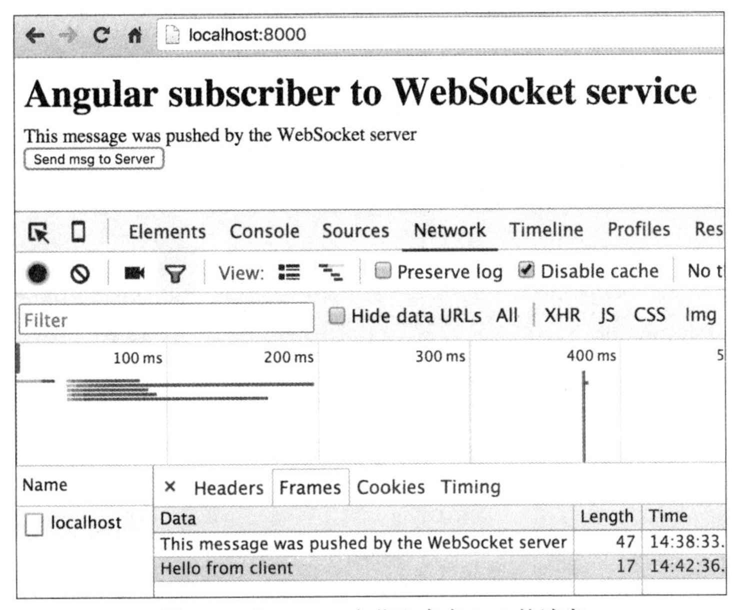

图8.12　在Angular中获取来自Node的消息

现在，你已经知道了如何通过HTTP和WebSocket协议与服务器进行通信，下面介绍在线拍卖应用程序如何与Node服务器交互。

8.5　动手实践：实现产品搜索和出价通知

要添加到本章的在线拍卖应用程序版本中的代码量非常大，所以我们决定完全不需要输入。在这个动手实践练习中，我们仅查看在本章附带的在线拍卖应用程序的新版本中，新的以及修改过的代码片段。此应用程序的这个版本完成了以下两个主要目标：

- 实现产品搜索功能。SearchComponent会将此在线拍卖应用程序通过HTTP连接到Node服务器，而且产品和评论相关的数据将来自服务器。
- 使用WebSocket协议添加服务器推送的出价通知，所以用户可以订阅并查看所选产品的出价。

图8.13显示了产品搜索实现中涉及的主要参与者。

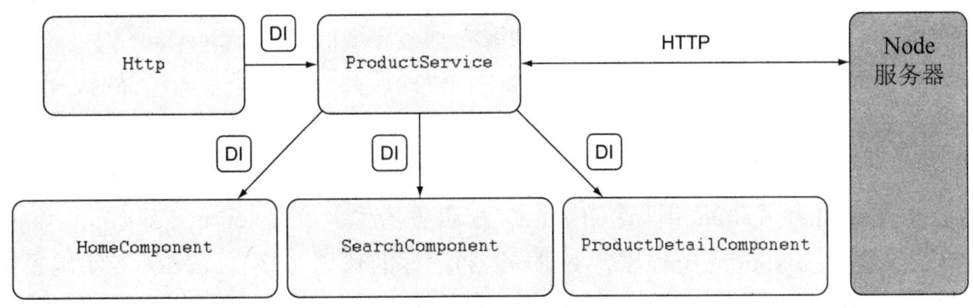

图8.13　产品搜索实现

图8.13中的DI表示Dependency Injection(依赖注入)。Angular将HTTP对象注入到ProductService中，ProductService会被依次注入到如下三个组件中：HomeComponent、SearchComponent和ProductDetailComponent。ProductService对象负责与服务器的所有通信。

注意

在此项目中使用Node服务器，但可以使用任何支持HTTP和WebSocket协议的技术，如Java、.NET、Python、Ruby等。

如前所述，我们将简要介绍在各种脚本中对代码所做的更改，但你应该自行对在线拍卖应用程序的代码进行详细审查，scripts部分如下所示：

```
"scripts": {
    "tsc": "tsc",
    "start": "node build/auction.js",
    "dev": "nodemon build/auction.js"
  }
```

运行npmstart将启动Node服务器以加载auction.js脚本。在这个项目中，tsconfig.json文件将build目录指定为TypeScript编译器的输出。当在项目根目录中运行npmrun tsc时，将在其中创建两个文件：auction.js和model.js。如果全局安装了TypeScript编译器2.0或更高版本，只需运行tsc命令即可。

TypeScript源文件auction.ts包含实现HTTP和WebSocket服务器的代码，model.ts包含现在驻留在服务器上的数据。运行npmrun dev将以实时重新加载模式启动Node服务器。

8.5.1 使用HTTP实现产品搜索

在线拍卖应用程序的首页在左侧有一个搜索表单，用户可以输入搜索条件，单击search按钮，从服务器获取匹配的产品。如图8.13所示，ProductService负责与服务器的所有HTTP通信，包括产品信息的初始加载或查找符合特定条件的产品。

将产品数据和评论数据移到服务器上

到目前为止，产品和评论相关数据被硬编码到客户端的ProductService类中。当应用程序启动时，它在HomeComponent中显示全部硬编码的产品。当用户单击产品时，路由器将导航到ProductDetailComponent，该组件显示产品详情和评论，也在ProductService中进行了硬编码。

现在，想要将有关产品和评论的数据放在服务器上。文件server/auction.ts和server/model.ts包含将作为Node应用程序(Web服务器)运行的代码。文件auction.ts实现了HTTP和WebSocket功能，而文件model.ts声明了Product和Review类以及带有数据的products和

reviews数组。这些数组也会从文件client/app/services/product-service.ts中删除。

> **注意**
>
> Product类有一个新属性categories，将会在SearchComponent中用到该属性。

ProductService类

ProductService类将获得注入的HTTP对象，而且这个类的大多数方法都将返回由HTTP请求生成的observable流。以下代码片段显示了getProducts( )方法的新版本：

```
getProductById(productId: number): Observable<Product> {
  return this.http.get(`/products/${productId}`)
    .map(response => response.json( ));
}
```

你会记得，上述方法将不会发出HTTPGET请求，直到某个对象订阅getProducts( )或某个组件的模板，将此方法返回的数据与AsyncPipe一起使用为止(可以在HomeComponent中找到示例)。

getProductById( )方法看起来类似如下形式：

```
getProductById(productId: number): Observable<Product> {
  return this.http.get(`/products/${productId}`)
    .map(response => response.json( ));
}
```

getReviewsForProduct( )方法也返回一个observable对象：

```
getReviewsForProduct(productId: number): Observable<Review[]> {
  return this.http
    .get('/products/${productId}/reviews')
    .map(response => response.json( ))
    .map(reviews => reviews.map(
    (r: any) => new Review(r.id, r.productId, new Date(r.timestamp),
        ➥ r.user, r.rating, r.comment)));
}
```

当用户单击SearchComponent中的search按钮时，将使用新的ProductService.search( )方法：

```
search(params: ProductSearchParams): Observable<Product[]> {
    return this.http
      .get('/products', {search: encodeParams(params)})
      .map(response => response.json( ));
  }
```

上面的Http.get( )方法使用了第二个参数，它是一个具有search属性的对象，用于存储查询字符串参数。正如之前在RequestOptionsArgs接口中看到的那样，search属性可以保存一个字符串或URLSearchParams实例。

以下是ProductService.encodeParams( )方法的代码，它将一个JavaScript对象转换为一个URLSearchParams实例：

```
function encodeParams(params: any): URLSearchParams {
  return Object.keys(params)
    .filter(key => params[key])
    .reduce((accum: URLSearchParams, key: string) => {
      accum.append(key, params[key]);
      return accum;
    }, new URLSearchParams( ));
}
```

新的ProductService.getAllCategories( )方法被用于填充SearchComponent中的Categories下拉列表：

```
getAllCategories( ): string[] {
  return ['Books', 'Electronics', 'Hardware'];
}
```

ProductService类还定义了一个新的类型为EventEmitter的searchEvent变量。在下一节中，当我们讨论如何将搜索结果传给HomeComponent时，我们将解释具体用法。

向HomeComponent提供搜索结果

最初，HomeComponent通过调用ProductService.getProducts( )方法来显示所有产品。但是，如果用户按某些条件执行搜索，则需要向服务器发出请求，这可能会返回一个产品的子集；或者如果没有符合搜索条件的产品，则返回一个空的数据集合。

SearchComponent接收结果，它会被传给HomeComponent。如果这两个组件是同一父级的子级，则可以将这个父级用作调节器(参见第6章)以及子集数据的输入/输出参数。但HomeComponent是通过路由动态添加到AppComponent的，并且目前Angular不支持跨路由的输入/输出参数。你需要另一个调节器，而ProductService对象就可以变成一个调节器，因为它被注入到SearchComponent和HomeComponent中。

ProductService类具有一个如下声明的searchEvent变量：

```
searchEvent: EventEmitter = new EventEmitter( );
```

SearchComponent使用此变量发送searchEvent，它以带有搜索参数的对象作为有效载荷。HomeComponent订阅此事件，如图8.14所示。

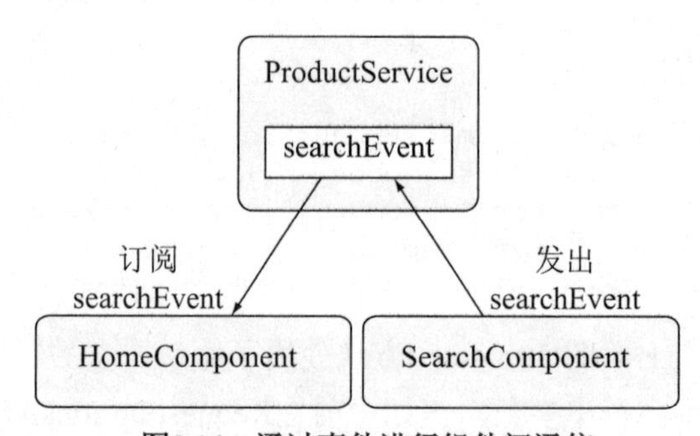

图8.14　通过事件进行组件间通信

SearchComponent是一个表单，当用户单击search按钮时，它必须通知事件输入了哪些搜索参数。ProductService通过发出带有搜索参数的事件来执行此操作：

```
onSearch( ) {
  if(this.formModel.valid) {
    this.productService.searchEvent.emit(this.formModel.value);
  }
}
```

HomeComponent订阅了searchEvent，它可能来自SearchComponent，附带着搜索参数的有效载荷。

一旦发生这种情况，ProductService.search( )方法就会被调用：

```
this.productService.searchEvent
  .subscribe(
    params => this.products = this.productService.search(params),
    console.error.bind(console),
  ( ) => console.log('DONE')
);
```

搜索限制

我们的搜索解决方案假设当用户执行产品搜索时，HomeComponent显示在屏幕上。但如果用户导航到了产品详情视图，HomeComponent将从DOM中被删除，并且没有searchEvent的监听者。对于本书中的例子来说这不是严重的缺点，而且如果用户从Home路由导航而来，禁用搜索按钮将会是一个简单的修复方案。也可以将Router对象注入SearchComponent，若用户在Home路由未激活时单击Search按钮(if(!router.isActive(url)))，则可以通过调用router.navigate('home')以编程方式导航到它，此方法返回一个Promise对象。当promise被resolve时，可以从那里发出searchEvent。

在服务器上处理产品搜索

以下代码片段来自文件auction.ts，它处理客户端发送的产品搜索请求。当客户端使用查询字符串参数命中服务器端点时，收到的参数将作为req.query传递给getProducts( )函数，该函数在products数组上执行一系列(由参数指定的)过滤器，过滤掉不匹配的产品：

```
app.get('/products',(req, res) => {
  res.json(getProducts(req.query));
});

...

function getProducts(params): Product[] {
  let result = products;

  if(params.title) {
    result = result.filter(
      p => p.title.toLowerCase( ).indexOf(params.title.toLowerCase( )) !== -1);
```

```
    }
    if(result.length > 0 && parseInt(params.price)) {
      result = result.filter(
        p => p.price <= parseInt(params.price));
    }
    if(result.length > 0 && params.category) {
      result = result.filter(
        p => p.categories.indexOf(params.category.toLowerCase( )) !== -1);
    }

    return result;
  }
```

测试产品搜索功能

现在我们已经对产品搜索(功能)的实现进行了简要的代码审查，可以使用命令npmrun dev启动Node服务器并将浏览器导航到localhost:8000。当载入在线拍卖应用程序时，请在左侧表单中输入搜索条件，并查看HomeComponent如何重新渲染符合搜索条件的子级(ProductItemComponent)。

8.5.2　使用WebSocket广播拍卖出价

在真实的拍卖中，多个用户可以对产品进行竞标。当服务器收到来自用户的出价时，出价服务器应向所有感兴趣接收通知的用户(订阅通知的用户)广播最新的出价。你已经通过从随机用户生成随机出价模拟了出价过程。

当用户打开产品详情视图时，他们应该可以订阅其他用户在所选产品上发出的出价通知。可使用服务器端推送通过WebSocket实现此功能。图8.15显示了带有Watch切换按钮的产品详情视图，此按钮可以开始或停止由服务器通过socket推送的当前出价通知。接下来，我们将简要强调在线拍卖应用程序中与出价通知相关的更改。

客户端

在目录client/app/services中有两个新的服务：BidService和WebSocketService。WebSocketService是WebSocket对象的observable封装器。它与之前在8.4.2节中创建的类似。

BidService得到了注入的WebSocketService：

```
@Injectable( )
export class BidService {
  constructor(private webSocket: WebSocketService) {}

  watchProduct(productId: number): Observable {
    let openSubscriber = Subscriber.create(
    ( ) => this.webSocket.send({productId: productId}));

    return this.webSocket.createObservableSocket('ws://
```

```
        localhost:8000', openSubscriber)
        .map(message => JSON.parse(message));
    }
}
```

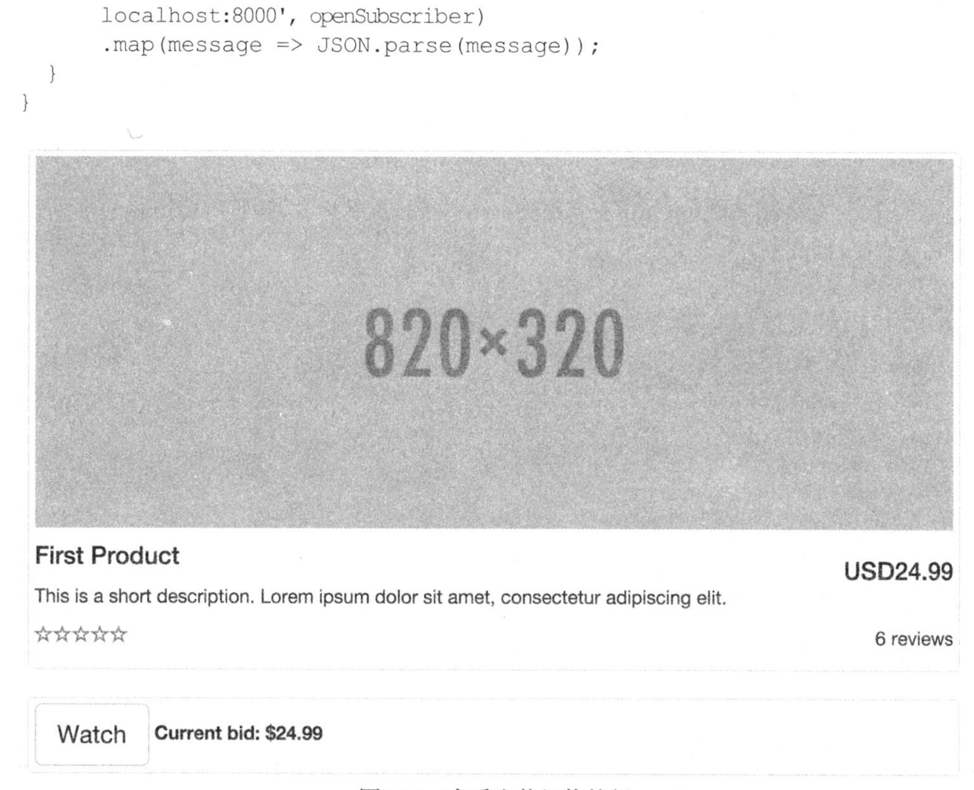

图8.15　查看出价切换按钮

BidService被注入到ProductDetailComponent中。当用户单击切换按钮Watch时，BidService.watchProduct( )方法将产品ID发送到服务器，表明该用户想要开始或停止关注所选的产品：

```
toggleWatchProduct( ) {
  if(this.subscription) {
    this.subscription.unsubscribe( );
    this.subscription = null;
    this.isWatching = false;
  } else {
    this.isWatching = true;
    this.subscription = this.bidService.watchProduct(this.product.id)
      .subscribe(
        products => this.currentBid = products.find((p: any) => p.productId
            ➥ === this.product.id).bid,
        error => console.log(error));
  }
}
```

ProductDetailComponent的模板具有切换按钮Watch，而从服务器接收到的最新出价被渲染为HTML标签：

```
<button class="btn btn-default btn-lg"
          [ngClass]="{active: isWatching}"
```

```
      (click)="toggleWatchProduct( )"
        role="button">
    {{ isWatching ? 'Stop watching' : 'Watch' }}
  </button>

  <label>Current bid: {{ currentBid | currency }}</label>
```

还有一个小的新脚本client/app/services/services.ts，其中声明了所有import语句以及用于依赖注入的服务的数组：

```
import {BidService} from './bid-service';
import {ProductService} from './product-service';
import {WebSocketService} from './websocket-service';

export const ONLINE_AUCTION_SERVICES = [
  BidService,
  ProductService,
  WebSocketService
];
```

在常量ONLINE_AUCTION_SERVICES中声明的provider在文件main.ts中被使用，该文件引导启动在线拍卖应用程序的Angular部分：

```
@NgModule({
...
  providers:[ProductService,
             ONLINE_AUCTION_SERVICES,
             {provide: LocationStrategy, useClass: HashLocationStrategy}],
  bootstrap:[ ApplicationComponent ]
})
```

服务器端

脚本server/auction.ts包括维护订阅的客户端并生成随机出价的代码。生成的每个出价都可以比最后一个出价高最多五美元。一旦新的出价生成，就将新的出价广播给所有订阅的客户端。

来自server/auction.ts文件的以下代码处理出价通知请求并向所有订阅的客户端广播出价：

```
const wsServer: WsServer = new WsServer({server: httpServer});

wsServer.on('connection', ws => {
  ws.on('message', message => {
    let subscriptionRequest = JSON.parse(message);
    subscribeToProductBids(ws, subscriptionRequest.productId);
  });
});

const subscriptions = new Map<any, number[]>( );
```

创建WebSocket服务器，监听与HTTP服务器相同的端口

在一个Map中存储对出价订阅的引用，其中键(key)是对代表该用户的WebSocket连接的引用，值(value)是客户端希望收到出价通知的产品ID的一个数组

```
function subscribeToProductBids(client, productId: number): void {
  let products = subscriptions.get(client) || [];
  subscriptions.set(client, [...products, productId]);
}

setInterval(( ) => {
  generateNewBids( );
  broadcastNewBidsToSubscribers( );
}, 2000);

const currentBids = new Map<number, number>( );

function generateNewBids( ) {
  getProducts( ).forEach(p => {
    const currentBid = currentBids.get(p.id) || p.price;
    const newBid = random(currentBid, currentBid + 5); // Max bid increase is $5
    currentBids.set(p.id, newBid);
  });
}

function broadcastNewBidsToSubscribers( ) {

  subscriptions.forEach((products: number[], ws: WebSocket) => {
    if(ws.readyState === 1) { // 1 - READY_STATE_OPEN
      let newBids = products.map(pid =>({
        productId: pid
        bid: currentBids.get(pid)
      }));
      ws.send(JSON.stringify(newBids));
    } else {
      subscriptions.delete(ws);
    }
  });
}
```

为连接到的客户端找到已有产品订阅，并向subscriptions 数组添加一个新的产品ID

每两秒产生一个新的出价，并将其广播给所有订阅指定产品通知的客户端

对于连接的每个客户端，发送订阅产品的当前出价

在这里，可以测试WebSocket对象的readyState属性，以确保客户端仍然保持连接状态。例如，如果用户关闭了拍卖窗口，就没有必要发送出价通知了，所以这个socket连接将从subscriptions map中移除。

注意

请注意在subscribeToProductBids( )方法中解构运算符(...)的使用。使用它复制已存在的产品ID的数组，并添加一个新的产品ID。

我们已经涵盖了与WebSocket相关的在线拍卖应用程序的代码，并且我们鼓励你自己查看其余代码。要测试出价通知功能，需要启动应用程序，单击产品标题，然后在产品详情视图中单击Watch按钮。你应该会看到从服务器推送过来的此产品的最新出价。请在多个浏览器中打开在线拍卖应用程序，以测试每个浏览器能否正确打开和关闭出价通知。

8.6 本章小结

本章的主要内容是启用客户端-服务器交互，这正是Web框架存在的原因。Angular与RxJS扩展库结合使用，为消耗来自服务器的数据提供了一种统一的方法：客户端的代码订阅来自服务器的数据流，而无论是基于HTTP还是基于WebSocket的交互。编程模型已被改变：Angular消耗由observable流推送的数据，而非像AJAX风格的应用程序一样请求数据。下面这些是本章的主要内容：

- Angular带有支持与Web服务器进行HTTP通信的Http对象。
- HTTP服务的provider在HttpModule模块中。如果应用程序使用HTTP，请勿忘记在@NgModule装饰器中包含它。
- HttpObject的公有方法返回Observable，并且仅当客户端订阅它时才向服务器进行请求。
- WebSocket协议比HTTP更有效率且简洁，并且它是双向的，客户端和服务器都可以发起通信。
- 使用NodeJS和Express创建Web服务器相对简单，但Angular客户端能够与以不同技术实现的Web服务器进行通信。

第9章

Angular应用程序单元测试

本章概览：

- 单元测试框架Jasmine的基础知识
- 主流Angular测试库
- 测试Angular应用程序的主要组成：服务、组件和路由
- 使用Karma测试运行器针对多种Web浏览器运行单元测试
- 在在线拍卖应用程序中实现单元测试

为了确保软件没有bug，需要对其进行测试。即便应用程序目前没有出现bug，在修改了既有代码或者增加了新代码之后，也仍然有可能出现bug。某个模块停止工作，可能它自身并没有被修改，而是由对其他模块的修改引起的。必须定期对应用程序进行重复测试，并且测试过程应该是自动化的。需要为测试准备测试脚本，并且在开发周期中尽快开始运行这些脚本。

对于Web应用程序的前端代码，有两种测试办法：

- 单元测试用于验证小规模的代码(如组件或函数)，接收预期的输入数据并返回预期结果。单元测试用于测试隔离的代码片段，特别是公共接口。本章将会对此详细讨论。
- 端到端(end-to-end)测试用于验证整个应用程序的运行是否符合终端用户的期望，并且所有单元都能够正确地进行交互。Protractor库(查看https://angular.github.io/protractor)用来对Angular 2应用程序执行端到端测试。

注意

负载(load)测试或压力(stress)测试显示了在预期的响应时间内，有多少用户能够并发使用一个Web应用程序。负载测试工具主要测试Web应用程序的服务器端。

单元测试用来测试独立代码单元的业务逻辑。通常情况下，单元测试比端到端测试更常用。端到端测试可以模拟用户的操作(例如单击按钮)并检查应用程序的行为。在执行端到端测试的过程中，不要运行单元测试脚本。

本章介绍Angular应用程序单元测试，人们专门开发了一些测试框架用来实现和运行单元测试，我们在框架这方面选用Jasmine。实际上，这不仅仅是我们的选择——撰写本章时，Angular的测试库仅能与Jasmine配合执行单元测试。Angular文档中的“Jasmine Testing 101”小节(详见http://mng.bz/0nv3)对此进行了描述。

本章首先将会介绍Jasmine单元测试的基础知识；在本章的结尾，将会为在线拍卖应用程序中被选中的组件编写并运行测试脚本。我们将会简要介绍Jasmine，以便能够快速开始编写单元测试。更多详细信息请参阅Jasmine文档(参见http://jasmine.github.io)。为了运行测试用例，需要使用一个名为Karma(参见https://karma-runner.github.io)的测试运行器。它是一个独立的命令行工具，可以运行不同测试框架所编写的测试用例。

9.1　了解Jasmine

Jasmine可以实现一个行为驱动开发(Behavior-Driven Development，BDD)过程，这意味着对软件单元的任何测试都应该由该软件单元所需要完成的行为来指定。利用BDD，可以使用自然语言的结构来描述代码所能够完成的工作。可以以短句的形式来编写单元测试规范，比如“ApplicationComponent被成功实例化”或者“StarsComponent触发了一个评分更改事件”。

因为这样做能够很容易地理解测试用例的意义，这些短语还可以作为程序的文档使用。如果其他开发者需要熟悉你的代码，那么可以从阅读单元测试用例开始，以理解其他你的意图。

使用自然语言描述测试用例有另外一个好处，就是测试结果很容易理解，如图9.1所示。

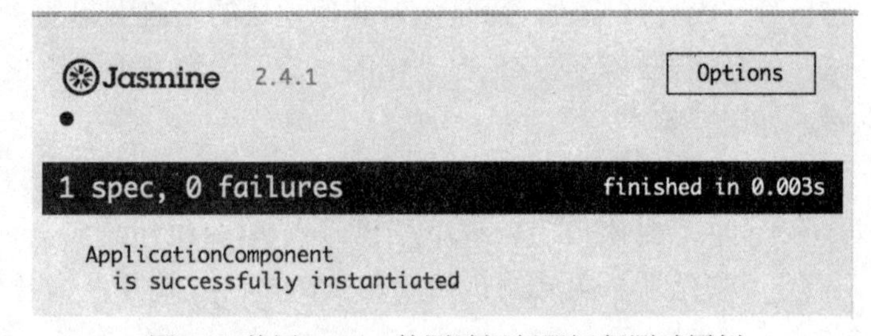

图9.1　使用Jasmine的测试运行器运行测试用例

> **提示**
>
> *尽管我们希望所有测试用例都能通过，但是要养成首先认为测试会失败的习惯，之后再看看测试结果是否容易理解。*

在Jasmine的术语中，测试用例被称为spec，一个或多个spec的组合被称为suite。使用describe( )函数定义测试suite，并在describe( )函数中描述需要测试什么。suite中的每个测试spec都被编写为一个it( )函数，在it( )函数中定义了被测试代码的预期行为以及如何测试它。下面是一个示例：

```
describe('MyCalculator',( ) => {
```

```
    it('should know how to multiply',( ) => {
      // The code that tests multiplication goes here
    });
    it('should not divide by zero',( ) => {
      // The code that tests division by zero goes here
    });

});
```

在测试框架中还有断言(assertion)的概念，这是一种质疑一个表达式是true还是false的方式。如果断言是false，那么框架会抛出一个错误。在Jasmine中，使用函数expect( )指定断言，expect( )之后跟着各种matcher：toBe( )、toEqual( )等。这与写一个句子十分类似。“我希望2+2等于4”看起来像下面这样：

```
expect(2 + 2).toEqual(4);
```

matcher实现实际结果和预期值之间的比较，如果matcher返回true，则spec通过。如果希望测试结果不等于某个特定的值，只需要在matcher前添加关键词not：

```
expect(2 + 2).not.toEqual(5);
```

可以在GitHub上的Jamie Mason的Jasmine-Matcher页面中找到matcher的清单(参见https://github.com/JamieMason/Jasmine-Matchers)。

测试suite命名的标准做法是：测试suite的名称与被测试文件的名称一样，并为名称加上.spec后缀。例如，application.spec.ts用来测试application.ts。下面所列是文件application.spec.ts的测试suite；它会测试ApplicationComponet的实例是否被创建。

```
import AppComponent from './app';

describe('AppComponent',( ) => {
  it('is successfully instantiated',( ) => {

    const app = new AppComponent( );

    expect(app instanceof AppComponent).toEqual(true);
  });
});
```

这是一个包含了一个测试用例的测试suite。如果把describe( )和it( )中的文本提取出来并放在一起，会得到一个能够清楚表明在测试什么的句子：“ApplicationComponent被成功地实例化”。

注意

如果其他开发者需要了解spec要测试什么，他们可以阅读describe( )和it( )中的文本。每个测试用例应该都能够自我描述，并且能够作为程序文档使用。

前面的代码实例化AppComponent，并且预期表达式app instance of AppComponent返

回true。根据import声明可以猜到，测试脚本与AppComponent在同一目录中。

测试文件应该放在什么位置?

Jasmine框架可以对采用不同框架或纯JavaScript开发的应用程序进行单元测试。测试文件放在什么位置的其中一种方案是，创建一个独立的测试目录，仅在其中放置测试脚本，这样测试脚本就不会与其他应用程序脚本混合。

在Angular应用程序中，更倾向于测试脚本与被测试的组件或服务在同一目录中。这样做有两个方便之处：

- 所有与组件相关的文件都位于同一个目录。通常，我们会创建一个目录来放置组件的.ts、.html和.css文件；再添加一个.spec文件，以避免令目录中的内容产生混乱。
- 不需要改变SystemJS加载器的配置，已经在配置中配置了应用程序文件的位置。SystemJS会从同样的位置加载测试代码。

如果需要在每次测试之前执行一些代码(比如需要准备测试的依赖项)，可以在setup函数beforeAll( )和beforeEach( )中执行，这两个函数将会在suite或每个spec运行之前被分别执行。如果需要在suite或每个spec结束之后执行一些代码，可使用teardown函数：afterAll( )和afterEach( )。

提示

如果一个spec中包含多个it( )测试用例，并且希望执行器能够跳过一些测试用例，那么把那些需要跳过的测试用例从it( )改为xit( )。

9.1.1 测试什么

现在你对如何测试有了一些理解，下面的问题是测试什么。使用TypeScript开发的Angular应用程序，可以测试函数、类和组件：

- 测试函数：假设有一个函数把传进来的字符串转换为大写。仅仅为这个函数就可以编写多个测试用例，测试参数为null、空字符串、undefined、小写单词、大写单词、大小写混合单词、数字等。
- 测试类：如果一个类包含多个方法(如ProductService)，可以编写一个测试suite，其中包括能够确保该类的每一个方法都能够正常运行的测试用例。
- 测试组件：可以测试服务或组件的公共API。除了测试它们的正确性，我们还会展示一个代码示例，介绍如何使用暴露出来的公共属性和方法。

9.1.2 如何安装Jasmine

Jasmine既可以通过下载独立的发行包来获得，也可以像本书中的所有其他包一样通过npm安装。npm仓库中有若干Jasmine相关的包，但是只需要安装jasmine-core。在项目的根目录中打开命令行窗口，运行下面的命令：

```
npm install jasmine-core --save-dev
```

为了确保TypeScript编译器能够识别Jasmine类型，运行下面的命令以安装Jasmine type-definition文件：

```
npm i @types/jasmine --save-dev
```

当编写测试用例时，需要一个测试运行器应用程序来运行它们。Jasmine配套了两个执行器：一个是命令行工具(详见npm jasmine包)，另一个是基于HTML的工具。首先会使用基于HTML的执行器，同时会利用命令行工具运行测试用例，还会使用另外一个测试运行器，名为Karma。

尽管Jasmine已经配套了一个配置好的基于HTML的执行器作为示例应用程序，但还需要创建一个HTML文件来测试你自己的应用程序。这个HTML文件应该包括以下用来加载Jasmine的脚本：

```
<link rel="stylesheet" href="node_modules/jasmine-core/lib/jasmine-core/
➥ jasmine.css">
  <script src="node_modules/jasmine-core/lib/jasmine-core/jasmine.js">
  </script>
  <script src="node_modules/jasmine-core/lib/jasmine-core/jasmine-html.js">
  </script>
  <script src="node_modules/jasmine-core/lib/jasmine-core/boot.js"></script>
```

使用独立的Jasmine发行包

如果需要快速查看运行中的Jasmine测试，可从https://github.com/jasmine/jasmine/releases下载独立版本的Jasmine压缩文件。解压缩该文件，在浏览器中打开SpecRunnder.html，会看到图9.2所示的窗口。

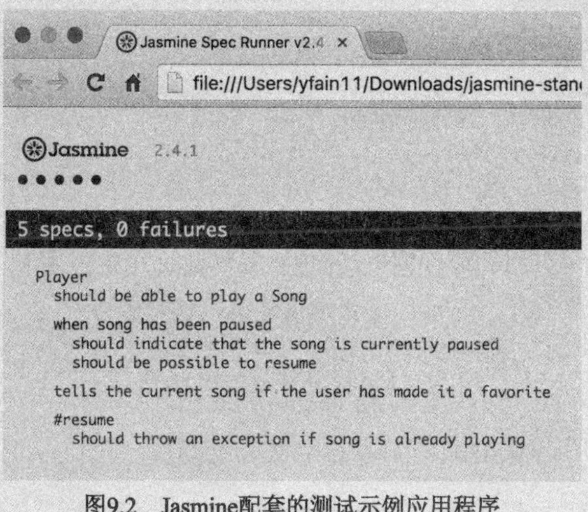

图9.2　Jasmine配套的测试示例应用程序

还要添加所有必需的Angular依赖，就像本书所有代码示例中每个index.html文件所做的一样，最后添加Angular测试库。仍然使用SystemJS作为加载器，但是这次需要加载单元测试(.spec文件)的代码，测试代码通过import语句来加载应用程序代码。

在本章中，将会介绍如何编写单元测试。首先会使用基于HTML的执行器手动运行这些单元测试。之后将会展示如何使用Karma，Karma可以通过运行命令行来测试浏览器，并报告可能会出现的错误。在第10章，Karma将会被整合到应用程序的构建过程中，这样单元测试就可以作为构建的一部分自动运行。

9.2 Angular测试库都包括了什么

Angular配套了一个测试库，其中包括对Jasmine中describe( )、it( )和xit( )函数的封装器，并且还添加了beforeEach( )、async( )、fakeAsync( )等函数。

由于在测试运行的过程中并不会配置和引导应用程序，Angular提供个一个TestBed辅助类，能够用来声明模块、组件、provider等。TestBed包括configureTestingModule( )、createComponent( )、inject( )等函数。例如，配置测试模块的语法与配置@NgModule的语法类似：

```
beforeEach(( ) => {
    TestBed.configureTestingModule({
      imports: [ ReactiveFormsModule, RouterTestingModule,
                 RouterTestingModule.withRoutes(routes)],
      declarations: [AppComponent, HomeComponent, WeatherComponent],
      providers: [{provide: WeatherService, useValue: {} }
      ]
    })
  });
```

beforeEach( )函数被用在测试suite的setup阶段，允许你指定每一个测试用例所需要的模块。

inject( )函数创建一个注入器，并把指定的对象注入到测试用例中，根据应用程序的provider来配置Angular DI：

```
inject([Router, Location],(router: Router, location: Location) => {
  // Do something
})
```

async( )函数运行在Zone中，可以与异步服务一起使用。在所有的异步操作都完成或者指定的超时已经过去之前，async( )不会结束测试用例。

```
it(' does something', async(inject([AClass], object => {
  myPromise.then(( ) => { expect(true).toEqual(true); });
}), 3000));
```

fakeAsync( )函数可以通过模拟时间的流逝来加快异步服务的测试：

```
it('...', fakeAsync(( ) => {
  // Do something

  tick(1000);
  expect(...);
}));
```

模拟异步中的一秒钟时间

Angular测试库有一个NgMatchers接口，包括如下matcher：

- toBePromise( )：预期值是一个promise
- toBeAnInstanceOf( )：预期值是一个类的实例
- toHaveText( )：预期元素具有精确的指定文本
- toHaveCssClass( )：预期元素具有一个指定的CSS类
- toHaveCssStyle( )：预期元素具有一个指定的CSS样式
- toImplement( )：预期一个类实现了指定的接口
- toContainError( )：预期一个异常包括指定的错误文本
- toThrowErrorWith( )：预期一个函数在执行时抛出包含指定错误文本的异常

http://mng.bz/ym8N上列出了AngularTypeScript测试API。在本章后面的小节中将会展示如何测试服务、路由、事件触发以及组件，但首先让我们来学习一些基础内容。

9.2.1　测试服务

通常，Angular服务是被注入到组件中的；为了设置注入器，需要为一个it( )块定义provider。Angular提供了beforeEach( )配置方法，该方法会在每个it( )调用前运行。可以使用inject( )把服务注入到it( )中，以便测试服务中的同步函数。

真正的服务需要一些时间才能完成，这会减缓测试速度。有两种方式能够为测试加速：

- 创建一个实现了模拟(mock)服务的类，这个类继承自真实服务，能够快速返回硬编码的数据。例如，可以为WeatherService创建一个模拟服务，该服务并不会向服务器请求真实的数据，而是立即返回。

```
class MockWeatherService implement WeatherService {
getWeather( ) {
return Observable.empty( );
  }
}
```

- 使用fakeAsync( )函数，它能够自动识别异步调用，并用立即执行函数替换定时执行(timeout)、回调函数和promise。tick( )函数能够快速推移时间，因此无需等待定时执行到期。在本章后面将会有fakeAsync( )的示例。

9.2.2 使用路由测试导航

为了测试路由，spec脚本可以调用路由的方法，如navigate( )和navigateByUrl( )。naviate( )方法会使用一组经过配置的路由(命令)作为参数来构造路由，而navigateByUrl( )方法会以一个字符串作为参数，它表示希望导航到的url片段。

如果使用navigate( )，需要指定已配置的路径和路由参数。如果路由配置正确，浏览器地址栏中的url应该被更新。

下面的代码片段显示了如何以编程的方式导航到product路由，把0作为路由参数传递进去，以确保在导航结束后URL(由Location对象表示)有这样的片段：/product/0。

```
it('should be able to navigate to product details using commands API',
    fakeAsync(inject([Router, Location],(router: Router, location:
      ➥ Location) => {
      TestBed.createComponent(AppComponent);
      router.navigate(['/products', 0]);
      tick( );
      expect(location.path( )).toBe('/product/0');
    })
));
```

当为路由提供一系列值时，被称为命令API。为了能让上面的代码片段工作，如第3章所述，路由需要配置/products/：productId参数。

it( )函数的第二个参数提供了一个可以被调用的回调函数。fakeAsync( )对参数传递的函数(前一个示例中的inject( ))进行了包装，并在Zone中执行。tick( )函数能够手动加速时间的推移并优化浏览器事件循环中的微服务任务(microtasks)队列。换句话说，可以模拟异步任务所需的时间，以同步的方式执行异步代码，这能够简化并加速单元测试的执行速度。

使用TestBed.createComponent( )(下一章对其做解释)，可以创建一个组件实例。之后调用路由的navigate( )方法，使用tick( )加快执行导航的异步任务，并检查当前的location是否与预期一致。

navigateByUrl( )函数接受一个指定的url片段，并能够正确地构建Location.path，Location.path表示浏览器地址栏中客户端的部分。这正是需要测试的部分：

```
router.navigateByUrl('/products');
...
expect(location.path( )).toBe('/products');
```

在9.3节中将会介绍如何使用navigateByUrl( )。

在测试路由时，可以使用SpyLocaton，它是Location provider的模拟工具，允许测试用例触发模拟的location事件。例如，可以准备一段指定的URL，模拟hash部分发生改变、浏览器前进或后退等操作。

9.2.3　测试组件

组件是一些含有模板的类。如果类中包含实现应用程序逻辑的方法，就可以像测试其他功能一样测试这些方法；但是更经常被测试的是模板，特别是当需要测试绑定是否正常工作，以及是否显示符合预期的数据时。

Angular提供了TestBed.createComponent( )方法，它返回ComponentFixture对象，该对象创建后与组件一起工作。这个fixture能够访问组件和原生HTML元素的实例，因此既可以为组件属性分配值，也可以在组件的模板中查找指定的HTM元素。

还可以通过调用fixture上的detectChanges( )方法来触发组件的变更检测生命周期。变更检测会更新UI，结束后可以运行expect( )函数来检查是否正确渲染。下面的代码片段说明了具有product属性的ProductComponent的一些操作，ProductComponent被绑定到模板的<h4>元素。

```
let fixture = TestBed.createComponent(ProductDetailComponent);
let element = fixture.nativeElement;
let component = fixture.componentInstance;
component.product = {title: 'iPhone 7', price: 700};

fixture.detectChanges( );
expect(element.querySelector('h4').innerHTML).toBe('iPhone 7');
```

现在让我们来编写一个示例应用程序，为其中的组件、路由和服务编写单元测试。

9.3　测试天气示例应用程序

让我们尝试测试一个应用程序的组件和服务，该应用程序有一个首页，其中包含两个链接：Home和Weather。可以使用路由导航到天气页面，该页面是在第5章中创建的天气应用程序的重构版本(observable-events-http.ts)。

在第5章中，AppComponent构造函数包含大量的代码，这会令测试变得复杂，因为在对象被创建后，构造函数中的代码就再也不会被调用。现在将向WeatherComponent注入WeatherService，WatherService将会使用第5章中的远程服务器以获得天气信息。图9.3显示了当运行应用程序，导航到天气页面，并在输入框中输入New York时浏览器窗口的样子。

图9.4显示了项目的结构(参见test_weather目录)。注意.spec文件，其中包括组件和天气服务的单元测试代码。

为了运行这些测试，创建test.html文件，在其中加载图9.4中所有被圆圈圈住的spec.ts文件。

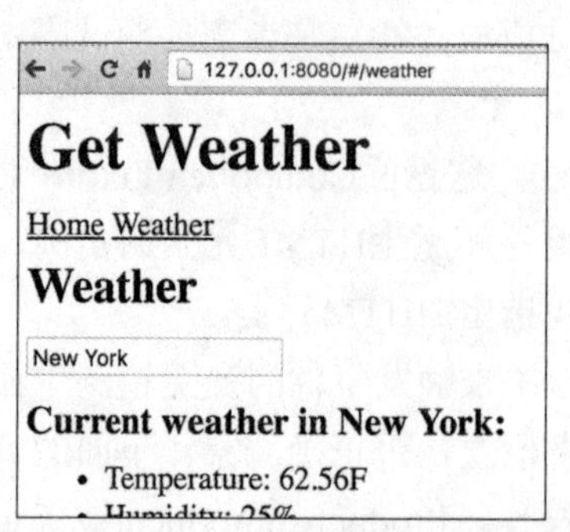

图9.3 检查test_samples项目中的天气组件

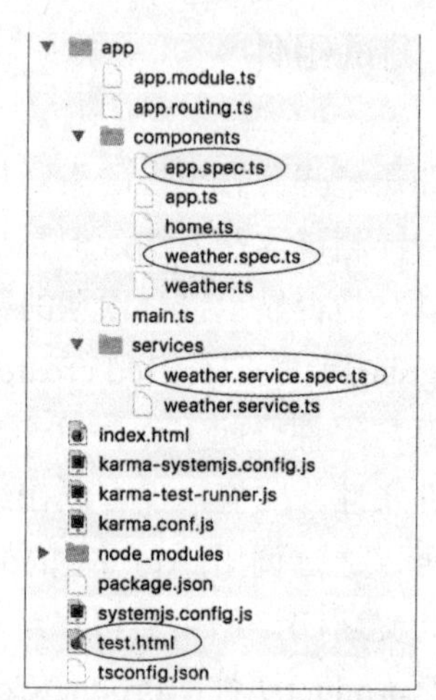

图9.4 test-samples项目的结构

代码清单9.1 test.html

```
<!DOCTYPE html>
<html lang="en">
<head>
  <meta charset="utf-8">
  <title>Testing the Weather Application</title>
  <base href="/">

  <!-- TypeScript in-browser compiler -->
  <script src="node_modules/typescript/lib/typescript.js"></script>
                                                    加载Jasmine文件
  <!-- Polyfills -->
  <script src="node_modules/reflect-metadata/Reflect.js"></script>

  <!-- Jasmine -->
  <link rel="stylesheet" href="node_modules/jasmine-core/lib/jasmine-core/
  ➥ jasmine.css">
  <script src="node_modules/jasmine-core/lib/jasmine-core/jasmine.js">
  ➥ </script>
  <script src="node_modules/jasmine-core/lib/jasmine-core/jasmine-html.js">
  ➥ </script>
  <script src="node_modules/jasmine-core/lib/jasmine-core/boot.js"></script>

  <!-- Zone.js -->
  <script src="node_modules/zone.js/dist/zone.js"></script>
  <script src="node_modules/zone.js/dist/proxy.js"></script>
  <script src="node_modules/zone.js/dist/sync-test.js"></script>
  <script src="node_modules/zone.js/dist/jasmine-patch.js"></script>
  <script src="node_modules/zone.js/dist/async-test.js"></script>
  <script src="node_modules/zone.js/dist/fake-async-test.js"></script>
  <script src="node_modules/zone.js/dist/long-stack-trace-zone.js"></script>

  <!-- SystemJS -->
  <script src="node_modules/systemjs/dist/system.src.js"></script>
```

```
  <script src="systemjs.config.js"></script>
</head>
<body>
<script>
  var SPEC_MODULES = [
    'app/components/app.spec',
     'app/components/weather.spec',
     'app/services/weather.service.spec'
  ];

  Promise.all([
    System.import('@angular/core/testing'),
    System.import('@angular/platform-browser-dynamic/testing')
  ])
  .then(function(modules) {
    var testing = modules[0];
    var browser = modules[1];

     testing.TestBed.initTestEnvironment(
         browser.BrowserDynamicTestingModule,
         browser.platformBrowserDynamicTesting( ));

    // Load all the spec files.
    return Promise.all(SPEC_MODULES.map(function(module) {
      return System.import(module);
    }));
  })
  .then(window.onload)
  .catch(console.error.bind(console));
</script>
</body>
</html>
```

声明一个数组，其中包含了所有需要加载的.spec文件

加载两个用于测试的Angular模块

当测试模块被加载时，把它们的引用存储到变量中

初始化测试环境。如果在应用程序中配置了AppModule，那么在测试中使用BrowserDynamicTestingModule替换它

在框架和. spec文件被加载后，启动load事件的事件处理函数，以便Jasmine能够运行测试用例

9.3.1 配置SystemJS

为了使用基于HTML的测试运行器，需要为SystemJS配置Angular测试模块。下面是本项目所使用的systemjs.config.js文件的片段。

代码清单9.2 systemjs.config.js片段

```
'@angular/common/testing'                          : 'ng:common/bundles/
➥ common-testing.umd.js',
'@angular/compiler/testing'                        : 'ng:compiler/bundles/
➥ compiler-testing.umd.js',
'@angular/core/testing'                            : 'ng:core/bundles/
➥ core-testing.umd.js',
'@angular/router/testing'                          : 'ng:router/bundles/
➥ router-testing.umd.js',
'@angular/http/testing'                            : 'ng:http/bundles/
➥ http-testing.umd.js',
'@angular/platform-browser/testing'                : 'ng:platform-browser/
➥ bundles/platform-browser-testing.umd.js',
```

```
'@angular/platform-browser-dynamic/testing':

'ng:platform-browser-dynamic/bundles/platform-browser-dynamic-testing.umd.js',
  },
  paths: {
    'ng:': 'node_modules/@angular/'
  },
```

9.3.2 测试天气路由

在app.routing.ts文件中对应用程序的路由进行配置。

代码清单9.3 app.routing.ts

```
import {Routes, RouterModule} from '@angular/router';
import {HomeComponent} from './components/home';
import {WeatherComponent} from './components/weather';

export const routes: Routes = [
  { path: '',        component: HomeComponent },
  { path: 'weather', component: WeatherComponent }
];

export const routing = RouterModule.forRoot(routes);
```

尽管既可以在应用程序的模块中，也可以在单独的文件中配置路由，然而最佳实践推荐在单独的文件中配置路由。这将使得在运行应用程序和运行测试脚本时能够使用同一路由配置。

在天气应用程序的app.module.ts文件中，在@NgModule声明中使用了routes常量。

代码清单9.4 app.module.ts

```
@NgModule({
  imports: [BrowserModule, HttpModule, ReactiveFormsModule, routing],
  declarations: [AppComponent, HomeComponent, WeatherComponent],
  bootstrap: [AppComponent],
  providers: [
    { provide: LocationStrategy,    useClass: HashLocationStrategy },
    { provide: WEATHER_URL_BASE,   useValue: 'http://api.openweathermap.org/
      ➥ data/2.5/weather?q=' },
    { provide: WEATHER_URL_SUFFIX, useValue:
      ➥ '&units=imperial&appid=ca3f6d6ca3973a518834983d0b318f73' },
    WeatherService
  ]
})
```

用于测试路由的脚本在app.spec.ts文件中，它复用了相同的routes常量。

代码清单9.5

```
import {TestBed, fakeAsync, inject, tick} from '@angular/core/testing';
```

```
import {Location} from '@angular/common';
import {ReactiveFormsModule} from '@angular/forms';
import {provideRoutes, Router} from '@angular/router';
import {RouterTestingModule} from '@angular/router/testing';

import {routes} from '../app.routing';
import {WeatherService} from '../services/weather.service';
import {AppComponent} from './app';
import {HomeComponent} from '../components/home';
import {WeatherComponent} from '../components/weather';

describe('Router',( ) => {

  beforeEach(( ) => {
    TestBed.configureTestingModule({

      imports: [ ReactiveFormsModule, RouterTestingModule,
                 RouterTestingModule.withRoutes(routes)],
      declarations: [AppComponent, HomeComponent, WeatherComponent],
      providers: [{provide: WeatherService, useValue: {} })
      ]
    })
  });

  it('should be able to navigate to home using commands API',
    fakeAsync(inject([Router, Location],(router: Router, location:
      ➥ Location) => {
      TestBed.createComponent(AppComponent);
      router.navigate(['/']);
      tick( );
      expect(location.path( )).toBe('/');
    })
));

  it('should be able to navigate to weather using commands API',
    fakeAsync(inject([Router, Location],(router: Router, location:
      ➥ Location) => {
      TestBed.createComponent(AppComponent);
      router.navigate(['/weather']);
      tick( );
      expect(location.path( )).toBe('/weather');
    })
));

  it('should be able to navigate to weather by URL',
    fakeAsync(inject([Router, Location],(router: Router, location:
      ➥ Location) =>
      TestBed.createComponent(AppComponent);
      router.navigateByUrl('/weather');
```

在app.routing.ts中定义用于测试路由的测试suite

在运行每个测试用例之前，配置测试模块，其中包括测试路由所需要的组件和provider

为了测试是否能够导航到WeatherComponent，该组件需要注入WeatherService，因此需要注册一个provider用来在此处提供假服务

为router-testing模块提供routes

测试路由能够导航到路由/。/路由没有为base URL添加任何URL片段，因此预期会得到一个空的字符串

需要创建AppComponent，因为该组件声明了<router-outlet>

加快异步创建AppComponent的速度

测试使用navigate( )方法是否能够令路由导航到/weather

测试使用navigateByUrl( )方法是否能够令路由导航到/weather

```
        tick( );
        expect(location.path( )).toEqual('/weather');
      })
    ));

  });
```

注意此处导入ReactiveFormsModule是因为WeatherCompnent需要调用它的API。

> **注意**
>
> 不要在应用程序中测试第三方代码。在代码清单9.5中，使用一个空对象作为WeatherService的provider，而在真实发布的应用程序中，则会向远程天气服务器发送请求。假如在运行测试spec时远程服务器宕机了，如何处理？单元测试应该测试由你编写的代码是否工作正常，而不需要理会其他软件。这就是为什么不能使用真实的WebService，而是使用一个空对象来代替的原因。

测试应用程序在客户端的导航功能，需要使用Router类及其navigate( )和navigateByUrl( )方法。

代码清单9.5展示了使用navigate( )和navigateByUrl( )方法来测试以代码的方式执行导航是否能够正确更新应用程序的地址栏。但是因为在测试期间并没有运行应用程序，也就没有地址栏，所以需要一个地址栏。这就是为什么使用RouterTestingModule代替RouterModule的原因，RouterTestingModule使用Location类检查地址栏中的内容是否符合预期。

现在，让我们来看看如何测试注入服务。事实上，在测试路由时已经输入了服务：

```
fakeAsync(inject([Router, Location],...))
```

但是在下一节中，将会展现另一种初始化所需服务的方式：使用Injector对象并调用其get( )方法。

9.3.3 测试天气服务

WeatherService类封装了与天气服务器的通信。

代码清单9.6 weather.service.ts

```
import {Inject, Injectable, OpaqueToken} from '@angular/core';
import {Http, Response} from '@angular/http';
import {Observable} from 'rxjs/Observable';
import 'rxjs/add/operator/filter';
import 'rxjs/add/operator/map';

export const WEATHER_URL_BASE = new OpaqueToken('WeatherUrlBase');
export const WEATHER_URL_SUFFIX = new OpaqueToken('WeatherUrlSuffix');
```

```
export interface WeatherResult {
  place: string;
  temperature: number;
  humidity: number;
}

@Injectable( )
export class WeatherService {
  constructor(
      private http: Http,
      @Inject(WEATHER_URL_BASE) private urlBase: string,
      @Inject(WEATHER_URL_SUFFIX) private urlSuffix: string) {
  }

  getWeather(city: string): Observable<WeatherResult> {
    return this.http
        .get(this.urlBase + city + this.urlSuffix)
        .map((response: Response) => response.json( ))
        .filter(this._hasResult)
        .map(this._parseData);
  }

  private _hasResult(data): boolean {
    return data['cod'] !== '404' && data.main;
  }

  private _parseData(data): WeatherResult {
    let [first,] = data.list;
    return {
     place: data.name || 'unknown',
      temperature: data.main.temp,
      humidity: data.main.humidity
    };
  }
}
```

注意第4章曾经提到过OpaqueToken类型。它被使用了两次：为urlBase和urlSuffix注入由@NgModule装饰器提供的值；为urlBase和urlSuffix使用依赖注入，从而在有需要的情况下能够更方便地把真实的天气服务替换为模拟服务。

代码清单9.6中的getWeather( )方法，把urlBase、city和urlSuffix拼装在一起，生成HTTP get( )的URL。经过map( )、filter( )以及另一个mapl)的处理，结果被组装成WeatherResult类型，从而能够被ovservable触发。

注意

不要测试_hasResult( )和_parseData( )方法，单元测试不能测试私有方法。如果需要测试它们，那么请改变它们的访问级别。

为了测试WeatherService，将会使用MockBackend类，它是Angular对HTTP对象的众多实现中的一种。MockBackend不会产生任何HTTP请求，但是会拦截HTTP请求，创建并返回符合预期的硬编码数据。

在每次测试之前，可以得到Injector对象，初始化MockBackend和WeatherService的新实例。WeatherService的测试代码位于weather.service.spec.ts文件中。

代码清单9.7 weather.service.spec.ts

```
import {Response, ResponseOptions, HttpModule, XHRBackend} from '@angular/http';
import {MockBackend, MockConnection} from '@angular/http/testing';
import {WeatherService, WEATHER_URL_BASE, WEATHER_URL_SUFFIX} from './
➥ weather.service';

describe('WeatherService',( ) => {
  let mockBackend: MockBackend;
  let service: WeatherService;

  let injector: Injector;

  beforeEach(( ) => {
    TestBed.configureTestingModule({
      imports: [HttpModule],
      providers: [
        { provide: XHRBackend, useClass: MockBackend },
        { provide: WEATHER_URL_BASE, useValue: '' },
        { provide: WEATHER_URL_SUFFIX, useValue: '' },
        WeatherService
      ]
    });

    injector = getTestBed( );      // 获得一个Injector实例。TestBed类实现了Injector接口，getTestBed( )返回一个实现了注入器API的对象
  });

  beforeEach(( ) => {
    mockBackend = injector.get(XHRBackend);      // 把provider设置为使用XHRBackend的测试注入器
    service = injector.get(WeatherService);      // 把provider设置为使用WeatherService的测试注入器
  });

  it('getWeather( ) should return weather for New York', async(( ) => {
    let mockResponseData = {      // 在测试的开始阶段，创建一个模拟纽约天气的对象，该对象的数据结构模仿真实天气服务的响应数据
      cod: '200',
      name: 'New York',
      main: {
        temp: 57,
        humidity: 44
      }
    };

    mockBackend.connections.subscribe((connection: MockConnection) => {      // 通过订阅“HTTP请求”来配置MockBackend，使用mockResponseData中的内容模拟真实的响应数据。通过实例化ResponseOptions创建响应体
      let responseOpts = new ResponseOptions({body:
          å JSON.stringify(mockResponseData)});
      connection.mockRespond(new Response(responseOpts));
    });

    service.getWeather('New York').subscribe(weather => {      // 预期调用getEwather('New York')会返回纽约的模拟数据。在getWeather( )方法内部使用由MockBackend模拟的Http服务
```

```
      expect(weather.place).toBe('New York');
      expect(weather.humidity).toBe(44);
      expect(weather.temperature).toBe(57);
    });
  }));
});
```

以下是测试服务注入的主要手段：

- 配置provider。
- 如果服务需要向外部服务器发送请求，那么模拟这些服务。

我们已经展示了如何测试导航和服务，现在让我们看看如何测试Angular组件。

9.3.4　天气测试组件

WeatherService经由构造函数被注入到WeatherCompnent(weather.ts)中，在构造函数中订阅来自WeatherService的observable消息。当用户在UI中开始输入城市的名称时，getWeather( )方法被调用并返回天气数据，并通过绑定显示在模板中。

代码清单9.8　weather.ts

```
import {Component} from '@angular/core';
import {FormControl} from '@angular/forms';
import 'rxjs/add/operator/debounceTime';
import 'rxjs/add/operator/switchMap';

import {WeatherService, WeatherResult} from '../services/weather.service';

@Component({
  selector: 'my-weather',
  template: `
    <h2>Weather</h2>
    <input type="text" placeholder="Enter city" [formControl]="searchInput">
    <h3>Current weather in {{weather?.place}}:</h3>
    <ul>
      <li>Temperature: {{weather?.temperature}}F</li>
      <li>Humidity: {{weather?.humidity}}%</li>
    </ul>
  `,
})
export class WeatherComponent {
  searchInput: FormControl;
  weather: WeatherResult;

  constructor(weatherService: WeatherService) {
    this.searchInput = new FormControl('');
    this.searchInput.valueChanges
        .debounceTime(300)
        .switchMap((place: string) => weatherService.getWeather(place))
        .subscribe(
```

```
            (wthr: WeatherResult) => this.weather = wthr,
              error => console.error(error),
            ( ) => console.log('Weather is retrieved'));
    }
  }
```

准备开发一个测试用例，当weather属性获得值时，能够通过绑定更新模板；并且能够测试当searchInput对象发生变化时，observable能通过它的valueChanges属性发送数据。

Elvis运算符

WeatherComponent的模板中包括了带有问号的表达式，如weather?.place。根据上下文，这个问号被称为Elvis运算符。

weather属性被异步地赋值，如果表达式执行时weather的值为null，那么weather.place表达式会抛出一个异常。为了降低null所带来的风险，如果weather为null，可以使用Elvis运算符来终止下一步运算。Elvis运算符提供了一个显式的符号，以提示哪些值可能为null。

测试suite中的一个测试用例会检查数据绑定是否如预期那样工作。TestBed.createComponent(WeatherComponent)将会创建一个ComponentFixture，其中包含对WeatherComponent的引用以及代表它的DOM对象。在代码清单9.8中，weather属性用于绑定；使用一个对象字面量初始化该属性，其中包括place、humidity和temperature的硬编码值。

在这之后，调用ComponentFixture实例的detectChanges( )方法来强制执行变更检测。预期weather的值能够在组件模板的一个<h3>标签和两个<li>标签中展示。测试代码位于weather.spec.ts文件中。

代码清单9.9 weather.spec.ts

```
import {TestBed} from '@angular/core/testing';
import {ReactiveFormsModule} from '@angular/forms';

import {WeatherComponent} from './weather';
import {WeatherService} from '../services/weather.service';

describe('WeatherComponent',( ) => {

  beforeEach(( ) => {
    TestBed.configureTestingModule({
      imports: [ ReactiveFormsModule ],
      declarations: [ WeatherComponent],
      providers: [{provide: WeatherService, useValue: {} }]
    })
  });
```

WeatherComponent预期会被注入WeatherService，使用空对象代替真实的服务

获得被测试组件的引用

创建一个WeatherComponent实例，返回一个ComponentFixture

```
  it('should display the weather ',( ) => {
    let fixture = TestBed.createComponent(WeatherComponent);
    let element = fixture.nativeElement;
    let component = fixture.componentInstance;
    component.weather = {place: 'New York', humidity: 44, temperature: 57};
```

获得由组件渲染的HTML元素的引用

初始化组件的weather属性，模拟数据是从服务器获取的

```
    fixture.detectChanges( );
```

初始化变更检测

```
    expect(element.querySelector('h3').innerHTML).toBe('Current weather in
    ➥ New York:');
    expect(element.querySelector('li:nth-of-
     type(1)').innerHTML).toBe('Temperature: 57F');
    expect(element.querySelector('li:nth-of-
     type(2)').innerHTML).toBe('Humidity: 44%');
  });
});
```

对<h3>中的值与预期的值进行比较，把第一个<li>中的文本以及第二个<li>中的文本与预期进行比较。使用CSS选择器li：nth-of-type( )得到指定索引的<li>元素的文本

提示

代码清单9.9使用空对象模拟WeatherService，这是因为并不准备调用WeatherService的任何方法。可以这样定义模拟服务：class MockWeatherService implements WeatherService，并实现其中的方法，但返回硬编码值。当需要在真实应用程序中定义模拟服务时，建议创建实现真实服务接口的类。

注意

在第7章介绍了两种在Angular中创建表单的方式。尽管模板驱动方式所需要开发的代码更少，但是使用响应式表单能够在没有DOM对象的情况下令其更具有可测性。

使用基于HTML的执行器运行测试

让我们使用基于HTML的执行器运行测试suite。只需要运行实时服务器，在浏览器的地址栏中输入http://localhost:8080/test.html。所有的测试用例都应该能够通过测试，浏览器窗口如图9.5 所示。

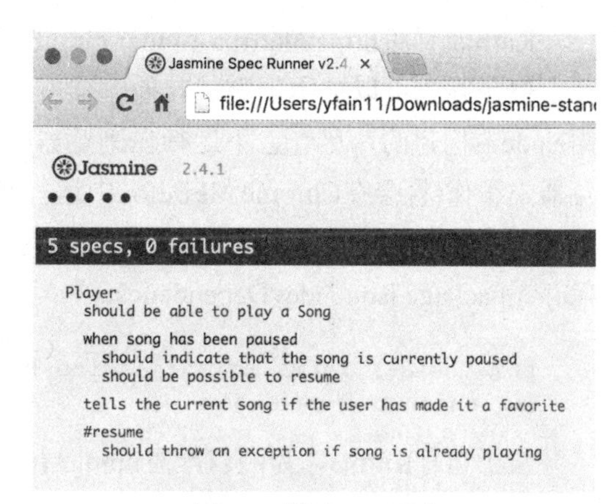

图9.5　测试suite通过

当编写测试用例时，希望能够看到这些测试用例是如何失败的。令其中一个测试用例失败，之后观察它是如何被报告的。初始化weather属性时把温度设置为58度。

```
component.weather = {place: 'New York', humidity: 44, temperature: 58};
```

而测试用例则期待UI中渲染的温度是57度。

```
expect(element.querySelector('li:nth-of-type(1)').innerHTML)
➥ .toBe('Temperature: 57F');
```

测试结果如图9.6所示，5个测试用例中有一个失败了。

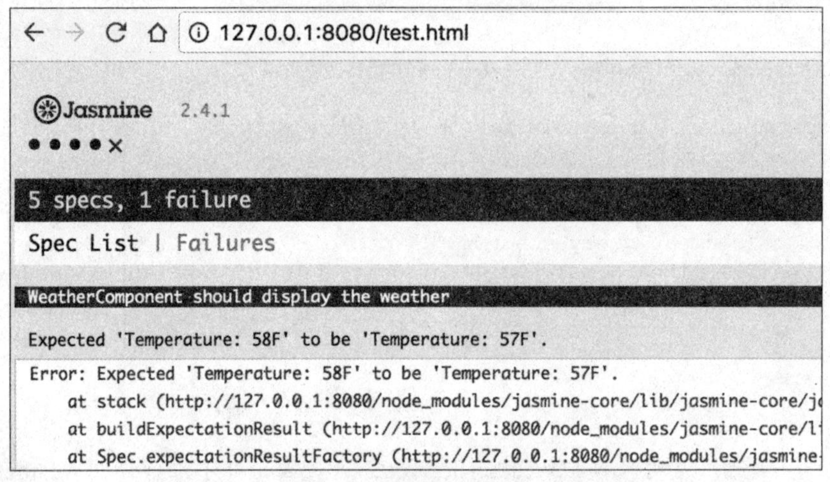

图9.6　测试suite失败

手动在浏览器中运行测试并不是对代码执行单元测试最好的方法。需要一个能从命令行启动的脚本来运行测试过程，以便能够把测试集成到自动构建过程中。Jasmine带有一个可以从命令行启动的执行器，但是使用独立的执行器更加适合，比如Karma，它可以与各种单元测试框架一起工作。接下来将介绍如何使用Karma。

9.4　使用Karma运行测试

Karma(详见https://karma-runner.github.io)是一个测试运行器，最初由AngularJS团队创建，但是它也可以被用于测试其他框架或者不使用任何框架的JavaScript代码。Karma是使用Node.js构建的，尽管它不运行在浏览器中，但是可以用来测试应用程序是否能在多种浏览器中工作(将会在Chrome和Firefox中运行测试用例)。

对于天气应用程序，安装Karma以及对应的Jasmine、Chrome和Firefox插件，并把它们保存在package.json的devDependencies中。

```
npm install karma karma-jasmine karma-chrome-launcher karma-firefox-
➥ launcher --save-dev
```

为了运行Karma，为项目配置npmtest命令，如下所示：

```
"scripts": {
  "test": "karma start karma.conf.js"
}
```

注意

karma可执行文件是一个位于node_modules/.bin目录下的二进制文件。

还需要创建一个小的karma.conf.js配置文件，以便让Karma了解项目信息。这个文件位于项目的根目录，包括Angular文件路径以及Karma执行器的配置选项。

代码清单9.10 karma.conf.js

```
module.exports = function(config) {
  config.set({
    browsers: ['Chrome', 'Firefox'],
    frameworks: ['jasmine'],
    reporters: ['dots'],
    singleRun: true,
    files: [
      // Paths loaded by Karma.
      'node_modules/typescript/lib/typescript.js',
      'node_modules/reflect-metadata/Reflect.js',
      'node_modules/systemjs/dist/system.src.js',
      'node_modules/zone.js/dist/zone.js',
      'node_modules/zone.js/dist/async-test.js',
      'node_modules/zone.js/dist/fake-async-test.js',
      'node_modules/zone.js/dist/long-stack-trace-zone.js',
      'node_modules/zone.js/dist/proxy.js',
      'node_modules/zone.js/dist/sync-test.js',
      'node_modules/zone.js/dist/jasmine-patch.js',

      // Paths loaded via module imports.
      {pattern: 'karma-systemjs.config.js', included: true,  watched: false},
      {pattern: 'karma-test-runner.js', included: true,  watched: false},

      {pattern: 'node_modules/@angular/**/
*.js', included: false, watched: false},
      {pattern: 'node_modules/@angular/**/
*.js.map', included: false, watched: false},
      {pattern: 'node_modules/rxjs/**/
*.js', included: false, watched: false},
      {pattern: 'node_modules/rxjs/**/
*.js.map', included: false, watched: false},
      {pattern: 'app/**/*.ts', included: false, watched: true}
    ],
    proxies: {
      '/app/': '/base/app/'
    },
    plugins: [
      'karma-jasmine',
```

- 针对Chrome和Firfox浏览器测试应用程序
- 使用Jasmine开发单元测试
- 在控制台用点的形式表示测试进度
- 执行一次测试后便停止。当Karma被集成到自动编译过程中时，这个选项非常有用
- Karma需要了解的Angular框架中的文件(包括测试库)
- Karma的SystemJS配置。与systemjs.config.js文件相同，不同之处是额外定义了base URL：'base'
- 这个脚本将会执行测试
- 文件通过模块导入的方式被加载，在导入语句中既可以包括测试脚本，也可以包括应用程序代码
- 运行测试所需要的插件
- 所需要的组件资源由Angular获取。在styleUrls和templateUrl属性中以/app开头的文件，将会由Karma生成的/base/app路径下的文件代理

```
        'karma-chrome-launcher',
        'karma-firefox-launcher'
      ]
    })
  };
```

代码清单9.10中列出了大部分所需文件的路径。Karma生成一个临时HTML页面，其中会引用被标记为include：true的文件。被标记为include：false的文件会在运行时动态加载。所有Angular文件，包括测试文件，都由SystemJS动态加载。

最后将真正执行测试的脚本karma-test-runner.js添加到项目中。

代码清单9.11

```
Error.stackTraceLimit = Infinity;

jasmine.DEFAULT_TIMEOUT_INTERVAL = 1000;

__karma__.loaded = function( ) {};

function resolveTestFiles( ) {
  return Object.keys(window.__karma__.files)
      .filter(function(path) { return /\.spec\.ts$/.test(path); })
      .map(function(moduleName) { return System.import(moduleName); });
}

Promise.all([
    System.import('@angular/core/testing'),
    System.import('@angular/platform-browser-dynamic/testing')
  ]).
  then(function(modules) {
    var testing = modules[0];
    var browser = modules[1];

    testing.TestBed.initTestEnvironment(
        browser.BrowserDynamicTestingModule,
        browser.platformBrowserDynamicTesting( ));
  }).
  then(function( ) { return Promise.all(resolveTestFiles( )); })
  .then(function( ) { __karma__.start( ); },
      function(error) { __karma__.error(error.stack || error); });
```

在发生错误时，使得浏览器能够显示完整的错误堆栈

在Jasmine中，异步函数调用的默认超时时间是5秒，此处被修改为1秒

应用程序代码和specs是异步加载的，因此不要在loaded事件中运行Karma。可以在spec加载后调用karma.start( )

查找带spec.ts名称扩展的所有文件

加载测试所需的两个Angular模块

模块被加载之后，指定默认的Angular provider

初始化测试环境

加载测试specs

执行测试

现在可以使用npm test命令从命令行中运行测试。在运行过程中，Karma会打开和关闭每一个配置的浏览器，并打印测试结果，如图9.7 所示。

开发者往往会选择最新版本的、配有最好开发者工具的浏览器，也就是Chrome浏览器。在实际的项目中遇到过这种情况，开发者在Chrome中运行demo一切正常，而用户总是抱怨会在Safari中出错。确保开发阶段使用Karma并针对所有浏览器测试应用程序。在把应用程序交付给QA团队或者向你的经理展示之前，确保Karma在所有要求的浏览器中不会报错。

现在，我们已经了解了如何编写和运行单元测试，可以开始为在线拍卖应用程序编写测试了。

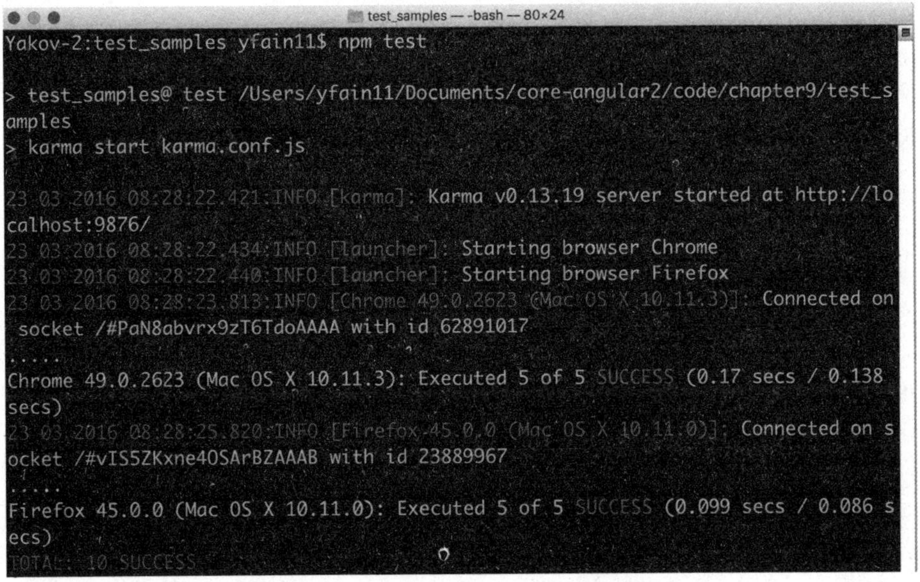

```
test_samples — -bash — 80×24
Yakov-2:test_samples yfain11$ npm test

> test_samples@ test /Users/yfain11/Documents/core-angular2/code/chapter9/test_s
amples
> karma start karma.conf.js

23 03 2016 08:28:22.421:INFO [karma]: Karma v0.13.19 server started at http://lo
calhost:9876/
23 03 2016 08:28:22.434:INFO [launcher]: Starting browser Chrome
23 03 2016 08:28:22.440:INFO [launcher]: Starting browser Firefox
23 03 2016 08:28:23.813:INFO [Chrome 49.0.2623 (Mac OS X 10.11.3)]: Connected on
 socket /#PaN8abvrx9zT6TdoAAAA with id 62891017
.....
Chrome 49.0.2623 (Mac OS X 10.11.3): Executed 5 of 5 SUCCESS (0.17 secs / 0.138
secs)
23 03 2016 08:28:25.820:INFO [Firefox 45.0.0 (Mac OS X 10.11.0)]: Connected on s
ocket /#vIS5ZKxne4OSArBZAAAB with id 23889967
.....
Firefox 45.0.0 (Mac OS X 10.11.0): Executed 5 of 5 SUCCESS (0.099 secs / 0.086 s
ecs)
TOTAL: 10 SUCCESS
```

图9.7　使用Karma测试天气应用程序

9.5　实践：在线拍卖应用程序单元测试

这个练习的目标是展示如何对在线拍卖应用程序中被选中的模块进行单元测试。尤其是将会为ApplicationComponent、StarsComponent和ProductService添加单元测试。测试运行器选择Jasmine的基于HTML的执行器以及Karm。

注意

将会继续使用第8章的在线拍卖应用程序，因此请把它复制到一个单独的目录中，之后跟随本节的说明。如果不想亲自完成这个练习，仅仅想查看代码，那么可以查看并运行第9章的代码。

运行下面的命令，安装Jasmine、Karma、Jasmine的type-definition文件以及Angular的所有依赖：

```
npm install jasmine-core karma karma-jasmine karma-chrome-launcher karma-
➥ firefox-launcher --save-dev

npm install @types/jasmine --save-dev
npm install
```

在client目录中新建一个auction-unit-tests.html文件，用于加载Jasmine测试。

代码清单9.12 auction-unit-tests.html

```
<!DOCTYPE html>
<html>
<head>
  <title>[TEST] Online Auction</title>

  <!-- TypeScript in-browser compiler -->
  <script src="node_modules/typescript/lib/typescript.js"></script>

  <!-- Polyfills -->
  <script src="node_modules/reflect-metadata/Reflect.js"></script>

  <!-- Jasmine -->
  <link rel="stylesheet" href="node_modules/jasmine-core/lib/jasmine-core/
  ➥ jasmine.css">
  <script src="node_modules/jasmine-core/lib/jasmine-core/jasmine.js">
  </script>
  <script src="node_modules/jasmine-core/lib/jasmine-core/jasmine-html.js">
  </script>
  <script src="node_modules/jasmine-core/lib/jasmine-core/boot.js"></script>

  <!-- Zone.js -->
  <script src="node_modules/zone.js/dist/zone.js"></script>
  <script src="node_modules/zone.js/dist/proxy.js"></script>
  <script src="node_modules/zone.js/dist/sync-test.js"></script>
  <script src="node_modules/zone.js/dist/jasmine-patch.js"></script>
  <script src="node_modules/zone.js/dist/async-test.js"></script>
  <script src="node_modules/zone.js/dist/fake-async-test.js"></script>
  <script src="node_modules/zone.js/dist/long-stack-trace-zone.js"></script>

  <!-- SystemJS -->
  <script src="node_modules/systemjs/dist/system.src.js"></script>
  <script src="systemjs.config.js"></script>
</head>
<body>
<script>
  var SPEC_MODULES = [
    'app/components/application/application.spec',
    'app/components/stars/stars.spec',
    'app/services/product-service.spec'
  ];

  Promise.all([
    System.import('@angular/core/testing'),
    System.import('@angular/platform-browser-dynamic/testing')
  ])
          .then(function(modules) {
            var testing = modules[0];
            var browser = modules[1];

            testing.TestBed.initTestEnvironment(
                    browser.BrowserDynamicTestingModule,
                    browser.platformBrowserDynamicTesting( ));
```

```
          // Load all the spec files.
          return Promise.all(SPEC_MODULES.map(function(module) {
            return System.import(module);
          }));
        })
        .then(window.onload)
        .catch(console.error.bind(console));
</script>
</body>
</html>
```

这个文件的内容类似于天气应用程序的test.html，唯一的区别是加载了不同的spec文件：application.spec、stars.spec和product-service.spec。

9.5.1　测试ApplicationComponent

在client/app/components/application目录中创建一个application.spec.ts文件，该文件用来测试ApplicationComponent是否被成功实例化。这虽然不是一个很有用处的测试，但是它可以作为一个示例，用来演示如何测试一个TypeScript类(甚至可以与Angular无关)的实例是否被成功创建。

代码清单9.13　application.spec.ts

```
import ApplicationComponent from './application';

describe('ApplicationComponent',( ) => {
  it('is successfully instantiated',( ) => {
    const app = new ApplicationComponent( );
    expect(app instanceof ApplicationComponent).toEqual(true);
  });
});
```

9.5.2　测试ProductService

在app/service目录中创建一个product-service.spec.ts文件，用于测试ProductService。在这个spec中，将会测试HTTP服务，尽管it( )函数规模很小，但是在测试运行之前会有很多准备工作要做。

代码清单9.14　product-service.spec.ts

MockBackend实现了一个HTTP服务，MockConnection用来表示连接

```
import {async, getTestBed, TestBed, inject, Injector} from '@angular/core/
➥ testing';
import {Response, ResponseOptions, HttpModule, XHRBackend} from '@angular/
➥ http';
import {MockBackend, MockConnection} from '@angular/http/testing';
```

```
import {ProductService} from './product-service';

describe('ProductService',( ) => {
  let mockBackend: MockBackend;
  let service: ProductService;

  let injector: Injector;

  beforeEach(( ) => {
    TestBed.configureTestingModule({
      imports: [HttpModule],
      providers: [
        { provide: XHRBackend, useClass: MockBackend },
        ProductService
      ]
    });
    injector = getTestBed( );
  });

  beforeEach(inject([XHRBackend, ProductService],(_mockBackend,
➥ _service) => {
    mockBackend = _mockBackend;
    service = _service;
  }));

  it('getProductById( ) should return Product with ID=1', async(( ) => {
    let mockProduct = {id: 1};
    mockBackend.connections.subscribe((connection: MockConnection) => {
      let responseOpts = new ResponseOptions({body:
          å JSON.stringify(mockProduct)});
      connection.mockRespond(new Response(responseOpts));
    });

    service.getProductById(1).subscribe(p => {
      expect(p.id).toBe(1);
    });
  }));
});
```

保持对注入服务的引用，以便测试时能够使用它们

通过显式地初始化这个对象来重写默认的Http实现，并把MockBackend作为参数传递给它。BaseRequestOption并不会被修改，但它是一个必需的参数

准备由MockBackend返回的模拟数据

配置模拟数据的后端

调用service的getProductById( )方法，应该返回一个对象，它的ID等于1

首先，创建一个对象字面量mockProduct={id: 1}，用来模拟由服务器返回的HTTP响应中的数据。mockBackend用来为每一个HTTP请求模拟并返回一个硬编码值的对象。创建的Product实例可以带有更多属性，但是为了简化测试，只设置ID就足够了。

9.5.3　测试StarsComponent

我们选择StarsComponent作为最后一个测试项目，演示如何测试组件的属性和事件触发器(event emitter)。在测试中，StarsComponent从文件中加载自身的HTML，这需要做特殊处理。Angular异步加载templateUrl中指定的文件，并实时编译这些文件。通过调用TestBed.compileComponents( )，在测试spec中做相同的事情。任何一个使用了templateUrl

属性的组件都需要经历这个步骤。在client/app/components/stars目录中，创建stars.spec.ts文件，里面包括如下内容：

代码清单9.15　stars.spec.ts

```
import { TestBed, async, fakeAsync, inject } from '@angular/core/testing';
import StarsComponent from './stars';

describe('StarsComponent', ( ) => {
  beforeEach(( ) => {
    TestBed.configureTestingModule({
      declarations: [ StarsComponent ]
    });
  });

  beforeEach(async(( ) => {
    TestBed.compileComponents( );          ← 编译templateUrl中指定文件的内容
  }));

  it('is successfully injected', ( ) => {          ← 检查实例是否被注入(与代码清单9.13对比)
    let component = TestBed.createComponent(StarsComponent).componentInstance;          ← 创建一个fixture，获得组件实例的引用
    expect(component instanceof StarsComponent).toEqual(true);
  });

  it('readonly property is true by default', ( ) => {          ← 检查StarsComponet中只读的输入属性的默认值是否为true。用户只能在非浏览模式下才能单击星级
    let component = TestBed.createComponent(StarsComponent).componentInstance;
    expect(component.readonly).toEqual(true);
  });

  it('all stars are empty', ( ) => {          ← 如果星级评分是0，检查所有的空白星星是否已经被渲染
    let fixture = TestBed.createComponent(StarsComponent);
    let element = fixture.nativeElement;
    let cmp = fixture.componentInstance;
    cmp.rating = 0;

    fixture.detectChanges( );

    let selector = '.glyphicon-star-empty';
    expect(element.querySelectorAll(selector).length).toBe(5);
  });

  it('all stars are filled', ( ) => {          ← 如果星级评分是5，检查所有的星星是否已经被填充
    let fixture = TestBed.createComponent(StarsComponent);
    let element = fixture.nativeElement;
    let cmp = fixture.componentInstance;
    cmp.rating = 5;

    fixture.detectChanges( );

    let selector = '.glyphicon-star:not(.glyphicon-star-empty)';
    expect(element.querySelectorAll(selector).length).toBe(5);
  });

  it('emits rating change event when readonly is false', async(( ) => {          ← 检查EventEmitter是否工作
```

```
    let component = TestBed.createComponent(StarsComponent).componentInstance;
    component.ratingChange.subscribe(r => {
      expect(r).toBe(3);
    });
    component.readonly = false;
    component.fillStarsWithColor(2);
  }));
});
```

TestBed创建了一个新的StarsComponent实例(此处并没有使用注入得到的实例)，返回一个带有组件和原生元素引用的fixture。为了测试所有星级都是空的情况，为组件实例的输入属性rating分配0。rating属性实际上是StarsComponet的一个设置器，能够同时修改rating和stars数组：

```
set rating(value: number) {
  this._rating = value || 0;
  this.stars = Array(this.maxStars).fill(true, 0, this.rating);
}
```

之后开始变更检测生命周期，这会强制执行*ngFor循环以重新渲染StarsComponet模板的星级图片：

```
<p>
  <span *ngFor="let star of stars; let i = index"
        class="starrating glyphicon glyphicon-star"
        [class.glyphicon-star-empty]="!star"
      (click)="fillStarsWithColor(i)">
  </span>
  <span *ngIf="rating">{{rating | number:'.0-2'}} stars</span>
</p>
```

被填充星级的CSS是starrating glyphicon glyphicon-star。空的星级额外有一个CSS样式glyphicon-star-empty。测试用例'all stars are empty'使用glyphicon-star-empty选择器，预期会得到5个使用该样式的原生元素。

测试用例'all stars are filled'被分配的评分为5。该测试用例使用.glyphicon-star:not(.glyphicon-star-empty)选择器选择元素，选择器中的not操作符确保星级非空。

测试用例'emits rating change event when readonly is false'使用注入的组件。此处订阅了ratingChange事件，预期rating的值为3。当用户想要改变评分时，单击第三个星级(同时留下评论)，会调用组件的fillStarsWithColor( )方法，设置该方法的index参数的值为 3。

```
fillStarsWithColor(index) {
  if(!this.readonly) {
    this.rating = index + 1; // to prevent zero rating
    this.ratingChange.emit(this.rating);
  }
}
```

由于在单元测试过程中，并不会由用户去单击，因此需要在代码中调用这个方法：

```
component.readonly = false;
 component.fillStarsWithColor(2);
```

如果希望检查测试失败的场景，只需要改变 fillStarsWithColor( )的参数，传入除了2以外的任何数字。

测试事件的操作顺序

测试用例'emits rating change event when readonly is false'的代码可能会令人感到惊讶，为什么要在subscribe( )被调用之后、测试用例结束之前编写那样两行代码？对Observable的订阅都是懒执行的，只有在调用fillStarsWithColor(2)方法之后才会获得下一个元素，从而触发事件。如果把subscribe( )方法的位置向下移动，事件会在订阅者被创建之前就被触发，done( )方法根本不会被调用，导致测试将会由于超时而失败。

9.5.4　运行测试

为了能够运行测试，首先需要运行npmrun tsc命令以重新编译服务器代码。之后在控制台中输入npmstart以启动在线拍卖应用程序。这将会在端口8000启动Node服务器。在浏览器中的地址栏输入http://localhost:8000/auction-unit-tests.html，之后测试会运行，产生的页面如图9.8所示。

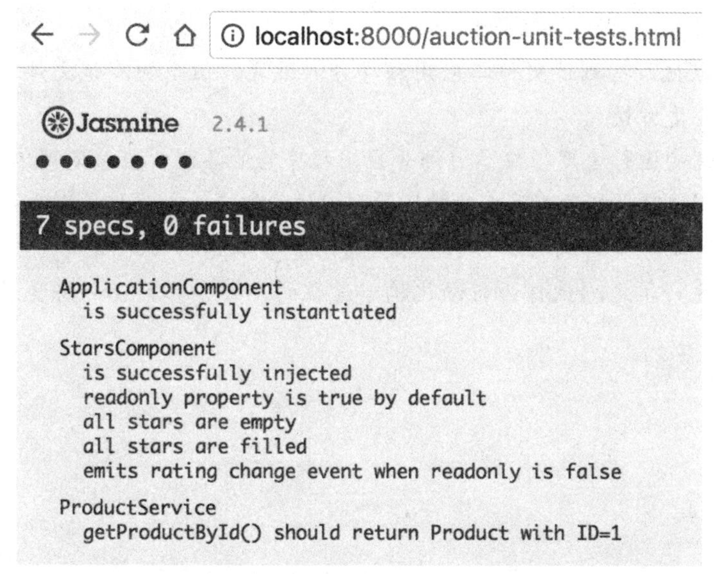

图9.8　使用基于HTML的执行器测试在线拍卖应用程序

为了使用Karma运行相同的测试，从第9章的auction目录复制karma.conf和karma-test-runner两个文件到项目的根目录(在9.4节对这些文件做过说明)。运行npm test，应该可以看到如图9.9所示的结果。

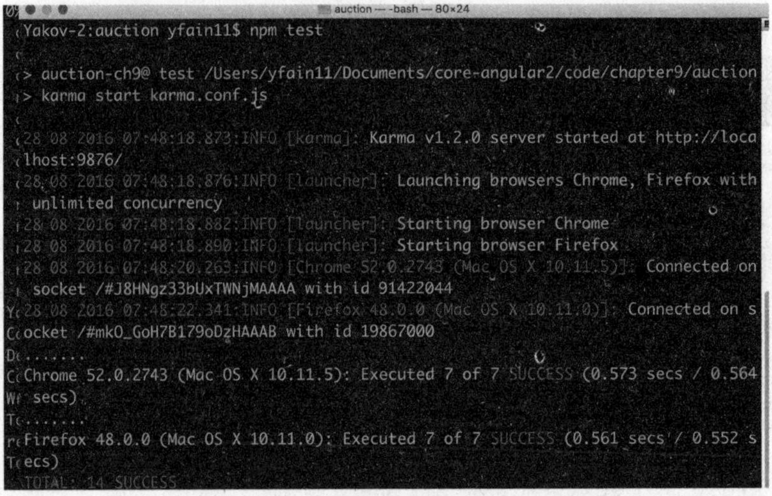

```
Yakov-2:auction yfain11$ npm test

> auction-ch9@ test /Users/yfain11/Documents/core-angular2/code/chapter9/auction
> karma start karma.conf.js

28 08 2016 07:48:18.873:INFO [karma]: Karma v1.2.0 server started at http://loca
lhost:9876/
28 08 2016 07:48:18.876:INFO [launcher]: Launching browsers Chrome, Firefox with
 unlimited concurrency
28 08 2016 07:48:18.882:INFO [launcher]: Starting browser Chrome
28 08 2016 07:48:18.890:INFO [launcher]: Starting browser Firefox
28 08 2016 07:48:20.263:INFO [Chrome 52.0.2743 (Mac OS X 10.11.5)]: Connected on
 socket /#J8HNgz33bUxTWNjMAAAA with id 91422044
28 08 2016 07:48:22.341:INFO [Firefox 48.0.0 (Mac OS X 10.11.0)]: Connected on s
ocket /#mkO_GoH7B179oDzHAAAB with id 19867000
.......
Chrome 52.0.2743 (Mac OS X 10.11.5): Executed 7 of 7 SUCCESS (0.573 secs / 0.564
 secs)
.......
Firefox 48.0.0 (Mac OS X 10.11.0): Executed 7 of 7 SUCCESS (0.561 secs / 0.552 s
ecs)
TOTAL: 14 SUCCESS
```

图9.9　使用Karma测试在线拍卖应用程序

9.6　本章小结

不应该夸大单元测试在Angular应用程序中的重要性。单元测试能够确保应用程序的每一个组件或服务都如预期那样工作。本章演示了如何使用Jasmine框架编写单元测试，以及如何使用Jasmine或Karma运行它们。以下是本章的主要内容：

- 组件或服务是很好的编写测试suite的对象。
- 尽管可以把所有测试文件与应用程序分开放置，但是把测试文件与被测试组件放在一起会更方便。
- 单元测试的运行速度很快，大部分应用程序的业务逻辑应该使用单元测试。
- 在编写测试时，制造测试失败的场景，以便能够查看测试失败报告是否容易理解。
- 如果决定实现端到端测试，不要在此过程中重新运行单元测试。
- 应该把运行单元测试作为自动化构建过程的一部分。第10章将会展示如何实现这一点。

第10章

使用Webpack打包并部署应用程序

10

本站概览：

- 使用Webpack 包应用程序并进行部署
- 为了在开发(dev)和生产(prod)环境中打包Angular应用程序，配置Webpack
- 将Karma测试运行器整合到自动构建流程中
- 为在线拍卖应用程序创建prod构建
- 自动化项目生成并使用Angular CLI打包

在阅读本书的过程中，你已经编写并部署了在线拍卖应用程序的多个版本和大量较小的应用程序。Web服务器能正确地将应用程序提供给用户。那么为什么不将所有应用程序文件都复制到生产服务器，运行npm install，并且部署完成？

无论使用哪种编程语言或框架，都希望达成以下两个目标：

- 部署的Web应用程序的体积应该很小(这样可以加载得更快)。
- 在启动时浏览器应该发送最小数量的请求给服务器(这样可以加载得更快)。

当浏览器向服务器发出请求时，它会获取HTML文档，其中可能包含其他的文件，如CSS、图像、视频等。以在线拍卖应用程序为例，在启动时，它会向服务器发出数百个请求，只是为了加载Angular及其依赖，以及TypeScript编译器，合计5.5 MB。加上你写的代码，往往是几十个HTML、TypeScript和CSS文件，更不用说图像！这要下载许多代码，并且对于这样的小应用程序来说服务器请求可能太多了。请查看图10.1，它显示了在线拍卖应用程序加载到浏览器之后，Chrome Developer Tools中的Network选项卡的内容：有很多的网络请求，并且应用程序的体积巨大。

真实的应用程序由数百甚至数千个文件组成，在部署过程中，你希望将它们最小化、优化并打包在一起。另外，对于生产环境，可以将代码预编译成JavaScript，所以不用在浏览器中加载3MB的TypeScript编译器。

有几种流行的工具可用于部署JavaScriptWeb应用程序。它们全都使用Node运行，并且可作为npm包使用。这些工具主要分为如下两大类：

- 任务运行器(task runner)
- 模块加载器及打包器(bundler)

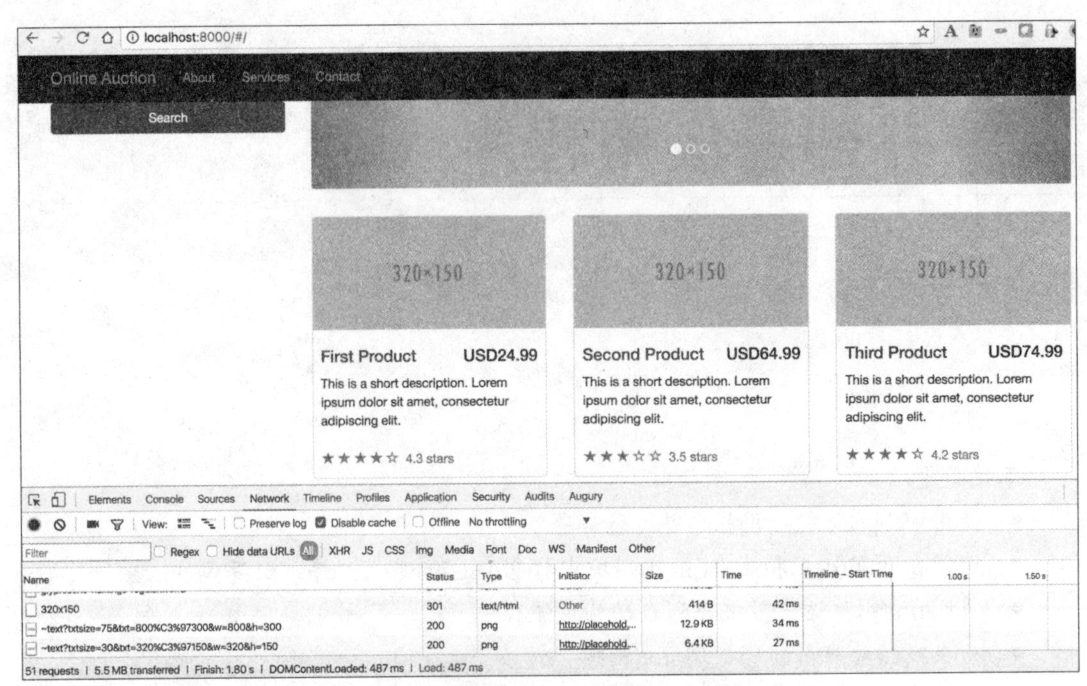

图10.1 监控在线拍卖应用程序的开发版本

Grunt(详见http://gruntjs.com)和Gulp(详见http://gulpjs.com)是被广泛使用的通用任务运行器。虽然它们对JavaScript应用程序一无所知，但是它们允许配置并运行因部署应用程序所需的任务。对于构建过程，Grunt和Gulp并不易于维护，因为它们的配置文件可长达数百行。

本书使用npm scripts来运行任务，而任务是可以从命令行执行的一个脚本或二进制文件。配置npm scripts比使用Grunt和Gulp更简单，并且在本章中将继续使用它。如果项目的复杂度增加了，而且npm scripts的数量变得无法管理，请考虑使用Grunt或Gulp来运行构建。

到目前为止，已经使用过SystemJS来加载模块。Browserify(详见http://browserify.org)、Webpack(详见http://webpack.github.io)、Broccoli(详见www.npmjs.com/package/broccoli-system-builder)以及Rollup(详见http://rollupjs.org)都是流行的打包器(bundler)。它们都可以创建将由浏览器消费(consume)的代码包(bundle)。最简单的是Webpack，它允许以最少的配置将应用程序的所有资源转换并合并成bundle。在Webpack网站上提供了各种打包器的简明比较，网址为http://mng.bz/136m 。

Webpack打包器 是专为浏览器中运行的Web应用程序而创建的，并且用于Web应用程序构建所需的许多典型任务都支持以最少的配置开箱即用，因而不用安装额外的插件。本章首先介绍Webpack，然后将为在线拍卖应用程序准备两个独立的构建(dev和prod)。最后，将运行在线拍卖应用程序的优化版本，并将应用程序的大小与图10.1所示的大小进行比较。

在本章中不会用到SystemJS，在打包此应用程序时Webpack将会调用TypeScript的编译器。编译将由一个特殊的加载器来控制，它会在内部使用tsc将TypeScript转换成JavaScript。

注意

Angular CLI是由Angular团队创建的一个命令行接口，用于自动化应用程序的创建、测试和部署。Angular CLI在内部使用Webpack bundle，我们将在本章稍后对它进行介绍。

10.1　了解Webpack

在准备旅行时，可以将数十个物品装入几个手提箱中。精明的旅行者会使用特殊的真空密封袋，这使他们能够将更多的衣物放进同样的行李箱。Webpack是一个与之等效的工具。它是一个模块加载器，也是一个打包器，可以让你将应用程序文件分组打打到bundle中；还可以优化它们的体积以使同样的bundle容纳更多的文件。

例如，可以准备两个用于部署的bundle：将所有应用程序的文件合并到一个 bundle中，而将所有必需的第三方框架和库合并到另一个bundle中。如图10.2所示，使用Webpack，可以为开发(环境)和生产(环境)部署准备单独的bundle。在dev模式中，将在内存中创建bundle；而在生产模式中，Webpack将会在磁盘上生成实际的文件。

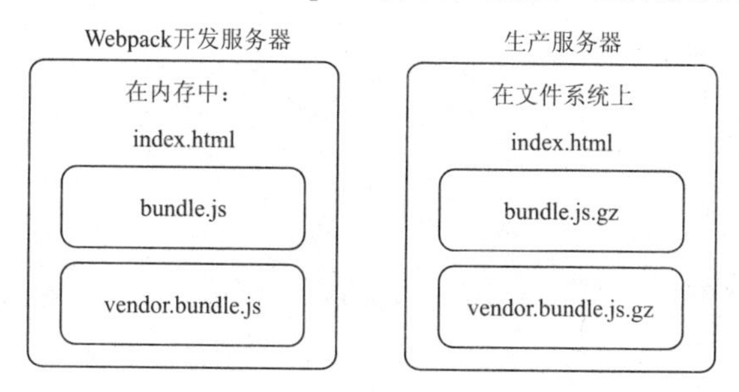

图10.2　开发和生产部署

将应用程序作为小模块的集合(其中一个文件就是一个模块)来编写是很方便的，但是为了部署，需要一个工具来将所有这些文件打包到少量的bundle中。此工具应该知道如何构建模块依赖关系树，无需手动维护模块加载的顺序。Webpack就是这样的一个工具，并且在Webpack的理念中，一切都可以是一个模块，包括CSS、图像和HTML。

使用Webpack部署的过程包括以下两个主要步骤：

(1) 构建包(此步骤可以包含代码优化)。

(2) 将bundle复制到所需的服务器。

Webpack是作为一个npm包发布的，而且像所有工具一样，可以在全局或本地安装它。我们首先在全局安装Webpack：

```
npm install webpack -g
```

注意

本章使用Webpack 2.1.0，在撰写本书时，它是测试版。要在全局安装它，可以使用命令npm i webpack@2.1.0-beta.25 -g。

稍后，你会通过将其添加到package.json文件的devDependencies部分在本地安装Webpack。但是，全局安装可以让你快速看到将应用程序转换为bundle的过程。

> 提示
>
> 在GitHub上提供了Webpack资源(文档、视频、库等)的策划清单。请参阅awesome-webpack，详见https://github.com/d3viant0ne/awesome-webpack 。

10.1.1 使用Webpack的Hello World

下面通过一个非常基础的Hello World示例来熟悉Webpack，它由两个文件组成：index.html和main.js 。以下是index.html文件。

代码清单10.1 index.html

```
<!DOCTYPE html>
<html>
<body>
  <script src="main.js"></script>
</body>
</html>
```

main.js文件则更短。

代码清单 10.2 main.js

```
document.write('Hello World!');
```

在这些文件所在的目录中打开一个命令提示符窗口，并运行以下命令：

```
webpack main.js bundle.js
```

main.js是源文件，而bundle.js文件 是同一目录中的输出文件。通常我们会在输出文件名中包含单词bundle 。图10.3显示了上述命令的运行结果。

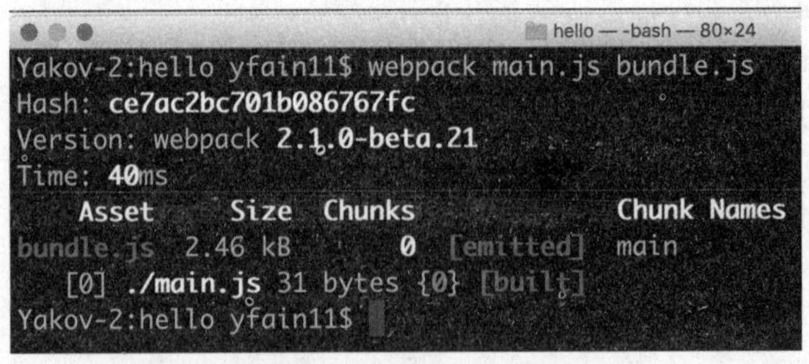

图10.3 创建第一个bundle

请注意，生成的bundle.js文件的体积大于main.js文件的体积，因为Webpack不只将一个文件复制到另一个文件中，而且还添加了此bundle所需的其他代码。从单个文件创建bundle不是太有用，因为它增加了文件大小；但是在多文件应用程序中，将文件打包在一起却十分有意义。在阅读本章时，你会体会到这一点。

现在，需要修改HTML文件中的<script>标签，使其包含bundle.js而不是main.js 。该微型应用程序将渲染与原始版本相同的“Hello World!”消息。

Webpack允许在命令行中指定各种选项，但最好是在webpack.config.js中配置Webpack打包过程，它是一个JavaScript文件。下面显示了一个简单的配置文件。

代码清单10.3　webpack.config.js

```
const path = require('path');

module.exports = {
  entry: "./main",
  output: {
    path: './dist',
    filename: 'bundle.js'
  }
};
```

要创建bundle，Webpack需要知道应用程序的主模块(入口点)，它可能依赖于其他模块或第三方库(其他入口点)。默认情况下，Webpack会将扩展名.js添加到entry属性中指定的入口点的名称中。Webpack会加载入口点模块并构建所有依赖模块的内存树。通过阅读代码清单10.3中的配置文件，Webpack将知道应用程序的入口位于./main.js中，并且生成的bundle.js文件必须保存在./dist目录中，这是分发 包(distribution bundle)的通用名称。

提示

把输出文件存储到单独的目录中将允许配置版本控制系统，从而排除生成的文件。如果使用版本控制系统Git，请将dist目录添加到.gitignore文件中。

可以通过提供一个数组作为entry属性的值来指定多个入口点：

```
entry: ["./other-module", "./main"]
```

在这种情况下，这些模块中的每一个都将在启动时被加载。

注意

要创建多个包 ，需要将entry属性的值指定为对象而不是数组。稍后在本章中你将看到这样的一个例子，你指示Webpack将Angular的代码放入一个bundle，而将应用程序代码放入另一个bundle。

如果当前目录中存在Webpack配置文件，那么无需提供任何命令行参数；可以运行Webpack命令来创建包。另一个选择是使用命令行选项--watch或-w在监视模式(watch mode)下运行Webpack，因此无论何时对应用程序文件做了更改，Webpack都将自动重新构建bundle：

```
webpack --watch
```

还可以通过将以下条目添加到webpack.config.js来指示Webpack在监视模式下运行：

```
watch: true
```

使用Webpack-dev-server

在前面的章节中，使用live-server为应用程序提供服务，但Webpack自带自己的webpack-dev-server，webpack-dev-server必须单独安装。通常，会将Webpack添加到现有的npm项目中，并通过运行以下命令在本地安装Webpack及其开发服务器：

```
npm install webpack webpack-dev-server --save-dev
```

此命令将在node_modules子目录中安装所有必需的文件，并且会将Webpack和webpack-dev-server添加到package.json的devDependencies部分。

Hello World的下个版本位于hello-world-devserver目录，其中包含下面显示的index.html文件。

代码清单10.4 hello-world-devserver/index.html

```
<!DOCTYPE html>
<html>
<body>
  <script src="/bundle.js"></script>
</body>
</html>
```

JavaScript 文件 main.js 保持不变：

```
document.write('Hello World!');
```

hello-world-devserver 项目中的 package.json 文件看起来如下所示。

代码清单10.5 hello-world-devserver/package.json

```
{
  "name": "first-project",
  "version": "1.0.0",
  "description": "",
  "main": "main.js",
  "scripts": {
    "start": "webpack-dev-server"
  },
```

```
    "keywords": [],
    "author": "",
    "license": "ISC",
    "devDependencies": {
      "webpack": "^2.1.0-beta.25",
      "webpack-dev-server": "^2.1.0-beta.0"
    }
  }
```

请注意，已经配置了运行本地webpack-dev-server的npmstart命令。

注意

当使用webpack-dev-server提供应用程序时，它将在默认端口8080上运行，并且将在内存中生成bundle，而不会将它们保存到文件中。然后，每次修改代码时，webpack-dev-server将重新编译并提供新版本的bundle。

可以在webpack.config.js文件的devServer部分添加webpack-dev-server的配置内容。在其中可以放置webpack-dev-server在命令行上允许的任何(配置)选项(请参阅Webpack产品文档，详见http://mng.bz/gn4r)。以下说明了如何指定应从当前目录提供文件：

```
devServer: {
  contentBase: '.'
}
```

以下显示了hello-world-devserver项目完整的配置文件，而且它可以被Webpack和webpack-dev-server命令复用。

代码清单10.6　hello-world-devserver/webpack.config.js

```
const path = require('path');

module.exports = {
  entry: {
    'main': './main.js'
  },
  output: {
    path: './dist',
    filename: 'bundle.js'
  },
  watch: true,
  devServer: {
    contentBase: '.'
  }
};
```

在代码清单10.6 中，只有在打算以监视模式运行Webpack命令并在磁盘上生成输出文件时，才需要选择其中两个选项：

- Node模块path解析项目中的相对路径(在本例中，它特指目录./dist)。

- watch：true以监视模式启动Webpack 。

如果运行webpack-dev-server命令，那么不会使用上述两个选项。webpack-dev-server始终以监视模式运行，不会在磁盘上输出文件，也不会在内存中构建bundle。contentBase属性让webpack-dev-server知道index.html文件所在的位置。

下面尝试通过使用webpack-dev-server提供应用程序服务来运行Hello World应用程序。在命令窗口中，运行npmstart以启动webpack-dev-server。在控制台上，webpack-dev-server 将记录输出，输出以你可以在浏览器中使用的url开头，默认情况下是http://localhost:8080。

打开浏览器并导航到这个URL，将看到一个显示消息“Hello World”的窗口。修改main.js中的消息文本：Webpack将自动重新构建bundle，服务器将重新加载新内容。

解析文件名称

你已经在编写TypeScript代码了，这意味着需要让Webpack知道你的模块不仅可以位于.js文件中，还可以位于.ts文件中。在代码清单10.6的webpack.config.js文件中，指定了带有扩展名的文件名称main.js。但是，只要webpack.config.js具有resolve部分，就可以只指定文件名称而不带任何扩展名。以下代码片段显示了如何让Webpack知道你的模块可以位于扩展名为.js 或.ts的文件中：

```
resolve: {
  extensions: ['.js', '.ts']
}
```

对TypeScript文件也必须进行预处理(转换)。你需要告诉Webpack在创建bundle之前需要将应用程序的.ts文件转换成.js文件；在下一节中将介绍如何做到这一点。

通常，自动化构建工具会为你提供一种方法，用来指定需要在构建过程中执行的额外任务。Webpack提供了加载器(loader)和插件(plugin)，它们允许自定义构建。

10.1.2 如何使用加载器

加载器是将源文件作为输入并生成另一个文件作为输出(在内存或磁盘上)的转换器，一次一个文件。加载器是一个小的JavaScript模块，具有执行特定转换的导出函数。例如，json-loader拿到一个输入文件并将其解析为JSON。base64-loader会将其输入转换成base64编码的字符串。加载器扮演的角色类似于其他构建工具中的任务(task)。Webpack包含了一些加载器，因此不用单独安装它们；其他加载器可以从公共的代码仓库安装。请检查GitHub(详见http://mng.bz/U0Yv)上Webpack文档中的加载器列表，以了解如何安装和使用所需的加载器。

本质上，加载器是一个用兼容Node的JavaScript编写的函数。要使用一个Webpack发行版中没有包含的加载器，需要使用npm安装它并在项目的package.json文件中包含它。可以手动将所需的加载器添加到package.json的devDependencies部分，也可以运行带有--savedev选项的npm install命令。在ts-loader的情况下，命令如下所示：

```
npm install ts-loader --save-dev
```

加载器被列在webpack.config.js文件的module部分。例如，可以按如下方式添加ts-loader：

```
module: {
  loaders: [
    {
      test: /\.ts$/,
      exclude: /node_modules/,
      loader: 'ts-loader'
    },
  ]
}
```

此配置告诉Webpack检查每个文件名称，如果与正则表达式\.ts$匹配，就使用ts-loader对它进行预处理。在正则表达式的语法中，末尾的美元符号表示只对名称以.ts 结尾的文件感兴趣。由于不希望Angular的.ts文件包含在bundle中，因此排除了node_modules目录。可以使用其全名(如ts-loader)引用加载器，也可以通过其缩写名称(引用加载器)，省略-loader后缀(例如ts)。如果在模板中使用了相对路径(例如，template："./home.html")，则需要用到Angular 2-template-loader。

注意

本章中介绍的任何项目都不使用SystemJS加载器。Webpack根据文件类型，使用webpack.config.js中配置的一个或多个加载器加载并转换所有项目文件。

使用HTML与CSS文件加载器

在前几章中，Angular组件将HTML和CSS存储在单独的文件中，文件在@Component注解中分别被指定为templateUrl和styleUrls。以下是一个示例：

```
@Component({
  selector: 'my-home',
  styleUrls: ['app/components/home.css')],
  templateUrl: 'app/components/home.html'
})
```

我们通常将HTML和CSS文件保存到与组件代码所在位置相同的目录中。可以指定相对于当前目录的路径吗？

Webpack允许这样做：

```
@Component({
  selector: 'my-home',
  styles: [home.css'],
```

```
  templateUrl: 'home.html'
})
```

在创建bundle时，Webpack会自动添加用于加载CSS和HTML文件的require( )语句，将上述代码替换为以下代码：

```
@Component({
  selector: 'my-home',
  styles: [require('./home.css')],
  templateUrl: require('./home.html')
})
```

然后Webpack检查每条require( )语句，并将其替换为所需文件的内容，为各文件类型应用指定的加载器。这里使用的require( )语句不是来自CommonJS：它是Webpack的内部函数，它使Webpack知道这些文件是依赖项。Webpack的require( )不仅加载文件，还可以在修改后重新载入文件(假设在监视模式下运行或使用webpack-dev-server)。

SystemJS模板中的相对路径

Webpack支持相对路径，这一点非常有用。但如果想使用SystemJS或Webpack加载相同的应用程序，该怎么办?

默认情况下，在Angular中，到外部文件必须使用从应用程序根目录开始的完整路径。如果决定将组件移到一个不同的目录中，就需要更改代码了。

但是，如果使用SystemJS并将组件的代码及其HTML和CSS文件保存到同一目录中，则可以使用特殊的属性moduleId。如果为该属性赋值一个特殊的绑定__moduleName，则SystemJS将加载相对于当前模块的文件，而不需要指定完整路径：

```
declare var __moduleName: string;
@Component({
  selector: 'my-home',
  moduleId:__moduleName,
  templateUrl: './home.html',
  styleUrls: ['./home.css']
})
```

可以在Angular文档的“Component Relative Paths”部分(详见http://mng.bz/47w0)阅读更多有关相对路径的内容。

在dev模式下，对于HTML处理，将使用raw-loader，它会把.html文件转换为字符串。要安装这个加载器并将其保存到package.json的devDependencies部分，请运行以下命令：

```
npm install raw-loader --save-dev
```

在prod模式中，将使用html-loader，它会从HTML文件中删去多余的空格、换行符和注释：

```
npm install html-loader --save-dev
```

对于CSS处理，可以使用加载器css-loader和style-loader；在构建过程中，所有相关的CSS文件都将是内联的。css-loader解析CSS文件并缩减样式。style-loader将CSS作为一个<style>标签插入到页面上；它在运行时动态完成这些。要安装这些加载器并将其保存在package.json的devDependencies部分，请运行以下命令：

```
npm install css-loader style-loader --save-dev
```

可以使用感叹号作为管道符号将加载器链接起来。以下片段来自包含一组加载器的webpack-config.js文件。当 加载器 被指定为数组时，它们将从底部执行到顶部(因此在本例中首先执行ts加载器)。以下代码摘自下一部分的一个示例项目，其中CSS文件位于两个文件夹(src和node_modules)中：

向位于node_modules中的第三方CSS文件添加<style>标签

将每个.html文件的内容转换为字符串

```
loaders: [
  {test: /\.css$/,  loader: 'to-string!css', exclude: /node_modules/},
  {test: /\.css$/,  loader: 'style!css', exclude: /src/},
  {test: /\.html$/, loader: 'raw'},
  {test: /\.ts$/,   loader: 'ts'}
]
```

排除位于node_modules目录中的CSS文件

使用ts-loader对每个.ts文件进行转换

首先，排除了位于node_modules目录中的CSS文件，因此这个转换将仅应用于应用程序组件。在这里将加载器to-string和CSS链在了起来。首先执行CSS加载器，将CSS转换为JavaScript模块，然后其输出被输送到加载器to-string，从生成的JavaScript中提取字符串。结果字符串被内联到@Component注解的相应组件，以代替require( )，因此Angular可以应用正确的ViewEncapsulation策略。

然后，你希望Webpack将位于node_modules(不是src)中的第三方CSS文件内联。css-loader读取CSS，生成一个JavaScript模块，并将其传递给style-loader，style-loader使用加载的CSS生成<style>标签，并将它们插入到HTML文档的<head>部分。最后，将HTML文件转换成字符串，并转换TypeScript代码。

提示

如第6章所述，在Angular中你希望将CSS封装在组件中，以获得ViewEncapsulation带来的好处。这就是为什么将CSS内联到JavaScript代码中的原因。但是有一种方法可以使用ExtractTextPlugin插件构建一个单独的包含CSS的bundle。如果使用了CSS预处理器，请安装并使用sass-loader或less-loader 。

preLoaders和postLoaders的作用

有时候，甚至是在加载器开始它们的转换之前，可能希望进行额外的文件处理。例如，可能希望通过TSLint工具运行TypeScript文件，以检查代码的可读性、可维护性和功能性错误。为此，需要在Webpack配置文件中添加preLoaders部分：

```
preLoaders: [
  {
    test: /\.ts$/,
    exclude: /node_modules/,
    loader: "tslint"
  }
]
```

preLoaders总是在加载器之前运行，并且如果它们遇到任何错误，就在命令行中报告。还可以通过向webpack.config.js添加postLoaders部分来配置一些后置处理。

10.1.3　如何使用插件

如果Webpack加载器一次转换一个文件，插件则可以访问所有的文件，而且它们可以在加载器起作用之前或之后处理文件。例如，插件CommonsChunkPlugin允许为应用程序中各种脚本所需的通用模块创建单独的bundle。CopyWebpackPlugin插件可以将单个文件或整个目录复制到构建目录。UglifyJSPlugin插件执行所有转码后的文件的代码压缩。

假设想将应用程序代码分成两个bundle：main和admin，而且这些模块都使用Angular框架。如果只指定两个入口点(main和admin)，每个bundle将包括应用程序代码以及自己的Angular副本。为防止这种情况发生，可以使用CommonsChunkPlugin处理代码。使用此插件，Webpack将不会在main和admin bundle中包含任何Angular代码；它将创建一个单独的可共享bundle，只有Angular代码。这将降低应用程序的总体积，因为它只包含在两个应用程序模块之间共享的一个Angular副本。在这种情况下，HTML文件应该首先包含vendor bundle，然后是应用程序bundle。

UglifyJSPlugin是代码压缩工具UglifyJS的一个封装器，它获取JavaScript代码并执行各种优化。例如，它通过连接连续的var语句，删除未使用的变量和不可达的代码来压缩代码，并优化if语句。它的混淆工具(mangler tool)将局部变量重命名为单个字母。有关UglifyJS 的完整说明，请访问其GitHub页面(详见https://github.com/mishoo/UglifyJS)。我们将会在后面的内容中使用这些插件以及其他插件。

10.2　为Angular创建基本的Webpack配置

既然我们已经介绍了Webpack的基础知识，下面看看如何打包一个用TypeScript编写的简单Angular应用程序。我们创建了一个由Home和About组件构成的小型应用程序，并且没有使用外部的模板或CSS文件。该项目位于basic-webpack-starter目录中，其结构如图

10.4所示。

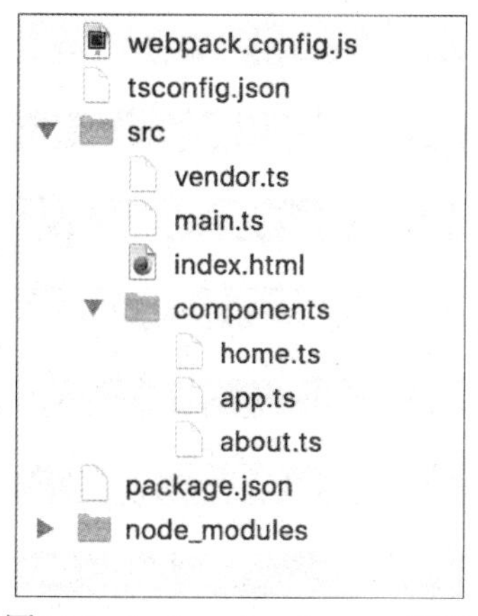

图10.4 basic-webpack-starter项目

main.ts脚本引导AppModule和MyApp组件，它们配置路由，并有两个链接用于导航到HomeComponent或AboutComponent。这些组件中的每一个都显示一条简单的消息，实际的功能在本章的上下文中是无关紧要的。你将专注于创建两个bundle：一个用于Angular及其依赖，而另一个用于应用程序代码。

vendor.ts文件很小，它只使用了Angular所需的import语句。我们这样做是为了创建一个有两个入口点(main.ts和vendor.ts)的案例，其中包括通用的Angular代码，它们将被放进单独的bundle中。

代码清单10.7 basic-webpack-starter/venders.ts

```
import 'zone.js/dist/zone';
import 'reflect-metadata/Reflect.js';
import '@angular/http';
import '@angular/router';
import '@angular/core';
import '@angular/common';
```

因为这些import语句也可以在main.ts中使用，所以将使用CommonsChunkPlugin来避免在两个bundle中都包含Angular代码。相反，如果决定将应用程序代码拆分成更小的块(chunk)，将构建一个单独的Angular bundle，由主入口点和任何其他入口点共享。

> **注意**
>
> vendor.ts文件应该导入希望包含在公共bundle中并想要从应用程序代码中移除的所有模块。Webpack会将所有导入的模块所需的全部代码内联到公共bundle中。

此处显示了webpack.config.js配置文件的内容。

代码清单10.8 basic-webpack-starter/webpack.config.js

可以使用require引入path模块来解析文件的路径。然后需要两个插件：CommonsChunkPlugin和copy-webpack-plugin

```
const path               = require('path');
const CommonsChunkPlugin = require('webpack/lib/optimize/CommonsChunkPlugin');
const CopyWebpackPlugin  = require('copy-webpack-plugin');

module.exports = {
  entry: {
    'main'  : './src/main.ts',
```

entry属性的值被指定为一个对象，它告诉Webpack构建两个bundle：一个用于main.ts入口，另一个用于vendor.ts

```
    'vendor': './src/vendor.ts'
  },
  output: {
    path    : './dist',
    filename: 'bundle.js'
  },
  plugins: [
    new CommonsChunkPlugin({ name: 'vendor', filename: 'vendor.bundle.js' }),
    new CopyWebpackPlugin([{from: './src/index.html', to: 'index.html'}])
  ],
  resolve: {
    extensions: ['', '.ts', '.js']
  },
  module: {
    loaders: [
      {test: /\.ts$/, loader: 'ts-loader'}
    ],
    noParse: [path.join(__dirname, 'node_modules', 'Angular 2', 'bundles')]
  },
  devServer: {
    contentBase: 'src',
    historyApiFallback: true
  },

  devtool: 'source-map'
};
```

输出的bundle将保存在dist目录中，主入口点的名称将转到bundle.js文件，第二个入口点的输出将在plugins部分配置

指示Webpack创建一个通用的bundle vendor.bundle.js，其中包含所有应用程序bundle都可以共享的内容

将index.html文件复制到dist目录中

为了加快构建过程，不要解析位于node_modules/Angular 2/bundles目录中的Angular压缩文件

让开发服务器知道应用程序代码位于src目录中

生成source map

因为Webpack附带了CommonsChunkPlugin，所以不需要单独安装。安装copy-webpack-plugin后，Webpack将在node_modules目录中找到它。

代码清单10.8有两个入口点：main.ts包含应用程序代码加Angular，而vendor.ts只有Angular代码。所以Angular代码对于这两个入口点是通用的，而且此插件将从main中提取它，并只在vendor.bundle.js中保留它。

尽管将所有应用程序代码打包到一个JavaScript文件中用于部署是个不错的主意，但是单独文件中的原始形式的代码更易于调试。通过将source-map添加到webpack.config.js，可以告诉Webpack生成source map，这样即使浏览器执行的是来自bundle.js的代码，也可以看到JavaScript、CSS和HTML文件的源(文件)。

可以在tsconfig.json文件中使用选项"sourceMap"：true，以便生成TypeScript的source map。Web浏览器仅在开发者控制台打开的情况下加载source map文件，因此即使对于生产部署，生成source map也是一个好主意。请记住，ts-loader将执行代码转换，所以可通过在tsconfig.json中设置"noEmit"：true来关闭tsc代码生成。

现在我们来看看如何更改npm的package.json文件，以包含与Webpack相关的内容。在package.json的基础版本中，将在scripts部分添加两行代码。devDependencies将包含webpack、webpack-dev-server以及所需的加载器和插件。

代码清单10.9　basic-webpack-starter/package.json

```
{
  "name": "basic-webpack-starter",
  "version": "1.0.0",
  "description": "A basic Webpack-based starter project for an Angular 2
    ➥ application",
  "homepage": "https://www.manning.com/books/angular-2-development-with-
    ➥ typescript",
  "private": true,
  "scripts": {
    "build": "webpack",
    "start": "webpack-dev-server --inline --progress --port 8080"
  },
  "dependencies": {
    "@angular/common": "^2.1.0",
    "@angular/compiler": "^2.1.0",
    "@angular/core": "^2.1.0",
    "@angular/http": "^2.1.0",
    "@angular/platform-browser": "^2.1.0",
    "@angular/platform-browser-dynamic": "^2.1.0",
    "@angular/router": "^3.0.0",
    "rxjs": "5.0.0-beta.12",
    "systemjs": "^0.19.37",
    "zone.js": "0.6.21"
  },
  "devDependencies": {
    "@types/es6-shim": "0.0.31",
    "copy-webpack-plugin": "^3.0.1",
    "ts-loader": "^0.8.2",
    "typescript": "^2.0.0",
    "webpack": "^2.1.0-beta.25",
    "webpack-dev-server": "^2.1.0-beta.0"
  }
}
```

使Webpack将bundle写入输出目录dist中

在内存中创建bundle，并使用webpack-dev-server将它们提供给浏览器

安装类型定义以支持ES6特性。还将在tsconfig.json中添加编译器选项"types": ["es6-shim"]

添加copy-webpack-plugin作为开发依赖。请注意，不需要添加CommonsChunkPlugin，因为Webpack附带它了

添加加载器ts-loader作为开发依赖

将Webpack作为开发依赖项

将Webpack开发服务器添加为开发依赖项

> **注意**
>
> 我们使用@types命名空间中的NPM包和TypeScript编译器选项@types来处理类型定义文件。要使用@types 选项，需要安装TypeScript2.0或更新版本。

start和build脚本使用了文件webpack.config.js中相同的Webpack配置。下面介绍这些脚本的区别。

10.2.1　npm run build

运行npm run build后，命令窗口将如图10.5所示。应用程序有2.5MB并且加载只需要

三个网络请求。

```
basic-webpack-starter — -bash — 80×24
Yakov-2:basic-webpack-starter yfain11$ npm run build

> basic-webpack-starter@1.0.0 build /Users/yfain11/Documents/core-angular2/code/
chapter10/basic-webpack-starter
> webpack

ts-loader: Using typescript@2.0.2 and /Users/yfain11/Documents/core-angular2/cod
e/chapter10/basic-webpack-starter/tsconfig.json
Hash: e66e00092da0a25822b9
Version: webpack 2.1.0-beta.21
Time: 5677ms
                Asset       Size  Chunks             Chunk Names
            bundle.js    6.34 kB       0  [emitted]  main
     vendor.bundle.js    2.56 MB       1  [emitted]  vendor
        bundle.js.map    3.93 kB       0  [emitted]  main
 vendor.bundle.js.map     2.5 MB       1  [emitted]  vendor
           index.html  250 bytes          [emitted]
    + 358 hidden modules
Yakov-2:basic-webpack-starter yfain11$
```

图10.5　运行npm run build

Webpack构建了两个bundle(bundle.js和vendor.bundle.js)和两个相应的source map文件(bundle.js.map和vendor.bundle.js.map)，并将index.html复制到了图10.6所示的输出目录dist中。

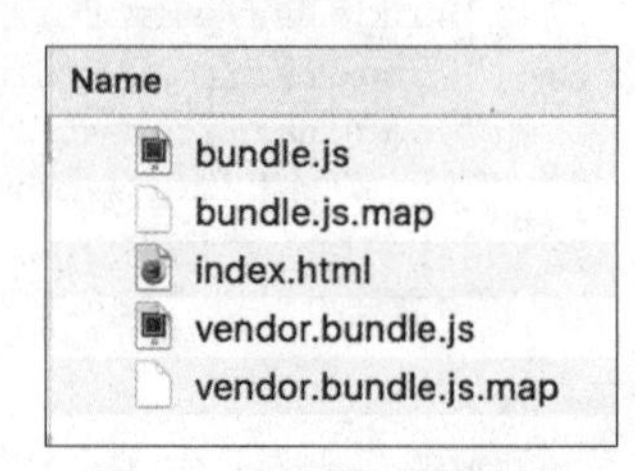

图10.6　dist目录的内容

index.html文件不包含任何用于加载Angular的<script>标签。应用程序所需的一切都位于两个<script>标签中的两个bundle中。

代码清单10.10　basic-webpack-starter/index.html

```
<!DOCTYPE html>
<html>
<head>
  <meta charset=UTF-8>
  <title>Basic Webpack Starter</title>
  <base href="/">
</head>
<body>
  <my-app>Loading...</my-app>
  <script src="vendor.bundle.js"></script>
  <script src="bundle.js"></script>
</body>
</html>
```

可以在dist目录中打开命令窗口，并在其中运行熟悉的live-server，以查看这个简单应用程序的运行情况。应用程序在main.ts中的断点处停止运行后，我们把截图放在了图10.7中，用以说明source map在起作用。即使浏览器执行的是JavaScript bundle中的代码，但由于生成了source map，也仍然可以调试特定的TypeScript模块的代码。

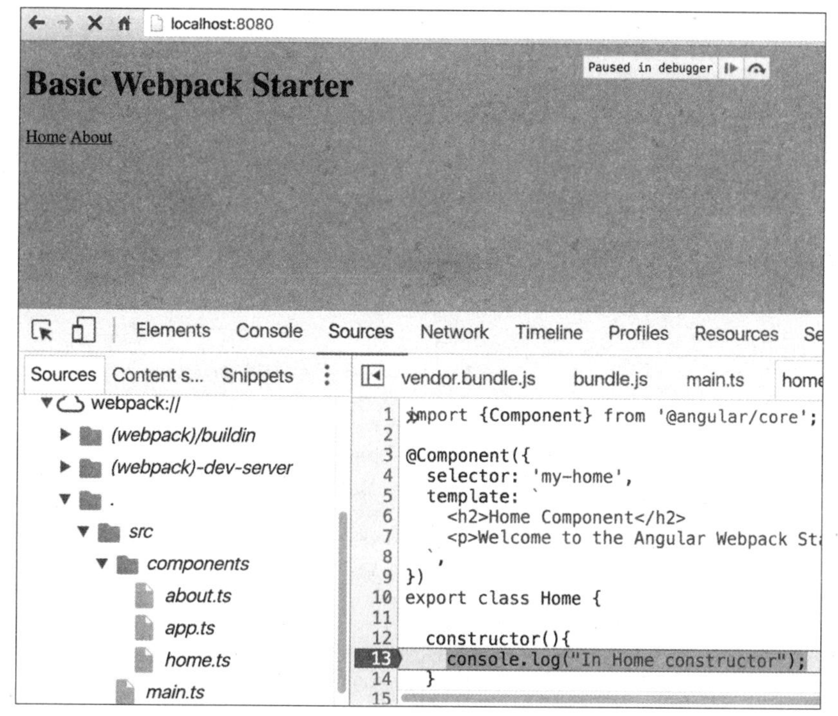

图10.7　在TypeScript模块中设置断点

10.2.2　npm start

如果不运行npmrunbuild而运行npmstart命令，将不会创建dist目录，并且webpack-dev-server将执行构建(包括源source map生成)并从内存中提供应用程序。只需打开浏览器并导航到localhost://8080，应用程序将被送达。该应用程序的大小为2.7MB，但在本章结尾处你将做得更好。

本节介绍的基本Webpack项目对达到演示目的有好处，但现实世界中的应用程序需要使用Webpack进行更高级的工作，我们将在下一节讨论相关内容。

10.3　创建开发和生产配置

在本节中，我们将向你展示Webpack配置文件的两个版本(一个用于开发，另一个用于生产)，可用作现实中Angular项目的起点。本节中显示的所有代码都位于angular2-webpack-starter目录中。应用程序与上一节相同，由两部分组成：Home和About。

这个项目在package.json中有更多的npm脚本，并且包括两个配置文件：用于开发构建的webpack.config.js和用于生产的webpack.prod.config.js。

10.3.1 开发(环境)配置

我们首先介绍开发配置文件webpack.config.js，与上一节中的文件相比，它将得到一些小的添加。添加一个新插件DefinePlugin，它允许创建从应用程序代码可见的变量，并且在构建期间可以被Webpack使用。

代码清单10.11 angular2-webpack-starter/webpack.config.js

```
const path                = require('path');
const CommonsChunkPlugin = require('webpack/lib/optimize/
➥ CommonsChunkPlugin');
const CopyWebpackPlugin  = require('copy-webpack-plugin');
const DefinePlugin       = require('webpack/lib/DefinePlugin');

const ENV  = process.env.NODE_ENV = 'development';
const HOST = process.env.HOST || 'localhost';
const PORT = process.env.PORT || 8080;

const metadata = {
  env : ENV,
  host: HOST,
  port: PORT
};

module.exports = {
  devServer: {
    contentBase: 'src',
    historyApiFallback: true,
    host: metadata.host,
    port: metadata.port
  },
  devtool: 'source-map',
  entry: {
    'main'  : './src/main.ts',
    'vendor': './src/vendor.ts'
  },
  module: {
    loaders: [
      {test: /\.css$/,  loader: 'raw', exclude: /node_modules/},
      {test: /\.css$/,  loader: 'style!css?-minimize', exclude: /src/},
      {test: /\.html$/, loader: 'raw'},
      {test: /\.ts$/,   loader: 'ts'}
    ],
    noParse: [path.join(__dirname, 'node_modules', 'Angular 2', 'bundles')]
  },
  output: {
    path    : './dist',
    filename: 'bundle.js'
  },
  plugins: [
    new CommonsChunkPlugin({name: 'vendor', filename: 'vendor.bundle.js',
      ➥ minChunks: Infinity}),
```

加载允许定义变量的DefinePlugin

Node.js使用一个NODE_ENV环境变量，可以在你的服务器上进行设置：例如在Linux上，export NODE_ENV=production

开发服务器将在指定的host和port上启动。常量metadata在index.html中也是可见的，所以，如果应用程序未部署到Web服务器的根目录中，那么可以在其中定义baseURL属性

raw-loader不会转换文件，而是将它们作为模板中的字符串内联。可以将其用于CSS和HTML文件

```
    new CopyWebpackPlugin([{from: './src/index.html', to: 'index.html'}]),
    new DefinePlugin({'webpack': {'ENV': JSON.stringify(metadata.env)}})
  ],
  resolve: { extensions: ['.ts', '.js']}
};
```

定义在应用程序代码中使用的ENV变量

NODE_ENV 变量由Node.js使用。要从JavaScript访问NODE_ENV的值，可以使用特殊的变量process.env.NODE_ENV。在代码清单10.11中，将常量ENV的值设置为环境变量NODE_ENV的值(如果已定义的话)，或者如果未定义，将其设置为development。常量HOST与PORT的用法相似，metadata对象将存储所有这些值。

ENV变量在main.ts中用于调用Angular函数if(webpack.ENV==='production') enableProdMode( );。当启用生产模式时，Angular的更改检测模块不会执行额外的传递，以确保在组件的生命周期钩子(hooks)中 UI不被修改。

> **注意**
>
> 即使在命令窗口中没有设置Node环境变量，也有一个在文件webpack.config.js中设置的默认值development。

10.3.2 生产(环境)配置

现在我们来看看生产(环境)配置文件webpack.prod.config.js，它会用到额外的插件：CompressionPlugin、DedupePlugin、OccurrenceOrderPlugin和UglifyJsPlugin。

代码清单10.12 angular2-webpack-starter/webpack.prod.config.js

```
const path = require('path');

const CommonsChunkPlugin   = require('webpack/lib/optimize/
➥ CommonsChunkPlugin');
const CompressionPlugin    = require('compression-webpack-plugin');
const CopyWebpackPlugin    = require('copy-webpack-plugin');
const DedupePlugin         = require('webpack/lib/optimize/DedupePlugin');
const DefinePlugin        = require('webpack/lib/DefinePlugin');
const OccurrenceOrderPlugin = require('webpack/lib/optimize/
➥ OccurrenceOrderPlugin');
const UglifyJsPlugin       = require('webpack/lib/optimize/UglifyJsPlugin');

const ENV = process.env.NODE_ENV = 'production';
const metadata = {env: ENV};

module.exports = {
  devtool: 'source-map',
  entry: {
    'main'  : './src/main.ts',
    'vendor': './src/vendor.ts'
```

将常量ENV的值设置为环境变量NODE_ENV的值(如果已定义的话)，或者如果未定义，将其设置为production

```
  },
  module: {
    loaders: [
      {test: /\.css$/,  loader: 'to-string!css', exclude: /node_modules/},
      {test: /\.css$/,  loader: 'style!css', exclude: /src/},
      {test: /\.html$/, loader: 'html?caseSensitive=true'},
      {test: /\.ts$/,   loader: 'ts'}
    ],
    noParse: [path.join(__dirname, 'node_modules', 'Angular 2', 'bundles')]
  },
  output: {
    path     : './dist',
    filename: 'bundle.js'
  },
  plugins: [
    new CommonsChunkPlugin({name: 'vendor', filename: 'vendor.bundle.js',
      ➥ minChunks: Infinity}),
    new CompressionPlugin({regExp: /\.css$|\.html$|\.js$|\.map$/}),
    new CopyWebpackPlugin([{from: './src/index.html', to: 'index.html'}]),
    new DedupePlugin( ),
    new DefinePlugin({'webpack': {'ENV': JSON.stringify(metadata.env)}}),
    new OccurrenceOrderPlugin(true),
    new UglifyJsPlugin({
      compress: {screw_ie8 : true},
      mangle: {screw_ie8 : true}
      }
    })
  ],
  resolve: { extensions: ['.ts', '.js']}
```

html-loader将HTML文件转换成一个替换相应的require( )调用的字符串

CompressionPlugin使用实用工具gzip 来准备与此正则表达式相匹配的资源的压缩版

DedupePlugin搜索相等或相似的文件，并在输出中对它们去重

出于优化原因，Webpack用数字ID替换模块的名称，而OccurrenceOrderPlugin为最常用的模块提供最短的ID

UglifyJsPlugin最小化JavaScript，并使用混淆工具(mangler tool)将局部变量重命名为单个字母

你将使用package.json文件中包含的npm脚本命令启动构建过程，比起我们在10.2节中讨论的package.json具有更多的命令。请注意，build命令显式指定了带有生产(环境)配置的webpack.prod.config.js文件，而start命令将使用webpack.config.js中的开发(环境)配置，webpack.config.js是由Webpack开发服务器使用的默认名称。

代码清单10.13 angular2-webpack-starter/package.json

```
"scripts": {
    "clean": "rimraf dist",
    "prebuild": "npm run clean && npm run test",
    "build": "webpack --config webpack.prod.config.js --progress --profile
      ➥ --colors",
    "start": "webpack-dev-server --inline --progress --port 8080",
```

从dist目录中删除所有内容。使用npm包rimraf，它相当于Linux命令rm-rf，但适用于所有平台

npm会在npm run build命令之前自动运行prebuild命令(如果存在的话)；这是清理dist目录并运行测试的最合适的时间

npm run build命令使用指定的命令行选项和配置文件运行Webpack构建。在本例中，使用文件webpack.prod.config.js

npm start命令在内存中执行构建，并使用webpack-dev-server为应用程序提供服务

此命令用于运行Karma测试

preserve命令在serve之前运行并创建构建

serve：dist命令使用静态Web服务器为打包的应用程序提供服务

```
"preserve:dist": "npm run build",
  "serve:dist": "static dist -H '{\"Cache-Control\": \"no-cache,
    ➥ must-revalidate\"}' -z",
  "test": "karma start karma.conf.js"
  "prebuild:aot": "npm run clean",
    "build:aot": "ngc -p tsconfig.aot.json && webpack --config
     ➥ webpack.prod.config.aot.js --progress --profile --colors",
    "preserve:dist:aot": "npm run build:aot",
    "serve:dist:aot": "static dist -H '{\"Cache-Control\": \"no-cache,
     ➥ must-revalidate\"}' -z"
```

通常，运行npm install后，将使用以下3个命令(将不会在命令行中设置环境变量NODE_ENV)：

- npm start：以开发模式启动Webpack开发服务器，并提供未优化的应用程序。如果在浏览器中打开“Developer Tools”，将看到应用程序以开发模式启动，因为变量ENV具有值development，参见webpack.config.js中的设置。
- npm run serve：dist：运行npm run build以在dist目录中创建优化的bundle，并启动静态Web服务器，提供应用程序的优化版本。如果在浏览器中打开“Developer Tools”，将不会看到指出应用程序以开发模式启动的消息，因为在以生产模式运行；ENV变量具有在webpack.prod.config.js中设置的值production。
- npm run serve：dist：aot：在构建bundle之前，调用Angular编译器ngc用于提前(AoT，Ahead-Of-Time)编译。这将消除在应用程序代码中包括ngc的需要，并进一步优化bundle的大小。

提示

尽管可以根据环境变量的值，通过选择性地应用配置的某些部分来重用相同的文件，但我们(仍然)将开发(环境)和生产(环境)脚本保存在单独的文件中。有些人定义了两个文件，并在生产中重新使用了开发配置(例如，var devWebpackConfig=require('./webpack.config.js');)。根据我们的经验，这会损害配置脚本的可读性，所以我们会在单独的文件中保留完整的构建配置。

注意

webpack.config.js和webpack.prod.config.js示例中的每个不超过60行。如果使用Gulp来准备类似的构建配置，那么将包含几百行代码。

10.3.3　自定义的类型定义文件

需要向应用程序添加自定义的类型定义文件，以防止tsc编译器发生错误。在应用程序中可能会收到编译错误的原因有以下两种：

- Webpack将加载并转换所有的CSS和HTML文件。在转换过程中，Webpack将以下内容：

```
styles: ['home.css'],
template: require('./home.html')
```

全部替换为：

```
styles: [require('./home.css')],
template: require('./home.html')
```

- 这是Webpack自己的require( )函数，而不是来自Node.js的。如果正在运行tsc编译器，上述代码将导致编译错误，因为不能识别具有这种签名的require( )函数。
- 该应用程序使用Webpack配置文件中定义的ENV常数：

```
if(webpack.ENV === 'production') {
  enableProdMode( );
}
```

- 要确保编译器不会抱怨此变量，请创建具有以下内容的自定义typings.d.ts类型定义文件。

代码清单10.14　angular2-webpack-starter/typings.d.ts

```
declare function require(path: string);

declare const webpack: {
  ENV: string
};
```

- 类型定义以关键字declare开头，没有直接链接到变量的实际实现(如函数require( )和常量ENV)；而且如果代码发生变更(例如，如果决定将ENV重命名为ENVIRONMENT)，就要负责更新上述文件。

图10.8显示了运行命令npmrun serve：dist并在浏览器中打开app之后的屏幕截图。请注意，该版本的应用程序只向服务器发出了三个请求，而且应用程序的总大小为180KB。该应用程序比在线拍卖应用程序会稍微小些，但仍然可以与图10.1中显示的服务器请求数及大小相比较，以查看差异并欣赏Webpack所完成的工作。

现在我们看看提前(AoT)编译将如何影响应用程序的大小。运行命令npm run serve：dist：aot。该应用的大小只有100KB！这非常令人印象深刻，不是吗？

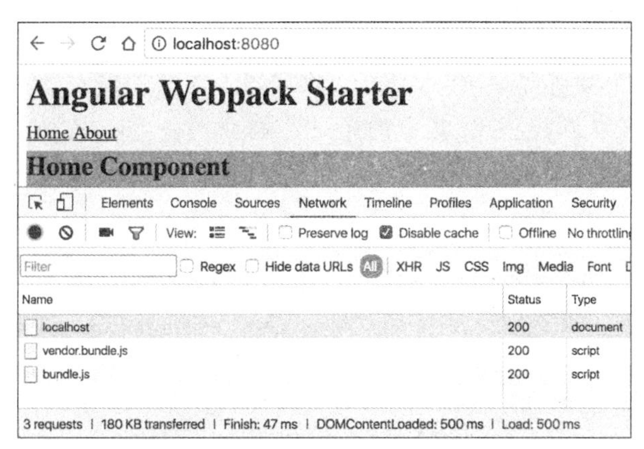

图10.8　运行npm run serve：dist之后

注意

在撰写本书时(Angular 2.1.0)，AoT编译仅针对小型应用程序生成小于JIT的占用空间。

建立持续性

如果你是一位项目经理，则需要确保项目的主要流程是自动化进行的。项目经理可能会犯的最大错误，是允许John Smith(一位开发专家)根据要求手动构建和部署应用程序。John是人，他可能生病、休假，甚至某天离职。自动化构建和部署过程可以保证软件开发业务的连续性。在项目初期必须建立以下过程：

- 持续集成(CI，Continuous Integration)：这是需要每天多次运行构建脚本的一个既定流程，例如在源码库每次代码合并之后。构建脚本包括单元测试、压缩和打包。需要安装并配置一台CI服务器，以确保应用程序代码的主分支(master branch)始终处于工作状态，将永远不会听到如下问题："谁破坏了构建？"
- 持续交付(CD，Continuous Delivery)：这是一个准备应用程序进行部署的流程。CD与为用户提供附加功能和错误修复(bug fix)相关。
- 持续部署(Continuous Deployment)：这是部署在CD阶段准备好的应用程序新版本的流程。持续部署允许从用户那里得到频繁的反馈，确保团队正在努力处理用户真正需要的内容。

前端开发人员经常会与在应用程序服务器端工作的团队协同工作。该团队可能已经有CI和CD流程，你需要了解如何将构建与服务器端使用的(任何)工具集成在一起。

如果仍然坚信手动部署不是犯罪行为，请阅读Knight Capital Group的遭遇，它因部署过程中的人为错误而在45分钟内破产。在2014年，Doug Seven写了一篇文章"*Knightmare: A DevOps Cautionary Tale*"，描述了这一事件(详见http://mng.bz/1kDr)。底线是构建和部署过程应该是自动化且可重复的，而不能取决于任何一名技术人员。

提示

如果正在构建一个具有兆字节JavaScript代码的大型应用程序，可能需要将应用程序代码分成多个模块(入口点)，并将其中的每一个转换为一个bundle。假设应用程序具有一个不经常用到的用户资料(user-profile)模块。删除实现用户资料的代码将降低应用程序首页的初始大小，并且只有在需要时才会加载用户资料的代码。流行的网络应用程序Instagram定义了十几个入口点。

10.4　Angular CLI概述

最初，由于需要学习和手动配置多个工具，Angular开发世界的进入壁垒相当高。即使要从一个简单的应用程序开始，也需要知道并使用TypeScript语言、TypeScript编译器、ES6模块、SystemJS、npm以及Web开发服务器。要开始一个真实的项目，还需要学习如何测试及打包应用程序。

为了启动开发流程，Angular团队创建了一个名为Angular CLI(详见https://github.com/angular/angular-cli)的工具，它是一个命令行工具，涵盖Angular应用程序生命周期的所有阶段，从搭建骨架并生成初始应用程序，到为组件、模块、服务生成样板文件，等等。生成的代码还包括用于单元测试以及使用Webpack打包的预配置文件。

可以使用以下命令全局安装Angular CLI：

```
npm install -g angular-cli
```

Angular CLI与Webpack

Angular CLI由Webpack提供支持。在内部，CLI生成的项目包括与本章中讨论过的类似的Webpack配置文件。即使Angular CLI在内部使用Webpack，也不允许修改Webpack配置，这可能会阻止使用CLI实现特定的构建需求(例如自定义的打包策略)。在这种情况下，可以使用从本章中获得的知识手动(不用CLI)配置项目。

10.4.1　用Angular CLI启动新项目

安装CLI后，可执行的二进制文件ng在PATH上变得可用。你将使用命令ng调用AngularCLI命令。

要创建Angular应用程序，请使用new命令：

```
ng new basic-cli
```

CLI将生成一个名为basic-cli的新目录，其中将包含一个简单应用程序所需的全部文件。要运行此应用程序，请输入命令ng serve，然后打开浏览器并导航到http://localhost:4200。你将看到一个页面，它会渲染出消息“app works!”。CLI会自动安装所有必需的依赖项，并在此文件夹中创建一个本地的git仓库。图10.9显示了生成的项目结构。

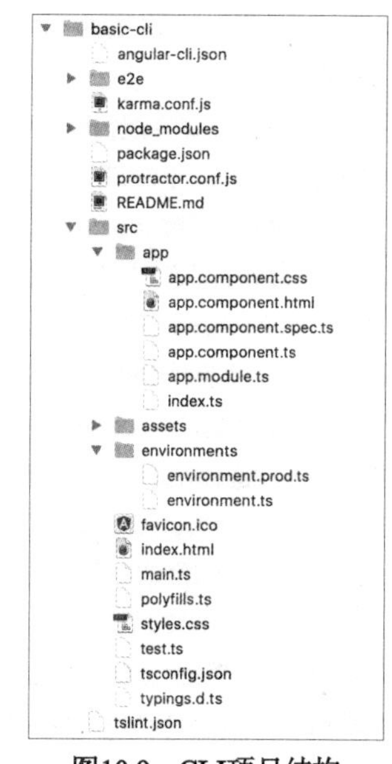

图10.9 CLI项目结构

下面介绍一下主要的项目文件和目录：

- e2e——用于端到端测试的目录。
- src/app——应用程序代码的主目录。对于路由和子组件，通常会在此处创建子目录，但CLI并不要求这样。
- src/assets——该文件夹中的所有内容将在构建过程中被复制到dist目录中。
- src/environments——在这里指定特定环境的设置。可以创建任意数量的自定义环境，例如QA、staging和production。
- angular-cli.json——Angular CLI的主要配置文件。在这里，可以自定义CLI所依赖的文件和目录的位置，例如全局CSS文件和资源。

10.4.2 CLI命令

CLI提供了一些可用于管理Angular应用程序的命令。表10.1列出了开发和准备应用程序的生产版本时最常用的命令。

通常，将使用带有-prod--aot选项的ngbuild命令来构建应用程序的优化版本。没有这些选项，产生的基本应用程序所生成的bundle大小约为2.5MB。使用ngbuild-prod创建bundle会将bundle大小减少到800KB，并生成bundle的gzip压缩版本(190KB)。

表10.1 常用CLI命令

命令	描述
ng serve	在内存中构建bundle，并启动bundle含的webpack-dev-server，每次当在应用程序代码中进行更改时，将运行并重新构建bundle
ng generate	为项目生成各种工件。也可以使用该命令的较短版本：ng g。要列出所有可用选项，请调用ng help generate。例子如下： ● ng g c<component-name>：为组件生成四个文件——TypeScript源代码文件、组件单元测试的TypeScript文件、用于模板的HTML文件以及用于组件视图样式的CSS文件。如果要将CSS和模板内联在生成的组件中，请运行带有选项的这个命令：例如ng g c product--inline-styles--inline-template。如果不想生成spec文件，请使用--spec=false选项 ● ng g s<service-name>：生成两个TypeScript文件——一个用于源代码，另一个用于单元测试
ng test	使用测试运行器Karma运行单元测试
ng build	生成具有转码后的应用程序代码的JavaScript bundle并内联所有的依赖项，将bundle保存在dist目录中

要优化用于生产部署的bundle，请通过运行ngbuild--prod--aot来启用提前编译。现在，bundle的大小约为450KB，其gzip压缩版本小至100KB。图10.10显示了运行此命令

后，应用程序basic-cli的dist目录中的内容。

注意

要查看加载到浏览器中的100KB的bundle，需要使用支持预构建的gzip压缩文件的Web服务器。例如，可以使用10.3.2节中使用的静态Node服务器。

以上是对Angular CLI简要概述的总结，这消除了手动创建多个配置文件并生成高度优化的生产构建的需要。可以在https://cli.angular.io/reference.pdf上找到所有有关Angular CLI命令的描述。

0.688d48f52a362bd543fc.bundle.map	Today, 10:05 PM	3 KB	Document
favicon.ico	Today, 10:05 PM	5 KB	Windows icon image
index.html	Today, 10:05 PM	517 bytes	HTML document
inline.d41d8cd98f00b204e980.bundle.map	Today, 10:05 PM	13 KB	Document
inline.js	Today, 10:05 PM	1 KB	JavaScript
main.1ba1f6138d72e2f7118a.bundle.js	Today, 10:05 PM	445 KB	JavaScript
main.1ba1f6138d72e2f7118a.bundle.js.gz	Today, 10:05 PM	100 KB	gzip compressed archive
main.1ba1f6138d72e2f7118a.bundle.map	Today, 10:05 PM	3.3 MB	Document
styles.defd4e11283d3aa66903.bundle.js	Today, 10:05 PM	4 KB	JavaScript
styles.defd4e11283d3aa66903.bundle.map	Today, 10:05 PM	30 KB	Document

图10.10　生产(环境)构建之后的dist目录

你可能会问：“如果Angular CLI能为我们配置Webpack，为什么还要必须学习Webpack的内部构件呢？”我们希望你了解事情是如何运转的，以防在没有Angular CLI的情况下，能够手动创建并微调构建。此外，在将来，Angular CLI可能允许更改自动生成的Webpack配置文件。知道如何处理这种情况会是一件令人高兴的事情。

提示

为了加快安装Angular CLI项目的依赖，请使用Yarn软件包管理器而不是npm。有关详细信息，请参阅https://yarnpkg.com。

10.5　动手实践：使用Webpack部署在线拍卖应用程序

在这个练习中，将不会开发任何新的应用程序代码。目标是使用Webpack构建和部署优化版的在线拍卖应用程序，还将把测试运行器Karma整合到构建流程中。

在本章中，我们重构了第8章的拍卖项目。此项目在应用程序的客户端和服务器部分之间使用了相同的package.json文件。现在客户端和服务器将是具有自己的package.json文件的单独应用程序。保持客户端和服务器的代码分离能够简化构建的自动化。

Angular与安全

Angular内置了防范常见Web应用程序漏洞和攻击的保护措施。尤其是，为了防止跨站脚本攻击，会阻止恶意代码进入DOM。对于图片，攻击者可以在<img>标签的src属性中使用恶意代码来替换图片。

在线拍卖应用程序使用来自网站http://placehold.it的图片，它将会在打包期间被拦截，除非特别地写明信任此网站。本章在在线拍卖应用程序添加了代码，申明信任来自网站http://placehold.it的图片，并且不需要屏蔽它们。

这就是在使用了来自第三方服务器图片的在线拍卖应用程序组件中，要添加防止图片被清理的代码的原因所在。例如，ProductItemComponent的构造函数如下所示：

```
constructor(private sanitizer: DomSanitizer) {
  this.imgHtml = sanitizer.bypassSecurityTrustHtml(`
    <img src="http://placehold.it/320x150">`);
}
```

可以在http://mng.bz/pk57上的Angular文档中找到有关Angular安全的更多详细信息。

来自client目录的package.json文件中具有构建生产(环境)bundle以及在开发模式下运行webpack-dev-server所需的npm脚本。server目录有自己的package.json文件，它带有启动在线拍卖应用程序的Node服务器的npm脚本——这里不需要打包。技术上，有两个独立的应用程序，它们各自的依赖项被单独配置。你将使用第10章的auction目录中的源代码来启动此动手实践项目。

10.5.1 启动Node服务器

服务器的package.json文件看起来如下所示：

代码清单10.15 auction/package.json

```
{
  "name": "ng2-webpack-starter",
   "description": "Angular 2 Webpack starter project suitable for a
➥ production grade application",
  "homepage": "https://www.manning.com/books/angular-2-development-with-
    ➥ typescript",
  "private": true,
  "scripts": {
    "tsc": "tsc",
    "startServer": "node build/auction.js",
    "dev": "nodemon build/auction.js"
  },
  "dependencies": {
    "express": "^4.13.3",
    "ws": "^1.0.1"
  },
  "devDependencies": {
    "@types/compression": "0.0.29",
    "@types/es6-shim": "0.0.27-alpha",
    "@types/express": "^4.0.28-alpha",
```

```
    "@types/ws": "0.0.26-alpha",
    "compression": "^1.6.1",
    "nodemon": "^1.8.1",
    "typescript": "^2.0.0"
  }
}
```

请注意，可以在此处定义tsc脚本，以确保即使在全局安装了旧版本的编译器，也将使用本地的TypeScript2.0版本。在命令行中，转到server目录并运行npm install以获取应用程序的服务器部分所需的全部依赖项。

要使用本地编译器，请运行命令npmrun tsc，就像在tsconfig.json中配置的那样，这将会转换服务器的代码并在build目录中创建auction.js和model.js(以及它们的source map)。这就是用于在线拍卖应用程序的服务器的代码。

通过运行命令npmrun startServer启动服务器。它将在控制台打印消息“Listening on 127.0.0.1：8000”。

10.5.2 启动在线拍卖应用程序的客户端

可以使用不同的npm脚本命令，在开发或生产模式下启动在线拍卖应用程序的客户端。客户端package.json的npm脚本部分具有以下命令：

```
"scripts": {
  "clean": "rimraf dist",
  "prebuild": "npm run clean && npm run test",
   "build": "webpack --config webpack.prod.config.js --progress
➥ --profile",
  "startWebpackDevServer": "webpack-dev-server --inline --progress --port
➥ 8080",
  "test": "karma start karma.conf.js",
  "predeploy": "npm run build && rimraf ../server/build/public && mkdirp
    ➥ ../server/build/public",
  "deploy": "copyup dist/* ../server/build/public"
}
```

大多数命令看起来应该很熟悉，因为在代码清单10.12的webpack.prod.config.js中使用过它们。添加一个新的deploy命令，它使用copyup命令将文件从客户端的dist目录复制到服务器的build/public目录。在这里，使用了来自npm包copyfiles(详见https://www.npmjs.com/package/copyfiles)的copyup命令。当涉及复制文件时，可以使用这个包来实现跨平台的兼容性。我们还添加了test命令来使用Karma运行测试(参见10.5.3节)。

因为有predeploy命令，它会在每次运行npm run deploy时自动运行。依次地，predeploy将运行build命令，build将自动运行prebuild。后者将运行clean和test，而且只有在所有这些命令成功后，build命令才能执行构建。最后，copyup命令会将dist目录中的bundle复制到server/build/public目录中。

在启动拍卖应用程序的客户端部分之前，需要打开单独的命令窗口，转到client目录，并运行命令npm install。然后通过运行npm run startWebpackDevServer在开发模式下启动在线拍卖应用程序。webpack-dev-server将打包Angular应用程序，并开始在端口8080上监听浏览器请求。在浏览器的地址栏中输入http://localhost:8080，将会看到在线拍卖应用程序令人熟悉的UI。

注意

开发(环境)构建在内存中完成，而在线拍卖应用程序在端口8080上可用，这是在文件webpack.config.js中配置的端口。

打开Chrome浏览器的Developer Tools中的Network标签，将会看到应用程序加载新构建的bundle，而应用程序的体积相当大。

在控制台检查Webpack的日志，将会看到哪个文件被打到了哪个包(或块)中。在本例中，构建了两个块(chunk)：bundle.js和vendor.js。图10.11显示了Webpack日志的一个小片段，但可以看到每个文件的大小。打包后的应用程序(bundle.js)体积为285KB，而供应商代码(vendor.bundle.js)大小是3.81MB。

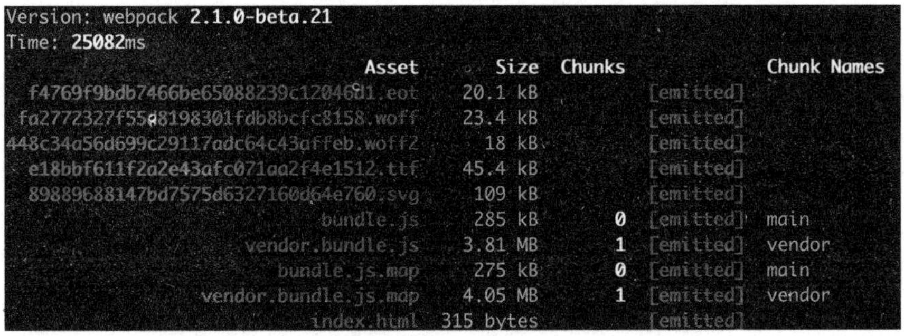

```
Version: webpack 2.1.0-beta.21
Time: 25082ms
                                    Asset       Size  Chunks             Chunk Names
  f4769f9bdb7466be65088239c12046d1.eot    20.1 kB          [emitted]
 fa2772327f55d8198301fdb8bcfc8158.woff    23.4 kB          [emitted]
448c34a56d699c29117adc64c43affeb.woff2      18 kB          [emitted]
  e18bbf611f2a2e43afc071aa2f4e1512.ttf    45.4 kB          [emitted]
  89889688147bd7575d6327160d64e760.svg     109 kB          [emitted]
                             bundle.js     285 kB       0  [emitted]  main
                      vendor.bundle.js    3.81 MB       1  [emitted]  vendor
                         bundle.js.map     275 kB       0  [emitted]  main
                  vendor.bundle.js.map    4.05 MB       1  [emitted]  vendor
                            index.html  315 bytes          [emitted]
```

图10.11 控制台输出片段

在顶部，将会看到一些未打包的字体文件，因为在webpack.config.js文件中指定了limit参数，用以避免将很大的字体(文件)内联到bundle中：

```
{test: /\.woff$/,  loader: "url?limit=10000&minetype=application/font-woff"},
{test: /\.woff2$/, loader: "url?limit=10000&minetype=application/font-woff"},
{test: /\.ttf$/,   loader: "url?limit=10000&minetype=application/
➥ octet-stream"},
{test: /\.svg$/,   loader: "url?limit=10000&minetype=image/svg+xml"},
{test: /\.eot$/,   loader: "file"}
```

最后一行指示file-loader将扩展名为.eot的字体(文件)复制到build目录。如果滚动控制台输出，你会看到所有的应用程序代码都进入了chunk{0}，而供应商相关的代码进入了chunk{1}。

注意

在开发模式下，没有在Node服务器下部署Angular应用程序。Node服务器运行在端口8000上，而在线拍卖应用程序的客户端在端口8080上提供服务并使用HTTP和WebSocket协议与Node服务器通信。接下来将会在Node服务器下部署Angular应用程序。

现在，在启动了客户端的命令窗口中按Ctrl+C组合键，以停止webpack-dev-server(而不是Node服务器)。通过运行命令npm run deploy启动生产(环境)构建。此命令将准备优化的构建，并将其文件复制到../server/build/public目录中，这是Node服务器的所有静态内容所属的目录。

无须重启Node服务器，因为那里只部署了静态代码。但要查看在线拍卖应用程序的生产版本，需要使用运行Node服务器的端口8000。

打开浏览器并导航到url http://localhost:8000，将看到由Node服务器提供的在线拍卖应用程序。打开Chrome Developer Tools并切换到Network选项卡，刷新该应用程序，你将看到优化后的应用程序的体积大幅缩小。图10.12显示应用程序的总大小为349KB(与之前在图10.1中显示的未打包的5.5MB相比大幅缩小)。

Elements Console Sources Network Timeline Profiles Application Security Audits

View: Preserve log Disable cache Offline No throttling

Filter Regex Hide data URLs All XHR JS CSS Img Media Font Doc WS

Name	Status	Type	Initiator	Size
localhost	200	document	Other	631 B
vendor.bundle.js	200	script	(index):11	289 KB
bundle.js	200	script	(index):12	21.1 KB
products	200	xhr	vendor.bundle.js:1427	552 B
800x300	301	text/html	Other	414 B
448c34a56d699c29117adc64c43affeb.woff2	200	font	(index):12	17.9 KB
320x150	301	text/html	Other	414 B
~text?txtsize=75&txt=800%C3%97300&w=800&h=300	200	png	http://placehold.it/80...	12.9 KB
~text?txtsize=30&txt=320%C3%97150&w=320&h=150	200	png	http://placehold.it/32...	6.4 KB

9 requests | 349 KB transferred | Finish: 2.63 s | DOMContentLoaded: 2.52 s | Load: 2.73 s

图10.12 在线拍卖应用程序的生产版本都加载了什么

浏览器向服务器发出了9个请求以加载index.html，还有两个bundle以及代表产品的灰色图片。可以看到产品数据相关的请求，由客户端使用Angular的HTTP请求发送。以.woff2结尾的行是通过Twitter的Bootstrap框架加载的字体(文件)。

url-loader与file-loader类似，但它可以将小于指定限制的文件内联到定义(文件)的CSS中。将名称以.woff、.woff2、.ttf和.svg结尾的文件，指定10 000个字节作为限制。较大的文件(17.9KB)不会被内联。

每种字体都以多种格式表示，例如.eot、.woff、.woff2、.ttf和.svg，而且有几个用于处理字体的非独占选项：

- 将它们全部内联到bundle中，并由浏览器选择要使用哪一个。
- 将想让应用程序支持的最老的浏览器所支持的字体格式内联。这意味着较新的浏览器将会下载的文件，要比它们所需的大两到三倍。
- 都不内联，而让浏览器选择并下载它支持最好的一个。

这里的策略是仅内联选中的符合特定条件的字体(文件)，并将其他的复制到build目录中，这可以被认为是第一个和最后一个选项的组合。

10.5.3　使用Karma运行测试

在第9章中，开发了三个spec用于ApplicationComponent、StarsComponent和ProductService单元测试。在这里将复用相同的spec，但作为构建过程的一部分将使用Karma运行它们。

因为客户端和服务器现在是单独的npm项目，所以Karma配置文件karma.conf.js和karma-test-runner.js位于client目录中。

代码清单10.16　auction/client/karma.conf.js

```
module.exports = function(config) {
  config.set({
    browsers      : ['Chrome', 'Firefox'],
    frameworks    : ['jasmine'],
    reporters     : ['mocha'],
    singleRun     : true,
    preprocessors: {'./karma-test-runner.js': ['webpack']},
    files        : [{pattern: './karma-test-runner.js', watched: false}],
    webpack       : require('./webpack.test.config.js'),
    webpackServer: {noInfo: true}
  });
};
```

在第9章中使用点来报告进度，但是在这里，使用更具描述性的mocha reporter来打印来自spec的消息而不是点(见图10.13)

指定当脚本运行Karma测试时应该由插件karma-webpack预处理

加载karma-test-runner.js文件中包含的测试spec

指定Karma应使用的Webpack配置文件

关闭Webpack日志记录，因此其消息不会混淆Karma的输出

文件karma.conf.js比第9章要短得多，因为不再需要为SystemJS(现在Webpack是加载器)配置文件，而且文件已经在webpack.test.config.js中配置了。以下是运行Karma的karma-test-runner.js脚本。

代码清单10.17　auction/client/karma-test-runner.js

```
Error.stackTraceLimit = Infinity;

require('reflect-metadata/Reflect.js');
require('zone.js/dist/zone.js');
```

```
require('zone.js/dist/long-stack-trace-zone.js');
require('zone.js/dist/proxy.js');
require('zone.js/dist/sync-test.js');
require('zone.js/dist/jasmine-patch.js');
require('zone.js/dist/async-test.js');
require('zone.js/dist/fake-async-test.js');

var testing = require('@angular/core/testing');
var browser = require('@angular/platform-browser-dynamic/testing');

testing.TestBed.initTestEnvironment(
    browser.BrowserDynamicTestingModule,
    browser.platformBrowserDynamicTesting( ));

Object.assign(global, testing);


var testContext = require.context('./src', true, /\.spec\.ts/);

function requireAll(requireContext) {
  return requireContext.keys( ).map(requireContext);
}

var modules = requireAll(testContext);
```

接下来显示的是webpack.test.config.js文件。它为测试做了简化，因为不需要在测试过程中创建bundle。不需要Webpack开发服务器，因为Karma充当服务器。

代码清单10.18 auction/client/webpack.test.config.js

```
const path          = require('path');
const DefinePlugin  = require('webpack/lib/DefinePlugin');

const ENV  = process.env.NODE_ENV = 'development';
const HOST = process.env.HOST || 'localhost';
const PORT = process.env.PORT || 8080;

const metadata = {
  env : ENV,
  host: HOST,
  port: PORT
};

module.exports = {
  debug: true,
  devtool: 'source-map',
  module: {
    loaders: [
      {test: /\.css$/,  loader: 'raw', exclude: /node_modules/},
      {test: /\.css$/,  loader: 'style!css?-minimize', exclude: /src/},
      {test: /\.html$/, loader: 'raw'},
      {test: /\.ts$/,   loaders: [
        {loader: 'ts', query: {compilerOptions: {noEmit: false}}},
        {loader: 'Angular 2-template'}
```

```
      ]}
    ]
  },
  plugins: [
    new DefinePlugin({'webpack': {'ENV': JSON.stringify(metadata.env)}})
  ],
  resolve: { extensions: ['.ts', '.js']}
  }
};
```

client/package.json文件具有以下Karma相关内容。

代码清单10.19 auction/client/package.json

```
"scripts": {
...
"test": "karma start karma.conf.js"
}
...
"devDependencies": {
...
    "karma": "^1.2.0",
    "karma-chrome-launcher": "^2.0.0",
    "karma-firefox-launcher": "^1.0.0",
    "karma-jasmine": "^1.0.2",
    "karma-mocha-reporter": "^2.1.0",
    "karma-webpack": "^1.8.0",
}
```

要手动运行测试，请在client目录的命令窗口中运行npm test命令。你将看到图10.13所示的输出。

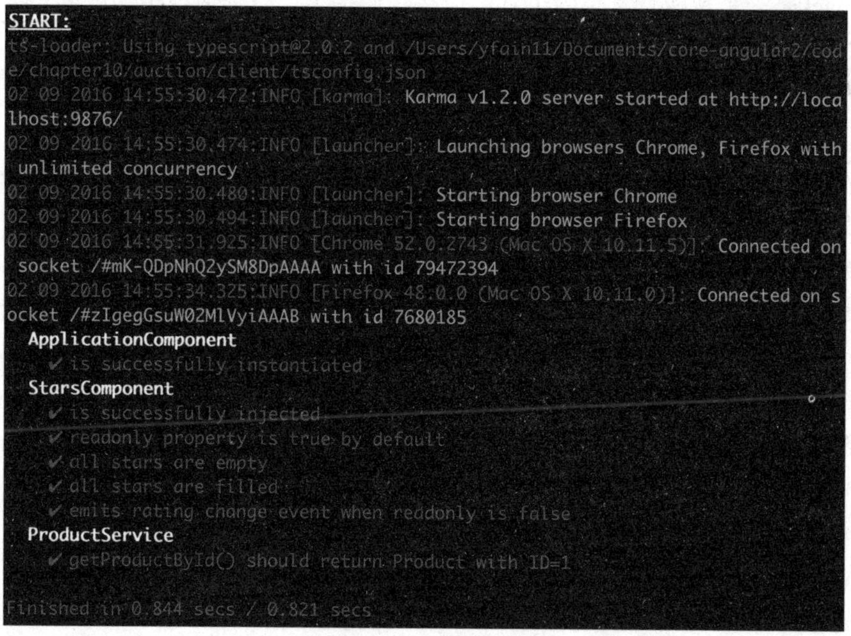

```
START:
ts-loader: Using typescript@2.0.2 and /Users/yfain11/Documents/core-angular2/code/chapter10/auction/client/tsconfig.json
02 09 2016 14:55:30.472:INFO [karma]: Karma v1.2.0 server started at http://localhost:9876/
02 09 2016 14:55:30.474:INFO [launcher]: Launching browsers Chrome, Firefox with unlimited concurrency
02 09 2016 14:55:30.480:INFO [launcher]: Starting browser Chrome
02 09 2016 14:55:30.494:INFO [launcher]: Starting browser Firefox
02 09 2016 14:55:31.925:INFO [Chrome 52.0.2743 (Mac OS X 10.11.5)]: Connected on socket /#mK-QDpNhQ2ySM8DpAAAA with id 79472394
02 09 2016 14:55:34.325:INFO [Firefox 48.0.0 (Mac OS X 10.11.0)]: Connected on socket /#zIgegGsuW02MlVyiAAAB with id 7680185
  ApplicationComponent
    ✔ is successfully instantiated
  StarsComponent
    ✔ is successfully injected
    ✔ readonly property is true by default
    ✔ all stars are empty
    ✔ all stars are filled
    ✔ emits rating change event when readonly is false
  ProductService
    ✔ getProductById() should return Product with ID=1

Finished in 0.844 secs / 0.821 secs
```

图10.13 运行Karma

要将Karma运行集成到构建过程中，可以修改npmprebuild命令，如下所示：

```
"prebuild": "npm run clean && npm run test"
"build": "webpack ...",
```

现在，如果运行命令npmrunbuild，它将运行prebuild，这将清理输出目录，运行测试，然后进行构建。如果任何测试失败了，build命令将不会运行。

你完成了本书的最后一个动手实践项目。如果这是一个真实的应用程序，那么可能需要继续微调构建配置，挑选想要包含在构建中的文件或从中排除文件。Webpack是一个复杂的工具，它为优化bundle提供了无限的可能性。Angular团队正在使用提前(AoT)编译对Angular代码进行优化，如果Angular框架仅为应用程序添加50KB的代码，我们将不会感到惊讶。

> **注意**
>
> 本章附带的源代码包括一个名为extras的目录，它包含在线拍卖应用程序的另一个实现，其中的Angular部分是由Angular CLI生成的。要了解如何将第三方库添加到Angular CLI项目中，请查看angular-cli.json中的scripts部分。

10.6 本章小结

本章并未介绍如何编写代码，其目标在于优化并打包用于部署的代码。JavaScript社区有一些流行的工具，用于自动化构建和打包Web应用程序，我们的选择是结合使用Webpack和npm脚本。

Webpack是一个智能且复杂的工具，但是我们提供了一个适用于加载器与插件的小组合。如果正在寻找更完整的Webpack配置，请尝试使用angular2-webpack-starter(详见http://mng.bz/fS4T)。

以下是本章的主要内容：

- 在早期的开发阶段，准备部署bundle及运行构建的流程应该是自动化进行的。
- 要减少浏览器加载应用程序发送的请求数量，请将代码组合成少数的用于部署的bundle。
- 避免将相同的代码打包到多个bundle中。将第三方框架保存在一个单独的bundle中，以便应用程序的其他bundle可以共享它们。
- 始终生成source map，因为它们允许在TypeScript中调试源代码。source map不会增加应用程序代码的大小，而且只有在浏览器的Developer Tools打开时才会生成，因此甚至鼓励将source map用于生产(环境)构建。
- 要运行构建和部署任务，请使用npm脚本，因为它们编写简单，而且已经安装了npm。如果正在为一个庞大且复杂的项目准备构建，而且需要一门脚本语言来描述各种构建场景，请将Gulp引入项目工作流程。
- 要使用Angular和TypeScript快速开始开发，请使用Angular CLI生成你的第一个项目。

附录A

ECMAScript 6概述

ECMAScript是一门标准的客户端脚本语言。1997年发布了第1版ECMAScript规范，第6版于2015年定稿。第7版正在制定。很多种语言都实现了ECMAScript标准，其中最流行的实现是JavaScript。在此附录中，我们将了解ECMAScript6(ES6)的JavaScript实现，也被称为ECMAScript 2015。

在撰写本书时，并不是所有的浏览器都完全支持ES6规范。可以访问ECMAScript兼容性网站http://mng.bz/ao59以查看截至目前ES6的支持情况。好消息是现在就可以使用ES6进行开发，只需要使用一个转码器，比如Traceur(详见https://github.com/google/traceur-compiler)或Babel(详见https://babeljs.io)，将ES6的代码转换成ES5的版本，所有浏览器都支持ES5标准。

注意

如果希望在主流浏览器即将发布的版本中测试ES6，请从https://nightly.mozilla.org/下载Firefox最新的nightly版，或者使用IE浏览器的remote版(参见https://remote.modern.ie)。还可以从http://mng.bz/9rub下载Chrome的Canary版。可能需要通过访问URL chrome://flags(适用于Chrome)或about://flags(适用于IE)来启JavaScript的实验性功能。

首先假设你对ES5的语法和API很熟悉，因而只会选择ES6中的新特性加以介绍。如果JavaScript并不熟练，那么请在线阅读由Yakov Fain等人编写的*EnterpriseWebDevelopment*(O'Reilly，2014)中的附录，该附录可以在GitHub上找到，网址为http://mng.bz/EIH。2016年发布了ES7标准(又称为ES 2016)，这是一次小型发布。ECMAScript 2017语言标准发布在https://tc39.github.io/ecma262/上。

本附录会经常性地展示ES5的代码片段以及这些代码在ES6中的写法。但是ES6并不会废弃任何旧的语法，因此可以在最新的Web浏览器或独立的JavaScript引擎中安全地运行遗留的ES5或ES3代码。

A.1　如何运行代码示例

本附录中代码示例的形式为简单的HTML文件，其中包括ES6脚本。如果浏览器最大程度支持ES6，那么可以在浏览器的开发者工具中运行和调试这些代码。如果不支持，那么有以下几种选择：

- 使用ES6 Fiddle网站(详见www.es6fiddler.net)，在这个网站中，把ES6的代码片段复制并粘贴到左侧输入区域，单击Play按钮，右侧控制台会输出结果，如图A.1所示。

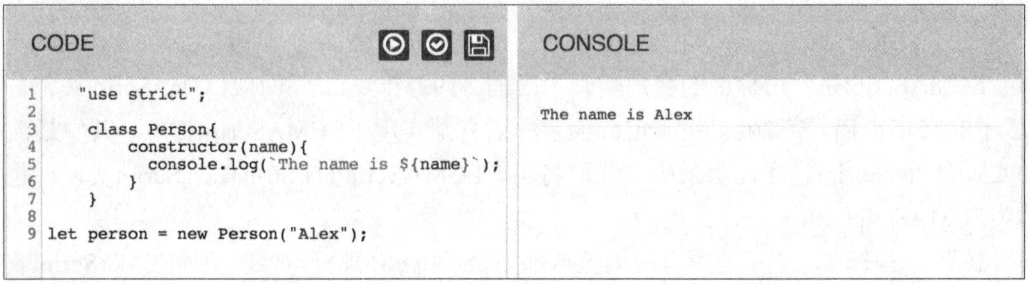

CODE　　　　CONSOLE

```
1  "use strict";
2
3   class Person{
4       constructor(name){
5         console.log(`The name is ${name}`);
6       }
7    }
8
9 let person = new Person("Alex");
```

```
The name is Alex
```

图A.1　使用ES6 Fiddle

- 使用Traceur或Babel转码工具，把代码从ES6转码到ES5。能够快速运行代码片段的交互式工具称为Read-Eval-Print-Loop(REPL)。可以使用Traceur(详见http://mng.bz/bI91)或Babel(详见http://babeljs.io/repl)中的REPL。图A.2展示了Babel的REPL。ES6代码写在左侧，右侧显示生成的ES5代码。运行代码示例产生的结果(如果有的话)显示在右侧下方。

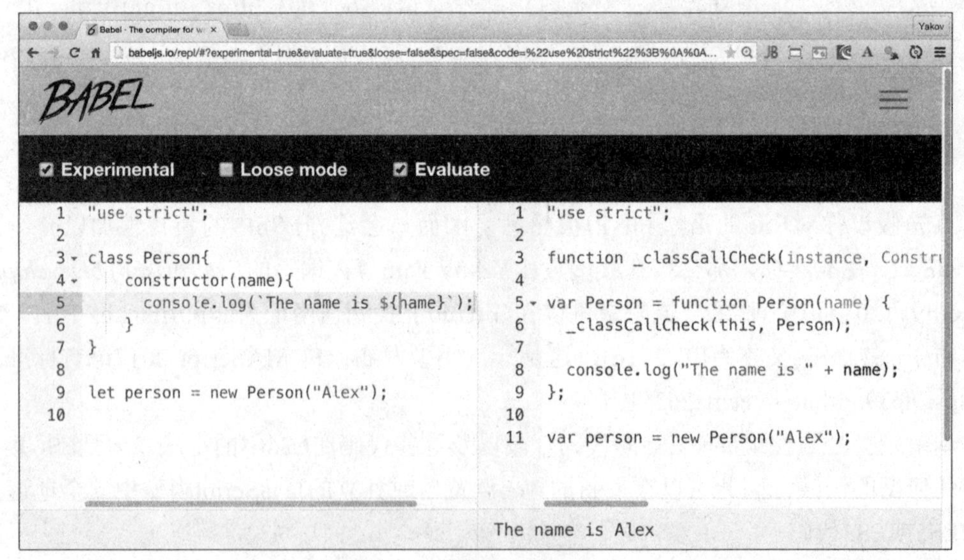

图A.2　使用Babel REPL

A.2　模板字面量

ES6引入了一种新的语法，用来处理包含了嵌入式语法的字符串字面量，此功能被称为字符串插值(string interpolation)。

在ES5中，可以使用字符串拼接创建一个包含字符串字面量与变量的混合字符串。

```
var customerName = "John Smith";
console.log("Hello" + customerName);
```

在ES6中，模板字面量被反引号包围。可以将表达式嵌入文字中，将其放在以美元符号为前缀的大括号之间。在下面的代码片段中，变量customerName的值被嵌入到字符串字面量中：

```
var customerName = "John Smith";
console.log(`Hello ${customerName}`);

function getCustomer( ){
  return "Allan Lou";
}
console.log(`Hello ${getCustomer( )}`);
```

上述代码的输出为：

```
Hello John Smith
Hello Allan Lou
```

在这个示例中，customerName变量的值被嵌入到模板字面量中，之后getCustomer( )函数的返回值也被嵌入其中。在大括号之间可以使用任何有效的JavaScript表达式。

A.2.1　多行字符串

在代码中字符串可以被写成多行。使用反引号可以编写多行字符串，而无须把它们拼接在一起或者使用反斜杠：

```
var message = `Please enter a password that
               has at least 8 characters and
               includes a capital letter`;

console.log(message);
```

生成的字符串会把所有空格也视为字符串内容的一部分，因此输出如下所示：

```
Please enter a password that
               has at least 8 characters and
               includes a capital letter
```

A.2.2　带标签的模板字符串

如果一个模板字符串紧跟在一个函数名称引用的后面，那么这个字符串首先会被计算，之后被传入到函数中做进一步处理。模板中的字符串部分会被组成一个数组，在模板中经过计算的其他表达式会被当成独立的参数传入到函数中。这种语法看起来有些不同，因为在常规的函数调用中不会使用括号：

```
mytag`Hello ${name}`;
```

下面介绍如何根据region变量打印出带有货币符号的金额。如果region变量的值为1，那么金额不变，在金额前面加一个美元符号。如果region变量的值为2，则需要转换金额，以0.9汇率计算，并在前面加一个欧元符号。模板字符串看起来如下所示：

```
`You've earned ${region} ${amount}!`
```

调用currencyAdjustment( )函数，带标签的模板字符串看起来如下所示：

```
currencyAdjustment`You've earned ${region} ${amount}!`
```

currencyAdjustment( )函数接收三个参数：第一个参数是模板字符串中所有的字符串，第二个参数获得region的值，第三个参数获得amount的值。第一个参数之后的参数的数量可以任意。完整的示例如下面的代码清单所示：

代码清单 A.1　打印货币金额

```
function currencyAdjustment(stringParts, region, amount) {
    console.log(stringParts);
    console.log(region);
    console.log(amount);

  var sign;
  if(region==1){
    sign="$"
  } else{
    sign='\u20AC';              ←—— 欧元货币符号
    amount=0.9*amount;      ←—— 使用0.9的汇率把金额转换为欧元

  }
  return `${stringParts[0]}${sign}${amount}${stringParts[2]}`;
}

var amount = 100;
var region = 2;                    ←—— 欧洲：2　美国：1

var message = currencyAdjustment`You've earned ${region} ${amount}!`
console.log(message);
```

currencyAdjustment( )函数接收一个内嵌了region和amount的字符串，并解析这个模板，将字符串的部分与这些值分开(空格也被认为是字符串的一部分)。为了方便说明在程序开始会打印模板解析的结果，之后函数将会检查region，开始货币转换，返回一个新的字符串模板。运行代码清单A.1会产生如下输出：

```
["You've earned "," ","!"]
2
100
You've earned €90!
```

有关带标签的模板字符串的更多详细信息，请参阅由AxelRauschmayer编写的*Exploring ES6*一书中的Template Literals章节，可从http://exploringjs.com获取。

A.3　可选参数和默认值

在ES6中，可以为函数参数指定默认值，这对于当函数被调用却没有传参数的情况是非常有用的。假设有一个计算税费的函数，它有两个参数：一个是全年的收入(income)；另一个是居住的州(state)。如果没有传state的值，你希望能够使用Florida。

在ES5中，需要在函数体开始的时候检查是否提供了state的值，如果没有，则使用Florida：

```
function calcTaxES5(income, state){

    state = state || "Florida";

    console.log("ES5. Calculating tax for the resident of " + state +
                                                ➥ " with the income " + income);
}

calcTaxES5(50000);
```

下面是代码输出的结果：

```
"ES5. Calculating tax for the resident of Florida with the income 50000"
```

在ES6中，需要在函数签名中指定默认值：

```
function calcTaxES6(income, state = "Florida") {

  console.log("ES6. Calculating tax for the resident of " + state +
                                            ➥ " with the income " + income);
}

calcTaxES6(50000);
```

输出与上面看起来是一样的：

```
"ES6. Calculating tax for the resident of Florida with the income 50000"
```

除了能够为可选参数提供硬编码的默认值之外，甚至可以把函数的返回值作为默认值：

```
function calcTaxES6(income, state = getDefaultState( )) {
  console.log("ES6. Calculating tax for the resident of " + state +
  ➥ " with the income " + income);
}

function getDefaultState( ){
  return "Florida";
}
```

请记住，每次调用calcTaxES6( )同样也会调用getDefaultState( )函数，这可能会带来性能问题。这个可选参数的新语法能够让你编写更少的代码，并使代码更好理解。

A.4 变量的作用域

ES5中的作用域机制相当混乱。无论在哪里使用var声明变量，声明都被会移动作用域的顶部，这被称为变量提升(hoisting)。this关键字的使用也不像Java或C#语言那么简单。

ES6通过引入关键字let来消除变量提升带来的混乱(下一节将会讨论)，通过箭头函数来解决this带来的混乱。让我们仔细看看变量提升和this给我们带来的问题。

A.4.1 变量提升

在JavaScript中，所有的变量声明都被会移到顶部，并且没有块级作用域。看看下面的简单示例，其中在for循环中声明了变量i，但是在循环外面仍然可以使用i:

```
function foo( ){

    for(var i=0;i<10;i++){

    }

  console.log("i=" + i);
}

foo( );
```

运行代码后会打印i=10。变量i在循环外仍然可以被访问，尽管它看起来似乎只能在循环内部调用。JavaScript自动把变量的声明提升到顶部。

在这个例子中，因为只有一个变量被命名为i，提升不会引起任何问题。如果在函数内部或外部同时声明名字一样的两个变量，就可能会造成代码逻辑上的混乱。思考一下代码清单A.2，在全局作用域内声明了变量customer。之后在本地作用域内同样引入一个customer变量，但是会把后引入的这个变量注释掉。

代码清单A.2　提升一个变量声明

```
<!DOCTYPE html>
<html>
<head>
    <title>hoisting.html</title>
</head>
<body>

<script>
    "use strict";

    var customer = "Joe";

  (function( ){
        console.log("The name of the customer inside the function is "  +
            ➥ customer);

       /*  if(2 > 1) {
             var customer = "Mary";
         }*/

    })( );

    console.log("The name of the customer outside the function is "  +
    ➥ customer);
</script>

</body>
</html>
```

使用Chrome浏览器打开这个文件，查看Chrome Developer Tools中控制台的输出。正如我们所期望的，全局变量customer在函数的内部和外部都是可见的，如图A.3所示。

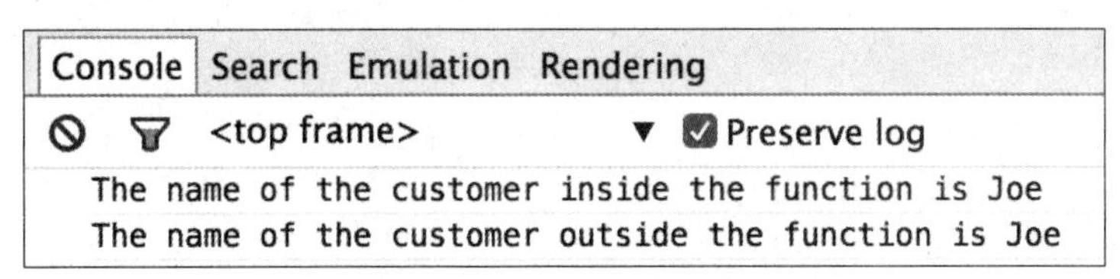

图A.3　变量声明被提升

取消对if语句的注释，在大括号中初始化customer变量。现在，有两个名字一样的变量，其中一个是全局变量，而另一个变量则在函数的作用域内。刷新浏览器页面，控制台的输出与之前不同了，函数中的customer变量为undefined，如图A.4所示。

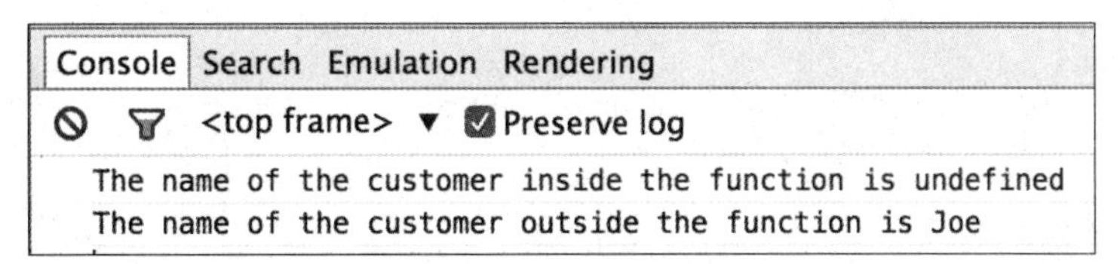

图A.4　变量初始化未被提升

这是因为在ES5中，变量声明总是被提升到作用域的顶部，但是变量并不会被初始化。因此第二个没有被初始化的变量被提升到函数的顶部，console.log( )打印的值为函数内部定义的变量的值，而不是全局变量customter的值。

函数的声明同样会被提升，因此可以在声明一个函数之前调用它：

```
doSomething( );

function doSomething( ){
   console.log("I'm doing something");
}
```

另一方面，函数表达式被认为是变量初始化，因此不会被提升。在下面的代码片段中，变量doSomething的值为undefined：

```
doSomething( );

var doSomething = function( ){
   console.log("I'm doing something");
}
```

让我们看看ES6中作用域的变化。

A.4.2 let和const的块级作用域

使用ES6关键字let代替var声明变量，能够让变量拥有块级作用域。下面是一个示例：

代码清单A.3　变量的块级作用域

```
<!DOCTYPE html>
<html>
<head>
    <title>let.html</title>
</head>
<body>


<script>
    "use strict";

    let customer = "Joe";

  (function( ){
        console.log("The name of the customer inside the function is "  +
             ➥ customer);

        if(2 > 1) {
         let customer = "Mary";
         console.log("The name of the customer inside the block is "  +
```

```
                ➥ customer);
        }

    })( );

    for(let i=0; i<5; i++){
        console.log("i=" + i);
    }

    console.log("i=" + i); // prints Uncaught Reference Error: i is not defined

</script>

</body>
</html>
```

现在两个customer变量有不同的作用域和值，如图A.5所示。

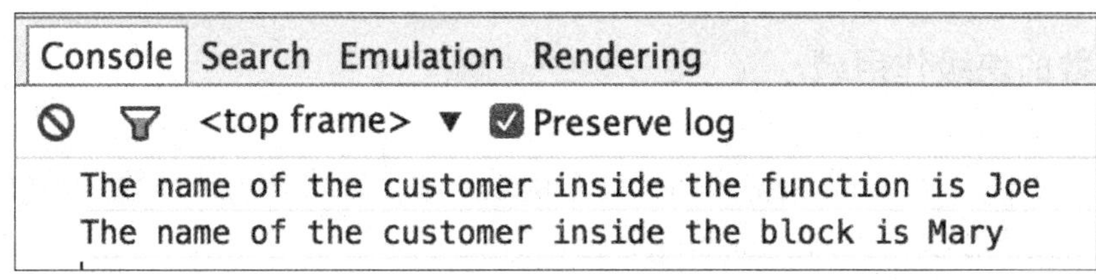

图A.5 let的块级作用域

如果在循环中声明一个变量，它只在循环中可用：

```
for(let i=0; i<5; i++){
  console.log("i=" + i);
}

console.log("i=" + i);    // Reference Error: i is not defined
```

在Traceur REPL中测试let关键字

为了让你对转码后的代码有个概念，访问Traceur的Transcoding Demo页面(详见http://mng.bz/bl91)，这个页面能够把输入的ES6语法以交互的方式转码为ES5。把代码清单A.3中的代码粘贴到左侧的文本框中，之后就能在右边得到ES5版本的代码，如图A.6所示。

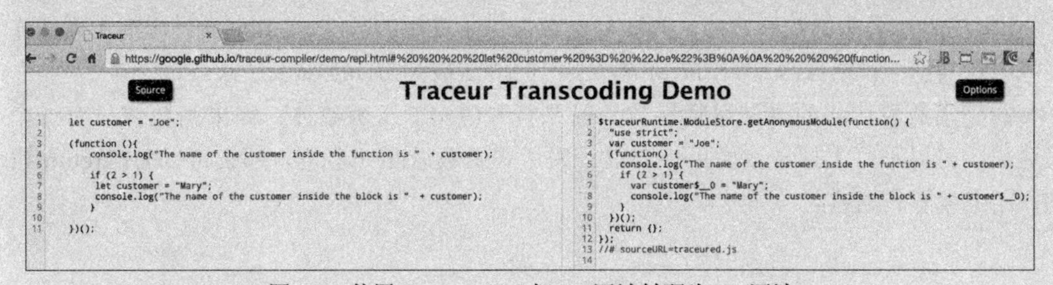

图A.6 使用Traceur REPL把ES6语法转码为ES5语法

如上所示，Traceur声明了一个单独的变量customer$_0来与变量customer区分。当使用Traceur REPL时，代码执行的结果会立即反映到浏览器的控制台中。

简而言之，如果正在开发新的应用程序，请不要使用var，而是使用let。let关键字允许为变量无限制地分配值。

如果想要声明一个变量，使其在分配了值之后不会被重新分配，可以使用const关键词。常量同样支持块级作用域。

提示

let和const的唯一区别是：const不允许改变已经被分配的值。程序中优先推荐使用const；如果变量需要被改变，那么使用let替换const。

A.4.3 函数的块级作用域

如果在一个块(一对大括号)中声明了一个函数，那么在块外，该函数是不可见的。下面的代码将会抛出错误：“doSomething is note defined”。

```
{
  function doSomething( ){
    console.log("In doSomething");
  }
}

doSomething( );
```

在ES5中，doSomething( )声明将会被提升，并打印“In doSomething”。在ES5中并不推荐在块中声明一个函数(参见http://mng.bz/Bvym中的“ES5 Implementation Best Practice”)，这是因为不同的浏览器会以不同的方式解析此语法，产生不一致的结果。

A.5 箭头函数表达式、this和that

ES6引入了箭头函数表达式，为匿名函数提供了更短的写法，为this变量添加了词法作用域。在其他编程语言(如C#和Java)中，类似的语法被称为lambda表达式。

箭头函数表达式的语法包括参数、箭头符号(=>)以及函数体。如果函数体只有一个表达式，可以不写大括号。如果一个单一表达式函数返回一个值，那么可以省略return语句，结果被隐式地返回：

```
let sum =(arg1, arg2) => arg1 + arg2;
```

如果函数体是多行的箭头函数表达式，那么需要使用大括号闭合函数体，并使用显式的return语句：

```
(arg1, arg2) => {
  // do something
  return someResult;
}
```

如果箭头函数没有任何参数，使用空括号：

```
( ) => {
  // do something
  return someResult;
}
```

如果箭头函数只有一个参数，括号不是必需的：

```
arg1 => {
  // do something
}
```

在下面的代码片段中，箭头函数被作为参数传入reduce( )方法用来计算合计，另一个箭头函数被传入filter( )方法用来打印偶数：

```
var myArray = [1,2,3,4,5];
console.log("The sum of myArray elements is " +
                 myArray.reduce((a,b) => a+b));          // prints 15
console.log("The even numbers in myArray are " +
                 myArray.filter(value => value % 2 == 0)); // prints 2 4
```

现在你已经熟悉箭头函数的语法了，让我们看看它们是如何使用this对象简化工作的。

在ES5中，搞清楚关键字this是哪个对象的引用并不是简单的任务。在线搜索“JavaScript this and that”，会发现很多类似的文章，人们都在抱怨this指向了“错误”的对象。基于函数如何被调用以及是否是严格模式(参见http://mng.bz/VNVL上有关Mozilla Developer Network的“Strict Mode”)，this引用可以有不同的值。首先会说明问题是什么，之后会展示ES6的解决方案。

考虑thisAndThat.html文件中的代码，它会每秒调用一次getQuote( )函数。getQuote( )函数会在StockQuoteGenerator( )构造函数中为股票代码打印随机生成的价格。

代码清单 A.4　this.AndThat.html

```
<!DOCTYPE html>
<html>
<head>
    <title>thisAndThat.html</title>
</head>
<body>

<script>
```

```
    function StockQuoteGenerator(symbol){

       // this.symbol = symbol;     // is undefined inside getQuote( )

        var that = this;
        that.symbol = symbol;

        setInterval(function getQuote( ){
            console.log("The price quote for " + that.symbol
                    + " is " + Math.random( ));
        }, 1000);
    }

    var stockQuoteGenerator = new StockQuoteGenerator("IBM");

</script>

</body>
</html>
```

上述代码中被注释的部分，演示了this的错误用法。当函数需要一个值时，虽然看起来是同一个this引用，但实际上并不是。如果没有把this变量的值保存到that中，使用setInterval( )或回调函数调用getQuote( )函数得到的this.symbol的值将会是undefined。在getQuote( )中，this指向全局对象，与StockQuoteGenerator( )构造函数中定义的this不一致。

另一种可能的解决方式是使用JavaScriptcall( )、apply( )或 bind( )函数，以确保函数运行在指定的this对象中。

> **提示**
>
> 如果不了解JavaScript中的this问题，详见Richard Bovell的文章“Understand JavaScript’s‘this’with Clarity and Master It”(网址为http://mng.bz/ZQfz)。

fatArrow.html文件演示了箭头函数的解决方案，无须像在thisAndThat.html中所做的那样，在that中存储this。

代码清单A.5　fatArrow.html

```
<!DOCTYPE html>
<html>
<head>
    <title>fatArrow.html</title>
</head>
<body>

<script>

  "use strict";
```

```
  function StockQuoteGenerator(symbol){

      this.symbol = symbol;

      setInterval(( ) => {
                 console.log("The price quote for " + this.symbol
                         + " is " + Math.random( ));
              }, 1000);
  }

  var stockQuoteGenerator = new StockQuoteGenerator("IBM");

</script>

</body>
</html>
```

箭头函数被当成参数传入setInterval( )中，它使用了封闭上下文中的this值，因此可以识别this.symbol的值为IBM。

A.5.1　rest和扩展运算符

在ES5中，编写可变长度参数的函数需要使用特殊的arguments对象。这个对象类似于数组，其中包含了对应传递给函数的参数。隐式的arguments变量在任何函数中都可以被视为局部变量。

ES6中有rest和扩展操作符，都用三个点(...)来表示。rest操作符被用于为函数传递可变长度参数，该操作符必须是参数列表中的最后一个参数。如果函数参数的名字以三个点开始，函数将会以数组的形式得到参数的剩余部分。例如，在rest操作符的作用下只需要使用一个变量名便可以向函数传递多个customers：

```
function processCustomers(...customers){
  // implementation of the function goes here
}
```

在这个函数中，可以像处理任何数组一样处理customers数据。想象一下，需要编写一个用来计算税费的函数，第一个参数是income，后面根据顾客的数量，可以有任意数量的参数来表示顾客的名字。代码清单A.6显示了分别使用老语法和新语法处理可变参数。calcTaxES5( )函数使用arguments对象，而calcTaxES6( )函数使用ES6rest操作符。

代码清单A.6　rest.html

```
<!DOCTYPE html>
<html>
<head>
    <title>rest.html</title>
</head>
<body>
```

```
<script>

  "use strict";

// ES5 and arguments object
  function calcTaxES5( ){

      console.log("ES5. Calculating tax for customers with the income ",
                                   arguments[0]);

      var customers = [].slice.call(arguments, 1);

      customers.forEach(function(customer) {
          console.log("Processing ", customer);
      });
  }

  calcTaxES5(50000, "Smith", "Johnson", "McDonald");
  calcTaxES5(750000, "Olson", "Clinton");

// ES6 and rest operator
  function calcTaxES6(income, ...customers) {
      console.log("ES6. Calculating tax for customers with the income ",
          ➥ income);

      customers.forEach(function(customer) {
          console.log("Processing ", customer);
      });
  }

  calcTaxES6(50000, "Smith", "Johnson", "McDonald");
  calcTaxES6(750000, "Olson", "Clinton");

</script>

</body>
</html>
```

income是第一个参数

从第二个元素起提取出一个数组

calcTaxES5( )和calcTaxES6( )函数产生相同的结果：

```
ES5. Calculating tax for customers with the income 50000
Processing Smith
Processing Johnson
Processing McDonald
ES5. Calculating tax for customers with the income 750000
Processing Olson
Processing Clinton
ES6. Calculating tax for customers with the income 50000
Processing Smith
Processing Johnson
Processing McDonald
ES6. Calculating tax for customers with the income 750000
Processing Olson
Processing Clinton
```

不过，它们在处理customers时还是有差异的。因为arguments对象并不是一个真正的数组，在ES5中不得不使用slice( )和call( )方法创建一个数组，并从arguments中的第二个元素开始提取顾客姓名，放入到新创建的数组中。ES6则不需要使用这些技巧，rest操作符能够返回一个正常的customers数组。rest参数能够让代码更简单，可读性更强。

如果rest操作符能够把变长参数转换成数组，那么扩展运算符则执行相反的操作：把一个数组分解到参数列表中。假设需要编写一个函数，计算给定收入的三名顾客的税费。这一次，参数的长度是固定的，但是顾客被存放到一个数组中。可以使用扩展运算符——三个点(...)，把数组分解到独立参数的列表中。

代码清单 A.7　spread.html

```
<!DOCTYPE html>
<html>
<head>
    <title>spread.html</title>
</head>
<body>

<script>

  "use strict";

  function calcTaxSpread(customer1, customer2, customer3, income) {
      console.log("ES6. Calculating tax for customers with the income ",
          ➥ income);

      console.log("Processing ", customer1, customer2, customer3);
  }

  var customers = ["Smith", "Johnson", "McDonald"];

  calcTaxSpread(...customers, 50000);        ◄—— 扩展运算符

</script>

</body>
</html>
+
```

在这个示例中，并不会从customers数组中提取出值，然后把这些值作为函数的参数，而是使用扩展运算符处理数组，就好像在对函数说："你需要三个参数，而我只会给你一个数组，你自己把它们提取出来吧"。注意，作为rest运算符的反向操作，扩展运算符不一定必须是参数列表中的最后一个参数。

A.5.2　generator函数

当浏览器执行一个常规的JavaScript函数时，它将会从头一直运行到结尾，不会被打

断。但是generator函数的执行过程可以被多次暂停和恢复。generator函数可以控制运行在同一线程中的脚本的调用。一旦generator函数中的代码执行到关键字yield，函数将会被挂起，通过调用generator的next( )能够恢复函数的执行。

为了把一个常规函数转换成generator函数，需要在关键词function和函数名之间添加一个星号。下面是一个示例：

```
function* doSomething( ){
  console.log("Started processing");
  yield;
  console.log("Resumed processing");
}
```

当调用这个函数时，它并不会立即执行函数代码，而是会返回一个特殊的generator对象，它可以被认为是一个迭代器。下面的代码不会打印任何东西：

```
var iterator = doSomething( );
```

为了开始执行函数体，需要调用generator的next( )法：

```
iterator.next( );
```

在这行代码调用后，doSomething( )函数将会打印"Started processing"，并且由于执行到yield操作符，函数将会暂停执行。再次调用next( )方法将会打印"Resumed processing"。

当需要编写一个产生数据流的函数时，generator函数是非常有用的。想象一下，需要一个函数能够检索和生成指定代码(IBM、MSFT等)的股票价格。如果股票价格低于指定的价格(限价)，那么购买这只股票。

下面的generator函数getStockPrice( )模拟了这种场景。为了简单起见，它并不会从股票交易所检索价格，而是采用用由Math.random( )生成的随机数替代。

代码清单A.8 getStockPrice( )

```
function* getStockPrice(symbol){

  while(true){
    yield Math.random( )*100;

    console.log(`resuming for ${symbol}`);
  }
}
```

如果在yield之后有值，那么它应该被返回给调用函数，但是这个函数并没有执行完。尽管getStockPrice( )中有一个无限循环，但只有当调用getStockPrice( )的脚本在这个generator上调用next( )时，才会产生(返回)价格，如下所示：

代码清单A.9　调用getStockPrice( )

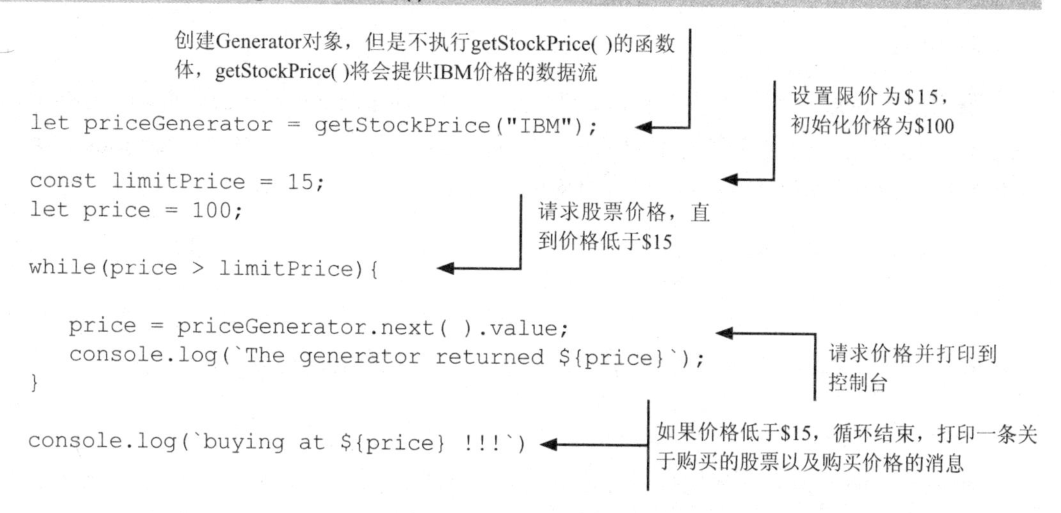
创建Generator对象，但是不执行getStockPrice( )的函数体，getStockPrice( )将会提供IBM价格的数据流
设置限价为$15，初始化价格为$100
请求股票价格，直到价格低于$15
请求价格并打印到控制台
如果价格低于$15，循环结束，打印一条关于购买的股票以及购买价格的消息

```
let priceGenerator = getStockPrice("IBM");

const limitPrice = 15;
let price = 100;

while(price > limitPrice){

   price = priceGenerator.next( ).value;
   console.log(`The generator returned ${price}`);
}

console.log(`buying at ${price} !!!`)
```

运行代码清单A.9，在浏览器的控制台将会打印类似于下面的输出：

```
The generator returned 61.63144460879266
resuming for IBM
The generator returned 96.60782956052572
resuming for IBM
The generator returned 31.163037824444473
resuming for IBM
The generator returned 18.416578718461096
resuming for IBM
The generator returned 55.80756475683302
resuming for IBM
The generator returned 14.203652134165168
buying at 14.203652134165168 !!!
```

注意消息的顺序。当调用priceGenerator的next( )方法时，被暂停的getStockPrice( )方法会被恢复，yield下面一行的代码会打印出“resuming for IBM”。即使控制流退出函数，之后再次进入函数，getStockPrice( )也仍然记录symbol的值为“IBM”。当yield操作符把控制权还给外部脚本后，它将会创建堆栈的快照，以便能够记录所有本地变量的值。即便generator函数被恢复，这些值也不会丢失。

利用generator函数，可以分离某些操作的执行(如获取报价)以及这些操作产生数据的消耗。数据使用者可以惰性求值并且决定是否需要请求更多的数据。

A.5.3　解构

创建对象实例意味着在内存中构造它们。解构(Destructuring)意味着将对象分解。在ES5中可以编写一个方法来解构任何对象和数组。ES6引入了解构赋值语法，允许通过指定匹配模式(matching pattern)，利用简单的表达式从一个对象的属性或一个数组中提取数据。

解构表达式由匹配模式、等号以及需要分解的对象或数组组成。用示例说明会更容易理解，下面会有一个具体示例。

解构对象

假设getStock( )函数返回一个Stock对象，其中包括symbol和price属性。在ES5中，如果想要把这些属性的值分配给不同的变量，首先需要创建一个变量来存储Stock对象，之后编写两条语句，把对象属性分配到对应的变量中：

```
var stock = getStock( );
var symbol = stock.symbol;
var price = stock.price;
```

在ES6中，只需要在等号左侧写一个匹配模式，并把Stock对象分配给它：

```
let {symbol, price} = getStock( );
```

在等号左侧，你会看到大括号与平时的用法有些不太一样，这是匹配表达式语法的一部分。当在左侧看到大括号时，应该把它们认为是代码块而不是对象字面量。

下面的代码演示了如何从getStock( )函数中得到Stock对象，并把其解构到两个变量中。

代码清单 A.10　解构对象

```
function getStock( ){

    return {
        symbol: "IBM",
        price: 100.00
    };
}

let {symbol, price} = getStock( );

console.log(`The price of ${symbol} is ${price}`);
```

运行上面的代码将会打印如下输出：

```
The price of IBM is 100
```

换句话说，通过一个赋值表达式，将一组数据(在本例中是对象属性)绑定到另一组变量(symbol和price)中。即使Stock对象除了这两个属性外还有其他属性，解构表达式也仍然可以工作，因为symbol和price满足匹配模式。匹配表达式仅列出希望提取的对象属性对应的变量。

代码清单A.10只有在变量名称与Stock对象属性名称一致时才会工作。让我们把symbol改变为sym：

```
let {sym, price} = getStock( );
```

这样输出结果将会发生变化，因为JavaScript并不知道要把对象的symbol属性赋值给sym变量：

```
The price of undefined is 100
```

这是一个错误的模式匹配示例。如果确实需要用变量sym映射到symbol属性，那么需要为symbol分配一个别名：

```
let {symbol: sym, price} = getStock( );
```

如果等号左侧变量的数量超过对象属性的数量，额外的变量将会被分配值undefined。如果在等号左侧添加了一个stockExchange变量，它将会被初始化为undefined，这是因为getStock( )返回的对象中没有同名的属性：

```
let {sym, price, stockExchange} = getStock( );
console.log(`The price of ${symbol} is ${price} ${stockExchange}`);
```

如果将上面的解构表达式应用到同一个Stock对象上，控制台输出将如下所示：

```
The price of IBM is 100 undefined
```

如果希望stockExchange变量有一个默认值，比如“NASDAQ”，可以重写解构表达式，如下所示：

```
let {sym, price, stockExchange="NASDAQ"} = getStock( );
```

嵌套对象也可以被解构。在代码清单A.11中创建了一个嵌套对象用来表示MSFT股票，并把其传递给printStockInfo( )函数，该函数从对象中提取股票代码和证券交易所的名称。

代码清单A.11　解构一个嵌套对象

```
let msft = {symbol: "MSFT",
     lastPrice: 50.00,
     exchange: {
         name: "NASDAQ",
         tradingHours: "9:30am-4pm"
     }
 };

 function printStockInfo(stock){
     let {symbol, exchange:{name}} = stock;
     console.log(`The ${symbol} stock is traded at ${name}`);
 }

 printStockInfo(msft);
```

运行这个脚本将会打印如下输出：

```
The MSFT stock is traded at NASDAQ
```

解构数组

数组的解构与对象的解构类似，但是会用方括号替代大括号。当解构对象时，需要声明匹配属性的变量；而当解构数组时，则需要声明匹配索引的变量。下面的代码会从数组中提取两个数组元素并复制给两个变量：

```
let [name1, name2] = ["Smith", "Clinton"];
console.log(`name1 = ${name1}, name2 = ${name2}`);
```

输出如下所示：

```
name1 = Smith, name2 = Clinton
```

如果仅需要提取数组的第二个元素，匹配模式应该这么写：

```
let [, name2] = ["Smith", "Clinton"];
```

如果函数返回一个数组，解构语法会将其转换为一个返回多个数据的函数，如下面的get Customers( )函数所示：

```
function getCustomers( ){
    return ["Smith", , , "Gonzales"];
}

let [firstCustomer,,,lastCustomer] = getCustomers( );
console.log(`The first customer is ${firstCustomer} and the last one is
➥ ${lastCustomer}`);
```

现在我们可以将rest参数和数组解构组合在一起使用。假设有一个数组，其中包含了若干名顾客，但是只需要处理最开始的两个元素。下面的代码片段展示了如何实现：

```
let customers = ["Smith", "Clinton", "Lou", "Gonzales"];

let [firstCust, secondCust, ...otherCust] = customers;

console.log(`The first customer is ${firstCust} and the second one is
➥ ${secondCust}`);
console.log(`Other customers are ${otherCust}`);
```

代码在控制台产生的输出如下所示：

```
The first customer is Smith and the second one is Clinton
Other customers are Lou,Gonzales
```

另外一种用法，可以把匹配模式以及rest参数一起传递给函数：

```
var customers = ["Smith", "Clinton", "Lou", "Gonzales"];

function processFirstTwoCustomers([firstCust, secondCust, ...otherCust]) {

  console.log(`The first customer is ${firstCust} and the second one is
   ➥ ${secondCust}`);
  console.log(`Other customers are ${otherCust}`);

}

processFirstTwoCustomers(customers);
```

输出与上一次执行是一致的：

```
The first customer is Smith and the second one is Clinton
Other customers are Lou,Gonzales
```

总而言之，解构的好处是当需要从对象属性或数组中初始化一些变量时，可以写更少的代码。

A.6　用forEach( )、for-in和for-of进行迭代

可以使用不同的JavaScript关键字和API对对象集合进行遍历。在本节中，将会展示如何使用新的for-of循环，将会对for-of、for-in以及forEach( )方法进行比较。

A.6.1　使用forEach( )方法

考虑下面的代码，对一个包含了4个数字的数组进行迭代。该数组还有一个额外的description属性，这个属性会被forEach( )忽略：

```
var numbersArray = [1, 2, 3, 4];
numbersArray.description = "four numbers";

numbersArray.forEach((n) => console.log(n));
```

脚本输出如下所示：

```
1
2
3
4
```

forEach( )方法将一个函数作为参数，并从数组中正确地打印四个数字，忽略了description属性。forEach( )的另一个限制是无法提前打断循环。可以使用every( )方法代替forEach( )或借助其他一些hack手段来实现这个功能。让我们看看for-in循环是如何为我们提供帮助的。

A.6.2　使用for-in循环

for-in能够循环遍历对象的属性以及数据集合。在JavaScript中，任何一个对象都是键值对的集合，键对应的是属性名称，值是属性的值。数组有五个属性：numbers Array其中有四个为数字，一个是description属性。让我们遍历这个数组的属性：

```
var numbersArray = [1, 2, 3, 4];
```

```
numbersArray.description = "four numbers";

for(let n in numbersArray) {
  console.log(n);
}
```

上面代码的输出如下所示：

```
0
1
2
3
description
```

通过调试器运行此代码，显示每一个属性都是字符串。为了查看属性实际的值，可以使用numbersArray[n]打印数组元素：

```
var numbersArray = [1, 2, 3, 4];
numbersArray.description = "four numbers";

for(let n in numbersArray) {
  console.log(numbersArray[n]);
}
```

输出如下所示：

```
1
2
3
4
four numbers
```

正如你看到的，for-in循环遍历的是所有属性，而不仅仅是数据，这可能并非预期效果。让我们试试新的for-of方法。

A.6.3　使用for-of循环

ES6引入了for-of循环，能够做到只遍历数据而不读取数据集合中的其他属性。可以使用break关键字打断循环：

```
var numbersArray = [1, 2, 3, 4];
numbersArray.description = "four numbers";

console.log("Running for of for the entire array");
for(let n of numbersArray) {
  console.log(n);
}

console.log("Running for of with a break");
for(let n of numbersArray) {
  if(n >2) break;
```

```
  console.log(n);
}
```

输出如下所示：

```
Running for of for the entire array
1
2
3
4
Running for of with a break
1
2
```

for-of可以遍历任何一个可被迭代的对象，包括Array、Map、Set以及其他一些对象。字符串同样是可迭代的。下面的代码将会打印字符串“John”，一次一个字母：

```
for(let char of "John") {
  console.log(char);
}
```

A.7　类与继承

ES3和ES5都支持面向对象编程以及继承，但是使用ES6的类能够更容易地开发代码和理解代码。

在ES5中，既可以创建一个全新的对象，也可以从其他对象继承得到一个对象。默认所有JavaScript对象都继承自Object类。对象的继承是由一个名为prototype的特殊属性实现的，该属性指向对象的父级，这被称为原型继承(prototypal inheritance)。例如，为了创建继承自对象Tax的NJTax对象，需要这么写：

```
function Tax( ) {
  // The code of the tax object goes here
}

function NJTax( ) {
  // The code of New Jersey tax object goes here
}

NJTax.prototype = new Tax( );        // NJTax继承自Tax

var njTax = new NJTax( );
```

ES6新引入了关键字class和extends，使其在语法与其他面向对象编程语言(如Java和C#)保持一致。上面的代码按照ES6的写法如下所示：

```
class Tax {
  // The code of the tax class goes here
}
```

```
class NJTax extends Tax {
  // The code of New Jersey tax object goes here
}

var njTax = new NJTax( );
```

Tax是父级或者称为超类，NJTax是子级或者称为子类。可以认为NJTax类与Tax类是“is a”的关系。换句话说，NJTax是一个Tax。可以在NJTax中实现额外的功能，但NJTax始终是一个(“is a”)Tax，或者说是一种(“is a kind of”)Tax。同样，如果创建一个继承自Person的类Employee，那么Employee是一个Person。

可以创建一个或多个对象，如下所示：

```
var tax1 = new Tax( );    ← Tax对象的第一个实例
var tax2 = new Tax( );    ← Tax对象的第二个实例
```

> **提示**
>
> 类声明是不会被提升的。在使用类之前需要首先声明它。

这些对象都具有Tax类的属性和方法，但是它们保持不同的状态。例如，第一个实例可以创建为一名年收入$50 000的客户，而第二个实例可以创建为一名年收入$75 000的客户。每一个实例共享同一份Tax中声明的方法的拷贝，因此不会有重复代码存在。

在ES5中，为了避免代码重复，可以通过不在对象中声明方法而是在属性中声明方法来解决：

```
function Tax( ) {
  // The code of the tax object goes here
}

Tax.prototype = {
  calcTax: function( ) {
    // code to calculate tax goes here
  }
}
```

JavaScript依旧是原型继承的语言，但是ES6能够令开发者编写更优雅的代码：

```
class Tax( ){

  calcTax( ){
    // code to calculate tax goes here
  }
```

> **不支持类成员变量**
>
> ES6语法不支持声明Java、C#或TypeScript中类似的类成员变量。下面的语法是不受支持的：

```
class Tax {
  var income;
}
```

A.7.1 构造函数

在实例化过程中，类会执行一些特殊方法中的代码，这些方法被称为构造函数。在Java和C#这类开发语言中，构造函数的名称必须与类的名称保持一致；但是在ES6中，使用constructor关键字声明类的构造函数：

```
class Tax{

  constructor(income){
    this.income = income;
  }
}

var myTax = new Tax(50000);
```

构造函数是一类特殊的方法，当对象创建时只会被执行一次。如果对Java或C#语法熟悉的话，就会发现上面的代码看起来有一些不同：并没有单独声明一个类级别的income变量，而是动态创建在this对象上，使用构造函数的参数来初始化this.income。this变量指向当前对象的实例。

下面的示例将会展示如何创建子类NJTax的实例，并把50 000传入到它的构造函数中：

```
class Tax{
    constructor(income){
       this.income = income;
    }
}

class NJTax extends Tax{
    // The code of New Jersey tax object goes here
}

var njTax = new NJTax(50000);

console.log(`The income in njTax instance is ${njTax.income}`);
```

上面代码片段的输出如下所示：

```
The income in njTax instance is 50000
```

由于子类NJTax并没有定义自己的构造函数，因此当初始化NJTax时，父类Tax的构造函数会自动被调用。在这个示例中，子类没有定义自己的构造函数，在A.7.4节中将会有示例演示如何在子类中定义它自己的构造函数。

注意通过njTax引用变量可以在类的外部访问到income变量。是否可以隐藏income变量，以便从对象外部无法访问income变量？在A.9节中将会讨论这个问题。

A.7.2 静态变量

如果一个类的属性希望能够被它的多个实例所共享，那么需要在类声明的外部创建这个属性。在下面的示例中，counter变量被对象A的两个实例所共享：

```
class A{
 }

A.counter = 0;

var a1 = new A( );
A.counter++;
console.log(A.counter);

var a2 = new A( );
A.counter++;
console.log(A.counter);
```

执行代码后，输出如下：

```
1
2
```

A.7.3 访问器、设置器以及方法定义

对象的访问器(getter)和设置器(setter)方法并不是ES6的新语法，在介绍新的方法定义语法之前，先来回顾一下。设置器和生成器把函数绑定到对象的属性中。考虑对象字面量Tax的声明和使用：

```
var Tax = {
  taxableIncome:0,
  get income( ) {return this.taxableIncome;},
  set income(value){ this.taxableIncome=value}
};

Tax.income=50000;
console.log("Income: " + Tax.income); // prints Income: 50000
```

注意分配和检索income的值时使用的是点符号，就好像它是Tax对象的一个声明属性一样。

在ES5中，需要使用function关键字声明函数，如calculateTax=function( ){...}。ES6允许在定义任何方法的时候忽略function关键字：

```
var Tax = {
```

```
    taxableIncome:0,
    get income( ) {return this.taxableIncome;},
    set income(value){ this.taxableIncome=value},
    calculateTax( ){ return this.taxableIncome*0.13}
};

Tax.income=50000;
console.log(`For the income ${Tax.income} your tax is ${Tax.calculateTax( )}`);
```

输出如下：

```
For the income 50000 your tax is 6500
```

访问器和设置器为处理属性提供了一种方便的语法。例如，如果决定为income访问器添加校验代码，那么使用Tax.income的脚本不需要做改动。缺点是ES6并不支持在类中声明私有变量，因此访问器和设置器中的变量(如taxableIncom)总是可以被直接访问。在A.9节中我们将会讨论隐藏(封装)变量。

A.7.4　super关键字和super( )函数

super( )函数允许子类(后代)调用父类(祖先)的构造函数。super关键字用于调用父类中声明的方法。代码清单A.12展示了super( )函数和super关键字。Tax类中定义了一个calculateFederalTax( )方法，在它的子类NJTax中添加calculateStateTax( )方法。父类和子类分别有自己的calcMinTax( )方法。

代码清单A.12　super( )和super

```
"use strict";

 class Tax{
     constructor(income){
        this.income = income;
     }

     calculateFederalTax( ){
         console.log(`Calculating federal tax for income ${this.income}`);
     }

     calcMinTax( ){
         console.log("In Tax. Calculating min tax");
         return 123;
     }
 }

 class NJTax extends Tax{
    constructor(income, stateTaxPercent){
        super(income);
        this.stateTaxPercent=stateTaxPercent;
    }
```

```
    calculateStateTax( ){
        console.log(`Calculating state tax for income ${this.income}`);
    }

     calcMinTax( ){
         super.calcMinTax( );
         console.log("In NJTax. Adjusting min tax");
     }
}

var theTax = new NJTax(50000, 6);

theTax.calculateFederalTax( );
theTax.calculateStateTax( );

theTax.calcMinTax( );
```

运行代码，得到以下输出：

```
Calculating federal tax for income 50000
Calculating state tax for income 50000
In Tax. Calculating min tax
In NJTax. Adjusting min tax
```

NJTax类有自己的显式定义的构造函数，拥有两个参数，分别是income和stateTaxPercent，当实例化NJTax时需要提供这两个参数。为了确保Tax的构造函数被调用(其中会设置对象的income属性)，在子类的构造函数中显式调用了父类的构造函数：super("50000")。如果不加入上面的代码，代码清单A.12将会报错；即使不报错，Tax中的代码也不会得到income的值。

如果需要调用父类的构造函数，只能通过在子类的构造函数中调用super( )函数来实现。另一种调用父类代码的方法是使用super关键字。Tax和NJTax都有calcMinTax( )方法。父类Tax中的calMinTax根据美国联邦税法计算最基本的最少纳税金额，子类中的calMintax获得基本值并对其进行调整。两个方法拥有同样的签名，因此这也是方法重写(method overriding)的一个例子。

通过调用super.calcMinTax( )，确保了计算州税时会考虑联邦税金。如果没有调用super.calcMinTax( )，方法重写将会启动，子类的calcMinTax( )方法将会被执行。方法重写被用于替换父类方法的功能，而不改变父类的代码。

关于类和继承的警告

ES6中的类只是提高代码可读性的语法糖。在底层实现中，JavaScript仍然使用原型链继承，这使得在运行时能够动态替换父级，而类只有一个父级。尽量避免创建深层继承结构，因为这会降低代码的灵活性，也会让重构代码变得复杂。

尽管使用super关键字和supert( )函数能够调用父级的代码，但是应该尽量避免使用它们，这是因为它们会在类和父类之间产生高度的耦合性。子类知道关于父类的内容越少越好。如果对象的父类发生了变化，新的父类可能并没有super( )试图调用的方法。

A.8 使用promise处理异步流程

在之前的ECMAScript实现中，如果希望处理异步流程，将不得不使用回调，把一个函数作为另一个函数的参数传入其中以便调用。回调可以被同步或异步地调用。

在A.6节中，把一个回调函数传给了forEach( )函数用于同步调用。向服务器发送一个AJAX请求时，设置一个回调函数，当从服务器返回结果时该回调函数将会被调用。

A.8.1 回调地狱

假设一种情况：需要从服务器获得若干订单数据。整个流程开始于一个异步调用，用于从服务器获得顾客信息，之后需要为每一位顾客调用另一个函数以获得订单。根据每一个订单获得产品。调用最后一个方法得到产品详情。

在异步流程中，无法获知每一步操作是否完成，因此需要编写回调函数，以便当前一步操作完成时调用它。示例中使用setTimeout( )函数模拟延迟，每一个操作需要一秒钟的时间来完成。

代码清单A.13 嵌套回调函数

```
function getProductDetails( ) {

   setTimeout(function( ) {
      console.log('Getting customers');
      setTimeout(function( ) {
         console.log('Getting orders');
         setTimeout(function( ) {
            console.log('Getting products');
            setTimeout(function( ) {
               console.log('Getting product details')
            }, 1000);
         }, 1000);
      }, 1000);
   }, 1000);
};

getProductDetails( );
```

运行代码后将会以每一秒延迟的间隔打印如下信息：

```
Getting customers
Getting orders
Getting products
```

```
Getting product details
```

代码清单A.13中的代码嵌套程度已经令其很难被阅读了。现在想象一下，如果需要向其中添加业务逻辑或错误处理，这样编写代码的方式通常被称为回调地狱或回调金字塔(代码的空格令其看起来像个三角形)。

A.8.2 ES6 promise

ES6引入了promise，在保持与回调相同功能的同时，消除回调嵌套并令代码更易读。Promise对象等待并监听异步操作的结果，通知代码执行是否成功或失败，以便能够相应地处理下一步操作。Promise对象表示一个未来结果的操作，可能是以下状态之一：

- Fulfiled：操作成功完成。
- Rejected：操作失败并返回一个错误。
- Pending：操作正在处理中，既没有fulfilled，也没有rejected。

可以通过为构造函数提供两个函数来实例化一个promise对象：一个函数在操作处于fulfilled状态时会被调用；另一个函数在操作处于rejected时被调用。考虑一下带getCustomers( )函数的脚本。

代码清单A.14 使用一个promise

```
function getCustomers( ){

  return new Promise(
     function(resolve, reject){

      console.log("Getting customers");
        // Emulate an async server call here
      setTimeout(function( ){
        var success = true;
        if(success){
          resolve("John Smith");     ←—— 得到顾客
        }else{
          reject("Can't get customers");
        }
      },1000);

     }
);
}

let promise = getCustomers( )
  .then((cust) => console.log(cust))
  .catch((err) => console.log(err));
console.log("Invoked getCustomers. Waiting for results");
```

getCustomers( )函数返回一个promise对象，这个对象被初始化时，构造函数接收一个函数作为参数，该函数持有resolve和reject。在上面的代码中，如果接收到顾客信息，就调用resolve( )。为了简单起见，setTimeout( )模拟一个持续一秒钟的异步请求，并且通过硬编码的方式设置success标志位为true。在真实的场景中，可以利用XMLHttpRequest对象制造一个请求。如果请求结果成功返回，则调用resolve( )；如果有异常发生，则调用reject( )。

在代码清单A.14的底部，向Promise( )实例附加then( )和catch( )方法。在这两个方法中只有一个会被调用。当从函数内部调用resolve("John Smith")时，这会导致then( )被调用，并接收“John Smith”作为其参数。如果把success改为false，catch( )方法将会被调用，并接收“Can't get customers”作为其参数。

运行代码清单A.14，会在控制台打印下面的信息：

```
Getting customers
Invoked getCustomers. Waiting for results
John Smith
```

注意信息“Invoked getCustomers. Waiting for results”比“John Smith”更早被打印，这证明getCustomers( )函数是异步工作的。

每个promise表示一个异步操作，通过链式调用来保证特定的操作顺序。现在添加一个getOrders( )函数，该函数能够找到指定顾客的订单，与getCustomers( )一起链式调用。

代码清单A.15　链式调用promise

```
'use strict';

function getCustomers( ){

  let promise = new Promise(
     function(resolve, reject){

      console.log("Getting customers");
        // Emulate an async server call here
      setTimeout(function( ){
        let success = true;
        if(success){
          resolve("John Smith");          ◄—— 得到顾客
        }else{
          reject("Can't get customers");
        }
      },1000);

     }
);
  return promise;
}

function getOrders(customer){

  let promise =  new Promise(
     function(resolve, reject){
```

```
          // Emulate an async server call here
        setTimeout(function( ){
          let success = true;
          if(success){
            resolve(`Found the order 123 for ${customer}`);   ←—— 得到订单
          }else{
            reject("Can't get orders");
          }
        },1000);

      }
  );
    return promise;
  }

  getCustomers( )
  .then((cust) => {console.log(cust);return cust;})
    .then((cust) => getOrders(cust))
    .then((order) => console.log(order))
    .catch((err) => console.error(err));
  console.log("Chained getCustomers and getOrders. Waiting for results");
```

上面的代码不仅仅声明和链式调用了两个函数，还演示了如何在控制台中打印中间信息。代码清单A.15的输出如下(注意getCustomers( )返回的顾客数据被正确传给了getOrders( ))：

```
Getting customers
Chained getCustomers and getOrders. Waiting for results
John Smith
Found the order 123 for John Smith
```

可以使用then( )链式调用多个函数，而整个链式调用过程中只使用一个错误处理脚本。如果有错误发生，将会遍历整个then( )方法链，直到找到一个错误处理函数。发生错误后不会再有then( )方法被调用。

在代码清单A.15中，把变量success的值改为false将会打印信息“Can't get customers”，并且getOrders( )方法将不会被调用。如果删除这些控制台打印，检索顾客和订单的代码看起来整洁并易于理解：

```
getCustomers( )
  .then((cust) => getOrders(cust))
  .catch((err) => console.error(err));
```

即使添加更多的then( )方法，也不会让代码的可读性降低(与代码清单A.13的回调金字塔相比)。

A.8.3　一次resolve多个promise

需要考虑的另一个情况是不相互依赖的异步函数。假设需要调用两个函数，这两个函数并没有特定的调用顺序，但是只有在两者完成后才能执行某些操作。Promise有一个all( )方法，可以处理一个可迭代的promise集合并执行(resolve)它们。因为all( )方法返回一个promise对象，所以可以为执行结果添加then( )或catch( )，或者两者都添加。

让我们看看如何使用all( )处理getCustomers( )和getOrders( )函数：

```
Promise.all([getCustomers( ), getOrders( )])
.then((order) => console.log(order));
```

上面代码产生的输出如下：

```
Getting customers
Getting orders for undefined
["John Smith","Order 123"]
```

注意信息"Getting orders for undefined"。这是因为没有以有序的方式resolve promise，因此getOrders( )没有接收到顾客作为其参数。当然，在这种场景下使用Promise.all( )并不是什么好主意，但在有些情况下Promise.all( )是很好的解决方案。想象一下，有一个Web门户网站，它需要调用多个异步请求以获得天气、股票市场新闻以及交通信息。如果希望在所有异步请求都完成之后才显示门户页面，Promise.all( )正是所需要的：

```
Promise.all([getWeather( ), getStockMarketNews( ), getTraffic( )])
.then(renderGUI);
```

与回调相比，promise能够让代码更线性，更加容易阅读，并且能够表示应用程序的多种状态。promise的劣势是，promise无法被取消。想象一下，一位不耐烦的客户单击一个按钮很多次，想从服务器获取数据。每次单击都会创建一个promise并初始化一个HTTP请求，并没有办法能做到只保持最新的请求而取消没有完成的请求。Promise对象下一步的优化是observable对象，Observable对象在未来的ECMAScript规范中可能会被引入。第5章解释了在现阶段如何使用它。

注意

用来从网络中获取资源的新推出的Fetch API可能很快将会取代XMLHttpRequest对象。Fetch API基于promise，有关详细信息，请参阅Mozilla开发人员网络文档(详见http://mng.bz/mbMe)。

A.9 模块

在任何一种编程语言中，把代码拆分到模块中都有助于将应用程序组织成具有逻辑的可复用的单元。模块化应用程序能够让软件开发者更有效地拆分开发任务。开发者可以决定模块应该暴露哪些API以供外部使用，哪些API应该仅在内部使用。

ES5并没有用于创建模块的语言结构，因此不得不采用以下方法：

- 利用立即执行函数来手动实现一种模块设计模式(请参阅Todd Motto的文章“Mastering the Module Pattern”，网址为https:// toddmotto.com/mastering-the-module-pattern/)。
- 使用AMD(详见http://mng.bz/7Lld)或CommonJS(详见http://mng.bz/JKVc)标准的第三方实现。

CommonJS被创建用于模块化那些运行在非Web浏览器环境中的JavaScript应用程序(比如那些用Node.js开发并部署在Google V8引擎下的应用程序)。AMD主要用于运行在Web浏览器中的应用程序。

在任何“体面”(decent-sized)的应用程序中，都应该尽量减少客户端需要加载的JavaScript代码量。想象一个典型的电商网站。是否需要在打开应用程序首页的时候就加载处理支付的代码？如果用户从来就没有单击过订单提交按钮呢？把应用程序模块化将会是非常好的事情，这样代码就能够被按需加载。RequireJS可能是最流行的实现AMD标准的第三方库。它可以定义模块间的依赖关系，并把它们按需加载到浏览器中。

从ES6开始，模块已经成为语言的一部分，这就意味着开发者将会停止使用第三方库来实现各种标准。即使Web浏览器原生不支持ES6模块，也还是有一些polyfill能够让你从现在就开始使用JavaScript模块。我们在本书中使用SystemJS作为polyfiil。

A.9.1 导入和导出

通常来说，模块只是一个JavaScript代码文件，它实现了特定的功能并对外提供公共API以便其他JavaScript程序能够使用，并没有特殊的关键字用来声明特定文件中的代码是模块。但是在脚本中，关键字import和export会将脚本转换成ES6模块。

import关键字允许一个脚本声明它需要使用在另一个脚本文件中定义的变量或函数。同样，export关键字能够声明模块需要导出给其他脚本使用的变量、函数或类。换句话说，通过使用export关键字，可以将选择的API提供给其他模块使用。模块中没有被显式导出的函数、变量和类仍然被封装在模块中。

> **注意**
>
> 模块和常规JavaScript文件之间的主要区别是：当使用<script>标签添加一个常规JavaScript文件到页面中时，它会变成全局上下文的一部分，而模块中的声明则是局部的，不会变成全局命名空间的一部分。即使是被导出的成员，也仅对那么些导入它们的模块可用。

ES6提供了两种export用法：命名导出和默认导出。使用命名导出，可以在模块的多个成员(如类、函数和变量)的前面添加export关键字。下面文件(tax.js)中的代码会导出变量taxCode和函数calcTaxes( )，但是doSomethingEles( )函数仍然对外部脚本隐藏：

```
export var taxCode;
export function calcTaxes( ) { // the code goes here }
function doSomethingElse( ) { // the code goes here}
```

当其他脚本需要导入这些被命名导出的成员时，它们的名字必须放在大括号中。main.js文件说明如下：

```
import {taxCode, calcTaxes} from 'tax';
if(taxCode === 1) { // do something }
calcTaxes( );
```

此处tax引用的是文件名，去掉后缀名。

模块中所有被导出的成员中可以有一个被标记为default，这意味着它是匿名导出，其他模块可以在导入它的语句中为它指定任何名字。在my_modules.js文件中导出一个函数，如下所示：

```
export default function( ) { // do something }   ←—— 没有分号
export var taxCode;
```

main.js文件既导入命名导出的函数，又导入默认导出的变量，并将coolFunction分配给默认导出的函数：

```
import coolFunction, {taxCode} from 'my_module';
coolFunction( );
```

注意对于coolFunction，并不需要用大括号括起来，但是taxCode需要用大括号括起来。脚本导入由default关键词导出的类、变量或函数，可以在不需要使用任何特殊关键字的情况下为它们指定新的名字：

```
import aVeryCoolFunction, {taxCode} from 'my_module';
aVeryCoolFunction( );
```

但是，如果需要给一个已经命名导出的成员一个别名，需要这么写：

```
import coolFunction, {taxCode as taxCode2016} from 'my_module';
```

import语句并不会复制导出的代码。导入的是引用。脚本不会修改导入的模块或成员，如果导入模块中的值发生了变化，那么新的值会立刻反映到所有导入该模块的地方。

A.9.2　使用ES6模块加载器动态加载模块

ES6规范的早期草稿定义了一个动态模块加载器，名为System，但是它并没有被写入到规范的最终版本中。在未来，System对象将会被浏览器作为原生的基于promise的加载器来实现，使用方法如下所示：

```
System.import('someModule')
      .then(function(module){
```

```
        module.doSomething( );
    })
  .catch(function(error){
        // handle error here
    })
    ;
```

现在还没有浏览器实现System对象，因此需要使用polyfill。System有很多polyfill，ES6模块加载器是其中一个，另一个是SystemJS。

注意

尽管es6-module-loader.js是System对象的一个polyfill，但它仅能加载ES6模块；而通用SystemJS加载器不仅支持ES6模块，同样支持AMD和CommonJS模块。本书从第3章使用SystemJS(除了第10章会使用Webpack的加载器)。利用SystemJS，可以动态下载JavaScript、CSS以及HTML文件。

ES6模块加载器的polyfill可以在GitHub上找到，网址为http://mng.bz/MD8w。下载并解压这个加载器，复制es6-module-loader.js文件到工程目录下，并把其引入到HTML文件中，早于应用程序脚本加载：

```
<script src="es6-module-loader.js"></script>
<script src="my_app.js"></script>
```

为了确保ES6脚本能够在所有浏览器中工作，需要把其转码成ES5。这个任务可以作为构建工程的一部分，也可以在浏览器中实时完成。我们将使用Traceur编译器来演示如何在浏览器中实时转码。

首先需要把转码器、模块加载器以及代码脚本全部引入到HTML文件中。既可以将Traceur脚本下载到本地目录中，也可以直接使用一个远程链接，如下所示：

```
<script src="https://google.github.io/traceur-compiler/bin/traceur.js">
</script>
<script src="es6-module-loader.js"></script>
<script src="my-es6-app.js"></script>
```

下面考虑一个在线电商的简单示例，其中包括能够被按需加载的运输模块和账单模块。应用程序由一个HTML文件以及两个模块组成。HTML文件中有一个名为加载运输模块(Load the Shipping Module)的按钮。若用户单击这个按钮，应用程序将会加载并运行运输模块，运输模块依赖于账单模块。运输模块如下所示：

代码清单 A.16 shipping.js

```
import {processPayment} from 'billing';

export function ship( ) {
    processPayment( );
```

```
    console.log("Shipping products...");
}

function calculateShippingCost( ){
    console.log("Calculating shipping cost");
}
```

ship( )函数可以被外部脚本调用，calculateShippingCost( )是私有的。运输模块以import语句开始，因此能够调用账单模块的processPayment( )函数。下面为账单模块的代码：

代码清单A.17　billing.js

```
function validateBillingInfo( ) {
    console.log("Validating billing info...");
}

export function processPayment( ){
    console.log("processing payment...");
}
```

账单模块中也有一个公共的processPayment( )函数，以及一个私有的validateBillingInfo( )函数。

HTML文件中包括一个按钮，该按钮的单击事件会触发使用es6-module-loader的System.import( )加载运输模块。

代码清单A.18　moduleLoader.html

```
<!DOCTYPE html>
<html>
<head>
    <title>modules.html</title>
    <script src="https://google.github.io/traceur-compiler/bin/traceur.js">
    </script>
    <script src="es6-module-loader.js"></script>
</head>
<body>

  <button id="shippingBtn">Load the Shipping Module</button>

<script type="module">

let btn = document.querySelector('#shippingBtn');
btn.addEventListener('click',( ) => {

     System.import('shipping')
         .then(function(module) {
             console.log("Shipping module Loaded. ", module);

             module.ship( );
```

```
            module.calculateShippingCost( );        ←—— 抛出一个异常
        })
        .catch(function(err){
            console.log("In error handler", err);
        });
});

</script>

</body>
</html>
```

System.inmport( )返回一个ES6promise对象；当模块被加载时，执行then( )中指定的函数。如果发生错误，错误由catch( )函数捕获。

在then( )中，把信息打印到控制台，并调用运输模块的ship( )函数，在ship( )函数中调用账单模块的processPayment( )。之后，当试图调用calculateShippingCost( )函数时，会发生异常，这是因为calculateShippingCost( )函数并没有被导出，而是私有的。

提示

如果使用Traceur并且在HTML文件中有一个内联脚本，使用type="module"确保Traceur能够把它转换为ES5。如果不声明type="module"，这个脚本在那些不支持let关键词和箭头函数的浏览器中是无法工作的。

为了能够运行这个示例，需要安装npm和node.js。之后在任何目录中下载并安装es6-module加载器，运行如下npm命令：

```
npm install es6-module-loader
```

在此之后，创建一个application文件夹，并把es6-module-loader.js文件(从npm下载的加载器的压缩版本)复制到该文件夹中。示例应用程序有三个额外文件，如代码清单A.16~代码清单A.18所示。为了简单起见，将所有这些文件放到一个文件夹中。

注意

为了查看此代码，需要启动一台Web服务器来运行代码。可以安装一台基本的HTTP服务器作为Web服务器，例如2.1.4节中介绍过的live-server。

在Google Chrome中运行moduleLoader.html，打开Chrome Developer Tools。图A.7展示了单击Load the Shipping Module按钮后Chrome浏览器的外观。

查看窗口中间部位的XHR选项。HTML页面只在用户单击了按钮之后才加载shipping.js和billing。这些文件很小(包括HTTP响应对象在内，体积分别是440字节和387字节)，额外为它们产生一个网络链接看起来有些浪费。但是如果应用程序中包括10个500KB大小的模块，延迟加载模块就很有必要了。

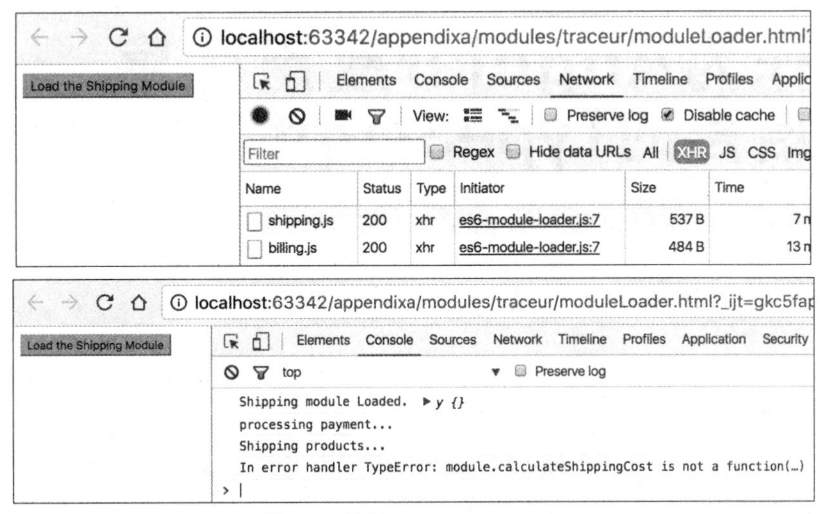

图A.7　使用es6-module-loader

在图A.7的底部，在Console选项卡中可以看到moduleLoader脚本输出的消息，表示运输模块已经被加载。正如预期的那样，随后会调用运输模块中的ship( )函数，并在试图调用calculateShippingCost( )函数时产生异常。

提示

本附录旨在让开发者熟悉ES6语法。如果想要深入了解，可以阅读Axel Rauschmayer撰写的*Exploring ES6*(参见http://exploringjs.com/es6/)。Eric Douglas在GitHub(参见http://mng.bz/cZfX)上维护包括各种ES6学习资料的汇总信息。

附录B

作为Angular应用程序语言的TypeScript

你可能想知道，为什么不用JavaScript进行开发？既然JavaScript已经是一门语言，为什么我们还需要使用其他编程语言？你会去找用于开发Java或C#应用程序的语言相关的文章，不是吗？

其原因在于，使用JavaScript开发不太富有成效。假如一个函数期望将一个字符串值作为参数，但开发人员错误地通过传入一个数字值来调用它。使用JavaScript，这个错误只能在运行时被捕获。Java或C#编译器甚至不会编译具有不匹配类型的代码，但JavaScript是宽容的，因为它是一种动态类型的语言。

虽然JavaScript引擎能够很好地通过其值来猜测变量的类型，但不知道类型，开发工具带给你的帮助将很有限。在大中型应用程序中，JavaScript的这个缺点降低了软件开发者的生产力。

在较大的项目中，IDE良好的上下文相关帮助和重构支持是很重要的。即使在具有数千行代码的项目中，在静态类型的语言中通过IDE重命名所有变量或函数也能瞬间完成；但JavaScript并不是这样的，它不支持静态类型。当变量的类型已知时，IDE可以使重构变得更好。

为了更富有成效，可考虑使用静态类型语言进行开发，然后将代码转换为JavaScript进行部署。目前有几十种语言可以编译成JavaScript(请参阅可编译为JavaScript的语言列表，网址为http://mng.bz/vjzi)。最受欢迎的是TypeScript(详见www.typescriptlang.org)、CoffeeScript(详见http://coffeescript.org)和Dart(详见www.dartlang.org)。

为什么不使用Dart语言？

虽然我们花了很多时间使用Dart进行工作，并且我们也喜欢该语言，但它存在一些缺点：

- 与第三方JavaScript库的互操作性不是很好。
- Dart中的开发只能在附带了Dart VM的Chrome浏览器的专用版本(Dartium)中完成。其他Web浏览器没有Dart VM。
- 生成的JavaScript不易于阅读。
- Dart开发者社区相当小。

Angular框架是用TypeScript编写的，而在此附录中我们将介绍其语法。本书中的所有代码示例都使用TypeScript编写。我们还将向你展示如何将TypeScript代码转换为JavaScript版本，以便可以由任何Web浏览器或独立JavaScript引擎执行。

B.1 为什么使用TypeScript编写Angular应用程序？

可以使用ES6(甚至ES5)编写应用程序，但我们将TypeScript作为编写JavaScript的一种更有成效的方法。以下解释了其原因：

- TypeScript支持类型。这就允许TypeScript编译器在开发过程中帮你找到并修复许多错误，甚至是在运行应用程序之前。
- 极好的IDE支持是TypeScript的主要优点之一。如果函数或变量名称出错，它们会被显示成红色。如果将错误的参数数量(或错误的类型)传给了一个函数，那么错误的地方会显示为红色。IDE还提供了很好的上下文相关帮助。TypeScript代码可以由IDE重构，而JavaScript代码必须手动重构。如果需要探索一个新的库，只需要安装它的类型定义文件，IDE将会提示可用的API，因此不需要在其他地方阅读其文档。
- Angular和类型定义文件被打包到一起，所以当使用Angular API时，IDE会执行类型检查并提供开箱即用的上下文相关帮助。
- TypeScript遵循ECMAScript 6和7规范，并向它们添加了类型、接口、装饰器、类成员变量(字段)、泛型以及关键字public和private。将来的TypeScript版本将支持缺少的ES6特性并实现ES7的特性(请参阅TypeScript的Roadmap，在GitHub上，网址为http://mng.bz/Ri29)。
- TypeScript接口允许声明将会在应用程序中用到的自定义类型。接口有助于避免因在应用程序中使用错误类型的对象而引起的编译时错误。
- 生成的JavaScript代码易于阅读，而且看起来像手写的代码。
- Angular文档、文章和博客中的大多数代码示例都以TypeScript给出(详见https://angular.io/docs)。

B.2 转码器的角色

除了JavaScript，Web浏览器不懂任何语言。如果源代码用TypeScript编写，那么在能够在浏览器或独立的JavaScript引擎中运行它们之前，它们必须被转码为JavaScript。

转码意味着将某种语言的源代码转换成另一种语言的源代码。许多开发者喜欢使用单词“编译”(compiling)来描述，所以诸如“TypeScript编译器”和“将TypeScript编译成JavaScript”也是有效的。

图B.1显示了一幅截图，TypeScript代码在左侧，与之等价的由TypeScript转码器生成的JavaScript代码的ES5版本在右侧。在TypeScript中，我们声明了一个string类型的变量，但转码后的版本没有此类型信息。在TypeScript中，我们声明了一个类Bar，它被转码成ES5语法中类似类(class-like)的模式。如果将ES6指定为转码目标，生成的JavaScript看起来将有所不同。

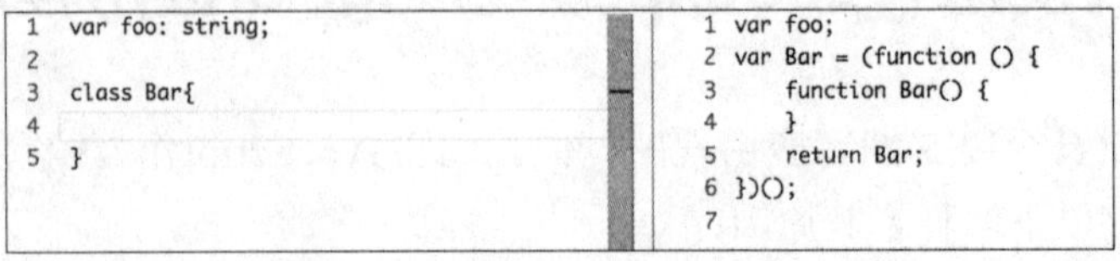

```
1  var foo: string;
2
3  class Bar{
4
5  }
```

```
1 var foo;
2 var Bar = (function () {
3     function Bar() {
4     }
5     return Bar;
6 })();
7
```

图B.1　将TypeScript转码到ES5中

Angular与静态类型的TypeScript的结合简化了大中型Web应用程序的开发。良好的工具及静态类型分析器会大幅减少运行时错误数，并将缩短上市时间。当完成时，Angular应用程序将会有大量的JavaScript代码；而且虽然用TypeScript进行开发需要编写更多的代码，但将通过节省测试和重构时间以及运行时错误数量来获益。

B.3　TypeScript入门

微软开放了TypeScript源代码，它把TypeScript的代码仓库托管在GitHub上(详见http://mng.bz/Ri29)。可以使用npm安装TypeScript编译器，或者从www.typescriptlang.org下载它。TypeScript网站还有一个托管在Web上的TypeScript编译器(一个playground)，可以在那里输入TypeScript代码并通过交互将其编译成JavaScript，如图B.2所示。

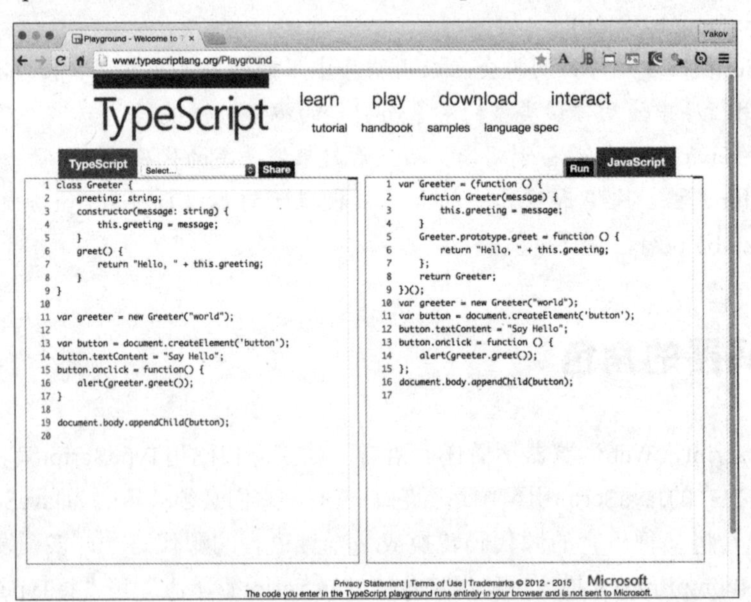

图B.2　使用TypeScript playground

在该TypeScript playground中，在左侧输入TypeScript代码，其JavaScript版本将会被展示在右侧。单击按钮Run来运行转码后的代码(请打开浏览器的开发者工具，查看由代码生成的控制台输出，如果有的话)。

交互式工具可以满足学习语言语法的需要，但对于真实世界中的开发，需要正确的工具以使开发变得高效。可以决定使用IDE或文本编辑器，但必须在本地安装TypeScript编译器用于开发。

B.3.1 安装并使用TypeScript编译器

TypeScript编译器本身就是用TypeScript编写的。可使用Node.js的npm包管理器安装此编译器。如果没有Node，请从http://nodejs.org下载并安装它。Node.js附带了npm，可以用它来安装TypeScript，也可以用来安装本书中许多其他的开发工具。

要全局安装TypeScript编译器，请在命令窗口或终端窗口中运行以下npm命令：

```
npm install -g typescript
```

选项-g将会在你的电脑上全局安装TypeScript编译器，因此对于所有项目，在命令提示符中它都是可用的。要开发Angular 2应用程序，请下载TypeScript编译器的最新版本(我们在本书中使用2.0版本)。要检查TypeScript编译器的版本，请运行以下命令：

```
tsc --version
```

用TypeScript编写的代码必须被转码成JavaScript，这样Web浏览器才能执行它们。TypeScript代码被保存在带有.ts扩展名的文件中。假如编写了一个脚本并将它保存在文件main.ts中，以下命令将会把main.ts转码成main.js：

```
tsc main.ts
```

还可以生成source map文件，将TypeScript源代码映射到生成的JavaScript中。使用source map，当在浏览器中运行时，可以在TypeScript代码中设置断点，即使执行的是JavaScript。要将main.ts编译成main.js，同时还生成source map文件main.map，请运行以下命令：

```
tsc --sourcemap main.ts
```

图B.3显示了在Chrome开发者工具中调试时的截图。请注意第15行中的断点。可以在开发者工具面板的Sources选项卡中找到你的TypeScript文件，在代码中设置断点，并在右侧观察变量的值。

在编译期间，TypeScript编译器会从代码中删除所有的TypeScript类型、接口和关键字，以生成有效的JavaScript。通过提供编译器选项，可以生成与ES3、ES5或ES6语法兼容的JavaScript。目前默认是ES3。以下是将代码转码成兼容ES5语法的命令：

```
tsc --t ES5 main.ts
```

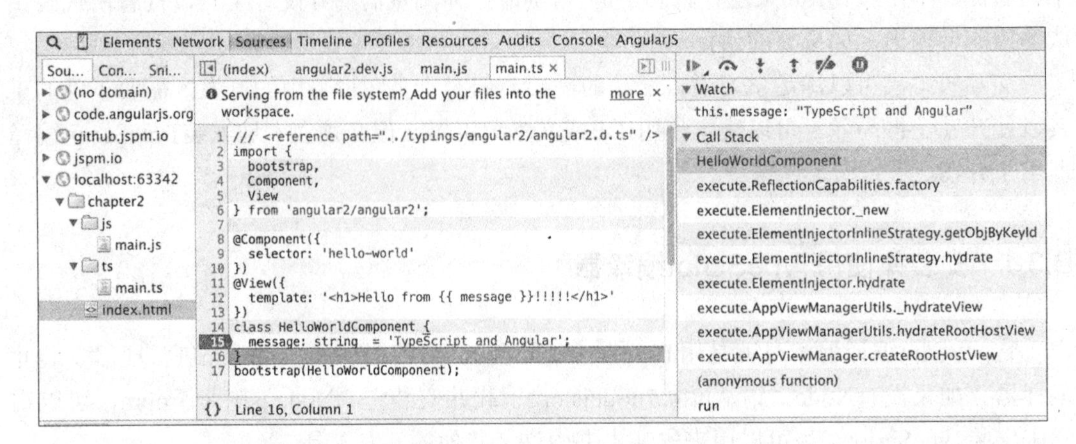

图B.3 在Chrome开发者工具中调试TypeScript

在Web浏览器中转码TypeScript

在开发过程中，我们使用本地安装的tsc。但转码也可以(在服务器上)在部署过程中完成，或者当Web浏览器加载应用程序时即时完成。在本书中使用的是SystemJS库，它内部使用tsc转码并动态加载应用程序模块。

请记住，在浏览器中即时转码，可能导致在用户设备上显示应用程序内容的延迟。如果使用SystemJS加载并在浏览器中将代码转码，默认将会生成source map。

如果想要在内存中编译代码，而不生成输出.js文件，请使用--noEmit选项运行tsc。我们经常在开发模式中使用这个选项，因为只需要在浏览器的内存中具有可执行的JavaScript代码。

可以通过提供-w选项，以监控(watch)模式启动TypeScript编译器。在此模式下，无论何时修改并保存代码，都会将其自动转码到相应的JavaScript文件中。要编译并监控全部的.ts文件，请运行以下命令：

```
tsc -w *.ts
```

编译器将会编译所有的TypeScript文件，在控制台打印错误消息(如果有的话)，并继续监控改动的文件。一旦文件更改了，tsc将立即重新编译它。

注意

通常，我们不使用IDE来编译TypeScript。我们用SystemJS及其浏览器内置(in-browser)的编译器，或者使用bundler(Webpack)，它会使用一个特殊的用于编译的TypeScript加载器。我们使用由IDE提供的TypeScript代码分析器来高亮显示错误，并使用浏览器来调试TypeScript。

TypeScript编译器允许预配置编译的过程(指定源目录和目标目录、source map生成，等等)。项目目录中配置文件tsconfig.json的存在，意味着可以在命令行中输入tsc，而编译器将从tsconfig.json中读取所有的选项。下面显示了一个示例的tsconfig.json文件。

代码清单 B.1 tsconfig.json

```
{
  "compilerOptions": {
    "target": "es5",
    "module": "commonjs",
    "emitDecoratorMetadata": true,
    "experimentalDecorators": true,
    "rootDir": ".",
    "outDir": "./js"
  }
}
```

该配置文件指示tsc将代码转码为ES5语法。生成的JavaScript文件将位于js目录中。tsconfig.json文件可能包含files部分，它列出了必须由TypeScript编译的文件。代码清单B.1没有包含此列表，因为使用rootDir选项，要求从项目的根目录开始所有文件的编译。

如果要将项目的某些文件从编译中排除，请将exclude属性添加到tsconfig.json中。以下演示了如何排除node_modules目录的全部内容：

```
"exclude": [
    "node_modules"
  ]
```

可以在TypeScript文档(详见http://mng.bz/rf14)中阅读有关配置编译过程以及TypeScript编译器选项的更多信息。

注意

本书中大部分的Angular示例都和类或类成员一起使用了注解(annotation，也称为decorator)。注解是一种向被注解的类或它们的成员添加元数据的方式。更多详情，请参阅2.1.1节中的特殊段落“什么是元数据？”。

B.4 TypeScript作为JavaScript的超集

TypeScript完全支持ES5和大多数的ES6语法。只要将JavaScript代码文件的扩展名从.js改为.ts，它们就将变为有效的TypeScript代码。到目前为止，我们见过的仅有两个例外是处理可选的函数参数，以及将一个值赋给一个对象字面量。

在JavaScript中，即使一个函数被声明具有两个参数，也可以通过仅提供一个参数来调用它；而在TypeScript中，需要为参数名称附加一个问号，以使其成为可选的。在

JavaScript中，可以使用空的对象字面量来初始化变量，并使用点号立即附加属性；而在TypeScript中，需要使用方括号。

但这些差异很小。更重要的是，因为是JavaScript的超集，TypeScript为JavaScript添加了许多有用的特性。接下来将介绍它们。

> 提示
>
> 如果正在将JavaScript项目转换为TypeScript版本，可以使用tsc编译器的--allowJs选项。TypeScript编译器将检查输入的.js文件的语法错误，并根据tsc的--target和--module选项发出有效的输出。此输出还可以与其他的.ts文件相结合。就像.ts文件一样，仍会为.js文件生成source map。

B.5 可选类型

可以声明变量，并为它们全部或其中的一些提供类型。以下两行是有效的TypeScript语法：

```
var name1 = 'John Smith';
var name2: string = 'John Smith';
```

如果使用类型，TypeScript转码器可以在开发期间检测不匹配的类型，而且IDE将会提供代码补全和重构支持。在任何大小合适的项目上，这都有助于提高生产力。即使不在声明中使用类型，TypeScript也会根据赋值猜测类型，并且之后仍然会进行类型检查，这被称为类型推断(type inference)。

以下TypeScript代码片段表明，不能将一个数字值赋给本来是一个字符串的变量name1，即使它最初没有类型(JavaScript 语法)声明。使用字符串初始化此变量之后，推断类型将不允许把数字值赋给name1。同样的规则适用于带有显式类型声明的变量name2：

```
var name1 = 'John Smith';
name1 = 123;

var name2: string = 'John Smith';
name2 = 123;
```

在JavaScript中，将类型不同的一个值赋给一个变量是有效的，但由于类型推断，这在TypeScript中是无效的

在JavaScript中，将类型不同的一个值赋给一个变量是有效的，但由于显式的类型声明，这在TypeScript中是无效的

在TypeScript中，可以声明有类型的变量、函数参数和返回值。有四个关键字用于声明基本类型：number、boolean、string和void。void在函数声明中表示没有返回值。与JavaScript类似，变量可以有null或undefined类型的值。

以下是带有显式类型声明变量的示例：

```
var salary: number;
var name: string = "Alex";
```

```
var isValid: boolean;
var customerName: string = null;
```

所有这些类型都是any类型的子类型。如果在声明一个变量或函数参数时没有指定类型，TypeScript编译器将假设它具有any类型，这将允许给此变量或函数参数赋任何值。也可以显式地声明一个变量，指定它的类型为any。这种情况下，不会应用推断类型。这两种声明都是有效的：

```
var name2: any = 'John Smith';
name2 = 123;
```

如果使用显式的类型声明变量，编译器将检查它们的值以保证它们与声明相匹配。TypeScript包括用于与Web浏览器交互的其他类型，例如HTMLElement和Document。

如果定义了一个类或接口，它可以在变量声明中用作自定义类型。稍后我们将介绍类和接口，但首先我们来熟悉一下TypeScript函数，这是JavaScript中最常用的结构。

B.5.1　函数

TypeScript函数(及函数表达式)与JavaScript函数类似，但可以显式地声明参数类型和返回值。我们来编写一个计算税款的JavaScript函数。它有三个参数，并将根据州(state)、收入(income)和家属(dependents)数量计算税款。对于每个家属，根据此人居住的州，给予$500或$300的税款减免。

代码清单 B.2　用JavaScript计算税款

```
function calcTax(state, income, dependents) {
    if(state == 'NY') {
        return income * 0.06 - dependents * 500;
    } else if(state == 'NJ') {
        return income * 0.05 - dependents * 300;
    }
}
```

假如一个居住在新泽西(New Jersey)州的人，有$50 000的收入和两个家属。我们调用calcTax( )：

```
var tax = calcTax('NJ', 50000, 2);
```

变量tax得到的值是1 900，它是正确的。即使calcTax( )没有为函数参数声明任何类型，也可以根据参数名称来猜测它们。

现在我们来以错误的方式调用它，传一个字符串值给家属(dependents)数量：

```
var tax = calcTax('NJ', 50000, 'two');
```

直到调用了这个函数之后，你才会知道有问题。变量tax会有一个NaN(Not a Number)值。只是因为没有机会显式地指定参数类型，一个bug就偷偷溜进来了。下面用TypeScript

重写这个函数，为参数和返回值声明类型。

代码清单 B.3 用TypeScript计算税款

```
function calcTax(state: string, income: number, dependents: number): number{

    if(state == 'NY'){
        return income*0.06 - dependents*500;
    } else if(state=='NJ'){
        return income*0.05 - dependents*300;
    }
}
```

现在就没办法犯同样的错误了，传一个字符串值给家属(dependents)数量：

```
var tax: number = calcTax('NJ', 50000, 'two');
```

TypeScript编译器将显示一个错误："Argument of type'string' is not assignable to parameter of type 'number'。"此外，该函数的返回值被声明为number，这会阻止你犯另一个错误，将税款计算的结果赋值给一个非数值的变量：

```
var tax: string = calcTax('NJ', 50000, 'two');
```

编译器将捕获到这一点，产生错误："The type 'number' is not assignable to type 'string'：var tax：string。"在任何项目上，这种编译期间的类型检查可以节省大量的时间。

B.5.2 默认参数

声明一个函数时，可以指定默认的参数值。唯一的限制是带默认值的参数，不能在必需的(required)参数的前面。在代码清单B.3中，要将NY作为state参数的默认值，就不能像下列声明一样：

```
function calcTax(state: string = 'NY', income: number, dependents: number):
  ➥ number{
    // the code goes here
}
```

需要更改参数的顺序，以保证在默认的参数之后没有必需的参数：

```
function calcTax(income: number, dependents: number, state: string = 'NY'):
  ➥ number{
    // the code goes here
}
```

甚至不需要更改calcTax( )函数体中的一行代码，现在可以使用两个或三个参数自由地调用它：

```
var tax: number = calcTax(50000, 2);
```

```
// or
var tax: number = calcTax(50000, 2, 'NY');
```

两次调用的结果将是一样的。

B.5.3 可选参数

在TypeScript中，通过向参数名称附加一个问号，可以轻松地将函数参数标记为可选的。唯一的限制是可选的参数必须在函数声明的最后。当编写带有可选参数的函数代码时，需要提供应用程序逻辑来处理没有提供可选参数的情况。

下面修改税款计算函数：如果没有指定dependents，就不对计算的税款进行减免。

代码清单 B.4 使用TypeScript计算税款，修改后的代码如下

```
function calcTax(income: number, state: string = 'NY', dependents?: number):
  ➥ number{

  var deduction: number;

  if(dependents) {                    ◄—— 处理dependents中的可选值
      deduction = dependents*500;
  }else {
      deduction = 0;
  }

  if(state == 'NY'){
      return income*0.06 - deduction;
  } else if(state=='NJ'){
      return income*0.05 - deduction;
  }
}
var tax: number = calcTax(50000, 'NJ', 3);
console.log("Your tax is " + tax);

var tax: number = calcTax(50000);
console.log("Your tax is " + tax);
```

请注意dependents?: number中的问号。现在该函数会检查是否为dependents提供了值。如果没有，就将0赋给变量deduction；否则，为每个家属(dependent)减免扣税$500。

运行代码清单B.4将产生以下输出：

```
Your tax is 1000
Your tax is 3000
```

B.5.4 箭头函数表达式

TypeScript支持在表达式中使用匿名函数的简化语法。不需要使用关键字function，宽箭头符号(=>)用于将函数参数和函数体分开。TypeScript支持箭头函数的ES6语法(附录A有关于箭头函数的更多细节)。在其他一些编程语言中，箭头函数被称为lambda表达式。

我们来看一个最简单的箭头函数的例子，函数体只有一行代码：

```
var getName =( ) => 'John Smith';
console.log(getName( ));
```

空括号表示上述箭头函数没有参数。单行的箭头表达式不需要花括号或显式的return语句，而上述代码片段将在控制台打印"John Smith"。如果在TypeScript的playground中试验此代码，它们将被转换成以下ES5代码：

```
var getName = function( ) { return 'John Smith'; };
console.log(getName( ));
```

如果箭头函数的函数体由多行构成，那么必须将它们括在大括号内并使用return语句。以下代码片段将硬编码的字符串值转换成大写形式，并在控制台打印"PETER LUGER"：

```
var getNameUpper =( ) => {
    var name = 'Peter Luger'.toUpperCase( );
    return name;
}
console.log(getNameUpper( ));
```

除了提供较短的语法之外，箭头函数表达式也消除了this关键字臭名昭著的混乱。在JavaScript中，如果在一个函数中使用了this关键字，它可能并不指向正在调用此函数的对象。这可能会导致运行时bug，并需要额外的调试时间。下面来看一个例子。

代码清单B.5有两个函数：StockQuoteGeneratorArrow( )和StockQuoteGeneratorAnonymous( )。每隔一秒，这两个函数就会调用Math.random( )，为被作为参数提供的股票代号(symbol)生成一个随机的价格。在内部，StockQuoteGeneratorArrow( )使用箭头函数语法，提供setInterval( )的参数，而StockQuoteGeneratorAnonymous( )使用匿名函数。

代码清单 B.5 使用箭头函数表达式

将股票代号赋值给this.symbol

用箭头函数作为setInterval( )的参数，每隔一秒(1000 毫秒)调用一次

```
function StockQuoteGeneratorArrow(symbol: string){

    this.symbol = symbol;

    setInterval(( ) => {
        console.log("StockQuoteGeneratorArrow. The price quote for " +
          ➥this.symbol+ " is " + Math.random( ));
            }, 1000);

}
var stockQuoteGeneratorArrow = new StockQuoteGeneratorArrow("IBM");
```

```
将股票代号赋值给thissymbol

    function StockQuoteGeneratorAnonymous(symbol: string){
        this.symbol = symbol;
                                                   用匿名函数作为setInterval( )
        setInterval(function( ) {                  的参数
            console.log(" StockQuoteGeneratorAnonymous.The price quote for " +
              ➥ this.symbol+ " is " + Math.random( ));
        }, 1000);
    }

    var stockQuoteGeneratorAnonymous = new StockQuoteGeneratorAnonymous("IBM");
```

在这两种情况中，都将股票代号(“IBM”)赋给了对象this上的变量symbol。但是使用箭头函数，对构造函数StockQuoteGeneratorArrow( )的实例的引用，会被自动保存到单独的变量中；当从箭头函数中引用this.symbol时，会正确地找到它，并在控制台输出中使用“IBM”。

但是当在浏览器中调用匿名函数时，this指向全局的Window对象，该对象没有symbol属性。在Web浏览器中运行此代码，每隔一秒将打印下面这样的内容：

```
StockQuoteGeneratorArrow. The price quote for IBM is 0.2998261866159737
StockQuoteGeneratorAnonymous.The price quote for undefined
is0.9333276399411261
```

如你所见，当使用箭头函数时，它将IBM识别为股票代号，但在匿名函数中是undefined。

注意

TypeScript使用一个外部作用域的this引用，通过传入此引用，它会替换箭头函数表达式中的this。这就是为什么StockQuoteGeneratorArrow( )中箭头内的代码能正确地看到来自外部作用域的this.symbol的原因所在。

我们的下一个主题是TypeScript类，但先暂停一下，总结一下到目前为止已经介绍的内容：

- 使用tsc编译器将Typescript代码编译成JavaScript。
- TypeScript允许声明变量、函数参数以及返回值的类型。
- 函数可以拥有带有默认值的参数以及可选参数。
- 箭头函数表达式为声明匿名函数提供了更简短的语法。
- 箭头函数表达式消除了使用this对象引用中的不确定性。

函数重载

JavaScript不支持函数重载，所以让几个函数同名但参数列表不同是不可能的。

TypeScript的创建者引入了函数重载，但由于代码必须转码到单个JavaScript函数中，因此重载的语法不是很优雅。

可以为仅有一个函数体的函数声明多个签名，(在此函数体中)需要检查参数的数量和类型，进而执行相应部分的代码：

```
function attr(name: string): string;
function attr(name: string, value: string): void;
function attr(map: any): void;
function attr(nameOrMap: any, value?: string): any {
  if(nameOrMap && typeof nameOrMap === "string") {
      // handle string case
} else {
      // handle map case
}
      // handle value here
}
```

B.6 类

如果有Java或C#开发经验，将会熟悉它们的经典形式中的类和继承的概念。在这些语言中，类的定义被作为单独的实体(像是蓝图)加载到内存中，并由该类的全部实例共享。如果一个类继承自另一个类，就使用两个类组合后的蓝图来实例化对象。

TypeScript是JavaScript的超集，JavaScript仅支持原型继承，可以通过将一个对象附加到另一个对象的prototype属性来创建继承层级结构。在这种情况下，对象的继承(或者更确切地说链接)是动态创建的。

在TypeScript中，关键字class是简化编码的语法糖。最终，类会被转码为带有原型继承的JavaScript对象。在JavaScript中，可以声明一个构造函数并使用关键字new实例化它。在TypeScript中，也可以声明一个类并使用操作符new实例化它。

类可以包括构造函数、字段(也称为属性)和方法。声明的属性和方法通常被称为类成员。我们将说明TypeScript类的语法，向你展示一系列的代码示例，并与等效的ES5语法进行比较。

我们创建一个简单的Person类，它包括四个属性用于存储姓、名、年龄和社会安全号码(Social Security number，分配给每个美国合法居民的唯一标识符)。在图B.4的左侧，可以看到声明并实例化Person类的TypeScript代码；在图B.4的右侧，是一个由tsc编译器生成的JavaScript闭包。通过为函数Person创建一个闭包，TypeScript编译器启用了暴露或隐藏Person对象元素的机制。

TypeScript也支持类构造函数，它允许在实例化对象时初始化对象变量。类构造函数仅会在对象创建期间被调用一次。图B.5的左侧显示了Person类的下一版，它使用关键字constructor，并用传给构造函数的值来实例化类的字段。生成的ES5版本在B.5的右侧显示。

```
1  class Person {
2      firstName: string;
3      lastName: string;
4      age: number;
5      ssn: string;
6  }
7
8  var p = new Person();
9
10 p.firstName = "John";
11 p.lastName = "Smith";
12 p.age = 29;
13 p.ssn = "123-90-4567";
```

```
1  var Person = (function () {
2      function Person() {
3      }
4      return Person;
5  })();
6  var p = new Person();
7  p.firstName = "John";
8  p.lastName = "Smith";
9  p.age = 29;
10 p.ssn = "123-90-4567";
11
```

图B.4 将TypeScript类转码为JavaScript闭包

```
1  class Person {
2      firstName: string;
3      lastName: string;
4      age: number;
5      ssn: string;
6
7      constructor(firstName:string, lastName: string,
8          age: number, ssn: string) {
9
10         this.firstName = firstName;
11         this.lastName;
12         this.age = age;
13         this.ssn = ssn;
14     }
15 }
16
17 var p = new Person("John", "Smith", 29, "123-90-4567");
```

```
1  var Person = (function () {
2      function Person(firstName, lastName, age, ssn) {
3          this.firstName = firstName;
4          this.lastName;
5          this.age = age;
6          this.ssn = ssn;
7      }
8      return Person;
9  })();
10 var p = new Person("John", "Smith", 29, "123-90-4567");
11
```

图B.5 使用constructor转码TypeScript类

一些JavaScript开发者看不到使用类的价值，因为他们可以使用构造函数和闭包轻易地编码出相同的功能。但JavaScript初学者会发现，相比于构造函数和闭包，类的语法更易于阅读和编写。

B.6.1 访问修饰符

JavaScript无法将变量或方法声明为私有的(private，对外部代码不可见)。要隐藏对象里的属性(或方法)，需要创建闭包，这样既不会将属性附加到变量this，也不会在闭包的return语句中返回它。

TypeScript提供了关键字public、protected和private，以帮助在开发阶段控制对象成员的访问。默认情况下，所有的类成员都具有public访问权限，并且它们从类的外部是可见的。如果一个成员被声明带有protected修饰符，那么它在该类及其子类中是可见的。被声明为private的类成员仅在该类内部可见。

我们使用关键字private来隐藏ssn属性的值，所以它无法从Person对象的外部被直接访问。我们将向你展示两个版本，它们都声明了具有使用访问修饰符的属性的类。此类的较长版本看起来是这样的：

代码清单B.6 使用私有属性

```
class Person {
    public firstName: string;
    public lastName: string;
    public age: number;
    private _ssn: string;

    constructor(firstName:string, lastName: string, age: number, ssn: string) {
        this.firstName = firstName;
        this.lastName = lastName;
        this.age = age;
        this._ssn = ssn;
    }
}

var p = new Person("John", "Smith", 29, "123-90-4567");
console.log("Last name: " + p.lastName + " SSN: " + p._ssn);
```

请注意，私有变量的名称以下画线开始：_ssn。这只是私有属性的命名惯例。

代码清单B.6的最后一行尝试从外部访问私有属性_ssn，所以TypeScript分析器将给出如下编译错误："Property 'ssn' is private and is only accessible in class 'Person'"。但除非使用了编译器选项--noEmitOn-Error，否则错误的代码仍将被转码为JavaScript：

```
var Person =(function( ) {
    function Person(firstName, lastName, age, _ssn) {
        this.firstName = firstName;
        this.lastName = lastName;
        this.age = age;
        this._ssn = _ssn;
    }

    return Person;
})( );

var p = new Person("John", "Smith", 29, "123-90-4567");
console.log("Last name: " + p.lastName + " SSN: " + p._ssn);
```

关键字private仅使其在TypeScript代码中是私有的。当尝试从外部访问一个对象的属性时，IDE将不会在上下文相关帮助中显示私有成员，但是，生产(环境)中的JavaScript会将类的所有属性和方法视为公开的。

TypeScript允许使用构造函数的参数提供访问修饰符，例如以下Person类的简短版本所示：

代码清单 B.7 使用访问修饰符

```
class Person {
```

```
    constructor(public firstName: string,
        public lastName: string, public age: number, private _ssn: string) {
    }
}

var p = new Person("John", "Smith", 29, "123-90-4567");
```

当使用带有访问修饰符的构造函数时，TypeScript编译器会将其作为一条指令，创建并保留与构造函数的参数相匹配的类属性。不需要显式声明并初始化它们。Person类的长短两个版本都会生成相同的JavaScript。

B.6.2　方法

当一个函数被声明在一个类中时，它被称为方法。在JavaScript中，需要在对象的原型上声明方法；但是使用类，可以通过指定一个后跟括号和大括号的名称来声明方法，就像在其他面向对象语言中一样。

接下来的代码片段展示了如何声明并使用具有方法doSomething( )的类MyClass，此方法有一个参数，没有返回值。

代码清单 B.8　创建方法

```
class MyClass{
    doSomething(howManyTimes: number): void{
       // do something here
    }
}

var mc = new MyClass( );
mc.doSomething(5);
```

静态成员和实例成员

代码清单B.8中的代码，以及图B.4中显示的类，首先创建了类的一个实例，然后使用一个指向此实例的引用变量来访问它的成员：

```
mc.doSomething(5);
```

如果使用关键字static声明了一个类属性或方法，它的值将被类的所有实例共享，而无需创建一个实例来访问静态成员。不是使用引用变量(例如mc)，而是使用类的名称：

```
class MyClass{

    static doSomething(howManyTimes: number): void{
       // do something here
    }
}
```

```
MyClass.doSometing(5);
```

如果实例化一个类，并且需要从声明在此类中的另一个方法中调用一个类方法，则必须使用关键字this(例如，this.doSomething(5))。在其他的编程语言中，在类的代码中使用this是可选的，但如果没有显式地使用this，TypeScript编译器将会抱怨无法找到该方法。

我们将公共的设置器(setter)和访问器(getter)方法添加到Person类，以设置并获取_ssn的值。

代码清单 B.9　添加设置器和访问器

```
class Person {
    constructor(public firstName: string,
        public lastName: string, public age: number, private _ssn?: string) {
    }

    get ssn( ): string{
        return this._ssn;
    }

    set ssn(value: string){
        this._ssn = value;
    }
}

var p = new Person("John", "Smith", 29);
p.ssn = "456-70-1234";

console.log("Last name: " + p.lastName + " SSN: " + p.ssn);
```

在这一版中，构造函数的最后一个参数是可选的(_ssn?)

访问器方法

设置器方法

创建Person对象的实例后，使用ssn设置器将该值赋给_ssn

在代码清单B.9中，访问器和设置器不包含任何应用程序逻辑；但是在现实的应用程序中，这些方法会执行验证。例如，访问器和设置器中的代码可以检查调用者是否被授权获取或设置_ssn的值。

注意

从ES5规范开始，JavaScript也支持访问器和设置器。

请注意，在这些方法中使用了关键字this来访问对象的属性。这在TypeScript中是强制性的。

B.6.3　继承

JavaScript支持基于原型对象的继承，其中一个对象可以使用另一个对象作为原型。像ES6及其他面向对象语言一样，TypeScript具有用于类继承的关键字extends。但是，在转码为JavaScript的过程中，生成的代码会使用原型继承的语法。

图B.6显示了如何创建一个Employee类(第9行)，它扩展了Person类(显示在TypeScript的playground截图中)。在图B.6的右侧，可以看到转码后的JavaScript版本，它使用原型继承。此代码的TypeScript版本更简洁且易于阅读。

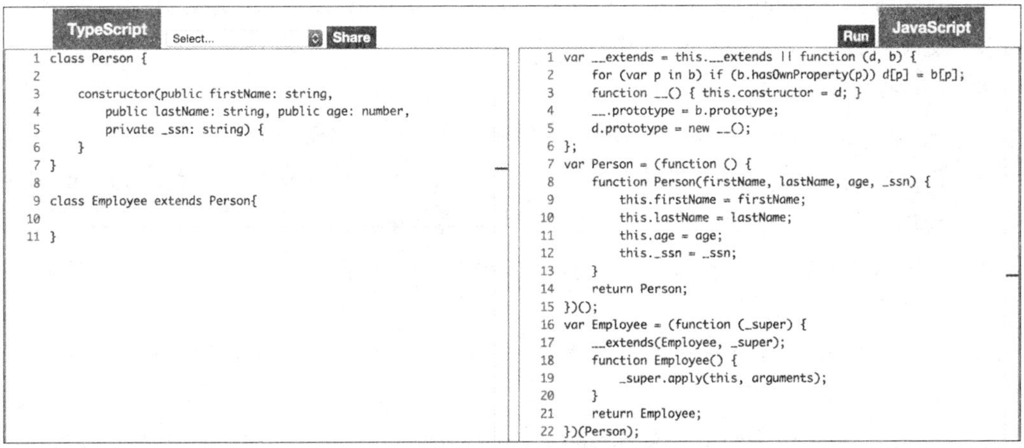

TypeScript　Select...　Share

```
1  class Person {
2
3      constructor(public firstName: string,
4          public lastName: string, public age: number,
5          private _ssn: string) {
6      }
7  }
8
9  class Employee extends Person{
10
11 }
```

Run　JavaScript

```
1  var __extends = this.__extends || function (d, b) {
2      for (var p in b) if (b.hasOwnProperty(p)) d[p] = b[p];
3      function __() { this.constructor = d; }
4      __.prototype = b.prototype;
5      d.prototype = new __();
6  };
7  var Person = (function () {
8      function Person(firstName, lastName, age, _ssn) {
9          this.firstName = firstName;
10         this.lastName = lastName;
11         this.age = age;
12         this._ssn = _ssn;
13     }
14     return Person;
15 })();
16 var Employee = (function (_super) {
17     __extends(Employee, _super);
18     function Employee() {
19         _super.apply(this, arguments);
20     }
21     return Employee;
22 })(Person);
```

图B.6　TypeScript中的类继承

我们来为Employee类添加一个构造函数和department属性。

代码清单 B.10　使用继承

```
class Employee extends Person{
    department: string;                    ◄—— 声明属性department

    constructor(firstName: string, lastName: string,
            age: number, _ssn: string, department: string){   ◄—— 创建一个具有额外的department参数的构造函数

        super(firstName, lastName, age, _ssn);   ◄—— 声明构造函数的子类必须调用父类的构造函数

        this.department = department;
    }
}
```

如果要在子类类型的对象上，调用一个声明在父类中的方法，可以使用此方法的名称，就像它被声明在子类中一样。但是，有时要专门调用父类的方法，这正是使用关键字super的时候。

关键字super可以有两种使用方式。在派生类的构造函数中，将其作为一个方法进行调用。还可以使用关键字super来专门调用父类的方法。这通常被用于方法重写(method overriding)。例如，如果父类及其子类都有doSomething( )方法，则子类可以复用编码在父类中的功能，并且还可以添加其他的功能：

```
doSomething( ){
    super.doSomething( );
```

```
    // Add more functionality here
}
```

可以在A.7.4小节中阅读关于关键字super的更多信息。现在让我们休息片刻，并回顾一下到目前为止你学到的内容：

- 尽管可以使用JavaScript的ES5或ES6语法编写Angular应用程序，但是在项目的开发阶段，使用TypeScript会有一些优势。
- TypeScript允许声明原始变量的类型，并开发自定义的类型。转码器会擦除类型相关的信息，所以可以部署应用程序到任何支持ECMAScript 3、5或6 的浏览器中。
- TypeScript编译器将.ts文件转换成对应的.js文件。可以以监视模式(watch mode)启动编译器，以便任何.ts文件中的任何改动都会触发此转换。
- TypeScript的类使代码更具声明性。类和继承的概念，对于使用其他面向对象语言的开发者而言众所周知。
- 访问修饰符有助于在开发期间控制对类成员的访问，但并不像Java和C#这样的语言那么严格。

从下一节开始，将介绍TypeScript的更多语法构成；但是，如果急切想看TypeScript和Angular如何协同工作，请随时跳到B.9节。

B.7　泛型

TypeScript支持参数化类型，也称为泛型(generics)，它可以用于各种场景。例如，可以创建一个函数，它能使用任何类型的值，但在特定的上下文中调用时，能够明确地指定具体的类型。

举另一个例子：一个数组可以保存任何类型的对象，但是可以指定该数组中允许特定对象类型(例如，Person的实例)。如果你(或其他人)试图添加不同类型的对象，TypeScript编译器将生成错误。

以下代码片段声明了一个Person类，创建了它的两个实例，并将它们存储在使用泛型类型声明的数组workers中。通过将它们放在尖括号中(例如，<Person>)来表示泛型。

代码清单 B.11　使用泛型类型

```
class Person {
    name: string;
}

class Employee extends Person{
    department: number;
}

class Animal {
```

```
    breed: string;
}

var workers: Array<Person> = [];

workers[0] = new Person( );
workers[1] = new Employee( );
workers[2] = new Animal( ); // compile-time error
```

在此代码片段中，声明了Person、Employee和Animal类，以及一个带有泛型类型<Person>的数组workers。通过这么做，表示计划仅存储Person类或其子类。尝试将一个Animal实例存进相同的数组，将导致编译时错误。

如果在一个拥有动物员工(如警犬)的组织里工作，可以如下更改数组workers的声明：

```
var workers: Array<any> = [];
```

注意

在B.8节中，你将看到另一个使用泛型的例子。在那里，将声明一个接口类型的数组workers。

可以为任意对象或函数使用泛型类型吗？不行。对象或函数的创建者必须允许这一特性。如果在GitHub上(参见http://mng.bz/I3V7)，打开TypeScript的类型定义文件(lib.d.ts)，并搜索“interface Array”，将会看到Array的声明，如图B.7 所示(类型定义文件会在B.10 节中介绍)。

```
1004 /////////////////////////////
1005 /// ECMAScript Array API (specially handled by compiler)
1006 /////////////////////////////
1007
1008 interface Array<T> {
1009     /**
1010       * Gets or sets the length of the array. This is a number one higher than the h
1011       */
1012     length: number;
1013     /**
1014       * Returns a string representation of an array.
1015       */
1016     toString(): string;
1017     toLocaleString(): string;
1018     /**
1019       * Appends new elements to an array, and returns the new length of the array.
1020       * @param items New elements of the Array.
1021       */
1022     push(...items: T[]): number;
1023     /**
1024       * Removes the last element from an array and returns it.
1025       */
1026     pop(): T;
1027     /**
1028       * Combines two or more arrays.
1029       * @param items Additional items to add to the end of array1.
1030       */
```

图B.7 描述Array API的lib.d.ts片段

第1008行中的<T>，意味着TypeScript允许使用Array声明类型参数，并且编译器将检查程序中提供的特定类型。代码清单B.11将泛型参数<T>指定为<Person>。但是，由于ES6不支持泛型，因此在转码器生成的代码中将看不到它们。对于开发者，它只是额外的编译时的安全网。

在图B.7中，在第1022行可以看到另一个T。当使用函数参数指定泛型类型时，不需要尖括号。但在TypeScript中，实际上没有类型T。这里的T，意指方法push( )可以将特定类型的对象推入一个数组中，如下所示：

```
workers.push(new Person( ));
```

在本节中，我们说明了使用泛型类型的一个用例，其中包含已经支持泛型的数组。也可以创建自己的支持泛型的类或函数。在代码中的某个地方，如果要尝试调用方法saySomething( )，但提供了错误的类型，TypeScript编译器将给出错误：

```
function saySomething<T>(data: T){

}

saySomething<string>("Hello");     <-- 用一个字符串替换T

saySomething<string>(123);     <-- 产生一个编译错误，因为123不是一个字符串
```

生成的JavaScript将不会包含任何泛型信息，上面的代码将被转码成如下代码：

```
function saySomething(data) {
}
saySomething("Hello");
saySomething(123);
```

如果想深入学习泛型，请参阅TypeScript手册(详见http://mng.bz/447K)的Generics部分。

B.8 接口

JavaScript不支持接口的概念，在其他的面向对象语言中，接口被用来引入API必须遵守的代码契约(code contract)。契约的一个例子可以是，类X声明它实现了接口Y。如果类X不包括接口Y中声明的一个方法的实现，就被认为是违反了契约，并且不会被编译。

TypeScript包含关键字interface和用于支持接口的implements，但接口不会转码为JavaScript代码。它们只是帮助你避免在开发过程中使用错误的类型。

在TypeScript中，使用接口的模式有两种：

- 声明一个接口，它定义了一个包含一些属性的自定义类型。然后，声明一个具有这种类型的参数的方法。当此方法被调用时，编译器将检查作为参数给出的对象是否包含所有在该接口中声明的属性。

- 声明一个包含(未实现的)抽象方法的接口。当一个类声明它implements此接口时，该类必须提供所有抽象方法的实现。

让我们通过示例来思考这两种模式。

B.8.1 使用接口声明自定义类型

当使用JavaScript框架时，可能会遇到需要某种配置对象作为函数参数的API。要弄明白此配置对象中的哪个属性必须提供，需要打开此API的文档或者阅读该框架的源码。在TypeScript中，可以声明一个接口，它包含了配置对象中必须存在的所有属性及其类型。

我们看看如何在Person类中完成这些，它包含一个构造函数，有四个参数：firstName、lastName、age和ssn。这一次，将声明一个包含四个成员的接口IPerson，并且将修改Person类的构造函数，以将此自定义类型的对象用作参数。

代码清单 B.12 声明接口

```
interface IPerson {

    firstName: string;
    lastName: string;
    age: number;
    ssn?: string;          <-- 声明接口IPerson，将ssn作为可选成员(注意问号)
}

class Person {

    constructor(public config: IPerson) {   <-- 类Person有一个构造函数，它带有一个类型为IPerson的参数
    }
}

var aPerson: IPerson = {   <-- 创建一个成员与IPerson兼容的对象字面量aPerson
    firstName: "John",
    lastName: "Smith",
    age: 29
}

var p = new Person(aPerson);   <-- 实例化Person对象，提供一个IPerson类型的对象作为参数
console.log("Last name: " + p.config.lastName);
```

TypeScript具有结构化的类型系统，这意味着如果两个不同的类型包含相同的成员，这些类型将被认为是兼容的。拥有相同的成员，意思是这些成员具有相同的名称和类型。在代码清单B.12中，即使不指定变量aPerson的类型，它也仍会被认为是与IPerson兼容的，而且当实例化Person对象时，可以被用作构造函数参数。

如果改变了IPerson中一个成员的名称或类型，TypeScript将会报错。另一方面，如果尝试实例化一个Person，其中包括一个对象，它拥有IPerson所有必需的成员和一些其他的成员，则不会引发红色标识(错误)。可以将以下对象作为Person的构造函数的一个参数：

```
var anEmployee: IPerson = {
    firstName: "John",
    lastName: "Smith",
    age: 29,
    department: "HR"
}
```

在接口IPerson中，没有定义成员department。但是，只要该对象拥有接口中列出的其他全部成员，就满足契约条款。

接口IPerson没有定义任何方法，但是，TypeScript接口可以包括没有实现的方法签名。

B.8.2 使用关键字implements

关键字implements与类声明一起使用，以声明该类将实现特定的接口。假如接口IPayable的声明如下：

```
interface IPayable{
  increase_cap:number;

  increasePay(percent: number): boolean
}
```

现在，类Employee可以声明它实现了IPayable：

```
class Employee implements IPayable{
    // The implementation goes here
}
```

在进入实现细节之前，我们来回答下面这个问题："为什么不把所有必需的代码都写在类中，而将一部分代码隔离到接口中？"我们假设，要编写一个应用程序，它可以让你为你组织的雇员增加薪水。可以创建一个Employee类(扩展自Person类)，并包含increaseSalary( )方法。然后，业务分析人员可能要求新增为外包人员增加工资的功能，他们为你们的公司工作。但是，外包人员用他们自己的公司名称和ID表示，他们没有工资的概念，并且按小时付费。

可以创建另一个类Contractor(不是继承自Person类)，其中包括一些属性和increaseHourlyRate( )方法。现在，你有了两个不同的API：一个用于增加员工的工资，另一个用于增加外包人员的工资。更好的解决方案是，创建一个通用的接口IPayable，并让Employee和Contractor类为各自提供不同的IPayable实现，如下所示：

代码清单 B.13 使用多个接口实现

```
interface IPayable{

  increasePay(percent: number): boolean
```

接口IPayable包括方法increasePay()的签名，它将被Employee和Contractor类实现

```
}
class Person {
    // properties are omitted for brevity
    constructor( ) {
    }
}

class Employee extends Person implements IPayable{
    increasePay(percent: number): boolean{

        console.log("Increasing salary by " + percent)
        return true;
    }
}

class Contractor implements IPayable{
    increaseCap:number = 20;

    increasePay(percent: number): boolean{
        if(percent < this.increaseCap) {
            console.log("Increasing hourly rate by " + percent)
            return true;
        } else {
            console.log("Sorry, the increase cap for contractors is",
                ➥this.increaseCap);
            return false;
        }
    }
}

var workers: Array<IPayable> = [];
workers[0] = new Employee( );
workers[1] = new Contractor( );

workers.forEach(worker => worker.increasePay(30));
```

Person类作为Employee的基类

Employee 类继承自 Person类，并实现了接口 IPayable 。一个类可以实现多个接口

Employee类实现了increasePay( )方法。员工的工资可以增加任意金额，所以此方法只是在控制台打印消息，并返回true(允许增加)

Contractor类包含一个属性，它将加薪的上限设置为20%

Contractor类中increasePay( )的实现有所不同。使用大于20的参数调用increasePay( )，返回消息“Sorry”和返回值false

现在，可以在数组workers中的任何对象上调用方法increasePay( )。请注意，不要对带有单个参数worker的箭头函数表达式使用括号

声明一个带有泛型<IPayable>的数组，允许放置IPayable类型的任何对象(但请参阅下方注解)

运行代码清单B.13，会在浏览器的控制台产生如下输出：

```
Increasing salary by 30
Sorry, the increase cap for contractors is 20
```

为什么要使用关键字implements声明类？

代码清单B.13说明了TypeScript的结构化的子类型。如果从Employee或Contractor的声明中删除implements Payable，代码仍然可以工作，而且编译器不会对将这些对象添加到workers数组的几行代码报错。编译器足够聪明地看到，虽然该类没有显式地声明implements IPayable，但它正确地实现了increasePay( )。

但是，如果删除了implements IPayable，并尝试修改任何一个类中increasePay( )方法的签名，就不能将这个对象放到workers数组中，因为对象不再是IPayable类型。此外，没有关键字implements，IDE支持(例如重构)将会被破坏。

B.8.3 使用可调用接口

TypeScript具有一个有趣的特性，叫作可调用接口(callable interface)，它包含一个裸函数签名(bare function signature，不带函数名称的签名)。以下示例显示了一个裸函数签名，它接收一个number类型的参数并返回一个boolean值：

```
(percent: number): boolean;
```

该裸函数签名表示此接口的实例是可调用的。在代码清单B.14中，将向你展示声明IPayable的不同版本，其中包含一个裸函数签名。为了简洁起见，我们在此例中删除了继承。我们将会声明单独的函数，用于实现员工及外包人员的工资增加规则。这些函数将作为参数传递，并会被Person类的构造函数调用。

代码清单 B.14 使用裸函数的可调用接口

```
interface IPayable {                  ← 包含一个裸函数签名的可调用接口
  (percent: number): boolean;
}

class Person {
    constructor(private validator: IPayable) {    ← Person类的构造函数，将可调用接口IPayable的一个实现作为一个参数
}

    increasePay(percent: number): boolean {     ← increasePay( )方法调用传入的IPayable实现上的裸函数，提供用于验证的工资增加值
        return this.validator(percent);
    }
}

var forEmployees: IPayable =(percent) => {     ← 通过使用箭头函数表达式，实现了员工工资的增加规则
        console.log("Increasing salary by ", percent);
        return true;
    };

var forContractors: IPayable =(percent) => {    ← 通过使用箭头函数表达式，实现了外包人员工资的增加规则
    var increaseCap: number = 20;

    if(percent < increaseCap) {
            console.log("Increasing hourly rate by", percent);
            return true;

    } else {
        console.log("Sorry, the increase cap for contractors is ",
            increaseCap);
        return false;
```

```
    }
}

var workers: Array<Person> = [];

workers[0] = new Person(forEmployees);
workers[1] = new Person(forContractors);

workers.forEach(worker => worker.increasePay(30));
```

实例化两个Person对象，传入不同的加薪规则

调用每个实例上的ncreasePay( )，验证加薪30%

运行代码清单B.14，将会在浏览器的控制台生成以下输出：

```
Increasing salary by 30
Sorry, the increase cap for contractors is 20
```

接口支持使用关键字extends的继承。如果一个类实现了接口A，A扩展自接口B，那么该类必须实现来自类A和B的所有成员。

将类作为接口

在TypeScript中，可以将任何类看作接口。如果声明了类A{}和B{}，写作class A implements B{}是完全合法的。可以在4.4节中查看这种语法的例子。

当转码成JavaScript时，TypeScript接口不会生成任何输出，而且如果在一个单独的文件(例如ipayable.ts)中放入一个接口声明，并使用tsc编译它，将生成一个空的ipayable.js文件。如果使用SystemJS从文件(例如从ipayable.js)导入此接口，将会报错，因为不能导入空文件。需要让SystemJS知道，必须将IPayable作为模块，并在全局的System注册表中注册它。这可以通过在配置SystemJS时使用meta注解来完成，如下所示：

```
System.config({
  transpiler: 'typescript',
  typescriptOptions: {emitDecoratorMetadata: true},
  packages: {app: {defaultExtension: 'ts'}},
  meta: {
    'app/ipayable.ts': {
      format: 'es6'
    }
}
```

接口机制提供了创建自定义类型的一种方式，并最小化了类型相关错误的数量。此外，它极大地简化了在第4章中介绍过的依赖注入设计模式的实现。

这就是我们对接口所做的简要介绍。可以在TypeScript手册(详见http://mng.bz/spm7)的“Interfaces”小节找到更多详情。

注意

实用工具TypeDoc是一个便捷的工具，用于根据TypeScript代码中的注释生成程序文档，可以从www.npmjs.com/package/typedoc获得。

我们差不多完成了TypeScript的语法概览。现在是时候将TypeScript和Angular组合在一起使用了。

B.9　使用注解添加类元数据

术语元数据(metadata)有着不同的定义。流行的定义是，元数据是有关数据的数据。我们认为元数据是描述代码的数据。TypeScript装饰器提供了一种为代码添加元数据的方式。特别地，要将TypeScript类转换为Angular组件，可以使用元数据注解它。注解以@符号开头。

要将TypeScript类转换为Angular UI组件，需要使用注解@Component装饰它。Angular将在内部解析注解并生成代码，这会将所需的行为添加到此TypeScript类：

```
@Component({
  // 这里包含选择器名称，以在HTML文档中识别该组件

  // 提供具有HTML片段的template属性来渲染该组件。组件的样式也在这里
  //
  //
})
class HelloWorldComponent {
  // 实现组件的应用程序逻辑的代码在这里
  //
}
```

当使用注解时，应该有一个注解处理器，它可以解析注解的内容，并将其转换成运行时(浏览器的JavaScript引擎)可以理解的代码。在本书上下文中，Angular编译器ngc执行注解处理器的职责。

要使用Angular支持的注解，需要将它们的实现导入到应用程序中。例如，需要从Angular模块导入@Component注解：

```
import { Component } from 'Angular 2/core';
```

虽然这些注解的实现是在Angular中完成的，但可能需要一个标准化的机制来创建自己的注解。这就要用到TypeScript装饰器。请这样思考：Angular为你提供了它的注解，用于装饰代码，但TypeScript允许在装饰器的支持下创建自己的注解。

B.10　类型定义文件

几年来，TypeScript定义文件的一个大型代码库——DefinitelyTyped，一直是新的ECMAScript API以及数百个用JavaScript编写的流行框架和库的唯一来源。这些(定义)文

件的目的，是让TypeScript编译器知道这些库的API所期望的类型。虽然代码仓库http://definitelytyped.org仍然存在，但是npmjs.org成为类型定义文件的新新代码仓库，而且我们在本书中的所有代码示例中都使用了它。

任何定义文件名称的后缀都是d.ts，而且正像在第2章中介绍过的那样，在运行npm install之后，可以在node_modules/@angular的子目录中找到定义文件。

所有必需的*.d.ts文件，都与Angular的npm包打包在一起，并且不需要单独安装它们。项目中定义文件的存在，将允许TypeScript编译器确保代码在调用Angular API时，使用正确的类型。

例如，通过调用bootstrapModule( )方法启动Angular应用程序，会将应用程序的根模块作为参数传给它。文件application_ref.d.ts包含此方法的如下定义：

```
bootstrapModule<M>(moduleType: ConcreteType<M>,
compilerOptions?: CompilerOptions | CompilerOptions[]):
Promise<NgModuleRef<M>>;
```

通过阅读此定义，你和编译器tsc了解到，可以使用一个ConcreteType类型的必选参数和一个可选的编译器选项数组来调用该方法。如果application_ref.d.ts文件不是项目的一部分，TypeScript可能会允许使用错误的参数类型调用bootstrapModule( )方法，或者根本不带任何参数，这将会导致运行时错误。但是由于application_ref.d.ts存在，因此TypeScript会生成编译时错误提示“Supplied parameters do not match any signature of call target”。当编写调用Angular函数或为对象属性赋值的代码时，类型定义文件还允许 IDE显示上下文相关的帮助。

安装类型定义文件

要为使用JavaScript编写的库或框架安装类型定义文件，开发者需要使用类型定义管理器：tsd和Typings。前者被弃用了，因为它仅允许从definitelytyped.org获取*.d.ts文件。在TypeScript2.0发布之前，我们使用Typings(详见https://github.com/typings/typings)，它允许从任意的代码仓库引入类型定义(文件)。

随着TypeScript2.0的发布，不再需要为基于npm的项目使用类型定义管理器了。现在，npmjs.org的npm仓库包含了一个@types组织，里面存储着所有流行的JavaScript库的类型定义(文件)。来自definitelytyped.org的所有库都发布在那里。

假设需要为jQuery安装类型定义文件。运行以下命令，将在目录node_modules/@types中安装类型定义(文件)，并将此依赖保存到项目的package.json文件中：

```
npm install @types/jquery --save-dev
```

在本书中，在许多项目中都将使用类似的命令安装类型定义(文件)。例如，ES6为数组引入了find( )方法，但如果TypeScript项目将ES5配置成了编译目标，IDE将会用红色高亮显示find( )方法，因为ES5不支持它。安装es6-shim类型定义文件将消除IDE中的红色(提示)：

```
npm i @types/es6-shim --save-dev
```

如果tsc找不到类型定义文件怎么办？

在编写本书(TypeScript 2.0)时，tsc有可能找不到位于目录node_modules/@types中的类型定义文件。如果遇到这个问题，请在tsconfig.json文件的types部分添加所需的文件。以下是一个例子：

```
"compilerOptions": {
    ...
    "types":["es6-shim", "jasmine"],
}
```

模块解析及引用标签

除非使用CommonJS模块，否则需要显式地为代码添加一个引用，以指向所需的类型定义(文件)，如下所示：

```
/// <reference types="typings/jquery.d.ts" />
```

使用CommonJS模块作为一个tsc选项，而且在每个项目的tsconfig.json文件中包含如下选项：

```
"module": "commonjs"
```

当tsc看到一条指向某个模块的import语句时，它会自动尝试在node_modules目录中寻找<module-name>d.ts文件。如果没有找到，它会向上一级重复此过程。可以在TypeScript手册(参见http://mng.bz/ih4z)的“Typings for npm Modules”小节，阅读更多这方面的信息。在即将发布的tsc版本中，将会实现相同的策略，用于AMD模块解析。

Angular包含所有必需的类型定义文件，并且不需要使用类型定义管理器，除非应用程序使用了其他第三方的JavaScript库。在这种情况下，就需要手动安装它们的(类型)定义文件，以获得IDE的上下文相关帮助。

Angular在其d.ts文件中使用了ES6语法，而且对于大多数模块，可以使用以下导入语法：import{Component}from 'Angular 2/core';。你将会找到Component类的定义，并且将导入其他的Angular模块和组件。

使用TSLint控制代码风格

TSLint是一个工具，可以用来保证程序的编写符合指定的规则和代码风格。可以配置TSLint来检查项目中的TypeScript代码，检查是否正确对齐和缩进，所有的接口名称是否都以大写的I开头，以及类名是否都使用CamelCase表示法，等等。

可以使用如下命令全局安装TSLint：

```
npm install tslint -g
```

要在项目目录中安装TSLint，请使用以下命令：

```
npm install tslint
```

要应用于代码的规则可在配置文件tslint.json中指定。TSLint附带一个示例的规则文件，该文件的名称是sample.tslint.json，它位于docs目录中。可以根据需要打开或关闭具体的规则。

有关使用TSLint的详细信息，请访问www.npmjs.com/package/tslint。IDE可能支持TSLint开箱即用。

> **IDE**
>
> 我们希望本书的内容是IDE无关的，并且我们不包括任何IDE的特别说明。但有几个IDE支持TypeScript，最流行的是WebStorm、Visual Studio Code、Sublime Text和Atom。所有这些IDE和编辑器都可以在Windows、Mac OS和Linux(环境)下工作。如果是在Windows电脑上开发TypeScript/Angular应用程序，可以使用Visual Studio 2015。

B.11 TypeScript/Angular开发流程概述

TypeScript/Angular应用程序的开发和部署流程由多个步骤组成，它们应该尽可能自动化。有多种方法可以做到这一点，以下步骤列表可以用来创建Angular应用程序。

(1) 为项目创建一个目录。

(2) 创建一个package.json文件，其中列出了应用程序所有的依赖项，例如Angular包、测试框架Jasmine，等等。

(3) 使用npm install 命令，安装所有在package.json文件中列出的包和库。

(4) 编写应用程序代码。

(5) 通过SystemJS加载器的帮助，将应用程序加载到浏览器中，此加载器不仅可以加载应用程序，还可以在浏览器中将TypeScript转换成JavaScript。

(6) 在Webpack及其插件的帮助下，压缩并打包代码和资源。

(7) 使用npm脚本将所有的文件复制到分发目录中。

第2章介绍了如何开始一个新的Angular项目，并使用npm包管理器和模块加载器SystemJS。

注意

Angular CLI是一个命令行实用工具，可以作为项目的骨架，生成组件和服务，并准备构建。我们在第10章介绍了Angular CLI。

注意

在此附录中，没有提到错误处理(相关)的主题。但是，由于TypeScript是JavaScript的超集，因此错误处理(的方式)与JavaScript相同。在Mozilla Developer Network(参见http://mng.bz/FwfO)上，可以在Error构造函数相关的JavaScriptReference文章中，阅读有关不同的错误类型的信息。